Georg von Siemens

Ein Lebensbild aus Deutschlands großer Zeit

von

Karl Helfferich

Erster Band

Zweite Auflage

Springer-Verlag Berlin Heidelberg GmbH / 1923

ISBN 978-3-642-89822-8 ISBN 978-3-642-91679-3 (eBook)
DOI 10.1007/978-3-642-91679-3

Softcover reprint of the hardcover 2nd edition 1923

Vorwort zur zweiten Auflage.

Die erste Auflage dieses Bandes hat eine so gute Aufnahme gefunden, daß gleichzeitig mit der Ausgabe des zweiten und dritten Bandes ein Neudruck notwendig geworden ist. Die neue Auflage ist, abgesehen von einigen Druckfehler-Berichtigungen und von kleinen Ergänzungen auf den Seiten 286 und 293, eine unveränderte Wiedergabe des ersten Druckes.

Berlin, Weihnachten 1922.

Karl Helfferich.

Vorwort zur ersten Auflage.

Am 23. Oktober dieses Jahres werden zwanzig Jahre verflossen sein, seit ein vorzeitiger Tod Georg von Siemens seiner Familie, seinen Freunden und seinem weltumspannenden Wirkungskreis entrissen hat. Was er geschaffen, ist inzwischen Geschichte geworden, ein Stück der glanzvollen Geschichte der besten Zeit unseres deutschen Vaterlandes.

Der Versuch, sein Leben und Wirken darzustellen, entsprang zunächst dem Wunsche seiner treuen Lebensgefährtin, Frau Elise von Siemens, der es ein Herzensbedürfnis war, sein Bild den Nachkommen und dem weiten Freundeskreise zu erhalten. Aber Georg von Siemens gehörte zeit seines Lebens nicht nur der Familie und den Freunden, sondern auch den großen Ideen, an deren Verwirklichung er zum Besten des deutschen Volkes gearbeitet hat. Auch im Tode gehört er unserer Volksgemeinschaft. Deshalb mußte bei einer vollen Würdigung seiner Persönlichkeit aus dem ursprünglich als Familienerinnerung geplanten Buche ein öffentliches Denkmal werden.

Die Vorarbeiten zu der Lebensbeschreibung sind schon kurze Zeit nach dem Tode Georg von Siemens' in Angriff genommen worden. Sie erwiesen sich als außerordentlich schwierig und zeitraubend. Georg von Siemens hat keine persönlichen Aufzeichnungen oder Erinnerungen hinterlassen. Sein ganzes Leben war rastloses Schaffen. Zu beschaulicher Ruhe ist er nie gekommen. Aus der Vollkraft des Wirkens hat ihn ein unerbittliches Schicksal abberufen. Auch die Quellen persönlicher Korrespondenz fließen reichlich nur in der früheren Zeit. Was an Briefen erhalten ist, läßt schmerzlich bedauern, daß in der späteren Zeit solche persönlichen Dokumente in dem ruhelosen Getriebe gewaltiger Unternehmungen immer seltener zur Entstehung gelangten. Die Akten dieser Unternehmungen sind nur ein mangelhafter Ersatz. Sie lassen den persönlichen Anteil der einzelnen führenden Männer nur hin und wieder mit einiger Deutlichkeit erkennen. Die entscheidenden Vorgänge und Verhandlungen spielten sich häufig in vertraulichen mündlichen Besprechungen ab; die Akten enthalten dann oft genug nur das fertige Ergebnis. Auf der anderen Seite bedingte die Durchsicht und Verwertung des Aktenmaterials angesichts der Weitschichtigkeit und Vielgestaltigkeit des Stoffes und angesichts der auf Zwecke der Geschichtsschreibung nicht zugeschnittenen Registratur-Methoden unserer geschäftlichen Unternehmungen ein kaum vorstellbares Maß von Arbeit.

Frau von Siemens selbst hat mit dem Sammeln, Sichten und Kopieren aller irgendwie für sie erreichbaren Briefe und Notizen, aus denen sie sich einen Nutzen für die Lebensbeschreibung versprechen konnte, ein wichtiges Stück der unerläßlichen Vorarbeiten geleistet. Die Mitarbeiter Georg von Siemens' — für den jetzt abgeschlossenen ersten Band kommen vor allem die Herren Hermann Wallich und Max Steinthal in Betracht — haben durch persönliche Mitteilungen und Aufschlüsse wesentlich dazu beigetragen, den unpersönlichen und toten Akten Leben einzuhauchen. Das Durcharbeiten der Akten hat in der Hauptsache Herr W. Bramann, den die Direktion der Deutschen Bank für diesen Zweck zur Verfügung stellte, in mustergültiger Weise besorgt.

Wenn trotz so wertvoller und ausgiebiger Hilfen die Arbeit, zu der Frau von Siemens mich schon im Jahre 1902 beigezogen hat, nur sehr langsam vorangeschritten ist, wenn es nahezu zwei Jahrzehnte gedauert hat, ehe auch nur der erste der beiden Bände ausgegeben werden kann, so liegt das nicht nur an den Schwierigkeiten der Sache, sondern mehr noch an meiner Person. Mein Lebensweg hat mich so geführt, daß mehr als einmal die Arbeit an der Lebensbeschreibung jahrelang unterbrochen werden mußte und daß ich in anderen Jahren nur in den kärglich bemessenen Wochen der Erholung mich mit dieser Aufgabe beschäftigen konnte. Trotzdem wollte Frau von Siemens, so sehr sie die baldige Vollendung des Werkes ersehnte, sich nicht entschließen, die Arbeit in andere Hände zu legen. Ich freue mich, daß es mir jetzt möglich ist, ihr zum zwanzigsten Todestage ihres Mannes wenigstens den ersten Band darzubringen und dabei in Aussicht stellen zu können, daß der zweite Band in naher Zeit folgen wird.

Vielleicht ist die Hoffnung nicht vermessen, daß das langsame Heranreifen dem Werke zum Guten gedient hat. In den seit seinem Beginn verflossenen Jahren ist es seinem Verfasser vergönnt gewesen, zuerst in der Leitung der vorderasiatischen Eisenbahn-Unternehmungen und dann in der Direktion der Deutschen Bank an der Weiterführung und dem Ausbau des Lebenswerkes Georg von Siemens' mitzuarbeiten und damit Einblicke zu gewinnen, die der Lebensbeschreibung zugute kommen müssen. Ferner hat die Darstellung heute in wichtigen Punkten freieren Spielraum, als das noch vor wenigen Jahren der Fall gewesen wäre. Ich brauche nur an die großen Geschäfte mit starkem politischen Einschlag zu erinnern, vor allem an die vielumstrittenen orientalischen Geschäfte, die sich um das Unternehmen der Bagdadbahn gruppieren. Hier können heute die letzten Schleier fallen. Nicht nur dieses Buch, sondern auch die deutsche Sache wird den Gewinn davon haben. Denn gerade auf diesem Gebiete haben wir nichts zu verbergen, was uns Unehre machen oder Schaden verursachen könnte, wohl aber manches ans Licht zu stellen, was dem deutschen Namen, wie auch die Dinge sich weiter gestalten mögen, zum bleibenden Ruhme gereichen und ein wesentliches Stück deutscher weltwirtschaftlicher und weltpolitischer Arbeit von ungerechtfertigter Verdächtigung und Verleumdung reinigen wird.

* * *

Auf dem Titelblatte des Werkes zeichne ich als Verfasser. Ich glaube den Lesern das Bekenntnis schuldig zu sein, daß ich die Urheberschaft nur mit Einschränkung für mich in Anspruch nehmen darf. Ich sehe bei diesem Bekenntnis ganz ab von der Mitarbeiterschaft und Unterstützung aller der Persönlichkeiten, derer ich bereits gedacht habe. Das Bekenntnis meiner beschränkten Urheberschaft bin ich vor allem meinem Freund und Schwager Theodor Wiegand schuldig; denn wesentliche Stücke des ersten Teiles des ersten Bandes, vor allem das erste Kapitel und das Hauptstück des zweiten Kapitels dieses Teiles, stammen aus seiner Feder. Wenn ihn das quantitative Überwiegen der von mir verfaßten Teile zu dem Wunsche veranlaßt hat, nicht auf dem Titelblatte als Mitverfasser zu stehen, so sei mir gestattet, ihm an dieser Stelle sein Recht werden zu lassen.

Jugenheim a. d. Bergstraße,
im August 1921.

Karl Helfferich

Inhaltsverzeichnis.

Seite

Erster Teil.

Jugend, Lehr- und Wanderjahre. 1

Seite

Zweiter Teil.

Gründung und erste Entwicklung der Deutschen Bank. 191

Erster Teil.

Jugend, Lehr- und Wanderjahre.

Erstes Kapitel.

Familie und Jugendzeit.

Die Voreltern.

Die Überlieferungen des alten Goslarer Bürgerhauses, dem Georg Siemens entstammte, haben von Jugend an auf seine Vorstellungen gewirkt. In der Chronik der freien Reichsstadt stand von so manchem tapferen Stadthauptmann Siemens zu lesen. Geheimnisvolle Romantik umschwebte den Grabstein der Jela Siemens auf dem Ägidikirchhof in Goslar, der Frau des „ehrsamen Stadthauptmannes, die er als Kriegsgefangene aus der Türkei mitgebracht und die aus der heidnischen Religion in den Schoß der christlichen Kirche aufgenommen wurde". Und dann die heitere Geschichte, wie ein anderer Vorfahr bei der Erstürmung Magdeburgs durch Tilly seine künftige Lebensgefährtin tief im Heu verborgen fand, „in welchem er dies schöne Frauenzimmer entdeckte, ins Lager mitführte und sich den 14. Mai 1631 von einem Feldprediger mit ihr trauen ließ". Solche Kriegsleute wechselten mit einer Reihe ehrenfester Ratsmänner und tüchtiger Bürgermeister.*)

Die Petersilienwurzel im Wappen der Siemens gilt dem Andenken des 1650 verstorbenen, vielgerühmten Ratsherrn Peter, dessen Sohn Hans der Erbauer des noch jetzt in Goslar stehenden Stammhauses (Schreiberstraße 11) ist. Über der Tür liest man in kleiner Schrift auf

*) Material über die Geschichte der Familie bieten die Chroniken von Goslar, z. B. Maud, Beschreibung der Stadt Goslar 1800; Crusius, Geschichte der Stadt Goslar 1843; Trumph, Kirchengeschichte Goslars. Eine kritische Sichtung findet sich in dem vom Generalleutnant Leo Siemens mit Prof. Dr. U. Hölscher sorgfältig bearbeiteten Familienstammbaum, welcher im Jahre 1910 464 Namen umfaßte.

einer barocken Tafel: Ora et labora. Hans Simens. Anno 1693. Es ist ein stattlicher Eichenholzfachwerkbau mit roten, ornamentierten Ziegelfüllungen, hohem Schieferdach und schlanken Helmluken.*) Wer die mächtige Diele betritt, bemerkt am Mittelpfosten Kopf und Geweih eines Zwölfenders auf einem Schild. Dies Jagdstück stammt noch aus den Zeiten des Stadthauptmanns Hans. Der größte Jäger der Familie war freilich Ludolf Siemens († 1813) gewesen. Seine lustigen Geschichten**) gingen von Mund zu Mund, und die Herzöge von Braunschweig kamen gern zu dem alten Original nach dem Elm herüber, um mit ihm zu jagen und sich vom Lägen-(Lügen-)Siemens vorlügen zu lassen. Aber auch von Zeiten schwerster Not weiß die Familienchronik zu berichten. Sie zeichnet das Bild der unglücklichen Lotte, Tochter des Goslarer Bürgermeisters Johann Georg Siemens, deren Gatte, Hofrat Sternberg, 1809 wegen seiner deutschen Gesinnung und „Erregung von Unruhen" auf Befehl Napoleons schmachvoll erschossen wurde.***)

Der Großvater unseres Georg Siemens lebte damals als Domänenpächter in Langenstein bei Halberstadt. Er berichtet vom Jahre 1806:

„Große Lieferungen an Roggen, Hafer, Heu, Stroh und vielen noch kostbareren Dingen mußten gemacht werden; ich verlor dabei an 1500 Taler. Nach der unglücklichen Schlacht bei Jena den 14. Oktober retirierte der größte Teil der preußischen Armee unter Blücher über den Harz und Langenstein nach Halberstadt. Drei und einen halben Tag dauerte der Zug. Die Leute waren fast verhungert. 20 bis 30 Offiziere und an 100 Gemeine, höchst ermüdet, waren beständig auf dem Hof; gingen sie, so kamen andere. Dann kam die französische Armee, es war in der schrecklichen Nacht vom 19. zum 20. Oktober. 20 Offiziere, 20 Bediente und 100 Dragoner hatte ich auf einmal zu

*) Karl Steinacker, Die Holzbaukunst Goslars. Ursache ihrer Blüte und ihres Verfalls. Goslar 1899, Tafel 12, Stammbaum Taf. I und S. 50 ff.

**) Näheres im Berliner Morgenblatt August 1856.

***) Der 37 Jahre alte Professor der Medizin Johann Heinrich Sternberg versuchte in Marburg, nachdem am 22. April der gegen König Jerôme von Westfalen gerichtete Aufstand mißglückt war, mit Hilfe der Landbevölkerung einen zweiten Aufstand, welcher jedoch an der teilnahmlosen Haltung der Stadtbevölkerung scheiterte. Die standrechtliche Erschießung Sternbergs erfolgte am 17. Juli 1809 auf dem sogenannten Forst bei Cassel (vgl. Gartenlaube 1879, Nr. 7: „Aus der Zeit der Not").

verpflegen, alles verlangte Wein, Kaffee; zwei Oxhoft Wein, eben angekommener Vorrat, gingen in einer Nacht drauf. Im benachbarten Wald war überdies ein Biwak von 12 000 Franzosen, die mir mehrere hundert Schafe schlachteten. Doch wurde ich nicht geplündert, während im Dorf alles geplündert und eine Kontribution erpreßt wurde. Es blieben dann zum Schutz eines erkrankten Generals 100 Dragoner noch sechs Wochen liegen. Sie tranken täglich Wein. Es war keine Ordnung, alle Wünsche mußten erfüllt werden. Unablässig lag die Militärstraße über Langenstein. Die Märsche waren ungeheuer, die Einquartierungen unablässig. Mein Schade betrug wenigstens 3000 Thaler."

Die Großmutter Georgs hatte dabei ihre Gesundheit so geschwächt, daß sie bald darauf starb. Jenseits des Herrenhauses von Langenstein, getrennt durch einen prachtvollen hügeligen Park mit großem Teich, liegt ein Felsberg, auf dem sich einst eine Karolingerburg erhob. Weithin schweift von da der Blick über reiche Felder und Wiesen nach Blankenburg, zum Regenstein und Brocken. Dicht daran schließt sich eine Fichtenwaldung, die einen etwa fünf Meter hohen, spitz zulaufenden Felsblock umschließt. Er trägt folgende Inschrift:

Hier ruht
Sophie Friderike Henriette
Siemens geb. Barkhausen,
Ehefrau des Gutspächters
Johann Georg Siemens zu Langenstein,
geb. 1776, gest. 28. Juli 1808.

Einst genoß sie hier die schöne Natur,
Nun die ewige Ruhe.
Ehret die hier ruhende.

Aber all das drückende Unglück raubte dem braven Amtsrat keinen Augenblick die glühende Vaterlandsliebe. Unter den vergilbten Papieren findet sich ein elfstrophiges Gedicht von ihm, das nach seiner handschriftlichen Notiz in Nr. 340 des „Alten Merkur" 1815 gedruckt worden ist, „und zwar am Tage, da der alte Blücher durch Koblenz kam". Es feiert begeistert Deutschlands kriegerische Erfolge, die Wehrkraft des Volkes, die Einigkeit Preußens mit Österreich. Auch dieser hochgesinnte Patriot erwartete, wie so viele, von den Kriegen gegen Napoleon den Beginn einer freieren Entwicklung der Nation und sah mit größten Hoffnungen der Eröffnung des 1816 zusammentretenden Bundestages entgegen.

Die Eltern.

Beim Tode des Amtsrates war der älteste Sohn Johann Georg, der Vater Georg von Siemens', 23 Jahre alt. Er war nach dem Verlust der Mutter auf das Gymnasium von Schulpforta gekommen, dann auf das Pädagogium zu Halle und stand jetzt vor seinem dritten juristischen Examen. Der Stiefmutter und seinen drei Schwestern Psyche, Zoe und Melitta war er ein treuer Berater; liebevoll sorgte er für den erst neunjährigen Stiefbruder Rudolf, indem er auf die Zinsen seines bescheidenen Vermögens verzichtete. Der Vater hatte ihn wegen seiner reichen Geistesgaben sehr geliebt. Er rühmte an ihm „Stärke des Verstandes, vielen Begriff, starken Eifer", aber früh bemerkt er eine feinfühlende, weiche Sinnlichkeit: „er erträgt schwer, wenn es ihm nicht geht, wie er es sich in den Kopf gesetzt hatte, wenn auch das, was ihm fehlt, nur sehr klein ist, und er macht sich darum viele unangenehme Stunden. Dies ist sein Fehler." Wir dürfen hinzufügen, daß dieser Fehler ihn nie verlassen hat, daß er, gefördert durch eine von seinem mütterlichen Großvater Barkhausen ererbte Hypochondrie, mit zunehmendem Alter sowohl auf dem Träger dieses unglücklichen Erbteils als auch auf dessen Umgebung schwer gelastet hat. Doch beraubte ihn diese Anlage nicht der Fähigkeit aufopfernder Nächstenliebe. Man liest in seinem Tagebuch: „Am 21. Januar 1843 war in Sanssouci schöne Eisbahn. Der junge Herr von Normann fiel ins Wasser. Da er die dargehaltene Stange nicht faßte, habe ich ihn herausgeholt und zog mich darauf frisch an. Meine Perücke blieb im Teich." Er erhielt für diese Tat die Rettungsmedaille.

Doch kehren wir zu seiner Jugendzeit zurück. Nachdem Johann Georg das juristische Studium schon ergriffen hatte, erschien er im Herbst 1823 plötzlich zu Hause beim Erntefest. „Der Erntekranz flatterte als Triumphfahne hoch in der Luft, und der Wind trieb sein freies Spiel in dieser Masse der buntesten Bänder. Das laute Freudengeschrei ging dann in eine feierliche Stille über, und das Haus erschallte in Vereinigung aller Stimmen von einem volltönenden Gesang aus dem Gesangbuch." Hier erklärte Johann Georg der überraschten Familie, daß er das Studium verlassen und Landwirt werden wolle. Er mochte gefunden haben, daß die 200 Taler, die damals zum Studieren nötig waren, eine zu schwere Last für die arme Familie waren. Alles Abraten half zunächst nichts. Man schrieb nach Halle an seine Lehrer. Erst als ein langer Brief des Universitätskanzlers kam, der in den wärmsten Worten seine Gaben anerkannte, ihm ein gutes Fortkommen in Aussicht stellte und überdies für ihn eine Freistelle offen hielt, entschloß sich Johann Georg zur Rückkehr zum Studium, das er dann später in Göttingen und Berlin beendete. Die Liebe zur Landwirtschaft ist aber immerfort bei ihm wachgeblieben.

Johann Georg betrat nun die übliche Laufbahn des preußischen Juristen, erst als Auskultator in Erfurt, dann als Referendar in Halberstadt, nicht ohne die von der Universität herübergenommenen staatswissenschaftlichen und philosophischen Anregungen weiter zu verfolgen. Viele gute Gedanken hat er später in seinem Buche: „Die Elemente des Staatsverbandes" (Leipzig, F. A. Brockhaus, 1841) veröffentlicht. Das Werk hat eine für seine Zeit wohl nicht auffällige, uns Neueren aber umständlich erscheinende Sprache: durchweg abstrakte Ausführungen über Erkenntnis, Sitte und ihre Verfeinerung, scharfe Antithesen über Vornehmheit und Proletariat, Staat und Gesetzgebung. Dabei ist es nicht ohne politisch-praktische Gesamttendenz: es verlangt für den Mittelstand größere Achtung und Beteiligung an den Staatsgeschäften:

„Zu der Achtung, welche der Mittelstand wünscht, gehört, daß er nicht durch ein altes Vorurteil, welches nur den Stand der Soldaten für ehrenvoll und jedes dem Staat Wohlstand bringendes Gewerbe für schimpflich oder wenigstens minder ehrenvoll hielt, für untüchtig geachtet werde, die wichtigeren Stellen im Staat zu verwalten. Der Verfasser meint, es müsse dem Staate vorteilhaft sein, wenn die Personen für die Einfluß habenden Stellen aus allen Bürgern gebildeter Klassen, ohne verkehrtes Vorurteil für die eine, ausgesucht würden. Es müsse ihm nützlich sein, wenn die Quelle der Gerechtigkeit, wenn der Thron von Bürgern nicht nur aus einer Klasse umgeben sei, denn sonst möchte der Gang der Regierung zu sehr zum Vorteil dieser einen Klasse gelenkt werden. Der Staat müsse sich wohler befinden, wenn wenigstens einige von denen, welche zu oberst besonders die inneren Angelegenheiten verwalten, von Liebe wären für die arbeitenden, besonders nützlichen und oft zurückgesetzten Klassen und von vorauszusetzendem Willen und Einsicht, den Fleiß, dem sie näher erzogen wurden, zu heben und die niedere zahlreiche Volksklasse, welche ihnen nicht unbekannt und verachtet ist, zu veredeln und dadurch vor allem das Glück des Staates zu gründen. Eine Regierung im Charakter des Mittelstandes verlangt nicht unweise, kurzsichtige Sparsamkeit, denn ein wohlhabendes Volk zahlt gern für die Verbesserung seiner Lage die größten Summen, deren zweckmäßige Verwendung sich hundertfältig wiederbringt, und erkennt es dankbar, wenn das Verdienst in allen Ständen Anerkennung und gerechte Belohnung findet. Aber es wünscht, daß die Regierung über dem Interesse eines einzelnen Standes nicht das Wohl der großen Mehrheit aus den Augen verliere. Bald vielleicht, so hoffen wir, kreuzen Eisenbahnen das Land, werden auf den deutschen Strömen die rauchenden Essen fahren, werden deutsche Schiffe die Meere besegeln und Kultur hinbringen, wo bisher noch keine bestand. Ein solches Volk braucht nicht mit Mißtrauen beobachtet, nicht in gleichgültigen Dingen unweise eingeschränkt zu werden, kann wahrhaft frei sein, und wird es verdienen. Mit Vertrauen wird es zu seinem Herrscher emporschauen, und mit Vertrauen dieser auf dasselbe hinabsehen. Dann werden die Augen nicht zu anderen Völkern fremder Zunge hinüberblicken, sondern mit Stolz und Freude auf den eigenen blühenden Fluren ruhen. In den Tagen der Gefahr wird die unterrichtete und kräftige Jugend freiwillig herbeieilen und, in den Waffen geübt, ihre Arme dem Vaterland bieten. Es ist dann nicht zu besorgen, daß der alte deutsche Rhein mit seinen von Weinlaub umgürteten Burgen, mit seinen Städtchen, die auf beiden Ufern ihre stolzen Dome emporheben, dem übrigen deutschen Lande sich entfremdet, dessen Stolz er wegen seines blühenden, kräftigen Mittelstandes ist."

Als Assessor in Torgau lernte Johann Georg 1837 seine künftige Frau kennen. Marie von Sperl war die Tochter eines Gutsbesitzers in Paschwitz bei Eilenburg. Sie hatte ihre Eltern früh verloren*) und war mit ihrer zwei Jahre jüngeren Schwester Antonie von ihrem Onkel in Langenreichenbach, dem unverheirateten Oberstleutnant von Sperl, erzogen worden, einem strengen, pflichtgetreuen und edlen Mann.**) Die Erziehung der beiden anmutigen und begabten Mädchen war eine äußerst sorgfältige, aber doch einseitige. In eine Schule kamen sie nicht, auch sonst war bei den sehr knappen Verhältnissen im Hause wenig Verkehr. Der alte Onkel war bei wirklich großer Güte ein strenger, wortkarger, zu feiner Ironie geneigter Offizier, und seine kleinen Nichten wagten in seiner Gegenwart kein Wort zu äußern, wenn sie nicht gefragt waren. Den stummen Respekt, den sie vor dem Onkel gehabt, übertrug die junge Frau anfangs auch auf den Gatten. Sie begab sich damit der Möglichkeit, in leichtem, heiterem Sinn der oft allzu schweren Stimmung ihres Mannes entgegenzuwirken.

Die Hochzeit fand am 5. Dezember 1837 in Langenreichenbach statt. Die Wohnung des jungen Paares lag in der Bäckergasse in Torgau

*) Ihr Vater starb 1825 durch einen Unglücksfall auf der Jagd. — Die Familie stammte aus Böhmen, führte dort den Namen Sperl von Defern und hatte ein königliches Lehngut. Sie wurde wegen ihrer starken Anhänglichkeit an die hussitische Bewegung gegen Mitte des 16. Jahrhunderts vertrieben und fand Schutz bei dem Kurpfälzisch Neuburgischen Hause, von wo ein Zweig nach Sachsen gelangte.

**) Ein reichbewegtes Soldatenleben. Christian Gottlieb Wilhelm von Sperl, geboren den 9. Januar 1781 zu Eilenfeld bei Eilenburg, trat mit 15 Jahren in das sächsische Regiment ein, wo sein Vater Major war, und focht schon 1796 am Rhein. 1806 wurde er bei Jena durch ein Falkonettkugel verwundet. Wegen seines Verhaltens in der Schlacht bei Wagram wurde er zum Kapitän im ersten leichten Infanterieregiment von Egidy ernannt. Im Feldzug gegen Rußland wurde er bei Pultawa wiederum verwundet und erhielt unter anderen Auszeichnungen auch den Orden der Ehrenlegion. Nach seiner Heilung focht er bei Großbeeren, wo die Sachsen den Rückzug des Marschalls Oudinot auf Magdeburg decken mußten, und schließlich auch bei Leipzig. Einen nach dem Frieden von preußischer Seite dem kenntnisreichen Offizier gemachten Vorschlag zum Übertritt glaubte er aus Anhänglichkeit an die Dynastie ablehnen zu müssen. Er entsagte damit der sich eröffnenden höheren militärischen Laufbahn und zog sich auf sein Gut Langenreichenbach zurück, das er sorgsam verwaltete. Mit tiefer Betrübnis verfolgte der hochbetagte Mann den Bruderkrieg von 1866. Vier seiner Verwandten in der preußischen Armee und ebensoviele in der sächsischen standen sich gegenüber. Er starb am 6. April 1867 und ruht auf dem Neustädtischen Kirchhof in Dresden.

und bestand aus vier Zimmern. „Mein festes Einkommen beträgt sechshundert Taler, für die Wohnung bezahle ich 85 Taler. Ich glaube, daß wir auskommen werden, denn ich trinke gar keinen Wein und kann ohne Entbehrung sehr einfach leben, so wie auch Marie sehr einfach gewöhnt ist."

Haus und Schule.

Am 21. Oktober 1839, als der Vater todkrank an der Ruhr daniederlag, schenkte die zwanzigjährige Mutter einem Sohne das Leben, der den Namen Georg erhielt. Er blieb ihr einziges Kind, das unter ihrer treuen Hand wohl gedieh.

Der Vater schreibt 1843, als die Familie nach Zeitz übersiedelte: „Da aus dem Vater unter den jetzigen Zeitumständen nicht sonderlich viel geworden ist, so denke ich, soll der Sohn künftig der Familie Ehre machen." Mit fünf Jahren konnte Georg fertig lesen. „Er ist stark und gesund, hat blitzende blaue Augen und scheint auch ganz mutig zu werden," schreibt die Mutter; „vor einigen Tagen geriet er ganz in Feuer, als ich ihm das Gedicht vom Klein-Roland vorlas."

Im Herbst 1845 trat er mit Überspringen der untersten Klasse in eine öffentliche Schule in Zeitz ein. Er durfte sich tüchtig mit seinen Kameraden auf der Straße umhertreiben, und sein lebhaftes Temperament mochte oft zu schaffen machen; das zeigt eine drollige Aufzeichnung des siebenjährigen Wildfangs: „Ich bin jetzt hier in Dresden bei meiner Großtante zu Besuch, diese hat mir gesagt, daß ich nicht so artig bin als ein Knabe von sieben Jahren und so zerrig bin ich auch. Was ich getan habe: ungezogen gewesen, geschlagen, geweint, widersprochen, einmal bei Tisch angelehnt. Den 20. November bin ich mit der Tante auf der Drestner Chaussée spatziren und habe die Locomotife mit 12 Wagen fahren sehen. Den 26. hat mich die Tante gelobt, den 27. habe ich die Tante turbiret."

1847 war die Vorschule beendet. „Mein Junge ist fleißig und erzählt mir, daß er der Erste in der Klasse ist," schreibt der Vater nicht ohne Stolz. „Ich behalte ihn zuweilen aus der Schule zurück, damit er sich nicht zu sehr angreift."

Die Eltern waren damals nach Berlin übergesiedelt, und Georg trat ins französische Gymnasium ein. Der Vater hatte die bisherige Stellung als Landgerichtsrat in Zeitz mit der eines Notars und Anwalts am Berliner Geheimen Obertribunal vertauscht. Nach kurzer Zeit war der Justizrat Siemens ein sehr gesuchter Sachwalter, dessen Einnahmen sich monatlich auf 200 bis 300 Taler beliefen. Man wohnte anfangs in der Kochstraße 58, später in der Markgrafenstraße 94, zusammen mit dem Vetter Werner Siemens und dessen Brüdern*), wo sich ein behaglicher Verwandtenverkehr entwickelte, dessen Reiz noch erhöht wurde, als Werner seine liebenswürdige und kluge Cousine Mathilde, die Tochter des Historikers Professors Drumann aus Königsberg, heimführte.

Die guten Einnahmen ermöglichten es damals dem Justizrat, seinem Vetter Werner die ersten Mittel für die Unternehmungen zur Ver-

*) Da im folgenden oft von diesen Vettern die Rede ist, so sei hier bemerkt, daß Werner Siemens, der bekannte Erfinder, der älteste der folgenden acht Brüder war: Wilhelm leitete das Zweiggeschäft in London, Karl das zu St. Petersburg, Walter, Otto und Ferdinand leisteten wichtige Dienste im Kaukasus, in Persien und anderwärts, Hans und Friedrich arbeiteten in Deutschland. Näheres in Werner Siemens. Lebenserinnerungen, Berlin 1892, Julius Springer.

Unter den aus dem Nachlasse des Justizrats Siemens stammenden Papieren befindet sich ein bisher nicht publizierter Brief Werners aus Friedrichsort vom 6. Januar 1848, der hier wiedergegeben sei:

„Die Dänen sind seit dem Rückzug der Preußen aus Jütland sehr übermütig geworden, und ich glaube bestimmt, daß sie das verhaßte Kiel noch mit einem Besuch beehren werden, wenn auch die jetzige Expedition mißglückte ... Im Lauf der Nacht haben sich zwei Fregatten mit einer Zahl jetzt noch nicht klar sichtbarer Kanonenboote und einem Kriegsdampfschiff dicht an unsern Hafen gelegt. Wäre es nicht ganz windstill geworden, so würden wir jetzt in eifriger Korrespondenz mit den Gästen begriffen sein. Leider habe ich nur sechs alte Zwölfpfünderkanonen, denen mehr als die 20fache Zahl gegenübersteht. Dafür habe ich aber die Wälle vor mir, und wenn der Wind nicht sehr günstig für die Schiffe wird, so werden sie eine harte Nuß zu knacken bekommen ... Diese stete Abwechslung zwischen der größten Spannung und der tödlichsten Langeweile macht zu vernünftigen Gedanken ganz unfähig. Hoffentlich kommt es jetzt mal zu einer tüchtigen Explosion und dann basta." Er ahnte nicht, daß er noch an demselben Tag beinahe selbst das Opfer der gewünschten Explosion geworden wäre, als eine Mine vorzeitig vor seinen Füßen in die Luft ging (vgl. Lebenserinnerungen S. 58).

fügung zu stellen, durch welche die Firma Siemens und Halske später zu Weltruf gelangt ist.

In der Folgezeit war der Justizrat eifrig tätig, der raschen Vermittlung der telegraphischen Depeschen die Wege zu ebnen, und es kam unter seiner Mitwirkung im Jahre 1849 das bekannte Wolffsche Telegraphenbureau zustande, nach dessen Vorbild bald darauf auch das Reutersche eröffnet wurde.

Auch in politischer Beziehung betätigte sich der Vater Siemens. Die Richtung, der er sich zugewandt hatte, war eine entschieden liberale. Er pflegte engen, auch auf die Familie ausgedehnten Verkehr mit Theodor Mügge, dem Mitbegründer der „Nationalzeitung", der sich um jene Zeit durch eine scharfe Schrift über die Zensurverhältnisse in Preußen bekannt gemacht und sich manche Verfolgung zugezogen hatte, sowie mit Julius von Kirchmann, der sich als juristischer und philosophischer Schriftsteller einen angesehenen Namen erwarb, 1867 aber wegen eines Vortrages über den Kommunismus in der Natur ohne Pension seines Richteramtes entsetzt wurde und später dem Reichstage als fortschrittlicher Abgeordneter angehörte. Allerdings machte dem Justizrat 1848 die Beobachtung Bedenken, daß er schwerlich allen Wünschen der neuen Demokratie Rechnung tragen könne. „Seltsamerweise gehören jetzt diejenigen, welche sonst ihrer Freisinnigkeit wegen angefeindet wurden zu den Reaktionärs." In der Folge schloß er sich der nationalliberalen Partei an, in der er zweimal den Schweinitzer Kreis als Abgeordneter des Landtags vertrat.

Die Stimmung des vielbeschäftigten Juristen war nicht immer rosig; er klagt oft über seine Gesundheit, und seine Frau nennt ihn gelegentlich ihren „Bär par excellence". Und doch, wenn der hypochondrische Mann sich in angeregter Gesellschaft befand, konnte er der ausdauerndste und lebhafteste sein, dessen geistreichen Einfällen und Sarkasmen alle lachend zuhörten. Er war ein sehr guter Redner und liebte es, seine Sache kurz, scharf und mit beißender Ironie zu vertreten. Seine Sonderlichkeiten kannte er und wies entschuldigend auf Jean Pauls Ausspruch hin, die besten Äpfel seien nicht die glatten, sondern die mit einer rauhen Schale und einigen Warzen behafteten.

Über den heranwachsenden Sohn schrieb in jener Zeit die

Mutter: „Unser kleiner Georg macht uns viel Freude, und der Vater baut nach Siemens' Art die weitschweifendsten Pläne auf seine Zukunft. Er ist im Wissen Kindern seines Alters weit voraus, sonst aber ein so kindliches Kind, wie es irgendeins geben kann, und damit bin ich sehr zufrieden." Gelegentlich kommt auch die Bemerkung, er sei ein vollständiger „Berliner" geworden. Werner Siemens bekümmerte sich sehr viel um den lebhaften Knaben und hat auch später auf seine Erziehung ausschlaggebend eingewirkt. Er examinierte ihn gern, namentlich in naturgeschichtlichen Fächern, und regte seinen Ehrgeiz im besten Sinne an. Auch griff er gelegentlich ein, wo der Vater allzu streng gegen den Sohn erschien. So erzählte Georg späterhin oft, wie der Vater ihm an einem Sylvesterabend ein schweres Gedicht zum Auswendiglernen gegeben habe. Die Eltern gingen zu einer Einladung; der Vater hatte gesagt, wenn er nach Mitternacht nach Hause komme, so werde er ihn abhören. Als er nach Hause kam, fand er seinen Sohn nicht. Werner hatte den Jungen in der einsamen Wohnung angetroffen, das Buch in eine Ecke geworfen und ihn mit sich genommen.

Zeigte der Vater sich oft überstreng, so erlaubte ihm andererseits seine ausgebreitete Berufstätigkeit nicht, die Erziehung Georgs im eigentlichen Sinne zu überwachen; so mochte manche Ungleichmäßigkeit entstehen. Es wurde beschlossen, Georg einer Pension zu übergeben. Die Wahl, die getroffen wurde, war eine gute. Der Mann, in dessen Haus Georg nun eintrat, ist von seinen Schülern noch viele Jahre später dankbar verehrt worden. Paul Güßfeld (Die Erziehung der deutschen Jugend, S. 156—157) setzte ihm mit folgenden Worten ein schönes Denkmal:

„Wer hätte je den Erzieher vergessen, der ihm Gutes tat? Das Bild des Mannes, dem meine Erziehung in den entscheidenden Jahren anvertraut war, steht immer gleich lebhaft vor meinen Augen. Er wirkte nicht durch Gelehrsamkeit, sondern durch sein Vorbild; er war noch strenger gegen sich als gegen seine Zöglinge; er brachte uns Pflichterfüllung und Selbstrespekt bei; er kannte keine Kompromisse, nur Überzeugung. Zu seiner schwarzen Kleidung, dem weißen Halstuch, dem glattrasierten, mageren Gesicht und dem greisen Haupthaar paßte die altfranzösische Höflichkeit sehr wohl, die er uns durch sein Beispiel lehrte. Dabei war er innerlich ein temperamentvoller Mann und besaß großen physischen Mut. So wuchsen wir unter der strengen Zucht eines Mannes auf, welchem alles Schwächliche, Feige und Gemeine verhaßt war, der uns erzog, als wären wir für etwas Hohes bestimmt und müßten es uns durch eiserne Charaktereigenschaften verdienen. Der würdige Mann ist längst dahingegangen, sein Name unbekannt und vergessen. Hier soll er in Ehrerbietung und Dankbarkeit genannt werden. Es war der Pastor Bock von der französischen Kolonie in Berlin."

Das Haus des Predigers lag in der Leipziger Straße, zwischen dem Dönhoffplatz und dem Spittelmarkt. Auf dem Türschild stand: Bock, Pasteur. „Nichts wurde vernachlässigt, was dazu beitragen konnte, uns zu tüchtigen Männern zu machen," schrieb Professor Güßfeld noch 1903 an die Witwe Georg von Siemens', „und sicher ist die hervorragende Laufbahn Ihres Herrn Gemahls mit beeinflußt worden durch diese vortreffliche Erziehung. Pastor Bock hatte eine sanfte Frau, welche gelähmt war. Bei ihr lernten wir die französischen Konjugationen; für die Sicherheit, mit der ich im späteren Leben die französische Sprache handhabte, wurde damals der Grund gelegt. Die Wirtschaft wurde von der energischen Schwester, Fräulein Toussaint, geführt. Wir Pensionäre schliefen mit dem Pastor Bock in derselben Schlafstube, standen um sechs Uhr gemeinsam auf, und alles ging wie am Schnürchen. Nach der Schule in der Niederlagstraße 2 mußten wir einen vorgeschriebenen Weg gehen und hätten nicht gewagt, durch die Wallstraße, statt durch die Kurstraße zu gehen. Mittwoch und Sonnabend nachmittag wurden gemeinsame Spaziergänge gemacht, im Sommer manchmal auch Ausflüge nach Treptow, das damals für uns wie aus der Welt lag. Es wurde darauf gehalten, daß wir in der Pfuelschen Schwimmanstalt schwimmen lernten. Den Weg dorthin mußten wir in einer Droschke zurücklegen, damit wir nicht erhitzt ins Wasser kamen. Auch andere körperliche Übungen wurden nicht vernachlässigt, dafür ließ der Pastor einen eigenen Exerzierlehrer sorgen. Die Autorität, welche Pastor Bock uns gegenüber besaß, spottet jeder Beschreibung; er hatte etwas ganz anderes an sich als sonst die Lehrer, etwas Vornehmes, wofür wir Knaben doch wohl die richtige Empfindung hatten."

Georg durfte nur Sonntags zu seinen Eltern gehen und mußte abends 10 Uhr wieder zu Hause sein. In der Pension wurde immer nur französisch gesprochen, auch hielt der Pastor darauf, daß freie Reden in dieser Sprache gehalten wurden. Es kam einmal vor, daß Werner Siemens nach alter Gewohnheit Georg examinierte und ihm eine besonders schwere Frage stellte; da fiel Georg plötzlich ins Französische, „weil er sich dann klarer ausdrücken könne".

Außer Güßfeld waren u. a. auch M. von Brand, der sich später als Gesandter Deutschlands in China einen bekannten Namen machte, ferner einige Franzosen und Rumänen in der Pension. Im Frühjahr 1852 notiert sich Georg: „Heute sind zwei Türken beim Prediger in Pension gekommen. Kein Wort deutsch." Mohammed Rassik und Mustapha Nail wurden bald seine guten Freunde; in ihnen lernte er zum erstenmal Angehörige des Landes kennen, in dem er später so vieles gewirkt hat; das Interesse für den Orient mag ihm durch Erzählungen der Kameraden früh geweckt worden sein. Im übrigen scheint der Pastor der jugendlichen Phantasie nicht allzuviel Spielraum eingeräumt zu haben. Bücher wie „Lederstrumpf", „Nara-matta" und „Conanchet" hatte er zugunsten Xenophons und Fénelons verboten, die Märchen von Musäus scheint er geduldet zu haben.

Ostern 1852 wurde Georg nach Obertertia versetzt. Körperliche und geistige Ausbildung hielten sehr gut Schritt. Man hört nichts mehr von blasser Gesichtsfarbe, aber der Pastor klagt gelegentlich über Trotz und Übermut; mit ehrlichem Entsetzen berichtet er dem Vater 1854, daß Georg sich im Gymnasium mit einem Mitschüler geschlagen und diesem im Eifer des Gefechts in die Nase gebissen habe.

Die Sommerferien wurden zu sehr großen, oft recht anstrengenden Ausflügen, z. B. durch Schlesien, benutzt, bei welchen auf Stroh kampiert und nicht unter zehn Stunden täglich marschiert wurde. Georg lernte Thüringen, die Sächsische Schweiz kennen, begleitete als Primaner 1856 den Vater nach Kissingen und später die Mutter nach Reichenhall.

Um diese Zeit fällt sowohl in Schulaufsätzen, wie in Briefen an die Mutter im Stil des Siebzehnjährigen eine entschiedene Reife auf, ja, man bemerkt Eigentümlichkeiten, die ihm später für sein ganzes Leben geblieben sind. Freilich spielt ihm die jugendliche Emphase manchen Streich, und er wird gelegentlich ermahnt, sich schlichterer

Ausdrucksweise zu bedienen. Ein andermal überraschen bestimmt geprägte Sentenzen, wie z. B. bei einer Betrachtung über die deutsche Einheit: „Geistige Bildung hat noch nie ein genügendes Ersatzmittel für eine verlorene politische Stellung geboten." Er entrüstet sich in Kissingen, weil die bayrische Regierung die Trimburg für 2200 Gulden an acht Bauern auf Abbruch verkauft hat. „Wahrscheinlich hielt sie eine Ruine für poetischer." Er amüsiert sich über das oberflächliche Badeleben und gibt dabei eine anschauliche Beschreibung des Königs Max von Bayern. „Auch heute erschien König Max von Bayern noch auf der Promenade, begleitet von dem Herzog von Sachsen-Altenburg. Die Erscheinung war nicht mehr ganz neu, und der Schwarm, der ihm gestern noch folgte, war bei weitem kleiner. Viele grüßten sogar nicht mehr; vielleicht glaubten sie, er wolle inkognito reisen, oder haßten sie die Verehrung eines bloßen Ranges, so z. B. Vater. Er ist etwas über mittlerer Größe, zwei Finger kleiner wie die Fürstin von Lichtenstein, in den dreißiger Jahren, aber schon mit einer kahlen Platte beglückt. Seine Stirn war nicht gerade hoch, seine Nase gerade, sein ganzes Äußere wohlwollend, es zeugt von einiger Entschiedenheit." Der alte Dom in Bamberg, das prächtige Rathaus von Schweinfurt, die kühnen, gotischen Säulen der Nürnberger Kirchen und Dürers Gemälde machen ihm tiefen Eindruck, aber von München aus schreibt er: „In der Ruhmeshalle fand ich beinahe nur Malerbüsten, hat denn Bayern gar keine anderen berühmten Männer?" In Reichenhall botanisiert er sehr fleißig, sammelt Versteinerungen und erklärt der wegen seiner Bergtouren ängstlichen Badegesellschaft sehr resolut: „Die Berge sind nicht da, um nur von unten angesehen zu werden; von einem Schaugericht ist noch niemand satt geworden." Er besteigt den Staufen und freut sich eines gewaltig entfachten Höhenfeuers. In seiner äußeren Erscheinung wird er als sehr mager, lang aufgeschossen und beweglich geschildert; der regelrechte deutsche Gymnasiast in seiner ganzen gärenden Unreife und seinem unendlichen Freiheitsdrang. Der spottliebende Vater nannte ihn gern seinen „Bindfaden".

Zweites Kapitel.

Jurist und Soldat. 1857 bis 1867.

Die ersten Semester.

„Ich fürchte, Du armes Herz, Deine Stimmung wird sich nach Deines Sohnes Georg Abreise noch verschlechtert haben," schrieb Werner Siemens' Gattin im Frühjahr 1857 an Georgs Mutter. „Werner schreibt mir, Du wärst seit der Zeit sehr traurig. Deinem Georg ist der Abschied auch schwer geworden, aber welch herrlich schöne Zeit steht ihm bevor — die schönste im Leben, an die er noch mit Vergnügen zurückdenken wird, wenn er längst alt und grau geworden ist. In diesem Gefühl herzlicher Mitfreude mit Deinem Jungen wird der beste Trost für Dich liegen, wenn Du allein und verlassen bist, und weißt Du, Marie, da ich glaube, daß Du aus der Ferne viel vorteilhafter auf ihn einwirken kannst, als wenn er bei Euch in Berlin wäre? Die sich oft wiederholenden elterlichen Ermahnungen machten ihn unmutig und reizten ihn zum Gegenteil. Jeder Mensch ist vernünftiger, wenn er die ganze Verantwortung auf den eigenen Schultern fühlt. Freue Dich, daß Dir Gott einen so guten, talentvollen Jungen gegeben hat, und ermutige ihn recht oft zu offnen Mitteilungen."

Daß er es an Offenheit keineswegs fehlen ließ, zeigt unter anderem ein heidelberger Brief an seinen Onkel Rudolf Siemens*):

„Auf das grausame Examinatorium, was Du mit mir anstellst, antworte ich kurz und bündig: In einer Verbindung bin ich leider nicht. Als ich in dem Korps der Westfalen angemeldet war, bekam ich Streit mit einem von ihnen und konnte infolgedessen nicht eintreten. Ich bummle aber hier mit lauter Holsteinern, Oldenburgern, Hamburgern und trinke morgens drei, abends sieben Schoppen leichtes Bier. Wein wird auf feierliche Gelegenheiten verspart. Ich erhalte nämlich offiziell gar nichts, im übrigen, wie Vater glaubt, alle sechs Wochen 50 Taler,

*) Dieser jüngere Stiefbruder von Georgs Vater, geb. 1819, starb als Amtsgerichtsrat in Berlin 1892.

wie aber Mutter weiß, 60 Taler. (Note für Deine Frau: Tue das nicht bei Deinem Sohn Johann Georg Oskar Werner, denn das schwächt sehr den Respekt, wenn es auch die Liebe erhöht.) Vorlesungen habe ich nicht gehört, nur bezahlt, und zwar bar; auch habe ich, um mein Gewissen zu beruhigen, einige juristische Bücher gekauft, ohne sie aufzuschneiden; ich laufe viel in der Natur herum, weil ich verliebt bin. Eine freie Schweizerin aus Zürich hat mich gefangen. Ich lerne zwar Heines Gedichte auswendig, aber ich schlafe doch schon wieder in den Nächten, ohne von Liebesqual erdrückt zu werden. In der ersten Raserei des verliebten Wahnsinns hatte ich mir ein Klavier gemietet, das kostet 26 Gulden, welche sind sehr schwer zu erschwingen. Allzuviel will ich vom Vater nicht verlangen, denn allzu scharf macht schartig, und Mutter meint, er wäre etwas unzufrieden gewesen. Es ist hier fabelhaft gemütlich. Ich muß Dir auch noch mitteilen, daß ich im Winter solide werden will. Das Bier ist nämlich schlecht, und Vangerows Pandekten muß man genau hören. Ich habe es auch schon nach Hause geschrieben, und Mutter hat infolgedessen geglaubt, mir ungefähr 20 Taler mehr schicken zu müssen, als ich erwartet hatte. Leider ist es schon alle. Wenn Tante ihre milde Hand auftun will, soll es mich freuen. Ich nehme alles, sogar alte Stiefel und Beinkleider. Ermahnungen werden aber ungern gesehen, denn was mir die Leute sagen, das weiß ich gewöhnlich alles allein, und es fehlt mir nur am guten Willen.

„Nachschrift: Ich bin heute sehr fidel, denn ich habe Deinen Brief gefeiert und infolgedessen Katzenjammer. Da fasse ich dann immer so gute Vorsätze, daß ein Katzenjammer für mich eine Wohltat ist, abgesehen davon, daß er auch dann und wann, wenn er stark ist, am folgenden Tag das Mittagbrot spart."

Die zwanglose Vereinigung, der sich Georg noch in demselben Semester anschloß, waren die „Oldenburger", zu denen u. a. auch der Siemens nahestehende spätere Präsident der Württembergischen Vereinsbank Kilian Steiner, der Parlamentarier Büsing, der badische Staatsmann Ludwig Arnsberger, der bekannte Rechtslehrer Rudolf Sohm, der Dresdener Galeriedirektor Karl Woermann u. a. gehört haben. Siemens wohnte beim Schneidermeister Überle in der Krämergasse. An das lustig verbummelte erste Semester, während dessen eine herrliche

Fahrt durch den Odenwald gemacht wurde, schloß sich eine Tour in die Schweiz, an der sich seine Freunde, die Juristen Löwenberg, später vortragender Rat im Kultusministerium, und Heinsius beteiligten. Da man zur Tour um den Mont Blanc kein Geld für Führer hatte, so freundete man sich mit einem von Führern begleiteten Engländer an und kam so mit. Ein Bericht an die Eltern endigt mit der Handwerksburschenmelodie: „Schuh und Strümpfe sind zerrissen". In Interlaken musterten sie ihre Habe. „Ich wette, daß ich auf diesen Anzug hin mit Erfolg betteln kann," sagte Georg Siemens. Die andern wetteten dagegen. Gerade eilte ein Wagen mit Damen und Herren vorbei. Siemens lief, seine Mütze hochhaltend, neben dem Wagen her. Und richtig, ein Geldstück flog heraus, gerade in die Mütze. Als sie sich abends im Hotel umgezogen hatten und zur Mahlzeit gingen, fanden sie sich den Reisenden aus dem Wagen gegenüber. Es waren Franzosen, denen das Geldstück nun zurückgestellt wurde, und mit denen man einen höchst ausgelassenen Abend verbrachte.

Auf einem Züricher Landsitz, der einem Freunde seines Vaters gehörte, fand Siemens freundliche Aufnahme, und es traf sich, daß auch gerade Richard Wagner dort logierte. Die Kunde von der Ankunft des Komponisten hatte sich in dem kleinen Ort rasch verbreitet, und das Haus wurde von Verehrern und Verehrerinnen bestürmt. Wagner war ungehalten und ließ sich verleugnen. Aber gegen eine englische Kunstbegeisterte half nicht Tür noch Riegel. Sie erzwang sich den Eintritt und fand Wagner auf dem Sofa liegend, im Schlafrock, „die mehr umfangreiche, als intelligente Seite seines Körpers dem Beschauer zugewandt", und vernahm die würdevollen Worte: „So pflege ich zu komponieren."

Ein gewisses Interesse hat sein Bericht über das französische Straßburg:

„Das Münster ist das Großartigste, was man sich denken kann. Die ganze übrige Stadt verschwindet gegen dies Gebäude. Die Straßen sind für eine so alte Stadt recht breit und äußerst reinlich, aber die Schmutzkerle von Soldaten, die noch bummliger aussehen, als die schofelsten Berliner Bummler, machen einem Straßburg mit ihren roten Hosen und theatralischen Attitüden fast unangenehm. Die dummen deutschen Gesichter, die das Französisch-Nonchalante und Geniale nachäffen, wären

2*

lächerlich, wenn man sich nicht so darüber ärgern müßte. Die soliden Deutschen werden beim Nachäffen des französischen Leichtsinns, wie alle, die sich etwas aneignen wollen, was ihnen von Natur nicht gegeben ist, in das Extrem fallen, und das Elsaß kann dann die allerfranzösischste Provinz von Frankreich werden. Wenn sie auch widerständen, sie hätten ja doch keine Stütze an Deutschland."

In Baden-Baden wurde auf der Rückkehr ein kleiner Einsatz auf der Spielbank gewagt, der mit dem Verlust fast der ganzen Barschaft endete. Sie langte nicht mehr bis Heidelberg, und mehrere Stationen vorher mußten sie aussteigen. Als sie auf dem Perron standen, kam ein alter Herr auf Siemens zu und fragte: „Nun, junger Mann, Ihnen ist wohl das Geld ausgegangen?" und griff in die Tasche. Siemens bejahte. „Woher kommen Sie denn?" — „Aus Baden-Baden." — Der alte Herr runzelte die Stirne: „Da haben Sie wohl gespielt?" — „Ja." — „So, nun dann geschieht Ihnen ganz recht, dann gehen Sie zur Strafe zu Fuß nach Heidelberg." Und damit steckte der alte Herr sein Geld wieder ein.

Nach Ablauf der Reise kam Georg nach der Heimat zurück. Der Vater befand sich gerade auf dem Lande. Georg kam und begrüßte ihn. „Nun," fragte dieser, „was hast du denn in Heidelberg gelernt?" — „Oh," erwiderte Georg, „ich kann 20 Seidel trinken." Da wies der Vater auf einen stämmigen Ochsen und sagte kurz: „Der sauft noch mehr." So endete das erste Semester.

Das nächste trägt schon einen etwas ernsteren Charakter. Teures Pandektenpapier, das Corpus juris und die Institutionen in der Marezollschen Ausgabe, Mommsens römische Geschichte und Droysens Geschichte der preußischen Politik erscheinen in der knappen Korrespondenz mit dem Vater. „Jetzt beschäftige ich mich mit der Schrift von Kirchmann (über den preußischen Zivilprozeß) und muß dem Assessor Schönstedt, der vor acht Jahren als Student dagegen schrieb, zugestehen, daß er mich in die Tasche gesteckt hätte." Es ist von 110 Taler Schulden die Rede, bei denen mit scheinbarer Reue erklärt wird: „Nach und nach kriegt man doch dies Zigeunerleben satt, bei dem man einen Tag im Überfluß schwimmt, den anderen nicht weiß, wo man sein Mittagbrot pumpen soll." Äußere Ordnung der Buchführung verlangte der Vater durchaus. Damit es „stimmte“, wurde zu genialen Mitteln gegriffen. Es findet sich einmal notiert: „Für eine Kleiderbürste: 37 Taler“.

Auch die Ferien, selbst Weihnachten, will Georg in Heidelberg zubringen. Nicht nur die Ersparnis des Reisegeldes, sondern auch eine zunehmende Entfremdung zwischen den Eltern mag den lebensfreudigen Studenten dort zurückgehalten haben; wirklich schlimm müssen die Launen des rasch alternden Mannes gewesen sein, wenn sogar Werner Siemens' kluge Gattin an Georgs Mutter schreibt: „Um alles in der Welt willen werde nicht irre an Deinem eigenen Herzen. Gott hat es Dir so weich und liebevoll gegeben, daß es kein bitteres Geschick ertöten könnte, sonst wäre es wohl schon lange geschehen.“ Immer mehr entzog sich der kränkelnde Mann dem Verkehr.

Glänzend waren zu Heidelberg in jenen politisch so öden fünfziger Jahren die historischen und staatswissenschaftlichen Disziplinen vertreten. Ludwig Häusser und Karl Adolf von Vangerow waren die Fürsten der Universität; sie standen in der Fülle ihrer Schaffenskraft, nirgends in Deutschland saßen mehr begeisterte Schüler zu Füßen großer Lehrer. Häussers deutsche Geschichte, deren Höhepunkte die Darstellung der Reformation und der französischen Revolution war, verfehlte nicht ihren Eindruck auf Georg. „Die kräftige und schmiegsame Stimme des Vortragenden, das stark bewegte Mienenspiel des lebendigen und bartlosen Gesichts, das Gefühl, daß die ganze Seele bei seiner Sache war, daß er, zumal bei den deutschen Hergängen des Jahrhundertanfangs, Schmach und Wiedergeburt wie eigene Erlebnisse nachempfand, daß er im stillen alle Geschichte auf das Ringen seiner Tage mitbezog und selber mit allen Kräften in diesem Ringen stand ... so manchmal trat er mitten aus dem politischen Kampfe heraus, von dem die Zeitungen berichtet hatten, unter seine Studenten: dann empfing ihn ein ungeheurer Beifallssturm als Zeichen der Gesinnungsgemeinschaft.“*)

Neben diesem kraftvollen Sohn der Pfalz, der Seele des berühmten Heidelberger „Engeren“, dessen Sänger Viktor Scheffel war, stand der liebenswürdige, feurige Kurhesse Vangerow, stolz und froh

*) Aus Erich Marcks, L. Häusser und die politische Geschichtschreibung. (Heidelberger Professoren aus dem 19. Jahrhundert. Heidelberg 1903.)

der Gewalt über die Herzen der Jugend. Mit besonderer Hingabe richtete er seine Vorträge für die jüngsten juristischen Hörer ein, und in dieser Selbstlosigkeit mag es gelegen haben, daß er bis an sein Lebensende so grenzenlos verehrt wurde. Selbständiger gewordene Studierende freilich fanden daran wohl nicht genug Freude. G. Weber*) erzählt, daß ein fähiger Hörer am Schlusse einer Vorlesung überdrüssig die Feder ausspritzte mit den Worten: „Nun versteht's auch der Binsebub" — eine in den Straßen Heidelbergs wohlbekannte halb idiotische Figur. Und Georg Siemens schreibt seinem Vater über die Pandektenvorlesung: „Vangerow liest mit großem Eifer und sucht stets seinen Vortrag über die Stunde auszudehnen. Er spricht frei, mit mächtiger Stimme, mit fast allzu großer Lebhaftigkeit. Aber er tritt seine Worte öfters zu einem fabelhaften Brei und traut seinen Zuhörern auch gar nichts zu, so daß ich, der ich das Kurze und Gedrängte liebe, an ihm nicht mehr so viel Gefallen finde." Bei Pagenstecher, einem Mann, „der alles zu lesen scheint, sowohl Jus als Medizin", wurde Geschichte des römischen Zivilprozesses belegt. Naturrecht und Völkerrecht lehrte der wohlbeleibte Süddeutsche Zöpfel, der sich von den Studenten den Vergleich mit dem Heidelberger Faß gefallen lassen mußte. Zollwesen, Finanz- und Polizeiwissenschaft las der gravitätisch korrekte Heinrich Rau, allgemeine Staatswissenschaft Robert von Mohl, der den Heidelberger Spießbürgern in seiner eleganten Lebensführung mehr den Eindruck eines Hofmannes als eines Professors machte. Die Kollegien dieses scharfen Vorkämpfers für den liberalen Staatsgedanken, den einst das Frankfurter Parlament zum Reichsminister berufen hatte, sind besonders solchen Studierenden zugute gekommen, die vor eigener Gedankenarbeit nicht zurückschreckten.**)

Es traf sich besonders glücklich, daß Georg nun einem außergewöhnlich anregenden Studentenkreis angehörte. Es seien neben den früher genannten auch Karl Möller-Brackwede, Freiherr von Dörnberg, Ernst von Tettenborn, Hinschius, alles tüchtige Juristen, genannt. Zu ihnen gesellte sich Friedrich Siemens, der damals

*) Heidelberger Erinnerungen 1886, S. 242.

**) G. Weber a. a. O. S. 255.

schon seine Erfindung des Wärmeregenerators bekannt gemacht hatte. Gelegentlich kamen die beiden jungen Rumänen Gikha und Sturzda, die später wiederholt Minister in ihrer Heimat waren.

Die Militärzeit.

Am 1. Oktober 1858 trat Georg als Einjährig-Freiwilliger zu Berlin in das 3. Leibregiment ein. Dafür, daß er sich Berlin als Garnison wählte, mag vor allem entscheidend ins Gewicht gefallen sein, daß es ihm auf diese Weise möglich war, sich in die Geschäfte des Vaters einzuarbeiten und ihn zeitweise zu vertreten. Der Vater hatte sich zwar in seiner unwirschen Art gerade in jener Zeit oft sehr abfällig über Georgs Fähigkeiten und seine angebliche Untätigkeit ausgelassen. Im Grunde genommen scheint er jedoch auch damals schon von Georg eine ganz gute Meinung gehabt und große Hoffnungen auf ihn gesetzt zu haben.

Der Justizrat schrieb am 30. Mai 1858 an seine Frau:

„Gegen Georg bin ich die letzte Zeit etwas scharf gewesen, und dafür läßt er sich nicht viel bei mir sehen, was auch nichts tut. Einerseits habe ich mich überzeugt, daß er noch wenig in seinem Fach gelernt hat und in der Einsicht preußischer Verhältnisse viel mehr zurück ist, als er sein sollte, andererseits habe ich gefunden, daß er den Mangel wirklicher Kenntnisse mit einer mir nicht recht gefallenden Dreistigkeit ersetzen will. Dies habe ich ihm offen klar gemacht, und es wird sich fragen, welche Früchte es tragen wird. Jedenfalls aber würde Nachsicht unter solchen Umständen nicht angebracht sein. Er muß zu der Einsicht kommen, daß sich die Achtung ordentlicher Männer nicht durch den Schein oder Geld bestimmen läßt und in dieser Beziehung ein ganz anderer Maßstab angelegt wird, den er in pünktlicher Erfüllung seiner Pflichten zu suchen hat."

Am Tage, an dem Georg seinen Militärdienst antrat, berichtete der Vater an die Mutter:

„Heute ist Georg zum Militär eingereiht. Er mißt 7 Zoll und 3 Strich und hat daher das besondere Glück gehabt, zur 1. Kompagnie zu kommen, die einen sehr strengen Hauptmann besitzt und täglich zwei Stunden mehr exerzieren muß, als die andern Kompagnien. So erzählte er mir eben, als er nach Hause kam, und er durfte das Mittagessen gar nicht abwarten, da er schon um 2 Uhr wieder bestellt war, um seinen Helm in Empfang zu nehmen.

„Mit meinem Assessor (Wölfel) habe ich alle Ursache sehr zufrieden zu sein. Nicht nur, daß er meine Angelegenheiten mit Eifer und Geschicklichkeit besorgt, so ist er auch ein sehr guter Umgang für Georg, dessen Gesichtskreis sich jetzt erweitert, und der nicht mehr allein Interesse zeigt für die kleinen Angelegenheiten des einzelnen Menschen, sondern auch für die großen Angelegenheiten des Volkes und der Menschheit. Ich bin, um dies zu wecken, auch mit ihm zu dem Redakteur der „Nationalzeitung", Zabel, gegangen, der mir versprochen hat, ihn zu beschäftigen, und den ich daher auch diesen Winter in unserm Kreis zu sehen wünsche."

Georg selbst fügt folgende Nachschrift hinzu:

„Und siehe, er wurde ein Kriegsknecht und mußte alle Tage sieben Stunden exerzieren und schießen lernen, damit er sein Volk erretten könnte aus den Händen der Philister. Das ist aber eine scheußliche Arbeit, es ist jetzt vier Uhr, und ich bin nicht wenig müde. Morgen kriege ich mein sämtliches Zeug und bezahle dafür 17 Taler, und das alles, um Werner und Hans zur Zielscheibe ihres Spottes zu dienen. Es geht uns sonst ganz gut; wir vertilgen Deine Schinken, und wenn die Arbeitskraft im Verhältnis zur Masse der Nahrungsmittel wächst, die man zu sich nimmt, so gibt es auf der Welt bald nichts mehr zu lernen für uns, und wir werden mindestens Feldmarschälle."

Vier Wochen später schrieb er in einem Brief an seine Tante Antonie von Sperl:

„Meine Militärzeit bekommt mir übrigens körperlich recht gut; ich glaube, ich bin in den vier Wochen schon ½ Zoll gewachsen, schlafe wie ein Bär und lerne zum Schrecken der Mutter schimpfen und fluchen wie der schlimmste Unteroffizier, habe schon eine Parade mitgemacht (in vier Wochen, ohne ausexerziert zu sein, Onkel wird dies bewundern) und bin mit Gewehr an vor unserm Divisionsgeneral sehr elegant vorbeimarschiert. Ostern stelle ich mich vielleicht vor, und zwar in Uniform, weil ich dann das Reisegeld um ein Drittel billiger habe, und lasse mich von Euch bewundern, denn die Uniform soll mir gut stehen."

Seine Mutter war nicht sehr entzückt von dem Auftreten des freiwilligen Musketiers:

Tafel I.

Georg Siemens 1859.

Nach einer Bleistiftzeichnung von W. Fechner.

„Mein großer Junge läßt viel zu wünschen übrig. Er spielt als Soldat äußerlich eine ganz gute Figur, schimpft und gebärdet sich aber zum Entsetzen; ich suche mich damit zu beruhigen, daß diese Regung vorübergehen wird, wenn seine Beschäftigung den Reiz der Neuheit verloren hat."

Aus jener Zeit stammt eine von W. Fechner während einer Wache im Königlichen Schloß angefertigte Porträtskizze Georgs. Die leichte Verdrießlichkeit, die einen temperamentvollen Menschen während der öden Stunden des Wachtkommandos beschleichen muß, ist in den energischen Zügen deutlich abzulesen.

In sein Militärjahr fiel die partielle Mobilmachung wegen des Krieges zwischen Österreich und dem mit Frankreich verbündeten Sardinien. Auch das Armeekorps, in welchem Georg stand, das dritte, wurde auf Kriegsstärke gebracht, aber es kam lediglich zu einem kurzen Übungsmarsch.

Ahlsdorf.

In den ersten Wochen von Georgs Militärjahr kaufte der Vater das Rittergut Wendisch-Ahlsdorf, das seit jener Zeit bei der Familie geblieben ist.

Im Flachland, dessen weiten Horizont die stillen märkischen Kiefernwälder und die sanften Hügel des Fläming begrenzen, erhob sich das massive Herrenhaus mit seinem hohen, altertümlichen Ziegeldach und den gewaltigen Mauern. Ringsum zog sich ein breiter, mooriger Wassergraben, dann kam ein verwildertes Parkstück, darüber hinaus der altmodische Garten mit der großen hohlen Sonnenuhr. Ratten und Mäuse trieben ihr dreistes Spiel in den verlassenen Wirtschaftsräumen. Gespenstergeschichten über das Herrenhaus gingen bei den Bauern des mageren Gutsdorfes um. Es war noch nicht vergessen, wie man im achtzehnten Jahrhundert von dem alten Obersten von Seyffertitz geplagt worden war, der seine polnischen Kriegsgewohnheiten in diese Gegenden mitbrachte, als er „das alte Eulennest" in die Hand bekam. Hatte er doch sogar die Bauern zu einem Vertrag gezwungen, wonach sie das Bier seiner Gutsbrauerei auch dann, und zwar zum vollen Preise, kaufen sollten, wenn es mißraten und sauer war. Im Hause war kein Fenster, keine Türe, kein Fußboden mehr ganz. Die einzig bepflanzte Stelle war ein kleiner Kartoffelacker, alles andere war Weide für den Gesamtviehstand, bestehend aus zwei Ziegen. Die Ställe und Scheunen waren nahe am Zusammenfallen. Inventar war so gut wie keines vorhanden. Die Felder sahen schlechter aus, als die sämtlichen umliegenden Bauernfelder.

Nach den vielen Sorgen, die das Gut in den ersten Jahren brachte, ist es späterhin — dank der Energie und Umsicht, die Georg Siemens auch auf dem landwirtschaftlichen Gebiete betätigte — zu einem blühenden Mustergute geworden, gleichzeitig zu einem herrlichen Landsitz für die Familie und zu einer Stätte der Gastfreundschaft für den weiten Freundeskreis.

Der Vater scheint zu dem Ankauf von Ahlsdorf durch eine von den Eltern und Vorfahren überkommene Neigung, aber auch durch Erwägungen über die sozialen und politischen Vorteile eines größeren Grundbesitzes bestimmt worden zu sein. Die Tätigkeit als Landrat in einem Kreise, in dem man als Großgrundbesitzer eingesessen ist, verbunden mit einem parlamentarischen Mandat, erschien dem alten Herrn als das Ideal für seinen letzten Lebensabschnitt.

Wie Georg sich zu der Erwerbung von Ahlsdorf stellte, ergibt sich aus folgenden Briefen.

Aus einem Briefe an Antonie von Sperl, Ende Oktober 1858:

„Offen gesagt, der Gutskauf scheint mir ein bißchen verfehlt, Vater ist der Mühe, die er ihm auferlegen wird, nicht mehr recht gewachsen. Er wird alles selbst tun wollen, ohne die rechte Sachkenntnis zu besitzen, und sich sehr wahrscheinlich krank ärgern, wobei die Mutter ihre Stellung kaum wird gewinnen können; und wenn ich es versuchen wollte, ihm die Sachen aus der Hand zu nehmen, so wird es mich viel Zeit kosten, und das wäre jetzt ein für mich sehr schmerzlicher Verlust. Eineinhalb Jahre habe ich schon verbummelt, ein ganzes Jahr geht wieder unter brotlosen Künsten flöten (gemeint ist das Militärjahr), und dann bin ich wahrhaftig nicht mehr zu jung, um daran zu denken, daß ich mir eine selbständige, unabhängige Stellung verschaffen muß. Ich halte nichts mehr vom Gutsbesitzertum in den jetzigen Zeiten, wo der Grundbesitz eine bloße Ware ist, die ebenso oft ihren Besitzer wechselt, wie ein Spekulationspapier, und mehr Mühe macht und weniger Nutzen abwirft, als der Aktienbesitz. Die Zeiten, wo der Grundbesitz etwas galt, sind vorüber, seit es den Bürgerlichen gestattet worden, zu erwerben. Er ist ganz gut für denjenigen, der alle seine Zeit darauf verwenden will, sein Vermögen selbst zu verwalten; wenn es aber nur eine Handhabe sein soll, deren man sich bedient, um etwas zu erreichen, so ist es sicher nicht das beste, eben weil es mehr Mühe macht, ohne mehr Einfluß zu gewähren."

Aus einem Briefe an Rudolf Siemens, 30. Oktober 1858:

„Vater hat Ahlsdorf für 83 000 Taler gekauft. Der Kaufvertrag ist abgeschlossen und wartet nur auf die Genehmigung des Finanzministers. Am ersten Januar wird Anzahlung der Hälfte des Kaufpreises und Übergabe des Gutes stattfinden. Das Geschäft soll gut sein, oder wenigstens gut zu machen, wenn Vater in das ziemlich ruinierte Gut etwa noch 12—15 000 Taler stecken kann. Verpachtet ist es für 2500 Taler ohne die Forst, die freilich bis jetzt nur Geld kostet, aber doch noch auf den Damm zu bringen ist. Daneben wird Vater, der sich jetzt auf drei Monate durch einen Zeitzer Assessor Wölfel vertreten läßt, sich in Torgau und Zeitz als Kandidaten zu den Kammern aufstellen lassen und gedenkt in einem Ort wenigstens durchzukommen. Er war infolgedessen auf acht Tage in Dresden und Torgau. — Auch hier in Berlin herrscht jetzt ein sehr reges Leben, es hat sich ein Wahlkomitee gebildet, woran Vater wenigstens indirekt durch Werner teilnimmt. Sollte Vater scheitern, so wä e das auch kein Pech für ihn, denn erstens würde er seine Praxis wenig r ruinieren, und diese braucht er sehr notwendig, um während der nächsten Jahre sein durch den Kauf etwas derangiertes Vermögen, von dem er gerade nicht sehr viel Zinsen wird ziehen können, wieder zu arrangieren; und zweitens hat er überhaupt mit Ahlsdorf Geschäfte genug, um nie Ruhe zu haben. Nächste Ostern kannst Du mal hinkommen, ev. Deine Frau mitbringen und bauen helfen, denn das Haus besteht nur aus Mauern. Fenster, Türen, Öfen, sogar die Dielen sind in einem ziemlich verdächtigen Zustand, und Vater wird wohl, bloß um sich etwas wohnlich einzurichten, eine ziemlich bedeutende Summe gebrauchen. Das Haus selbst ist ein Gebäude à la Louis XIV., bestehend aus zwei Flügeln mit sehr großen Zimmern, aber leider etwas kleinen Fenstern, die Wände so dick, daß in jedem Fenster ein Tisch und ein Stuhl stehen kann, also mit famosen Nischen (erster Stock), und auch ein sehr schöner, wenn auch verwilderter Park. Es liegt freilich in der platten Ebene, umgeben von Feld; der Wald ist eine gute halbe Stunde entfernt, aber das schadet nichts, denn Kiefernwald ist nicht so schön, daß man seine Abwesenheit gerade sehr vermissen täte. Die Jagd soll gut sein, viel Trappen und sonstiges Ungeziefer. Eine Brennerei fehlt noch, wofür Louis und Hans (Siemens) wahrscheinlich sorgen werden. Denn eine solche ist nötig, damit dem Gute nicht zu viel Dung entzogen wird. Du siehst, ich werde schon selbst Ökonom, wenn auch nicht aus Liebe, so doch aus Einsicht in meinen Nutzen. Eine gewisse Wichtigkeit hat es vielleicht aus pädagogischen Rücksichten, damit die Kinder eine etwas noblere Ansicht vom Geld und dessen Wert gewinnen, wenn sie ihre Eltern damit etwas Nützliches schaffen sehen, aber ich bin schon zu alt, als daß dies noch viel auf mich wirken könnte. Ich habe schon die modernen „jüdischen" Ansichten mir angeeignet."

Georg, der „wenn auch nicht aus Liebe, so doch aus Einsicht in seinen Nutzen" Ökonom wird, der aber im übrigen von dem Grundbesitz im allgemeinen und dem Ankauf von Ahlsdorf im besonderen nicht viel hält, sollte seine Ansicht bald ändern. Die geringe Einschätzung des Grundbesitzes stammte bei ihm aus der antijunkerlichen politischen Atmosphäre, in der er aufgewachsen war. Aber die anfangs notgedrungene Beschäftigung mit der Gutswirtschaft ließ in ihm, neben der Einsicht in seinen Nutzen, bald auch die Liebe zu dieser besonderen Art praktischer Tätigkeit entstehen, und das in einem Maße, daß der Ankauf von Ahlsdorf fast entscheidend für seine Berufswahl geworden wäre.

Georg hatte sich dem juristischen Studium ohne großes Überlegen und Wählen zugewendet. Der Entschluß erschien bei der Stellung, den Verhältnissen und den Anschauungen des Vaters als etwas Selbstverständliches. Gleichfalls selbstverständlich war, daß Georg Siemens nicht ein alltäglicher Durchschnittsjurist werden durfte. Der Vater tat sich auf den „wissenschaftlichen Geist der Familie" viel zu gut; obwohl er selbst in seiner ganzen Betätigung sich ansehnlich über das Mittelmaß hinausgearbeitet hatte, beklagte er häufig, daß es ihm nicht gelungen sei, ein großes Ziel zu erreichen. Was ihm versagt geblieben war, erhoffte er für den Sohn. Georg leistete seine Dienstpflicht erst in vorgerückten Semestern ab. Die von dem Studium gänzlich verschiedene, vorwiegend körperliche Betätigung, die gleichzeitig große, für eine zusammenhängende geistige Beschäftigung jedoch kaum verwendbare Intervalle von freier Zeit ließ, stellte ihn gewissermaßen auf einen Punkt außerhalb seines bisherigen Lebensweges und forderte zu einem kritischen Nachdenken über das heraus, was bisher als selbstverständlich hingenommen worden war. Er kam, für seinen Vater sehr überraschend, zu der Überzeugung, daß die juristische Laufbahn für ihn nichts tauge, und daß die praktische Betätigung in der Landwirtschaft für ihn das Richtige sei. Georgs Vater selbst war ja, wie oben erzählt, in seiner Jugend nahe daran gewesen, die Juristerei mit der Landwirtschaft zu vertauschen.

Zum ersten Male sprach Georg seinem Vater von seinen neuen Absichten in einem undatierten Brief, der im Juni 1859 geschrieben sein muß. Georg ist noch beim Militär und verwaltet in Berlin gleichzeitig die Geschäfte des Vaters, der sich in Ahlsdorf aufhält. Er berichtet über die Eingänge an Geld und an Aufträgen, ferner über die auf Werner bezüglichen Nachrichten, der in Birkenhead auf der Flotte Experimente machte. Außerdem berichtet er, daß die Demobilisierung eifrig betrieben werde, und daß am 1. August die Reserven und die Leute, die drei Jahre gedient hätten, zur Entlassung kommen sollten. Des vielen Exerzierens ist er überdrüssig. Dann kommt er auf sein bevorstehendes Examen zu sprechen:

„Wenn ich mein Examen gemacht haben werde, werde ich um zwei Jahre Urlaub einkommen und während dieser Zeit Landwirtschaft erlernen und dadurch meinen durch allzu vieles Bummeln noch von Heidelberg her heruntergekommenen und faulen Körper und Geist auf den Damm zu bringen suchen. Habe ich dann noch Lust zu anderer Arbeit, so kann ich immer wieder eintreten in die Jurisprudenz und meine erlangten landwirtschaftlichen Kenntnisse bei der Regierung oder im Ackerbau-Ministerium recht gut verwenden. Mündlich will ich einmal nächstens ehrlich mit Dir reden, und Du wirst diesen Plan vernünftig und gut finden."

Es war das Zusammenwirken verschiedenartiger Überlegungen, das Georg zu diesem etwas plötzlichen Entschluß bestimmte. Vor allem ein lebhafter Drang zur praktischen Betätigung, der ihn daran verzweifeln ließ, daß er in einer rein juristischen Beschäftigung sich ausleben könne. Diesen Grund hat er wohl dem Vater gegenüber auch mündlich ganz besonders betont. Der Vater schrieb am 20. Juni 1859 von Berlin aus an die Mutter nach Ahlsdorf:

„Georg hat mir offen gestanden, daß ihm das Studium keine Freude mehr macht. Ich habe ihm gesagt, daß ich ihn dazu nicht nötigen wolle, er solle nur das zweite juristische Examen machen. Das ist keine Hexerei. Wenn wir 1863 das Gut übernehmen (das bis dahin verpachtet war), ist Georg beinahe 24 Jahre alt. Er kann sich dann dort versuchen und behält die Qualität, einmal Landrat zu werden. Nach meiner Überzeugung fehlt es ihm zum Studieren an Liebe zur theoretischen Wissenschaft. Die Anlagen der Menschen sind verschieden. Zu praktischen Dingen hat er größere Neigung, und er mag derselben genügen."

In der Tat war es die eminent praktische Begabung, aber gerade in Verbindung mit einer scharfen theoretischen Auffassung der Dinge und Verhältnisse, der Georg Siemens die größten Erfolge seines Lebens verdanken sollte.

In dem Drange zur praktischen Betätigung bei einer wissenschaftlich veranlagten Natur trat die Geistesverwandtschaft Georgs mit den andern bekannten Mitgliedern seiner Familie zutage, insbesondere mit seinen Vettern Werner und Wilhelm, die ihre großen Erfolge gleichfalls durch die glückliche Vereinigung von praktischer Energie mit der wissenschaftlichen Durchdringung der Gegenstände ihres Arbeitsfeldes erzielt haben, eine Vereinigung, die bei Werner, der praktisch und wissenschaftlich in gleicher Weise schöpferisch wirkte, am stärksten ausgeprägt war. Dieser Siemenssche Familiengeist, der sich in dem zwanzigjährigen Georg um jene Zeit ankündigt, ist nichts anderes, als ein Stück jener Kraft, der Deutschland — bisher das Land der unpraktischen Denker und Dichter — in dem halben Jahrhundert vor dem Kriege seine gewaltigen wirtschaftlichen Fortschritte zu verdanken hatte.

Neben dem Bedürfnis nach praktischer Arbeit war für Georg bestimmend der Drang nach einer einflußreichen und vor allem unabhängigen Stellung. Der vom Vater selbst von der frühesten Zeit an genährte Gedanke einer politischen Betätigung spielte dabei wesentlich mit. Eine Stellung, von der aus eine große politische Wirksamkeit möglich sei, schien ihm aber — die politische Macht des preußischen Grundbesitzes hatte ihm das nahe vor Augen geführt — für einen Rittergutsbesitzer leichter und rascher erreichbar, als für einen mehr oder weniger auf den Staatsdienst angewiesenen Juristen. Von seiner die politischen Vorteile des Grundbesitzes geringschätzenden Ansicht, die er noch ein halbes Jahr zuvor so apodiktisch vertreten hatte, war er gründlich abgekommen.

Daß Georg sich gerade die Landwirtschaft als Feld für seine praktische Betätigung aussuchte, hatte wohl in den Verhältnissen, in die seine Eltern durch den Ankauf von Ahlsdorf gekommen waren, und über die sich Georg sehr genaue Rechenschaft gab, seine besonderen Gründe. Es hätten ihm andere Wege offen gestanden. Vor allem bot ihm sein Vetter Werner damals schon an, in seine Unternehmungen einzutreten. Es wurde schon erwähnt, daß der Justizrat Siemens seinem Vetter Werner, als dieser sich im Jahre 1847 mit Halske zur Begründung der späteren Weltfirma zusammentat, mit dem erforderlichen Anfangskapital zur Hand ging. Er erklärte sich bereit, gegen Beteiligung am Reingewinn bis zu 10 000 Taler einzuschießen. Seine Beteiligung an der Firma dauerte bis zum Jahre 1854; das Ausscheiden war durch geschäftliche Meinungsverschiedenheiten veranlaßt, die aber das persönliche Verhältnis der Vettern nur vorübergehend trübten. Nach dem Abschluß der Firma Siemens & Halske für 1854 betrug das Gesellschaftskapital 262159 Taler, wovon 50000 Taler dem Justizrat Siemens gehörten*).

In der Zeit, die uns hier beschäftigt (1859), war Werner an der Legung des Kabels durch das Rote Meer und von Aden nach Kuradschi beteiligt; ebenso wirkten Walter Siemens und die Siemensschen Ingenieure damals bei der Legung des holländischen Kabels Singapore-Batavia mit. Werner scheint sich damals schon mit einer Verbindung dieser beiden Kabelstrecken und ihrer Verlängerung bis nach Australien

*) Vgl. Ehrenberg, Die Unternehmungen der Gebrüder Siemens, S. 89.

beschäftigt zu haben, wodurch eine einzige große Kabelverbindung von London bis Sidney geschaffen worden wäre. Werner war bereit, Georg nach Beendigung seines Militärjahres nach Aden und Bombay hinauszuschicken.

Inzwischen gestalteten sich die Dinge in Ahlsdorf recht sorgenvoll. Der Vater Siemens hatte sich und seiner Frau nicht nur eine schwere Arbeitslast aufgeladen, sondern auch seine bisher wohlgeordneten Vermögensverhältnisse einer schweren Gefährdung ausgesetzt. Der folgende Brief Georgs an seine Mutter vom 7. Mai 1859 gibt hiervon ein Bild:

„In Berlin sind wir jetzt in einer sehr schlimmen Lage. Es sind in den letzten vier Tagen keine 25 Taler eingegangen, und bei den Kriegsaussichten ist auch keine Hoffnung, daß sich dies sehr ändern wird. Sachen wird Vater wohl genug kriegen, aber kein Geld. Ich habe nicht so viel, um Friederike Auslagegeld geben zu können. Bei solchen Aussichten und bei der Verbindlichkeit Vaters, über drei Jahre 21 000 Taler zu bezahlen, von denen er nur 17 000 Taler disponibel machen kann ohne allzu große Verluste, bei der Aussicht, daß er bei einer Kündigung dem Pächter vieles herausbezahlen müßte, bei der Unmöglichkeit, Geld zu anderen als Wucherzinsen und anders als auf Wechsel zu bekommen, stehen die Sachen mit der Kündigung schlecht. Der Vater will es geradezu aus Verzweiflung tun; ich habe ihm aber energisch davon abgeraten, er kann kein Geld flüssig machen, um aus eigner Tasche die Zinsen an die Seehandlung bezahlen zu können, und jede verspätete Zinszahlung berechtigt diese zu einer Kündigung des sämtlichen Kaufgeldes, wovon sie sicher nicht abstehen würde; infolgedessen käme es zur Subhastation, und Vater hätte von seinem Geld über die Hälfte verloren, abgesehen von den Verlusten, die er bei den Aktien erlitten hat und die er nur durch einen ruhigen längeren Besitz wieder verwinden könnte, und der Blamage des Konkurses. — Er ist jetzt nichts weniger als ein wohlhabender Mann, sondern ein Mann, dessen Verbindlichkeiten für den Augenblick sein Haben übersteigen, da er sein Haben, d. h. die Aktien, wegen Mangels an Käufern nicht in Geld umsetzen kann, selbst wenn er es wollte.

„Das ist eine verfluchte Stellung, wenn man nicht mehr ganz auf eignen Füßen steht.

„So geht es mir auch, ich singe dito das Lied: „Hangen und Bangen in schwebender Pein", während Du wenigstens weißt, wie Du dran bist und etwas zu tun hast, was Vater gegenwärtig nicht einmal kann. Wenn er von seinen vielen Terminen erschöpft nach Hause kommt, macht er sich unangenehme Gedanken, kurz, er tut mir herzlich leid.

„Über meine Stellung weiß ich noch nichts, ob Krieg, ob Frieden. Jedenfalls werde ich für den erwarteten Krieg im voraus eingeschuhriegelt, so daß ich des Abends kaum die Beine heben kann, und meinen Sold verdiene ich mir teuer.

„Vergnüge Dich nach Kräften, aber so billig wie möglich und vergiß nicht Deinen gehorsamen Sohn Georg."

Aus einem Briefe Georgs an seinen Onkel Rudolf Siemens:

„Berlin, 8. 8. 59.

„Du wirst meinen Plan (Landwirt zu werden) nicht für unvernünftig erklären. Entweder ich warte noch sechs Jahre und lerne, um nichts zu nutzen und nichts zu schaffen, oder ich arbeite und lerne noch zwei Jahre und gehe gleich in die Praxis. Entweder ich regiere im allgemeinen, denn Vater behauptet, die Juristen regieren, wenn sie zur Regierung gehen (!) und haben viel, viel Ehre, oder ich regiere im besonderen. Mein Verstand reicht aber nicht dazu aus, um im allgemeinen zu regieren, und ich will es erst anders versuchen. Fühle ich dann noch in mir das Zeug zum ersten, dann kann ich noch immer in das Abgeordnetenhaus kommen und ohne zweites und drittes Examen avancieren. Dann habe ich zwei andere Gründe:

„1. ist die geldliche Lage von Vater durch den Gutskauf erheblich verschlechtert worden. Der Pächter ruiniert, was das Zeug halten will. Vater hat ziemlich 90 000 Taler zu verzinsen und bekommt bloß 40 000 Taler zu fünf Prozent von ihm. Dazu wird das Gut schlechter. Er kann also gerade in den Tagen, wo er nicht mehr arbeiten kann, in eine unangenehme und beschränkte Lage kommen. Ich könnte dann zwar schon Regierungs-Assessor sein, aber warum soll er mit dem sauer verdienten Geld andere mästen, wenn sein Sohn damit mehr erreichen kann.

„2. halte ich es in dieser etwas stürmischen Zeit für eine Pflicht eines jeden, der etwas erreichen will, gleichviel, ob in Groß- oder Kleindeutschland, sich eine einflußreiche, hauptsächlich aber unabhängige Stellung zu erwerben, wo er nichts von dem guten Willen fremder Leute zu erwarten braucht, vergleiche Werner Siemens, dem hier quasi die Leitung der kleindeutschen Bewegung in Kompagnie mit v. Unruh u. a. angetragen werden sollte. Sogar ein Regierungsassessor ist nicht unbedingt abhängig, er ist nur von der Regierung nicht unabhängig. Die höchste Freiheit liegt im Befehlen und die fehlt ihm bedeutend. Warum soll man, wenn man auch das Junkertum glühend haßt, sich seine guten Seiten verhehlen. Die Aussicht auf das Ministerwerden steckt man gewöhnlich auf, wenn man zum Bewußtsein seiner Kräfte gelangt; man wird entweder Geh. Hofrat oder guter Bürger (vergleiche Herwegh); item: ich werde Rittergutsbesitzer.

„Werner hat jetzt großartige neue Unternehmungen vor. Er legt Kabel von England nach Suez und von Aden über Bombay—Batavia nach Sidney. Walter kam infolgedessen gestern von Warschau hier an und reiste nach zehnstündigem Aufenthalt sogleich weiter über London nach Batavia. Meyer*) geht in acht Tagen nach England und dann wahrscheinlich wieder nach Aden. Werner bot mir an, noch umzuschmeißen (denn ich werde gegen aller Willen Bauer) und auch das Examen im Stich zu lassen. Es wäre ein kühner Gedanke. Ich würde dann im November nach Aden und Bombay gehen als Hilfsarbeiter. Ich möchte aber jetzt bei diesen Zeiten in Deutschland bleiben. Die Zeit zum Auswandern ist noch nicht da. Ich bitte um Deinen Rat, gebe Dir aber nur acht Tage Bedenkzeit dazu."

Georg hat in der Folgezeit seine Neigung für den landwirtschaftlichen Beruf zunächst hinter den väterlichen Wünschen zurückgestellt und seine juristische Laufbahn weiterverfolgt. Aber eine Vorliebe für die landwirtschaftliche Tätigkeit hat er immer behalten, und er hat späterhin auch in den Jahren, in denen die Leitung der Deutschen Bank und seine politische Wirksamkeit die größten Anforderungen an seine Arbeitskraft stellten, stets noch die Zeit gefunden, sich bis in die Einzelheiten des Betriebs mit der Verwaltung und rationellen Bewirtschaftung von Ahlsdorf und der später hinzuerworbenen Güter zu befassen.

---

*) Freund und Sozius von Werner von Siemens

Referendar und Assessor.

Nachdem Georg bald nach Ablauf seiner Militärzeit sein erstes Examen bestanden, trat er in Jüterbog als Referendar beim Kreisgericht ein. Er wählte diesen Platz mit Rücksicht auf die Nähe von Ahlsdorf.

Es war eine fröhliche Zeit in jener freundlichen, kleinen Stadt mit dem alten Festungsgemäuer und dem hohen gotischen Ziegeldom, in dessen Sakristei man den plumpen Ablaßkasten Tetzels leider mehr zu bestaunen pflegt, als die schönen gotischen Zierate an Galerien und Zunftschränken. Berlin war rasch zu erreichen, das väterliche Gut lag nur drei Stunden weit. Es gab herrliche Schlittenfahrten dorthin in frischer Winterluft über die weißen Felder, bei hellem Glockengebimmel und Peitschenknall. Auch die weitere Umgebung hatte manchen Reiz. Nahe Ahlsdorf lag Bärwalde, der schattige Herrensitz Achims und Bettinas von Arnim, dann Wiepersdorf, die Ruhestätte des alten friderizianischen Generals von Einsiedel, und das Schlachtfeld von Dennewitz, auf dem auch der alte Onkel Sperl gefochten hatte.

Ein angenehmer Verkehr bestand zwischen den Gerichtsherren und den jungen Offizieren der brandenburgischen Artilleriebrigade, mit denen im sog. Kasino gemeinsam gespeist wurde.

„In deutlicher Erinnerung steht mir der Referendar Siemens," schreibt einer der damals nach Jüterbog kommandierten Offiziere, General Schüler in Berlin, „als ein hagerer Herr von etwas über Mittelgröße mit hellblondem, krausem Haar, klugen forschenden Augen und bleicher Gesichtsfarbe. Er hielt sich gerade, nur der Kopf war leicht nach vorn gebeugt. Die Ähnlichkeit in der Kopfform mit seinem Onkel Werner Siemens war erstaunlich. Er war ein starker Raucher. In der Unterhaltung sprach er meist ruhig, offenbar mit Sorgfalt die Worte wählend und zahlreiche sarkastische Bemerkungen einflechtend."

Von manchem vergnügten Abend und übermütigen Streich wird berichtet. Als das Frühjahr kam, wünschte Georg sich dringend ein Reitpferd, um seine Besuche in Ahlsdorf rascher und ansehnlicher machen zu können. Da der Vater diesen Wunsch für überflüssig hielt, verschaffte sich Georg von einem Metzger ein paar große Ziehhunde und ein kleines Wägelchen. Nachdem er so zum Entsetzen des Gerichtsdirektors und des alten Justizrates ein paarmal von Jüterbog nach Ahlsdorf kutschiert war, wurde ihm das Pferd bewilligt.

Eine köstliche Schilderung der kleinstädtischen Verhältnisse gibt nachfolgender Brief an Rudolf Siemens:

„Jüterbog, 8. 4. 1861.

„Zuerst meinen Dank für die Freundlichkeit, mit der Du Dich Deines in der Verbannung lebenden Neffen erinnert hast. Derselbe lebt zwar in Böotien, es fehlen ihm aber doch nicht die kleinen Gemütsbewegungen, welche das Leben zwar unangenehm, aber doch interessant machen. Es war eine Folge mehrerer interessanter Erlebnisse, die mich ganz vergessen ließ, Deine freundlichen Zeilen zu beantworten.

„Zuerst hatte ich eine Partie Akten verloren, sechs bis sieben Bagatellstücke, die mir zum Dekretieren von meinem vorgesetzten Kreisrichter überschickt waren, und ich beschäftigte mich acht Tage lang mit Schmerzempfinden, Gespenstern von geschwenkten Auskultatoren, Regreßansprüchen, die meinem Vater (horror) bar Geld kosten könnten usw.

„Zweitens aber, und das war fast ebenso schlimm, passierte hier bei dem arrangierten Festessen am 22. März, dem Geburtstag unseres Königs Majestät, folgendes Unglück. Es existiert hier ein Landrat, 76 Jahre alt, evangelischer Konfession, ein Major einer Artillerieabteilung, 32 Jahre alt, ditto evangelisch (der dominus dirigens des Jüterboger Appellationsgerichtes ist als Abgeordneter abwesend). Es existiert drittens eine Verfügung des Königlichen Generalkommandos der Marken, daß der Höchstkommandierende des Ortes es sich nicht nehmen lassen möchte, den Toast auf Seine Majestät auszubringen. Auf Grund dieser Verfügung hatten die beiden Spitzen der Behörde sich geeinigt, daß der Major, dem noch mehr an der Karriere lag als dem Landrat, den Toast auf den Kriegsherrn ausbringen sollte. Dies geschah in sehr herrenhäuslerischen, neupreußischen Ausdrücken. Leider geschah es sehr spät (wir hatten schon sechs bis acht Gerichte Essen und einige Gläser Wein im Magen), und einige Stiefilisten hatten Mut.

„Als nun Hoch geschrien, Tusch geblasen und die Gläser der Anwesenden harmonisch aneinander klangen, kam Dein Vorgänger, Kreisrichter Eckoldstein, stieß mit dem Rat des Landes an und bemerkte sehr laut, aber naiv, daß es ihm sehr unpassend erschiene, daß nicht der Landrat den Toast ausgebracht hätte usw. Mehrere Mitglieder des Gerichts, unter anderen Dein naseweiser Neffe, standen natürlich dabei und fanden das sehr vernünftig. Die sämtlichen anderen Teilnehmer am Festessen fanden dies aber sehr unvernünftig. Der Major hielt eine donnernde Rede, daß wir sehr ungehorsame Untertanen wären, der Landrat aber ein sehr gehorsamer, daß Se. Majestät (nämlich das Generalkommando) selbst befohlen, daß er den Toast ausbringen sollte, und verließ mit sämtlicher anwesenden Soldateska das Lokal. Der Jüterboger Männer, namentlich aber des Gastwirts, bemächtigte sich zuerst Entsetzen und Staunen, nachher Wut gegen die unverschämten Gerichtspersonen. Es fielen einige unverschämte Äußerungen des Wirtes, und Eckoldstein räumte ditto mit seinem Gefolge das Schlachtfeld. Bloß Dein Neffe blieb da. Er fand, daß wenn auch unabsichtlich, doch eine ganz vernünftige Demonstration gemacht sei, und meinte, daß eine gute Gelegenheit gekommen sei, um öffentliche Meinung zu machen. Er machte daher öffentliche Meinung. Da verschiedenen Leuten aber seine Reden zu kühn waren, wurde er gegen verschiedene Bürgerhonoratioren sehr grob. Er hörte nämlich folgenden Plan vorschlagen: Eine Deputation von Ratsherren sollte sich unter dem Vortritt des Bürgermeisters zum Major begeben und erklären, sie hielten die Demonstration für schändlich, bäten um Entschuldigung, daß sie passiert sei, und ersuchten ihn, der königlichen Stadt Jüterbog wieder sein Wohlwollen zuzuwenden.

„Dies fand Dein Neffe, der der Meinung war, daß die Gesellschaft durch das Verlassen des Lokals seitens der Offiziere mehr beleidigt sei, und daß diese um Entschuldigung zu bitten hätten, sehr unpassend. Es geschah auch nicht.

„Die Folge war aber, daß das Militär sich zurückgezogen, daß der früher gemeinschaftliche Mittagstisch aufgehört hat, daß wir und die Leutnants uns nicht mehr kennen, und daß ich, der ich meines Erachtens die Sache vom einzig vernünftigen Standpunkt aufgefaßt habe, allein stehe wie der Fels im Meer; denn die besch — — — Kreisrichter wollten um jeden Preis Versöhnung, sie gaben sich zu der Erklärung her, daß die Sache weder Demonstration noch persönliche Beleidigung gegen die

Militärs hätte sein sollen, daß das Ganze aber ein besch — — — dummer Jungenstreich gewesen.

„Die Versöhnung ist trotzdem nicht erfolgt, und sie schieben die Schuld auf mich. Ich aber, ich habe kein Geld, keine Lust, zu arbeiten, keine Gelegenheit, zu bummeln, die hübschen Mädchen sehen mich alle mit Mißtrauen an; kurz, ich fühle mich namenlos unglücklich und möchte an Deinem Busen ausweinen, vorausgesetzt, daß es in Wittstock kein Militär gibt.

„Sonst nichts Neues. Ich wandle still, bin wenig froh, und immer fragt der Seufzer: Wo (finde ich jemand, der mir Geld borgt)?

„Ich lebe zwar sehr solide, brauche zum Leben aber doch 600 Taler jährlich, selbst wenn ich mich einschränke. Bummeln tue ich gar nicht. Ich gehe jeden Abend um zehn Uhr zu Bett, nachdem ich vorher irgend ein chemisches oder landwirtschaftliches Artikelchen durchgeochst habe; denn mit dem Jus geht es bei mir gar nicht vonstatten. Meine Absichten sind folgende: Ich mache das zweite juristische, das dritte Regierungsexamen, werde Landrat im Schweinitzer Kreis, übernehme das Gut, lasse mich ev. in die Kammer wählen, schließe mich einer Partei an, die unter monarchischer Form möglichst viel selfgovernment in den Gemeinden, möglichst wenig Militär, möglichst wenig Steuern haben will, möglichst wenig von dem affigen Nationalprinzip redet und begriffen hat, daß zwischen einem Staat und einem Volk noch einiger Unterschied ist, die möglichst wenig schwatzt, aber möglichst viel stimmt."

Im Mai und Juni machte Georg seine erste militärische Übung in Brandenburg. Anfang 1863 kam er als Referendar nach Zossen, über das er seiner Mutter folgendes berichtet:

„Zossen, 7. 1. 1863.

„Zossen ist gar kein unangenehmes Städtchen. Ich habe im Wirtshaus zum goldenen Löwen eine wunderhübsche große Stube, gegenüber dem Gericht, die nur den im Winter unangenehmen Fehler hat, daß der Ofen keine luftdichte Türe hat, Holz und Torf liegen hier aber anscheinend auf der Straße. Menschen sind hier in Menge und anscheinend sehr angenehme. Arbeit ist auch genug, und helfen eine Menge Berliner Ausschlächter sie vermehren. Jeden Freitag muß ich nach dem eineinhalb Meilen entfernten Mittenwalde fahren. Mein Kreisrichter holt mich jeden Tag zum Spazierengehen ab, und wir laufen dann auf der Baruther Chaussee so weit, wie es geht, und dann denselben Weg zurück. Denn um die Stadt, die in einer sumpfigen Niederung liegt, gibt es keine Spazierwege als Wall, Anlagen usw. Ob es junge Mädchen gibt, habe ich noch nicht erfahren können.

„Ganz Zossen ist ungeheuer fortschrittlich, und zwar ist diese Tatsache im Laufe von drei Jahren durch die Wirksamkeit eines einzigen Mannes, eines Arztes, herbeigeführt worden. Wenn aber die Stadt auch liberal fest ist, so ist doch die ländliche Bevölkerung zu arm, um gleiche Garantien zu geben. Sie ist liberal geworden, weil der Landrat, ein recht verdienstvoller Mann, mit vieler Zähigkeit es durchgesetzt hat, daß ein zweieinhalb Meilen langer Kanal hergestellt wurde, der die Torfbrüche durchschneidet und entwässert. Da die ganze auf Aktien geborgte Bausumme in der kurzen Zeit von sechzig Jahren amortisiert werden soll, so sind natürlich die Beiträge der einzelnen hoch, und es müssen viel Bauern eine jährliche Summe von 60 und mehr Talern bezahlen. Hierzu tritt die vor nicht langer Zeit in hiesiger Gegend eingeführte Rentenablösung, deren Vorteile man vergißt, deren Nachteile, die jährlichen Ablösungsquoten, ebenfalls dem Landrat in die Schuhe geschoben werden. Endlich das Schlachtgeschrei der Liberalen: „Keine Steuern mehr". — Sie meinen, daß der Kanal (die künftige Quelle des Wohlstandes) eine Last sei so gut wie die Rentenablösung, und wurden liberal. — In einer solchen Bevölkerung kann natürlich nicht viel Nachhaltigkeit stecken, und man kann denn jetzt schon häufig hören: „Na, sie wollen et oben doch eemal, dat kann doch zu nischt nutzen." Sie sind noch immer gewohnt, geführt zu werden. Hoffentlich ist es anderwärts anders.

„Berliner kommen in Mengen hierher und schießen alle Hasen tot, aber sie verbreiten keine besondere Intelligenz."

„Nachschrift: Für die freundliche Übersendung des Wäschekoffers sage ich meinen herzlichsten Dank. Das Bedürfnis nach Wäsche steht immer in Verhältnis zu dem Verkehr, den man zu andern Menschen unterhält, und Du kannst aus demselben entnehmen, daß ich hier durchaus nicht isoliert lebe. Im Gegenteil lesen wir täglich die Vossin und politisieren sehr."

Natürlich, denn nun kam die Zeit, wo die politischen Wogen in Preußen hoch aufbrandeten. König Wilhelm, erfüllt von der Aufgabe, Preußen wieder zu seiner Stellung zur Zeit Friedrichs des Großen emporzuführen, plante die Verdoppelung der Armee. Die liberalen Politiker, überzeugt, daß die dafür nötigen Lasten zu schwer für das Land seien, begannen 1862 die Budgetablehnungen, damit den großen Konflikt. Noch sah kaum jemand den gewaltig kühnen Ernst der Pläne Bismarcks. Georgs Vater nahm in seinem ländlichen Bezirk eine oppositionelle Kandidatur an, Werner Siemens kandidierte in Solingen-Remscheid.

In Georg vollzog sich damals eine die Zukunft vorbereitende Wendung. Neben dem wärmsten politischen Feuer zeigt sich immer mehr der entschiedene Überdruß an der reinen Juristerei, dagegen ein steigendes Interesse für Finanzwirtschaft. Die erste abfällige Kritik richterlicher Tätigkeit findet sich bezeichnenderweise im Verein mit bewundernden Hinblicken auf Werner Siemens' großartiges Wirken in fernen Landen:

„Werner ist in London. Er hat seinen Kontrakt abgeschlossen, um eine Telegraphenlinie in der Kolonie am Kap der guten Hoffnung zu legen, und wird in Paris hoffentlich einen Kontrakt abschließen, um 1500 Meilen Telegraphen in den La Platastaaten zu legen, während ich Bagatellerkenntnisse baue, wovon 24 auf das Dutzend gehen, über Hühnerfutter, Tischler-, Schuster- und Schneiderarbeiten im Werte von 5 bis 10 Silbergroschen, und mich mit schmutzigem Gesindel herumzanke und herumschimpfe, dem ich vergebens auseinanderzusetzen mich bestrebe, daß sie eine Dummheit begehen, wenn sie einen Prozeß führen. Ich will damit nicht behaupten, daß dieses Leben nicht interessant sei, im Gegenteil, es gibt sehr viel Spaß dabei, aber man drischt doch nur fremdes Stroh. . . ."

Damals trat Georg in sehr nahe Beziehung zu Hermann Schulze-Delitzsch, dem Begründer der deutschen Erwerbs- und Wirtschaftsgenossenschaften, der seit 1861 als Abgeordneter in Berlin lebte. Trotz eines Altersunterschiedes von dreißig Jahren konnte man von einer wirklichen Freundschaft zwischen den beiden Männern sprechen. Ein amüsanter Zufall wollte es übrigens, daß Georg Siemens einem Gericht beisaß, vor welchem Schulze-Delitzsch auf Antrag des Berliner Polizeipräsidenten zu fünf Talern Ordnungsstrafe verurteilt wurde. — Unter Schulze-Delitzsch's Einfluß gründete Georg in Zossen eine jetzt noch bestehende Darlehnskasse, sein erstes Bankunternehmen.

Es kam der Krieg gegen Dänemark. Für Georg brachte er keine Gelegenheit, Lorbeeren zu pflücken. Von Anfang April bis Ende August galt es, beim Leibgrenadierregiment zu Frankfurt a. O. als Vizefeldwebel Rekruten zu exerzieren. Die Zahl der verfügbaren Unteroffiziere war äußerst gering. In acht Wochen sollten aus 180 Rekruten ebenso viele feldtüchtige Krieger gemacht werden; waren sie abgerückt so begann die Arbeit mit 180 Mann von neuem. Im September wurde Georg Sekondeleutnant.

Nach dem Friedensschluß galt seine Arbeit der dritten juristischen Prüfung, die er in Berlin am 16. September 1865 vor den Examinatoren Bode, Heineccius und v. Ingersleben mit gutem Erfolg ablegte. Zwischendurch war er gelegentlich in der Presse für juristische Tagesfragen mit Eifer tätig. Ländliche Besitzer hatten reklamiert, das Gesetz über die Gebäudesteuer werde falsch ausgelegt. Georg Siemens vertrat den Standpunkt der Leute, wonach die Steuer dem Gebäude auferlegt werden müsse, während eine ministerielle Denkschrift eine Veranlagung nach dem Ertrag der zum Gebäude gehörigen Grundstücke forderte. Dadurch werde die Steuer zu einer Einkommensteuer, und der Zweck des Gesetzes werde verfehlt. Bei dieser Gelegenheit stellt Georg in einem Briefe an seinen Vater folgende sarkastischen Betrachtungen an über die Technik der politischen Agitation:

„Eine 'Zeitungs-'Argumentation muß meines Erachtens davon ausgehen: Ihr edles Volk habt die politische Bildung mit Löffeln gefressen... Die Argumentation gibt man dann besser durch prägnante Fälle als durch logische Entwicklungen. Berthold Auerbach sagte mir sogar: Es ist nicht möglich, einen guten Zeitungsartikel zu schreiben über Dinge, die man gewissenhaft behandeln will, weil die Antithesen zu sehr abgeschwächt werden. — Der Kreuzzeitungs-Wagner aber drückte sich aus: Jeder Mensch ist in dem, was er versteht, konservativ."

Der Entschluß, Jurist zu bleiben, wurde Georg durch seinen Vater, der ihn gerade in jener Zeit mit gesuchter Schroffheit behandelte, nicht erleichtert. Im Gegensatz zu dem Vater, der stets so tat, als ob er von Georg gar nichts hielte, stand damals schon das Urteil seines Onkels Wilhelm von Sperl. Dieser setzte auf Georg so großes Vertrauen, daß er sogar seine Adoption anbot. Er schrieb: „Ich bin zwar nicht eingefleischter Aristokrat genug, als daß ich ausschließlich meinen Familiennamen ins Spiel bringen wollte. Bei näherer Betrachtung aber der von jeher so eigentümlichen aristokratischen Zustände Preußens, wo die Aristokratie meist hoch oben schwimmt und unverhältnismäßig bevorzugt wird, leuchtet mir doch so viel ein, daß es vielleicht für den herzensguten Georg von wesentlichem Vorteil sein würde, wenn ihm an höchster Stelle durch ein Pergament die Pforten des künftigen Glückes zu einer schnelleren Karriere geöffnet würden. Ich bin der letzte meines Stammes und habe keine direkten Erben. Ich würde über meinen Nachlaß zugunsten meiner Nichte und ihres einzigen wohlgeratenen und wohlgebildeten erwachsenen Sohnes disponieren in der gleichzeitigen Absicht, denselben zu adoptieren . . . Das Endergebnis aber möchte das sein, daß Georg nicht den Namen nach ein Edelmann werde, sondern edler Mensch immerdar sei und bleibe."

Der Familienstolz der Siemens war indessen stärker, als die Aussicht auf die Vorteile einer Standeserhöhung.

Ein dem Anlaß nach recht unbedeutender, aber heftiger Zusammenstoß mit dem Vater erzeugte in Georg den Entschluß, nach dem Rhein zu gehen und das rheinische Examen zu machen. Georg wurde an das Landgericht in Aachen versetzt. Die Übersiedelung erfolgte Ende Februar 1866. Über Land und Leute schrieb er bald darauf:

„Aachen, 6. März 1866.

„Ich kann nicht sagen, woran es liegt, aber mir erscheinen die Rheinländer wie ihre eisernen Öfen. In solchen Öfen ist nichts Gleichmäßiges, Ruhiges. Macht man Feuer darin, so ist es gleich heiß, um eine Stunde darauf wieder kalt zu sein. Das gleichmäßige Warmhalten der Stube ist, wie Du ja von Vaters Stube in Ahlsdorf her weißt, eine große Schwierigkeit. Deshalb liegen die Leute hier auch täglich in der Kneipe, und zwar in Bierkneipen; denn das Bier hat auch hier den Wein in hohem Grade verdrängt. Der Wein kostet die Flasche 10 Sgr. Da nun die Leute hier oft und viel trinken, so gewöhnen sie sich an Bier. Nur der ältere Aachener trinkt noch seinen Wein, so wie der Berliner Philister sein Weißbier vertilgt. Natürlich betrinkt er sich nicht selten; und Trunkenheit ist durchaus nichts Schimpfliches. So war ich neulich dabei, als ein benachbarter Friedensrichter von ungefähr 60 Jahren vergnüglich in eine Pfütze fiel. Die Sache wurde ganz ruhig weitererzählt, ohne daß jemand etwas darin fand.

„Sitzen diese Leute aber fortwährend in den Kneipen, dann können sie zu Hause nichts tun, und ich habe noch keinen besonders originellen Gedanken gehört. Alles ist Schablone, die nur erträglich wird, weil die Leute stets in guter Laune und allerdings phantasiereicher sind, als unsere Landsleute. Philosophen wird das Rheinland nie erzeugen und praktische Männer nur insoweit, als man dies ohne Ruhe sein kann. Sie sind geborene Handelsleute. Ich will versuchen, anderen Umgang zu bekommen, die Kneiperei langweilt mich."

Seinem Vater berichtete er über seine Tätigkeit und seine Eindrücke von dem rheinischen Recht:

„Ich bin hier auf dem Landgericht eingeführt und werde vorläufig auf dem Untersuchungsamt als Instruktionsrichter und als Beisitzer in den Zuchtpolizeisachen (entsprechend den Deputationen für Vergehen) verwendet. Die Arbeit ist bei der Nachbildung, welcher unser Verfahren seit dem Jahre 1848 nach der Analogie des rheinischen unterworfen gewesen, mit einigen Abweichungen genau wie bei uns. Der Unterschied beruht wie bei allen französischen Sachen hauptsächlich in dem bedeutenden Gewicht, welches man der Form der richterlichen Akten beilegt, und der deshalb viel größeren Zahl von Wichtigkeiten, und in dem Umstand, daß der Schwerpunkt für das Aufsuchen der Ermittlungen mehr in der Polizei liegt. Ich kann nicht sagen, daß mir einer dieser Umstände als etwas besonders Lobenswertes erschiene; die Rheinländer sind aber zufrieden. Wenn das Recht der in eine gewisse Form gebrachte Ausdruck der bisher stattgefundenen sozialen Entwicklung ist, dann mag diese Gesetzgebung auch für die Leute passen. Es sind zwischen denselben und unserer Anschauung viel größere Verschiedenheiten, als man annimmt. Die Revolution von 1789 hat hier viel mehr Einfluß gehabt, als man glaubt. Der Begriff „Gemeinde, lokale Selbstverwaltung" usw. ist hier so ziemlich ganz durch die zentralisierende Staatsidee verdrängt worden. Viel mag auch daran liegen, daß die Rheinländer viel mehr Gewerbe treiben, und daß der Blick solcher Leute mehr auf den Weltmarkt gerichtet ist, und daß sie darüber das Naheliegende vergessen."

Aus einem Brief Georgs an seinen Vater:

„Aachen, 26. April 1866.

„In der Justiz passiert nichts Neues. Meine Abneigung gegen den Code wird nicht schwächer. Einige philosophisch vernünftige Prinzipien sind doch nur unvollkommen ausgeführt. Das, was mir noch am besten gefällt, ist der Prozeß — einfach beruhend auf dem Grundsatz der Selbstverantwortlichkeit — und die Eigentumstheorie, die im Code lange nicht so heilig gehalten wird wie bei uns. Das Eigentum ist keine Grundlage, sondern ein Resultat der Kultur."

Über seine eigenen Absichten gibt folgende Stelle aus einem Brief an seinen Vater vom 19. März 1866 wenigstens nach den negativen Seiten hin einigen Aufschluß:

„Aus einer Bemerkung der Mutter fühle ich mich übrigens veranlaßt zu fragen: Wie ist es mit der Aussicht zum Landrat? Ich habe zwar keine Lust dazu, man ist in solcher Stellung augenblicklich in der Ochsentour und tot. Da aber das Landratsamt als ziemlich müheloses — wenn nämlich gut verwaltet, d. h. wenig regiert wird, ein Ruheposten ist, so meine ich, Du könntest nichts Besseres tun, als darauf reflektieren. Wenn Du in Ahlsdorf bist, wirst Du wohl etwas darüber hören."

Die Absicht, sich späterhin dem landwirtschaftlichen Beruf zuzuwenden und daneben eine Landratsstelle zu erhalten, hatte also Georg in jener Zeit völlig aufgegeben. Trotzdem hat er auch die landwirtschaftlichen Verhältnisse der Aachener Gegend mit aufmerksamem Auge betrachtet.

Am 28. April 1866 schrieb er an seinen Vater:

„Ich habe übrigens neulich Gelegenheit gehabt, mehrere ländliche Wirtschaften genauer durchzugehen. Denke Dir, daß ein einfacher Bauer — 56jähriger Mann ohne Schulbildung — seine Kälber nach Dr Grouvens (Direktor der chemischen Versuchsstation in Salzmünde bei Halle) chemischen Fütterungsgesetzen aufzieht, vergleichende Versuche über die Mischung der einzelnen Futterbestandteile anstellt und danach verfährt. Der Mann besitzt 200 Morgen Land. Dabei veranschlagte der Mann alles in Geld und wußte mir über jeden Pfennig Ersparnis Rechenschaft abzulegen. Ich bin dafür einen halben Tag bei ihm geblieben. Lieblingsdünger ist hier auf Wiesen: Steinkohlenasche, von der die Leute große Erträge haben wollen, und worüber mir von einigen Oberförstern die merkwürdigsten Wirkungen bei sauren Wiesen erzählt wurden. — Sch.*) wirft sie auf den Hof."

Über die politischen Verhältnisse seines Bezirks berichtet er an seinen Vater am 17. April 1866:

„Hier herrscht die liberale Partei übrigens jetzt sehr vor. Die klerikale Fraktion, in welcher der alte Adel, ein großer Teil der Magistratur und die vornehm sein wollenden Fabrikanten hauptsächlich vertreten sind, gibt ziemlich klein bei. Zwar gehören ihr der Magistrat und die Stadtverordneten, bei den Wahlen sind sie aber doch geschlagen worden. Auch hier werden friedliche Resolutionen gegen den Bruderkrieg usw. gefaßt. Hierbei gehen übrigens beide Parteien miteinander. Das Gefühl für Preußen ist hier ein sehr geringes. Die Handelsverbindungen der Aachener Fabrikanten gehen meist ins Ausland. Als frühere freie Reichsstadt haben sie sonst ganz bequem gelebt, und die preußische Verwaltung ist daher keine besondere Verbesserung gewesen. Sie gucken auf uns ungefähr, wie der wohlgenährte Schoßhund einer alten Dame auf den hungrigen Hofhund heruntersieht."

Handelspolitische Ideen.

Die Lage Aachens in der Nähe des Schnittpunktes der Grenzen von Preußen, Holland und Belgien, die internationalen Beziehungen der Aachener Industrie mußten einem Beobachter, wie es Georg Siemens war, auf volkswirtschaftlichem und handelspolitischem Gebiet mancherlei Anregungen geben. In seinen Briefen aus jener Zeit finden wir ein Thema erörtert, das Siemens noch in den allerletzten Jahren und Mo-

*) Inspektor in Ahlsdorf.

naten seines Lebens stark beschäftigte, das Thema des Agrar- und Industriestaates. Es ist merkwürdig, mit welcher Prägnanz er schon in jener Zeit, in der Deutschland, alles in allem genommen, noch vorwiegend Agrarstaat war, die Gedanken formulierte, die in einer solchen Zuspitzung erst ein Vierteljahrhundert später die Parteien erhitzten. Der Gedanke nicht nur der wirtschaftlichen, sondern auch der kulturellen Überlegenheit der Industrieländer über die Ackerbaustaaten, der Gedanke, daß sogar eine rationelle Landwirtschaft nur in Industrieländern zur vollen Ausbildung kommen könne, ist damals schon in Georg Siemens wach gewesen. Dabei war er damals ebensowenig doktrinärer Freihändler wie später; im Gegenteil, sein Gedankengang stand eher unter dem Einfluß der Ideen von Friedrich List und Henry Carey, dessen „Grundlagen der Sozialwissenschaft" er damals studierte. Vor allem aber beherrschte ihn damals schon die Idee des untrennbaren Zusammenhangs der nationalen Politik mit den wirtschaftlichen Fragen. Der Krieg zwischen Preußen und Österreich erschien ihm unvermeidlich aus handelspolitischen Gründen. Preußen brauchte Schleswig-Holstein und Hamburg, und Preußen in dieser Erweiterung mußte mit dem Zollverein identisch werden, wenn nicht die deutsche Industrie verkümmern und wenn nicht Deutschland in eine absolute wirtschaftliche Abhängigkeit von England geraten sollte. Der junge Assessor beurteilte damals schon — bei allen Einseitigkeiten und Übertreibungen im einzelnen — die Kriege aus dem Gesichtswinkel der weltpolitischen und volkswirtschaftlichen Zusammenhänge, deren klare Erkenntnis späterhin der Leitstern seiner politischen und kaufmännischen Wirksamkeit geworden ist.

Aus Briefen Georgs an seinen Vater seien folgende Stellen wiedergegeben:

„Aachen, 28. April 1866.

„Auch ich glaube nicht an den Krieg, wenn ich ihn gleich für wünschenswert halte; die Gründe, die mich dazu bestimmen, werden freilich von wenig Personen anerkannt werden. Seit wir nämlich durch Abschließung des französischen Handelsvertrages unsere ganze Handelspolitik verändert haben und aus dem Schutzzollsystem in den Freihandel übergegangen sind, seit diesem Augenblick sind wir in das westeuropäische

System übergegangen und bilden nur ein Land mit Frankreich, England und Belgien. Wollen wir diesen Konkurrenten gegenüber, die uns an Kapital und Macht gegenüber dem Auslande weit voranstehen, unsere Stellung wahren und uns nicht in den Rang von Kolonien zurückdrängen lassen, wie Portugal, die Türken, Jamaika usw., wollen wir nicht reiner Ackerbaustaat werden, unsere Produkte durch englische Schiffe absetzen lassen und unsere Bedürfnisse von Engländern beziehen, wollen wir uns nicht durch fremde Handelsleute, die aus jedem unserer Bedürfnisse eine Kommissionsgebühr für sich zu erwerben wissen, geradezu ausplündern lassen, dann müssen wir Schleswig-Holstein haben, dann muß der Zollverein und Preußen identisch werden. Ich stelle einfach den Satz auf: ohne Schleswig-Holstein und namentlich Hamburg ist unsere Industrie ruiniert. Ackerbau und Sklaverei gehen immer Hand in Hand, wie man in den amerikanischen Südstaaten und Rußland sehen kann. Freiheit ist nur in Industrie- (nicht Handels-) Staaten möglich."

„Aachen, 7. Mai 1866.

„Was Deine Ansichten über den Krieg betrifft, so kann ich mich durch Deine Deduktionen nicht überzeugen lassen.

„I. Freiheit ist nur da möglich, wo den verschiedenen Eigenschaften und Fähigkeiten der Menschen Spielraum zur Entwicklung gegeben wird. Dann tritt die Teilung der Arbeit ein, und es ergänzen sich die verschiedenen Menschen zu einem Ganzen, während doch jeder einzelne gleichberechtigt bleibt. Dies ist nur möglich in einem Lande, wo neben dem Ackerbau auch die Industrie blüht; denn nur in solchem Lande werden Arbeitskräfte gesucht. Es ist aber nicht der Fall in einem lediglich ackerbautreibenden Lande. Dort ist nur eine Beschäftigungsweise möglich, es können daher die Hauptmenge der Menschen ihre Fähigkeiten nur in einer Richtung entwickeln, es fehlt die Möglichkeit, sich gegenseitig zu ergänzen, es fehlt die Konkurrenz im Ankauf der Arbeitskräfte. Der Arbeiter wird gezwungen, seine Arbeit um jeden Preis zu verkaufen, und verzichtet natürlich damit auf seine Freiheit. Alle Erleichterungen unserer ackerbautreibenden Bevölkerung im Mittelalter und in der Neuzeit sind im wesentlichen durch die Industrie veranlaßt worden. Was Du von rationellem Ackerbau sagst, daß er das

Junkertum zerstöre, gebe ich zu; rationeller Ackerbau ist aber nur in einem industriellen Lande möglich. Ein lediglich ackerbautreibendes Land, welches Kolonialwaren usw. braucht, muß von seinen Produkten verkaufen, ohne daß ihm dieselben wieder ersetzt werden. Nach Liebigs Theorie, die seit 1863, wo Liebig seine „naturwissenschaftlichen" (nicht chemischen) Briefe veröffentlicht hat, unangefochten feststeht, ist dies Raubbau, und es muß ein solches Land verarmen. Armut aber führt immer zur Sklaverei.

„II. Es ist aber auch unrichtig, daß Freihandel nur die Wirkung habe, die Kultur dorthin zu bringen, wo die günstigsten Bedingungen für dieselbe vorhanden seien. Dies mag für Utopien richtig sein, nicht für uns. Der Freihandel, eingeführt im gegenwärtigen Zeitpunkt, ist ein Rennen zwischen ungleichen Kräften, zwischen England und Pommern; da hört die Freiheit auf. Der stärkere Konkurrent vernichtet den schwächeren, geradeso wie Siemens & Halske den kleinen telegraphenbauenden Meister in Berlin vernichteten. Der kleine Mann mag noch so viel Fleiß, Sparsamkeit usw. haben, die Chancen werden immer gegen ihn sein. Es wird beim Freihandel niemals möglich sein, in Ostpreußen eine Industrie zu entwickeln; und für die jetzt jährlich dort eintretenden Mißernten weiß ich einen guten Grund, das ist der Mangel jeder einheimischen Industrie.

„III. Der beste Beweis für die Richtigkeit meiner Ansichten ist die englische Geschichte. Die ganze englische Politik ist darauf hinausgegangen, durch hohe Schutzzölle eine eigene Fabrikindustrie zu begründen. In ihren Kolonien haben sie dagegen das Aufblühen einer solchen stets verhindert. Der Abfall der amerikanischen Freistaaten war ja lediglich durch hierauf zielende Maßregeln veranlaßt. Die Kolonien wurden gezwungen, ihre Rohprodukte zur Verarbeitung nach England zu schicken und mit dem dafür gelösten Geld englische Fabrikate zu kaufen. Folge davon war, daß Jamaika, Indien usw. vollständig verarmt sind, weil sie ihre Produkte nur abzüglich der Transportkosten bezahlt erhielten. Demnächst schloß England Freihandelsverträge mit Portugal und der Türkei. Beide Länder sind durch den Freihandel mit England vollständig ruiniert. Der Freihandel hat eine Ruinierung ihrer Industrie und eine Ausbeutung ihres Grund und Bodens durch den

Raubbau zur Folge gehabt. Jetzt suchen die Engländer frische Kunden. Zugleich aber haben die Engländer durch ihre früheren Schiffahrtsakte beinahe den ganzen Transportverkehr an sich gerissen. Sie haben es verstanden, industrielle Länder in ackerbautreibende zu verwandeln, d. h. in jenen Ländern den Produzenten vom Konsumenten zu trennen. Durch ihre Schiffe vermitteln sie nun den Verkehr zwischen diesen beiden Personen und gewinnen doppelt.

„Wollen wir dies verhindern, wollen wir nicht unsere ganzen Waren durch Engländer transportieren lassen und damit von einem fremden Volke abhängig werden, dann müssen wir unsern Handel mit der Zeit hinsichtlich seiner Ausdehnung und seiner Wirkung verändern."

Der Krieg 1866.

Der Aachener Aufenthalt erfuhr im Mai eine Unterbrechung durch den Ausbruch des Krieges mit Österreich.

Georg Siemens wurde zum 1. Rheinischen Infanterie-Regiment No. 25 von Lützow eingezogen und erhielt zunächst das Kommando, die Reserven dieses Regiments nach Schleswig überzuführen. Bis Mitte Juni verblieb er bei seinem Regiment in Schleswig. Dann kam der Marschbefehl nach Hannover. In raschen Märschen ging es von Augustenburg durch Schleswig-Holstein nach Altona, wo das preußische Schiff „Loreley" das Regiment sofort nach Harburg übersetzte. Von da wurde der Marsch auf Hannover fortgesetzt. Von der hannöverschen Armee hieß es, sie sei bei Bremen und Verden konzentriert, aber nicht schlagfertig. Die Aufnahme des Regiments in den Ortschaften war die freundlichste, die Quartiere waren die angenehmsten. Im Wirtshaus zu Hitzstedt fand Siemens „sogar die Kunstgeschichte von Lübke in rot saffianenem Einband auf dem Tisch der Wirtsstube; zudem sind die Leute auch der österreichischen Politik dieses protestantischen Staates durchaus abhold, so daß von einem feindlichen Verhältnis nicht die Rede sein kann". Am 16. Juni erhielt man die hannöversche Kriegserklärung, am 19. bereits befand sich das Regiment in der Hauptstadt.

Georg Siemens liegt bei einer Tante, Frau Auguste Wächter, im Quartier und tröstet „die bedrängten Frauenzimmer, die vor den preußischen Eroberern eine heillose Angst haben" — und allen Ernstes glaubten, Bismarck habe dem Kaiser Napoleon die Rheinprovinzen abgetreten, um in Hannover und Österreich freie Hand zu bekommen.

Wie die Ereignisse für Siemens verliefen, sei hier kurz voraus bemerkt:

Am 27. Juni machte er das Gefecht bei Langensalza mit; sein Regiment hatte starke Verluste, er selbst blieb, obwohl dem heftigsten Kugelregen ausgesetzt, unverletzt. Dann focht er unter Manteuffel auf dem bayrischen Kriegsschauplatz. Am 23. August erhielt er Urlaub, verbrachte einige Tage in Ahlsdorf und Berlin und kehrte am 31. August zu seinem Regiment nach Wiesbaden zurück. Von dort rückte er im September nach Nordschleswig, wo die Demobilisierung erfolgte. Siemens hat aus dem Feldzug fleißig Briefe an seine Eltern geschrieben, die nicht nur rein persönliche Dokumente sind, sondern in mancher Beziehung interessante Beiträge zur Geschichte jenes Krieges darstellen. Einige dieser Briefe sollen deshalb nachstehend wiedergegeben werden.

An die Mutter, Aachen, 6. Mai 1866.

„Soeben sagt mir der Adjutant, daß ich morgen meine Einberufungsorder zu erwarten habe, und daß ich wahrscheinlich nach Köln oder Koblenz geschickt werde.

„Ich bitte Dich daher, mir umgehend meine Uniform und etwas Geld zu schicken. Der Krieg mit Österreich scheint mir nützlich und kommt mir erwünscht. Ich glaube, daß derselbe auch einen Wendepunkt in unserer inneren Politik mit sich bringen wird. Leider werde ich, da ich jetzt zum 3. Armeekorps gehöre, wieder von fern die Geschichte ansehen müssen.

„Hier ist natürlich seit dem 50jährigen Frieden große Aufregung, und man hört nicht wenig Schimpfworte gegen v. Bismarck und den König. Ich glaube indessen doch, daß die Leute dumm sind und unrecht haben. Doch wird der Kurierzug gleich abgehen."

An die Mutter, Augustenburg, Pfingstmontag, 20. Mai 1866.

„... Ich bin noch um 24 Stunden zu früh angekommen, da sich die Ankunft meines Kommandos, das eine Strecke zu Fuß hatte machen müssen, bedeutend verzögert hatte. Man nahm mich sehr freundlich auf, ich aß sehr gut zu Mittag, trank den gewohnten Moselwein zu den gewohnten Preisen à Flasche 10 Sgr., segelte am Nachmittag auf der Augustenburger Bucht spazieren. Am Abend wurde Bier und Wein getrunken, Klavier gespielt, Zeitungen gelesen, deren das Offizierkorps sieben bis acht Stück hält, und des Nachts habe ich gut geschlafen.

„Da das Bataillon nämlich hier seit längerer Zeit liegt, so haben sich die Offiziere die unteren Räume des Schlosses ausmöbliert, sich einen Ökonomen angeschafft, welcher verpflichtet ist, für gewisse Preise ihnen Speisen und Getränke zu beschaffen, und leben so behaglich, wie das nur immer möglich ist. In einem Badeort kann man nicht bequemer leben. Dabei sind alle Aussichten dafür, daß die Leute auch für den Fall eines Krieges hier oben zur Besatzung zurück bleiben werden. ...“

An die Mutter, Augustenburg, 2. Juni 1866.

„... In Alsen wiegt das dänische Element bedeutend vor. Der Deutschen gibt es wenig, und die deutsche Sprache hört man auch wenig. Ich habe mir deshalb auch schon eine dänische Grammatik gekauft. Unsere Soldaten unterhalten sich mit den Dänen freilich weniger mit Hilfe der Grammatik und des Wörterbuches. Sie ziehen den Gebrauch der Faschinenmesser vor, wozu ihnen bei der Widerhaarigkeit der Dänen leider etwas zuviel Gelegenheit gegeben wird, so daß manche Schlägereien vorkommen, die auf die Gemütlichkeit der Rheinländer nicht das schönste Licht werfen. Wie gewöhnlich geben die Frauen und die durch das Bestreben nach ihrer Gunst hervorgerufene Eifersucht den ersten Anlaß zu dergleichen Geschichten, deren Ihr in Ahlsdorf vielleicht auch schon gehabt habt. Übrigens muß man den Däninnen nachsagen, daß das Nationalitätsgefühl bei ihnen in hohem Maß entwickelt ist, und zwar in höherem Grad als die Schönheit, die hie und da etwas zu wünschen übrig läßt. Der Teint ist fein, aber die Figur ungeschickt und der Gang schwerfällig, zudem wird das Gesicht durch eine weiße Nachtmütze, die das ganze Haar und einen Teil der Stirn verdeckt, etwas verunstaltet. Dagegen sind die Männer meist schlanke hübsche Figuren, die gegen unsere kleinen Rheinländer vorteilhaft abstechen.

„Die Beschäftigung ist Ackerbau und namentlich Viehzucht, die durch das feuchte Klima und den dadurch hervorgerufenen Wiesenreichtum sehr bedeutend unterstützt wird. Am 1. Mai wird das Vieh (Kühe — Schafe gibt es nicht) auf die Wiese getrieben, wo es trotz der kalten Nächte bis Ende des Sommers bleibt. Dort wird es gemolken, und ich kann Dir versichern, daß die Augustenburger Sahne, die ich zum Kaffee erhalte, Eurer Schlempefütterungssahne sehr vorzuziehen ist. Gefüttert wird es gar nicht, und in den Stall kommt es auch nicht, so daß ein Wirtschafterinnenposten auf Alsen nicht allzu schwierig sein kann. Auch Brennereien gibt es hier, die aber Getreide brennen. Ich habe die ganze Insel (6 Quadratmeilen groß) nach allen Richtungen durchstreift und noch kein Kartoffelfeld gesehen. Nur Raps, Weizen, Hafer und Wiesen. Über die Fruchtfolge will ich mich noch genauer erkundigen."

Briefe aus den nächsten Tagen berichten, daß das 2. Bataillon, bei dem Georg Siemens stand, am 5. Juni Befehl zum Abmarsch erhielt. Es ging zunächst nach Flensburg, dann nach Itzehoe, um den Zusammentritt der dorthin einberufenen Stände zu verhindern. Über die Stimmung der Bevölkerung schrieb Georg einen Brief vom 12. Juni an seine Mutter.

„... Von der preußenfeindlichen Stimmung auf dem Lande habe ich wenig bemerkt. Wenn ich mich nach den Steuerverhältnissen erkundigte — ihre Grundsteuer ist nämlich etwa die dreifache von der unsrigen — und nicht recht begreifen konnte, daß sie durchaus einen Herzog haben wollten, dann erwiderten sie regelmäßig: „ihnen sei das auch ganz gleichgültig, die Advokaten aber hätten die ganze Geschichte gemacht". — Überhaupt scheinen mir die Leute recht zu haben, welche die Augustenburger Agitation für eine künstliche halten. Die großen Grundbesitzer und Fabrikanten sind dagegen, die Bauern nicht dafür, bleiben also nur die durch die **Doctores juris et medicinae** geführten, dummen, kleinen Handwerker. Ob gerade in diesem lediglich ackerbautreibenden Land diese Personen wirklich der Kern der neu entdeckten schleswig-holsteinischen Nation sind, ist mir doch zweifelhaft."

An den Vater, Hittfeld bei Harburg, 16. Juni 1866.

„Heute früh sind wir von Altona aus auf dem preußischen Schiff „Loreley“ über die Elbe nach Harburg gesetzt und sind dann in der Richtung nach Bremen und Verden marschiert. Es scheint, als ob wir die hannöversche Regierung etwas drängen sollen, sich für Preußen zu erklären. Ich will kurz rekapitulieren, daß wir von Augustenburg durch Schleswig-Holstein in ziemlich raschen Märschen bis Pinneberg (zwei Meilen von Altona) marschiert sind, wo wir nach dem Abmarsch der Österreicher einige Tage ruhig stehen blieben, bis der Bundesbeschluß uns gestern nachmittag ganz plötzlich die Order zum Abrücken nach Harburg brachte. Am Abend trafen wir daselbst ein, um heute bis hierher zu kommen.

„Unsere Absichten sind natürlich die friedlichsten, und wenngleich die Hannoveraner, anstatt sich mit uns zu vereinigen, sich vor uns zurückziehen, so ist es uns allen doch ziemlich zweifellos, daß binnen wenigen Tagen ein Umschwung zugunsten der preußischen Regierung in den politischen Kreisen stattfinden muß. Eventuell würden wir die vollkommen unvorbereitete hannöversche Armee, die bei Bremen und Verden konzentriert sein soll, entwaffnen. Unsere Zahl ist jetzt nicht groß, ich schätze sie (nach der wirklich vorhandenen, nicht nach der Papierzahl) auf 16 000 Mann, sie ist aber den Hannoveranern mindestens gleich, wenn nicht überlegen und scheint, wenigstens nach den bisherigen Dispositionen zu urteilen, gut geführt zu werden.“

An die Mutter, Hittfeld bei Harburg, 17. Juni 1866.

„Ich berichte nur meine Erlebnisse der letzten zwei Tage. Wir sind über Altona und Harburg hierher marschiert und befinden uns jetzt auf der Chaussee nach Bremen und Verden. Einen eigentümlichen Eindruck machte auf uns die überraschende, uns gestern abend erreichende Nachricht der von Hannover erfolgten Kriegserklärung. Wir hatten nämlich bei der wirklich äußerst liebenswürdigen Haltung der Bevölkerung und bei der Abwesenheit aller hannöverschen Truppen angenommen, daß die hannöversche Regierung trotz ihrer blödsinnigen Abstimmung bei dem Bunde doch noch unsere Partei ergreifen würde. Es schien uns dies um so notwendiger, als ihre Armee durchaus nicht auf dem Kriegsfuß war, während wir im besten Zustand in das Land einmarschierten, und als es wirklich nicht abzusehen ist, welche Vorteile Hannover von einem Bündnis mit Österreich zu hoffen hat. Übrigens sind wir alle der Ansicht, daß trotz der Kriegserklärung von hier aus kein Schuß fallen wird. Einmal wird unsere Division vermutlich zur Besetzung des Elbüberganges in hiesiger Gegend bleiben, ohne die Hannoveraner aufzusuchen, andererseits werden die Hannoveraner sich wohl hüten, uns in den Weg zu kommen, da sie zweifellos die empfindlichsten Schläge zu erwarten haben. Wenn wir hier bleiben, in einer recht fruchtbaren Gegend, so können wir uns übrigens gratulieren. Wir trinken täglich sehr guten Bordeaux und essen nach Belieben Kalbsbraten und schlafen in den herrlichen Betten bei dem Apotheker von Hitfeld."

An die Mutter, Hannover, 19. Juni 1866.

„Ich sitze hier bei Tante Auguste am Schreibtisch und will die Gelegenheit benutzen, um Dir mitzuteilen, daß mir nichts passiert ist, und daß ich nach wie vor einem Brief von Dir entgegensehe.

„Mein Regiment bleibt hoffentlich noch einen Tag in Hannover. Unsere Erwartungen sind so oft getäuscht worden, daß wir über unser Schicksal nichts mehr Bestimmtes anzugeben wagen. Für jetzt heißt es, daß wir die Besatzung von Hannover bilden sollen. Was daran ist, weiß man natürlich nicht. Heute früh sind wir von Lüneburg per Bahn hier eingetroffen, und habe ich mich bei Wächters einquartiert, wo die Tante sich die Gelegenheit nicht entgehen ließ, mir ihren Haß gegen Bismarck auszudrücken. Freilich wird die hannöversche Nationalität und die hohe Welfenflamme ein bißchen ins Gedränge geraten.

„Die Tante Auguste sieht nicht gut aus. Meine Gedanken wage ich bei dem langsamen Verlöschen ihrer körperlichen Kräfte nicht auszudrücken. Das aber sehe ich, daß sie seit dem Februar dieses Jahres, wo ich sie zuletzt sah, sehr abgenommen haben. Ihr Geist bleibt indes immer der alte, freundliche, und mag die sorgsame Umgebung zur Aufrechterhaltung desselben beitragen. Eben hat sie mir ein Paar Strümpfe geschenkt.

„Hat der Vater vielleicht einmal an mich geschrieben? Ich habe noch nichts von ihm gesehen. Daß er sich wohlbefindet, weiß ich durch Tante Auguste, weiter aber auch nichts.“

Brief von Frau Auguste Wächter an Frau Justizrat Siemens,
Hannover, 20. Juni 1866.

„Der fürchterliche Krieg hat doch auch seine angenehmen Momente. Ein solcher war es, als gestern morgen Dein lieber Sohn Georg, stärker als je, zu uns ins Zimmer trat. Wir legten natürlich erst als Cousin Beschlag auf seine liebe Person, nachher haben wir uns fürchterlich gestritten und waren erbitterte Feinde, aber Du kannst Dir denken, wie objektiv. Für ihn ist es ja ein Glück, wenn er für seine Sache sich begeistern kann! Wir sehen auf das schwärzeste in die Zukunft! Nicht die Sache der Kleinstaaten vertreten wir, es war ja auch hier so manches faul, aber den Verrat an Italien und Frankreich, den Verlust der Rheinprovinzen, das kann nicht verschmerzt werden.

„Uns geht es natürlich sehr schlecht, aber in dem großen Jammer wiegt der einzelne nicht. Ich hoffe nur, daß diese Zeilen Dich über Deinen Sohn bis hierher gänzlich beruhigen. Er ist ein prächtiger Mensch, und ich fühle, als ob ich meinen Einzigen vor mir hätte. Gott wird ihn Dir bewahren!

„Meine Feder jagt — Du kannst Dir denken, wie es hier im Hause steht, denn die dienenden Kräfte liegen brach, und die eigene Hand muß alles tun. Und doch ist es das beste, da man dann nicht zu denken braucht.“

Es sei hier eine kleine Anekdote eingeschaltet.

Georg wurde, nachdem sein Regiment in Hannover eingerückt war, sofort zur Besetzung des Telegraphenamtes kommandiert. Er erzählte später gerne einen heiteren Zwischenfall. Als er sich sehr ermüdet in eine Ecke gesetzt hatte und beinahe eingeschlafen war, begann der Apparat zu ticken. Mit der Sprache des Telegraphen durch seinen Verkehr bei Siemens & Halske vertraut, verstand Georg sofort, daß es sich um wichtige Meldungen der Hannoveraner über die Main-Armee handelte, und er legte Beschlag auf die Depesche. — Abends wurde der Vorfall bei Wächters erzählt, ohne daß man wußte, daß Georg der Hauptbeteiligte war, und man fragte ihn staunend: „Sind denn alle preußischen Offiziere so ausgebildet, daß sie sogar das Ticken des Telegraphen verstehen?"

Brief an den Vater, Göttingen, 24. Juni 1866.

„Gestern haben wir in der Nähe von Göttingen in ziemlich engen Quartieren gelegen, weil angenommen wurde, daß die Hannoveraner sich noch in der Nähe befinden sollten. Heute hörten wir plötzlich, daß dieselben schon seit drei Tagen abgerückt seien, und fahren nun binnen einer Stunde nach Kassel, resp. weiter, um uns mit den anderen Korps zu vereinigen, die sich mit der Reichsexekutionsarmee herumpauken sollen. Die Hannoveraner sollen sich in Thüringen befinden. Vielleicht hat Onkel Mohring in Nordhausen einen kleinen Besuch ihrerseits erhalten. Über die Stimmung hier ist nichts zu berichten, als daß die Hannoveraner still, wir aber desto vergnügter sind. Obrigkeiten existieren für uns nicht, in Harzburg sind wir eingerückt, ohne daß man uns gefragt hätte, ob wir etwas Steuerbares zu verzollen hätten. In Hannover habe ich neulich von nachts 11 Uhr bis morgens 2½ Uhr, um auf den uns nach Seesen fahrenden Zug zu warten, auf dem grünen Rasenplatz vor dem Bahnhof gelegen und geschlafen, ohne als Bummler arretiert zu werden. Kurz, wir erlauben uns alle möglichen — von der Polizei verbotenen — Handlungen.

„Hier wohne ich bei Sr. Exzellenz dem Kgl. Hannöv. Wirkl. Geh. Rat Wedemeier, Minister a. D., und trinke Rotwein. Es ist nämlich von dem kommandierenden General v. Falkenstein ein Verpflegungsreglement erlassen, wonach jeder Offizier täglich Suppe, Fleisch, Gemüse, Braten und Kompott nebst einer Flasche Wein zu erhalten hat, wofür wir ihm sehr dankbar sind, weil gute Nahrung doch mächtig dazu hilft, die uns zugemuteten Strapazen zu ertragen, während die Hannoveraner freilich an diesem Reglement hier und da etwas auszusetzen haben. Doch genug von uns.

„In der letzten Stunde vor dem Ausmarsch gestern abend erhielt ich noch das Paket der Mutter mit den Hemden, für die ich nicht genug dankbar sein kann. Wächters, bei denen ich einquartiert war, sowie Oldekopp sind wohl. In Hannover ist es diese Woche bunt zugegangen. Alles kam so überraschend schnell für die Leute, daß sie den Kopf verloren. Jeder suchte sich eiligst mit Lebensmitteln zu versehen, Aufkäufer glaubten gute Geschäfte machen zu können, die Preise stiegen auf das unglaublichste, bis das preußische Militär die Sache in die Hand nahm, Soldaten wurden in die Läden beordert und verkauften zu vernünftigen Preisen."

An die Mutter, Warza b. Gotha, 29. Juni 1866.

„Ich bin Dir eine Schilderung derjenigen Erlebnisse schuldig, die mir seit meinem Göttinger Briefe passiert sind.

„Am Nachmittag unseres Einrückens in Göttingen daselbst erfuhren wir, daß die Hannoveraner bei Langensalza im Preußischen stünden, und erhielten Order, sogleich per Eisenbahn über Oschersleben, Magdeburg und Eisenach dorthin zu marschieren. Am Abend 7 Uhr rückten wir auf den Bahnhof, kamen aber, da alle Eisenbahnbeamten ausgerissen waren, erst am andern Morgen 10 Uhr zur Abfahrt. Vor uns waren in gleicher Weise das 11. Regiment und das erste Bataillon des 25. Regiments abgerückt.

„Am andern Morgen 7 Uhr trafen wir in Gotha ein, wo wir hielten, weil inzwischen die Eisenbahn von Gotha nach Eisenach zerstört worden war, und marschierten sogleich in der Richtung auf Langensalza weiter. Eine Meile vor diesem Ort sahen wir die ersten Hannoveraner und machten Halt, weil einmal unsere Leute noch nicht alle beisammen waren, und weil die eingetroffenen Linienbataillone durch schlechte Quartiere, die wir kurz vor Göttingen gehabt hatten und durch zweimaliges Fehlen der Nachtruhe doch sehr ermüdet waren. Wir gingen zurück bis nach Warza, wo wir bei angenehmem Wetter biwakierten. Am andern (Mittwoch) Morgen war alles zusammen. 5 Linienbataillone, 2 Bataillone Koburger Jäger, 5 Landwehrbataillone (die Torgauer, Herzberger und Oscherslebener, sowie die Berliner Bataillone: 20. und 32. Regiment) und 3 Batterien, wovon eine gezogene. Kavallerie hatten wir leider nur zwei Schwadronen. Damit ging es nun vorwärts. Eine halbe Meile vor Langensalza fiel der erste Kanonenschuß, der wirklich die angenehmste und fröhlichste Aufregung hervorrief. Die Hannoveraner zogen sich immer weiter zurück, bis hinter Langensalza, wo sie bei einem Dorf Merxleben Stellung nahmen. Dieselbe war wunderhübsch gewählt. Das Dorf liegt auf einem Berge, davor zwei tiefe Gräben oder Bäche, die wir überschreiten mußten. Um 9½ Uhr fielen die ersten Gewehrschüsse. Unser Regiment sollte auf der linken Seite in das Dorf dringen, das 11. Regiment und die Landwehr scheint Order gehabt zu haben, von der rechten Seite einzudringen. Ich wurde mit meinem Zuge so geschickt, daß ich nebst mehreren anderen das Dorf von vorn zu beobachten und die Verbindung aufrechtzuerhalten hatte. Unsere Leute gingen wunderhübsch vor, sie wurden zwar etwas blaß, als die ersten Leute fielen, aber folgten doch ganz fröhlich, wenn man sich etwas exponierte. Ich kam denn auch mit unseren Schützen über die beiden Gräben weg bis dicht vor das Dorf und glaube, durch unser Feuer den Hannoveranern, die wiederholt mit Infanterie und Kavallerie dort delogierten, großen Schaden getan zu haben; denn sie kehrten an den von uns beobachteten Stellen stets um, und zwar mit Hinterlassung vieler Leichen. Plötzlich aber wurden mir mehrere Leute von hinten erschossen, und ich sah nunmehr, daß die Hannoveraner, die den beiden Bataillonen unseres Regiments mit einer Brigade gegenüberstanden, dieselben in großen Massen umgangen hatten, und daß dieselben, arg zusammengeschossen, zurückgegangen waren. Bei diesem Zurückgehen pfiffen die Kugeln um uns her, wie ich es kaum für möglich gehalten hatte, und es fielen viele Leute. Ich bin aber, ob ich gleich ganz hinten war und wiederholt bei den Verwundeten blieb, von denen ich einige noch ein Stück weit mitnahm, und obgleich die Hannoveraner auf 80 Schritt uns beschossen, ganz glücklich davongekommen. Eine Kugel zerriß mir das Band meiner Schnapsflasche. Ich habe dieselbe aber doch noch mitgenommen und bei der furchtbaren Hitze noch manchen mit dem aus dem Graben geschöpften Wasser erquickt. Diese Gräben haben uns überhaupt große Dienste geleistet. Unsere Leute waren, da schon im Biwak Wassermangel geherrscht hatte, und da in Langensalza, wo wir auf Wasser gerechnet hatten, nicht Halt gemacht wurde, vollständig verdurstet und erschöpft und konnten kaum noch vorwärts. Als ich nun von ihnen verlangte, daß sie etwa 200 Schritt im fremden Feuer vorwärts laufen sollten, da meinten sie, das könnten sie nicht. Ich lief nun mit einigen wenigen nach vorn und schrie den anderen zu, daß Wasser da sei. Da kamen sie denn auch beinahe alle nachgegangen, weil Laufen ihnen unmöglich war. Diese tranken sich satt und blieben im Gefecht munter. Die anderen, die nicht an Gräben waren, hatten es viel schlimmer. So hatte ich denn beim Durchwaten derselben viel Wasser in meine Kniestiefel bekommen. Als ich nun dieses Wasser herauslaufen ließ, hielten die armen Menschen ihre Kochgeschirre unter und drängten sich um das schmutzigste aller Wasser mit der größten Gier. Beim Rückzug wurden denn auch viele gefangen.

„Am andern Morgen zählte der Verlust unseres Bataillons 6 Offiziere und 406 Mann, während das erste Bataillon 9 Offiziere und 300 Mann verlor. Von diesen letzten kamen aber heute 200 Mann wieder an, die in hannöversche Gefangenschaft geraten waren, so daß wir an Toten und Verwundeten nur 4 Offiziere, unsern Arzt und etwa 200 Mann verloren haben — was immer noch 25% ausmacht. Freilich ist bis jetzt nur der geringere Teil tot. Als unsere Bataillone abmarschiert waren, blieb ich noch mit einigen 20 Mann im Gefecht und schloß mich dem 11. Regiment an, so daß ich auch das Ende gesehen habe. Es war eine wahre Freude, wie namentlich unsere Rheinländer trotz der ungemeinen Übermacht der Hannoveraner, die etwa 18 000 Mann gegenüber 7000 Mann hatten, und trotz ihrer Verluste sich schnell wieder formierten, so daß von Verfolgung gar nicht die Rede sein konnte. Wir haben denn auch die Nacht bei dem hiesigen Dorfe biwakiert, und zwar vor dem Ort, von dem aus wir zum Gefecht vorrückten, so daß wir nicht einen Fuß Terrain verloren haben.

„Heute ist die Nachricht von einer Konvention eingetroffen, und sind wir hier in Warza einquartiert, wo ich zum erstenmal — seit dem ersten Tage, wo wir nach Hannover kamen, wieder ins Bett komme. Vorläufig wird man uns wohl gestatten, uns ein paar Tage auszuruhen, und will ich nun nach Gotha reiten und den Brief zur Post bringen."

An den Vater, Eichrodt bei Eisenach, 2. Juli 1866.

„... Wir sind inzwischen aus unseren Quartieren wieder ausmarschiert und über Gotha nach Ohrdruff und Georgenthal marschiert, weil sich das Gerücht verbreitet hatte, daß die Bayern in Suhl ständen. Als sich die Nachricht als falsch herausstellte, gingen wir wieder über Gotha zurück hierher, wo wir todmüde gegen 12 Uhr abends eintrafen. Marschiert wird jetzt viel, und man wird manchmal über die Mäßigkeit unserer guten Sachsen recht wehmütig, die da annehmen, daß man unsere Strapazen mit Hilfe von einem Schälchen Kaffee und einem Stückchen Schwarzbrot wochenlang aushalten könne. Doch es geht gut. Hier liege ich nun bis morgen früh und habe von meiner Quartierswirtin eben die tröstliche Versicherung empfangen, daß von einem Bett nicht die Rede sein könne, weil die ihrigen infolge der gestern einquartierten Offiziere voller Läuse seien. Da nun solche Tierchen manchmal recht unangenehm beißen, so werde ich mir mit der gewohnten Streu weiter helfen. ...

„Zwei Tage nach dem Gefecht wurde ich von meinem Major nach Langensalza kommandiert, um die auf dem Schlachtfeld befindlichen Waffen zu sammeln. Ich habe mir bei dieser Gelegenheit die Geschichte noch einmal angesehen und mich wirklich über die Dreistigkeit gewundert, mit der unsere Leute gegenüber einer Position, gegen welche Düppel eine Kleinigkeit ist, vorgegangen sind. Daß sie sich gut gemacht haben, ergibt folgende hannöversche Verlustliste (welche offiziell ist und mir von einem Major des 5. hannöverschen Infanterie-Regiments gegeben wurde):

tot: 22 Offiziere, 212 Mann;
verwundet: 78 Offiziere, 812 Mann;
vermißt: 6 Offiziere, 812 Mann;
Summa: 106 Offiziere und 2000 Mann.

„Da die Hannoveraner keine Gefangenen verloren haben, so sind die Vermißten (exkl. natürlich Deserteure) zum größten Teil auch als verwundet anzusehen.

„Der Hauptverlust ist beiderseitig durch Infanteriefeuer veranlaßt, welches überhaupt im Gefecht den unangenehmsten Eindruck machte, während man sich an die Geschützkugeln sehr schnell gewöhnte.

„Über unsere Bestimmung ist wenig bekannt. Es scheint, als ob Manteuffel, unser Kommandeur, nicht gern unter anderen Generalen stehen will und daher für seine Division eine besondere Bestimmung als „fliegendes Korps" sich hat — durch seinen Einfluß bei der Hofpartei — anweisen lassen. Wir fliegen denn auch munter, das Gewehr auf dem Buckel, von einem Ort zum andern, und ich muß gestehen, daß es mir ganz gut gefallen würde, wenn nur nicht diese abscheuliche Müdigkeit wäre. Den Leuten wurden bisher zwar die Tornister gefahren, da das Fuhrwerk aber nicht mehr zu schaffen, so hört diese Fahrerei von morgen ab auf, und wir tragen die Geschichte munter weiter. Wohin wir fliegen, ist nicht bekannt; wir haben auch keine Idee darüber, da wir seit Hannover nicht mehr in Städte gekommen sind und von Zeitungen seit dieser Zeit auch kein Blatt gesehen haben. Wir sind zwar auf neun Zeitungen abonniert, aber es kommt keine einzige in unsere Hände, und wir wissen daher nicht das Mindeste über Bewegung der bayrischen und süddeutschen Truppen, resp. über die Stellung des bayrischen (preußischen) Korps, welches sich bei Kassel aufhalten soll.

„Meine Gesundheit ist vortrefflich, und die Abendmüdigkeit hilft mir zu einem Schlaf, um den Ihr mich ohne Ausnahme beneiden würdet. Leider ist das Wetter, fortwährend Regen, nicht danach angetan, um einen für die Schönheiten der Gegend besonders empfänglich zu machen. Ich denke indessen, daß, weil alles bisher so gut gegangen, auch das übrige sich noch machen wird."

An die Mutter, Borsch bei Geisa, 7. Juli 1866.

„Heute haben wir Ruhetag, den wir allerdings zum Reinigen unserer Sachen ganz gut gebrauchen können, und ich denke, daß die Bayern, die zwei Stunden von uns links seitwärts stehen, bei dem in Strömen vom Himmel fallenden Regen uns in Frieden lassen werden. Wir tun ihnen gewiß nichts. Vorgestern schien es zum Gefecht kommen zu sollen, weil die Bayern unserer Avantgarde standgehalten hatten. Als wir aber aufmarschiert waren (die Langensalzaer Regimenter stehen augenblicklich in der Reserve) und immer auf den Kanonendonner warteten, blieb alles stille, und es kam die Benachrichtigung, daß die Knödelfresser zurückgegangen seien. Wir sind infolgedessen auch abmarschiert und bewegen uns nach Fulda zu, wo wir hoffentlich morgen abend gut schlafen werden. Ich vermute, daß unser Korps dazu bestimmt ist, bei den Herren Bankiers in Frankfurt a. M. sich zu amüsieren. Die Herren Bundesritter werden uns dabei hoffentlich nicht allzu hinderlich sein, und was die Kugeln anbetrifft, so können sie nicht schlimmer pfeifen als bei Langensalza.

„Der Aufenthalt in Feindesland ist übrigens für uns ziemlich wesentlich, weil nach dem Falkensteinschen Verpflegungsreglement in diesem Falle jeder Offizier pro Tag eine Flasche Wein von seinem Quartiergeber zu verlangen hat und sein Quartier nicht zu bezahlen braucht. Man kann nicht besser verpflegt sein als in Feindesland, und man leidet nirgends mehr Hunger und lebt nirgends teurer als bei seinen guten Freunden, das habe ich im Thüringer Wald gesehen.

„Eine Bitte habe ich noch. Zeitungen haben wir hier gar keine, und ich möchte doch gern eine Berliner Zeitung lesen, um sowohl in bezug auf die Kriegsnachrichten, als auf die Politik au fait zu bleiben. Wir haben zwar gehört, daß die Österreicher geschlagen sind (am 3. d. M.), aber wir wissen davon nichts Näheres. Zugleich würde es mir sehr angenehm sein, wenn ich eine gute Karte der Fuldaer, Wetzlarer und Frankfurter Gegend auf Leinewand aufgezogen kriegen könnte. Alle unsere Karten reichen nämlich weitestens bis Fulda und sind somit von morgen ab unbrauchbar. Sonst nichts Neues, als daß ich mich trotz des vielfachen Regens sehr wohlfühle und in der hiesigen, reizenden Gegend (Rhön) jeden Abend auf irgendeinen Berg klettere, um mich umzusehen. Angesichts der Bayern werden unsere Märsche natürlich ziemlich klein gemacht (zwei bis drei Meilen den Tag), und da ist man denn ganz munter und hat vor dem Abendbrot immer Zeit zu dem einen oder anderen Spaziergang.

„Ich möchte ganz gern meine Briefe so einrichten, daß sie zu Zeitungskorrespondenzen brauchbar wären, aber in unserer Lage, wo man gar nichts erfährt, ist das unmöglich. Was bei unserer noch immer nicht konzentrierten Armee passiert, wißt Ihr in Berlin ja immer viel früher als wir. In Düppel lag die Geschichte ganz anders wie bei uns. Vielleicht ändert sich die Sache, nun Falkenstein das Oberkommando ergriffen hat. Bis jetzt waren wir drei selbständige Armeen unter Bayer,

Manteuffel und Göben, die alle auf ihre eigene Hand operierten. Wünschenswert wäre jedenfalls eine gute Konzentration gegenüber den dreifach überlegenen Kräften der Bayern, Württemberger, Nassauer, Hessen und Badenser, wenn ich auch nicht leugnen will, daß in einem Gebirge wie dem unsrigen, eine solche sehr schwierig, ja vielleicht unmöglich ist. Jedenfalls kann eine entscheidende Schlacht nicht früher als dicht bei Frankfurt kommen, weil nur in der Ebene die beiderseitigen Kräfte entwickelt werden können.

„Schreib mir, ob der Vater gewählt ist, und wie sich die politischen Stellungen der Kammerparteien ändern. Daß sie sich ändern müssen, ist mir zweifellos, und ich hoffe noch immer, daß der begründete Haß gegen die Junkerpartei die Fortschrittspartei nicht zur Ruinierung des Staates und zu ihrer eigenen Vernichtung treiben wird.

„Werner wünsche ich eine baldige Bekehrung. Er soll nicht mit Löwe und Twesten in eine Sackgasse reiten und sich unmöglich machen."

An den Vater, Kissingen, 11. Juli 1866.

„Ich schreibe Dir hier auf der grünen Wiese zwischen der Stadt und der Saale rechts von der Chaussee, wo unser Bataillon kampiert, nachdem unsere Vorhut gestern die Bayern nach hitzigem Gefecht aus Kissingen auf Schweinfurt zurückgetrieben hat. Unser Bataillon, das gestern noch kurz hinter Fulda stand, ist durch einen Gewaltmarsch bis dicht vor Kissingen gerückt....

„... In das Gefecht kommen wir heute und morgen nicht. Übrigens sind alle die hiesigen Gefechte, die mit gleichen Kräften geführt werden, nicht halb so blutig, wie das Langensalzaer, und wir sind alle fest überzeugt, daß auch in Böhmen bei keinem Regiment solche Verluste vorgekommen sind, wie wir sie hatten.

„Aus der Zeitung habe ich gesehen, daß Du durchgefallen bist, und freue mich herzlich. Werner und seine Gesinnungsgenossen werden sich vollständig ruinieren. Leider wird durch ihre Haltung auch die ganze liberale Partei mitruiniert. Daß man Robert (?) und Arnold Ruge nicht für Übergänger erklären wird, liegt auf der Hand, und doch stimmen sie alle für Krieg und Geldbewilligung. Doch das Schreiben auf dem Bauche liegend ist mühsam."

An den Vater, Dorf Obernau bei Aschaffenburg, 18. Juli 1866.

„Nachdem wir sieben Nächte hintereinander ohne Stroh biwakiert und des Tags über in der größten Hitze tüchtige Märsche gemacht, liegen wir seit vorgestern still auf Vorposten, und ich habe wenigstens eine Nacht in einem Bette geschlafen.

„Nachdem Hessen-Darmstadt am 13. bei Laufach und Österreich am 14. bei Aschaffenburg tüchtig abgeklopft worden, letztere hatten ca. 3000 Gefangene verloren (worunter sehr viele Italiener, die übergingen), liegen wir auf Vorposten gegen die Badenser, von denen unsere Dragoner heute früh die ersten Gefangenen eingebracht haben, ohne mehr wie zwei Verwundete dabei verloren zu haben.

„Die Division Göben ist schon in Frankfurt, und werden wir wahrscheinlich südlich über den Main uns wenden.

„Zu größeren Gefechten wird es nicht mehr kommen. Es herrscht nämlich zwischen Falkenstein und Manteuffel eine gewisse Verstimmung, die zur Folge hat, daß Manteuffel bei größeren Affären immer hinten in der Reserve steht. Natürlich machen wir, sobald Gefechtsgerüchte kommen, immer die furchtbarsten Märsche, um noch heranzukommen, erscheinen aber stets zu spät, um noch irgendeinen tätigen Anteil am Gefecht zu nehmen. So ging es bei Kissingen, wo nur einzelne Bataillone ins Gefecht kamen, so bei Laufach, so bei Aschaffenburg.

„Ob wir uns nunmehr wieder rückwärts wenden, gegen die Bayern, die sich bei Würzburg konzentriert haben, oder gegen die Badenser, die bei Wörth und Mildenburg stehen müssen, wissen wir nicht. Die Bundesarmee aber, die sich in Mainz eingeschlossen zu haben scheint, dürfte dem Manteuffelschen Korps entgangen sein.

„Meine Gesundheit ist trotz des Biwakierens ganz vortrefflich. Wir futtern uns hier wieder heraus, ich habe heute sogar Würzburger Champagner getrunken und noch eine Flasche in meinem Koffer. Bier ist allerdings alle, aber Wein gibt es zu billigen Preisen in Unmasse, was unsere Rheinländer höchst vergnügt macht. Daß unsere Kleidung nicht mehr ganz courfähig ist, liegt auf der Hand, indessen sieht man bei Feldsoldaten darüber wohl hinweg.

„Die Karte habe ich bekommen und sage meinen besten Dank; nur fürchte ich, daß sie nicht weit genug reichen wird, und bitte Dich, nach Möglichkeit nach recht genauen Karten von Süddeutschland, Baden und Württemberg doch umschauen zu wollen. Bei unserm Bataillon ist keine Karte außer der meinigen, und doch hängt von einer solchen Karte oft viel ab.

„Neulich wurde in einem Spessarttal, unweit Lohr, bei Sonnenuntergang ein Gottesdienst abgehalten, der auf uns alle einen unauslöschlichen Eindruck gemacht hat. Die tägliche Gefahr ruft in vielen Menschen doch eine gewisse Religiosität wach. Denke Dir also in einem tiefen Tale, umgeben von bewaldeten Bergen, eine Versammlung von 3000 Menschen, lauschend auf einen guten Redner, empfänglich für jeden Eindruck; dies mahnt wirklich an die Versammlungen der ersten Christen, und ich habe, dem Eindruck mich fügend, die Choräle wirklich höchst andächtig mitgesungen.

„Der Mutter Brief hat mir große Freude gemacht, sage ihr dafür meinen besten Dank. Namentlich wenn man in den wundervollen Nächten, auf dem Rücken liegend, vor den Wachtfeuern, die von Tausenden von Menschen umgeben sind, seinen Blick auf den prachtvollen Sternenhimmel richtet, der sich so schön von dem schwarzen Gebirge abhebt, dann überfällt einen etwas wie Sehnsucht nach Ruhe und friedlichem Genuß des Lebens, und dann bemächtigt sich des armen Menschengeschöpfes eine Reihe von Gedanken, die einem Lebenszeichen aus der Heimat sehr erwünscht machen. Ich denke, die Cholera wird Euch fernbleiben. Eventuell bleibt Euch, wenn es in Berlin gefährlich werden sollte, noch immer Ahlsdorf oder ein Aufenthalt an der Seeküste.

„Denkst Du noch immer an Stolzenhain? Es wird billig werden, und der Krieg mit Frankreich scheint mir doch unmöglich. Für den günstigen Ausgang des jetzigen bin ich wenig besorgt. Im mittelstaatlichen Lager ist auf die Überhebung Entmutigung und, was schlimmer ist, Mißtrauen und Zwiespalt gefolgt. Wir werden uns hier halten, bis ein zweiter Sieg in Böhmen dort ein paar Divisionen frei macht. Dann werden wir mit all den verschiedenen Armeen, Österreichern, Bayern, Württembergern, Badensern, Darmstädtern, Kurhessen und Nassauern fertig. Die Schwarzburg-Rudolstädter nicht mitgerechnet. Doch der Adjutant reitet eben ab."

An die Mutter, Biwak bei Wörth am Main, 22. Juli 1866.

„Ich schreibe bei schönem Sonnenuntergang im Maintal am Fuß einer schönen Ruine, daß ich mich wohl befinde und heute abend nach Genuß eines guten Beefsteaks und einer Flasche Forster Traminer sehr gut zu schlafen hoffe.

„Wir hatten heute auf ein Gefecht mit den Badensern gehofft. Die Herren sind aber nach Hause gegangen. Unser Weg wird uns nach Stuttgart führen. Vielleicht werden dadurch einige neue Regierungspräsidenten-, oder Kreisrichterstellen frei, von denen eine für mich zu annektieren ist.

„Wir sind alle voll guter Hoffnung. Wenn auch im Militär der Sinn für die politische Wichtigkeit des jüngst erfochtenen Sieges noch wenig erwacht ist, und wenn auch das militärische Schlagen noch für den Hauptzweck gehalten wird, so ändert dies doch nichts an der Sachlage, daß nunmehr durch unsere Armee endlich eine Aussicht auf Einigung Deutschlands und auf Verwirklichung unserer nationalen Ziele geschaffen ist.

„Vielleicht hört nun auch das Mißtrauen gegen Bismarck auf. Vielleicht überzeugen sich die Bierpolitiker der Fortschrittspartei, daß die Kraft der Nation nicht in den 90 000 Menschen ruht, die über 5000 Taler Einkommen haben, und daß es nicht wahr ist, wenn man annimmt, es genügen für Erweckung der Begeisterung im deutschen Volke einige Reden in Bezirksvereinen oder ähnlichen Instituten. In den geringeren Klassen des Volkes beruht die sog. Begeisterung nicht in vernünftiger Erkennung notwendiger Ziele, sondern in der Leidenschaft. Diese aber ist wechselnd. Das haben unsere Leute recht in Frankfurt erfahren, wohin wir leider nicht kommen. Für diese bedarf es noch immer des Zwanges ..."

An die Mutter, im Biwak bei Langenrothelsen bei Gmünden,
24. Juli 1866.

„... Soeben habe ich auch die ersten Zeitungen erhalten und daraus zu meinem größten Vergnügen gesehen, daß der König den Waffenstillstand abgelehnt hat. Unser Kampf ist eben ein Prinzipienkampf, und es gibt keinen Waffenstillstand zwischen der Entwicklung der Staatsidee, wie wir sie in Preußen anstreben, und den dynastischen Prinzipien der Österreicher.

Die Erfolge in Schlesien, gegen die wir natürlich zurückstehen müssen, obgleich unsere Gefechte gegen bessere Armeen mit größeren Verlusten geführt werden, haben unsere Leute sehr kampflustig gemacht, und wir denken, daß die Bundesarmee noch tüchtig geklopft werden wird. Nach unseren heutigen Nachrichten scheint sie sich wehren zu wollen.

Unser Biwak liegt in einer paradiesisch schönen Gegend im Maintal, das von etwa 800 Fuß hohen Bergen umkränzt ist: auf dem linken Ufer lauter Laubwald, auf dem rechten Felder, Weinberge und Wald in der reizendsten Abwechslung; Dorf an Dorf ist aneinandergedrängt, und die Ernte hat bereits begonnen."

An die Eltern, im Biwak bei Wörrstein a. M. (rechtes Mainufer), 25. Juli 1866.

„Ich liege, wie gewöhnlich, auf der Erde und schreibe auf dem Tornister. Den Brief der Mutter vom 18. d. M. habe ich erhalten. Wenn dieselbe sich meine Stellung durch Kugelregen usw. erklären will, dann tut sie unrecht. — Wir liegen hier höchst friedlich auf Vorposten und braten Kartoffeln in Hammelfett; dazu kommt Kommißbrot, und wenn es gut geht, ein Stück Käse, in einem Chausseegraben; dazu ein Kostüm, das einem wandernden Handwerksburschen eher gleicht, wie einem Gardeassessor, Feldflasche an der Seite, Pfeife und Tabaksbeutel am Rockknopf vorn aufgehängt, Revolver auf der Seite, Tornister auf dem Buckel und Freßbeutel über der Schulter. Das läßt gewiß auf ungeregelte Verhältnisse schließen, die für ordnungsliebende Bureaukraten ganz erschreckend sein müssen. Dabei befinden wir uns herrlich wohl und ziehen vergnügt durch das schönste aller Täler des Mains. Wir haben uns nämlich von Frankfurt a. M. zurückgewendet und gehen entweder auf Würzburg oder nach Süden, wozu wir allerdings zum vierten Male über den Main setzen müssen. Unsere nächsten Gegner waren gestern die Badenser, heute sind es die Bayern. Dieselben ziehen sich indes fortwährend zurück, und trotz der Ernennung Mateuffels zum Kommandierenden werden wir schwerlich noch zu einem ernsthaften Gefecht kommen; es sei denn, daß es den Bayern unangenehm würde, wenn wir uns nach München bewegen. Denn wir gewöhnen uns hier sehr an das Biertrinken, und das Münchener Hofbräuhaus würde durch unsere Leute, die einen erschrecklich guten Magen haben, gar bald ausgetrunken sein."

An die Eltern, Roßbrunn, eine Meile von Würzburg, 26. Juli 1866.

„Ich schreibe, nachdem soeben ein ziemlich heftiges Gefecht, das für uns sehr glücklich ablief, beendet ist, weil die Artillerie und das 11. Regiment keine Munition mehr hatten.

„Wir haben keinen Schuß getan, weil wir in der Reserve standen, sondern hörten nur von ferne Knallen, standen in einem unangenehmen Granatfeuer, das drei bayrische Batterien, die vorzüglich schossen, auf uns losließen. Dieselben waren nämlich durch zwei weiße Fahnen, die vergnügt auf dem Kirchturm des Dorfes flatterten (Uettingen), herrlich über unsere Position instruiert, und die Granaten krepierten Stück auf Stück in unserer nächsten Nähe. Wir wanderten infolgedessen auf einem Flächenraum von ungefähr 200 Schritten immer hin und her, und es hat mancher von uns, der sonst nicht höflich war, seinen Diener vor den über uns hinsausenden Geschossen gemacht. Merkwürdigerweise hat unser Bataillon keinen Mann verloren, und der Respekt, den wir noch von Langensalza her vor Granatfeuer hatten, hat sich vermindert; denn dort schlugen gleich die ersten Granaten in das Bataillon, und wir haben da ganz erhebliche Verluste gerade durch Artilleriefeuer erlitten. Nachher kamen wir in das Kleingewehrfeuer, das uns aber nicht mehr schadete, weil die Bayern im Abziehen zu ihrem Zielobjekt das neben uns haltende Füsilierbataillon sich aussuchten, und jetzt liegen wir im Biwak und könnten aus den bayrischen Feldkesseln am bayrischen Feuer kochen, wenn wir etwas hätten.

„Über den Verlauf des Gefechts kann ich natürlich nichts Bestimmtes sagen. Ich weiß nur, daß wir etwa eine Meile Terrain gewonnen haben. Die Bayern haben unser Gros in der Nacht überfallen. Wir rückten daher schon um 2½ Uhr aus und kamen, als das Gefecht schon im besten Gange war. Unsere Gegner sollen sich sehr gut geschlagen haben und namentlich das 36. Regiment große Verluste haben. Rekrutierungsbezirk desselben ist die Hallische Gegend.

„Es kommen übrigens in solchem Gefecht ganz niedliche Momente vor. Ich hatte mir die Hose auf dem hinteren Teil meines Körpers zerplatzt. Da es kalt war, und da ich fror, benutzte ich den nächsten Halt, um mich auf den Bauch zu legen und von einem Schneider meiner Kompagnie mir das unangenehme Loch zunähen zu lassen. Das Granatfeuer war schon etwas schwächer geworden, und der Mann hatte eine leidlich ruhige Hand. Auf einmal höre ich einen heftigen Knall in großer Nähe und kriege zugleich einen heftigen Stich in die bekannte Gegend. Der Mann war zu sehr erschrocken und hatte mich erheblich gestochen. Darüber fuhr ich natürlich in die Höhe und wurde von den Kameraden, die in der Nähe saßen, herzlich ausgelacht.

„Ob wir vor Würzburg nochmals zum Schlagen kommen werden, weiß ich nicht. Die Bayern müssen aber große Verluste gehabt haben, weil die Geschichte nachher zum Infanteriegefecht wurde, und das Zündnadelgewehr eine sehr unangenehme Waffe ist. Auch verliert der Zurückgehende mehr als der Angreifer. Gefangene sind unsererseits viel gemacht worden. Den Leuten ist, wie mir einer erzählte, von ihren Offizieren gesagt worden: Die Preußen schössen jeden Gefangenen tot. Natürlich teilen unsere Leute mit ihnen das letzte Stück Brot und Wein, und es herrscht bald die beste Freundschaft. Noch nie habe ich eine so anständige Weise Krieg zu führen gesehen, wie die unsrige."

An die Eltern, Biwak bei Würzburg, 28. Juli 1866.

Gestern morgen, als wir gerade zum Gefecht ausmarschierten, erhielt ich Eure Briefe vom 22. d. M. Ich danke für die Karten, muß mich aber gleich gegen den Vorwurf wehren, daß ich nicht genug schreibe. Ich habe namentlich seit Kissingen, wo die wiederholten Gefechte stattgefunden haben, einen Tag um den andern geschrieben, lustige und ernsthafte Briefe, je nach der Stimmung und dem Wetter, und kann demnach nur annehmen, daß eine Reihe von Briefen verloren gegangen ist.

„Im gestrigen Gefecht, wo unsere Bestimmung war, bis dicht vor Würzburg zu marschieren, hatten wir auf große Verluste gerechnet, die nach der Disposition namentlich unser Regiment hätten treffen müssen, weil die Bayern sich vorgestern vortrefflich geschlagen hatten. So z. B. hat das 36. Regiment 24 Offiziere und 500 Mann verloren. Indessen zogen sich unsere Bundesbrüder, der vorgestrigen Prügel gedenkend, aus freien Stücken zurück, so daß zwischen Würzburg und uns kein Mann mehr steht. Unsere Verluste sind unerheblich und nur durch Granatfeuer der Festung hervorgerufen, in deren Geschützbereich wir uns etwas zu unvorsichtig gewagt hatten.

„Heute sind durch unsere Vorposten Parlamentäre nach dem Manteuffelschen Hauptquartier durchgekommen. Es wäre zu wünschen, daß der Krieg endigte. Die Verwüstungen sind wirklich zu groß.

An die Eltern, Erlabrunn vor Würzburg, 30. Juli 1866.

„Vorgestern wurde zwischen Manteuffel und den Bayern eine vorläufige Waffenruhe bis zum 2. August verabredet. Wir rückten zum erstenmal seit langer Zeit wieder mal in Quartiere. Ich habe den Frieden schon in der Tasche zu haben geglaubt und mich allerherzlichst auf meinen im nächsten Monat zu Berlin zu verlebenden Urlaub gefreut. — Nun ist wieder alles Wasser. Die Waffenruhe ist gekündigt. Heute Nacht rücken wir wieder aus, und das Würfelspiel geht wieder los. Ich glaube nicht, daß eine Fortsetzung des Krieges Preußen noch irgendeinen Erfolg bringen kann. Was zu erreichen war, ist durch die Schlacht bei Königgrätz und die Besetzung Frankfurts und Darmstadts bereits erreicht. Größere Forderungen als die bereits akzeptierten Friedenspräliminarien können wir schon Napoleons wegen nicht stellen. Unser Verlangen ist ja nur, daß Österreich — was ihm ja nicht schwer fällt — eine unanständige Handlung begehen und seine Bundesgenossen im Stich lassen soll. Wozu also dies neue Blutvergießen und das Hervorzaubern der schrecklichsten aller Felder, der Schlachtfelder? Ich weiß es nicht, das Schlächterorgan hat sich bei mir noch nicht genug ausgebildet, um ungerührt vorbeizugehen, wo eben ein armer Schelm, der vielleicht ein guter Bekannter ist, seine letzten Kräfte dazu verwendet, um nach Wasser zu wimmern. Ich habe die Geschichte herzlich satt.

„Doch genug davon. Mir geht es recht gut. Bis jetzt hat mir weder Granatfeuer noch Minierkugel geschadet, und auch im übrigen befinde ich mich wohl. Meine Stiefel, die etwas krank waren, befinden sich beim Doktor, und ich denke, daß, wie bisher, auch künftig alles gut gehen wird. Ich habe wirklich vor der Cholera bei Euch mehr Furcht, wie vor dem Granatfeuer bei uns.

„Keinesfalls kann die Geschichte noch lange dauern, und wir wollen unsere besten Kräfte daran setzen, damit zu Deutschlands Sicherheit und zu Preußens Ehre ein glorreicher Friede geschlossen werde.“

An die Eltern, Gelnhausen, unweit Hanau, 13. August 1866.

„Nachdem wir wieder einige Zeit im Lande herumgezogen und uns am Main und im Spessart aufgehalten, sind wir seit drei Tagen als Garnison in diese Residenz des Kaisers Friedrich Barbarossa, die alte freie Reichsstadt Gelnhausen, einquartiert, woselbst ich beim Landrat Quartier genommen habe.

„Gestern habe ich wieder die ersten Zeitungen und heute Euren Brief vom 3. August gekriegt. Leider bin ich nicht imstande, Eure Wünsche wegen des Urlaubs zu erfüllen, da unsere Kompagnieführer auf Urlaub gegangen sind, ich somit als Kompagniechef unentbehrlich bin. Meine Beschäftigung besteht darin, morgens zwei Pferde müde zu reiten, nachmittags spazieren zu fahren, abends aber Hosen und Rockfutter zu untersuchen, ob nichts zerrissen ist, und zu allen Zeiten soviel als irgend möglich zu essen und zu trinken. Da die gewohnte Aufregung fehlt, so langweilen wir uns natürlich entsetzlich.

„Körperlich geht es mir recht gut. Wenn wir auch Brechruhr u. dgl. haben, so sind wir doch von der asiatischen Cholera noch vollständig frei geblieben, und die wenigen bis jetzt eingetretenen Todesfälle haben ihren Grund lediglich in dem Verschulden der davon Betroffenen.“

An den Vater, Wiesbaden, 4. September 1866.

„An demselben Tage, wo ich in Frankfurt a. M. eintraf, war meine Kompagnie nach Wiesbaden gerückt, um dort Quartier zu nehmen. Ich fuhr nach und liege hier seit Sonnabend bei einer ganz freundlichen Wirtin, die durch Bonhomie im Umgang geschickt für die Mängel ihres Logis zu entschädigen sucht. Ich habe hier das Unglaubliche fertig gebracht, mir in meiner Stube einen heftigen Schnupfen und Husten zu holen, während ich in den zahlreichen, häufig vom schlechtesten Wetter begünstigten Biwaks doch von dergleichen verschont geblieben bin, und dennoch würde ich gern ewig Schnupfen und Husten haben wollen, wenn ich dadurch der Zukunft entgehen könnte, die uns für die nächsten Tage bevorsteht. Wir müssen nämlich wieder nach Schleswig, und zwar nach dem alltrübseligsten Orte dieses trüben Landes, nach Augustenburg. Manteuffel hat gegen die ursprüngliche Absicht des Kriegsministeriums, diese Dislokation zu erwirken gewußt. Er hat nämlich in dem Glauben, uns einen Gefallen zu erweisen, darum gebeten, daß ihm seine Regimenter, die ihm durch ihre Bravour lieb geworden seien, wieder mit nach den Herzogtümern gegeben werden möchten und dies hinsichtlich des 25., 36. und 11. Regiments auch durchgesetzt. Nun werden das 11. Regiment Holstein, das 36. Südschleswig besetzen, und wir Nordschleswig wieder okkupieren und in der Düppelfestung Garnison-Wachtdienst üben und dickfelligen Landsleuten vom sog. verratenen, oder wie man besser sagen könnte, verräterischen Bruderstamm die Rudimente der preußischen Armeedisziplin beibringen. Wir werden dort bei der herrschenden Teuerung — die früher gegebene Teuerungszulage soll fortfallen — in den unglücklichsten finanziellen Verhältnissen uns sehr elend fühlen, und ich glaube, daß mancher liebenswürdige Kamerad sich Mühe geben wird, selbst auf Kosten seines Avancements in andere glücklichere Regimenter versetzt zu werden. Wann die armen Tiere von Landwehroffizieren nach Hause kommen sollen, ist noch sehr im Dunkeln. Bismarcks Kriegsrede im Abgeordnetenhaus hat uns wenig Aussichten eröffnet, und Aachen wird mir vorläufig auch ziemlich ferne liegen.

„Wie sehr man bei solcher Zukunft am Augenblick hängt, das werdet Ihr leicht ermessen, und wir bestreben uns denn auch sämtlich in Wiesbaden, soviel angenehme Erinnerungen wie möglich mitzunehmen. Auf der letzten Reunion ist von uns Offizieren trotz unserer doppelsohligen Stiefel fleißig getanzt worden. Auch Nassauer haben sich wieder eingefunden und scheinen jetzt in besserem Frieden wieder mit uns leben zu wollen, als es anfangs aussah. Daß den armen Menschen unsererseits mit der größten Liebenswürdigkeit entgegengekommen wird, bedarf wohl keiner Grundangabe. Sie sind eben Landsleute, gleichviel, ob sie sich als solche fühlen oder nicht. Einst werden sie doch für das schöne Bewußtsein empfänglich werden, einem großen und mächtigen Staate anzugehören."

An den Vater, Nochern bei St. Goarshausen a. Rh.,
11. September 1866.

Meine Schicksale sind seit dem 7. d. M. sehr einfach gewesen. In Wiesbaden erhielten wir an diesem Tag (gerade als ich angefangen hatte, einige Bekanntschaften zu machen, z. B. Prince-Smith, der sich Dir empfehlen läßt u. a.) Marschorder und rückten den Rhein abwärts nach Walluf, am 8. nach Geisenheim, resp. Rüdesheim, am 9. nach Lorch, wo wir den 10. blieben, am 10. nach der Gegend von St. Goarshausen, an welchem Ort ich etwa eine Stunde entfernt in einem nicht gerade sehr reichen Dorfe einquartiert bin. Die Nassauer scheinen sich, soweit ich dieselben, namentlich den evangelischen Teil, gesehen habe, ziemlich schnell über den Verlust ihres Herzogs zu trösten. Vor allem erwartet das Rheingau, das bereits große Vorteile von der Einführung des Zollvereins gehabt hat, entsprechende von der Verbindung mit Preußen. Inwiefern dies begründet ist, kann ich nicht recht ermessen. Man hütet sich, den Leuten zu widersprechen, wenn sie versichern, daß unter Preußen die Preise des Weins bedeutend in die Höhe gehen müssen. Hier geht alles in Wein auf.

„Wann ich ausziehen werde (d. h. den Rock), das weiß ich noch nicht. Einen großen Schreck habe ich durch die von dem Minister aufgestellte Forderung von 20 Millionen zur Aufrechterhaltung der Kriegsbereitschaft bis Ende Dezember bekommen. Die militärische Beschäftigung reizt mich nicht mehr."

An den Vater, Nochern bei St. Goarshausen a. Rh.,
18. September 1866.

„Über unsere Schicksale liegen jetzt wenigstens einige Bestimmungen vor. Am 19. marschieren wir von hier nach Oberlahnstein, fahren von dort am 20. über Gießen und Kassel, wo wir abends von 7—9 Ruhe haben, sodann die Nacht weiter nach Uelzen, wo wir frühstücken, und sind am 21. mittags 12 Uhr in Harburg. Wie wir von dort weiterkommen, ist noch nicht bestimmt. Es ist aber anzunehmen, daß wir am 26. oder 27. nach Augustenburg kommen. Dort wird demobilisiert, und auch die Landwehroffiziere können „auf Wunsch" entlassen werden. Dagegen, daß ich diesen Wunsch ausspreche, wirst Du wohl nichts einzuwenden haben."

An Antonie v. Sperl, Ohne Datum und ohne Ortsangabe.

„Wenn meine kleine, von kgl. sächsischem Patriotismus erfüllte Tante von einem „großschnäuzigen preußischen Lügenmaul, einem professionierten" Räuber usw. noch einen Gruß annehmen will, dann will ich ihr einen recht herzlichen Gruß bringen. Wir können ja so tun, als ob der Friede, der hoffentlich nicht mehr lange auf sich warten lassen wird, bereits abgeschlossen wäre, und wollen das Versöhnungsfest antizipieren. Landsleute sind wir ja nicht geworden, aber als deutsche Brüder können wir ja immer miteinander leben. In Frankfurt, Bayern, Kurhessen usw., wo wir uns herumgetrieben haben, geht es recht gut. Ich will nächster Tage hin und sehen, ob es nicht noch besser gehen wird. Wenn es denn dort aber in Ordnung ist, komme ich auch nach Dresden und sehe, ob es Euch gut geht. Du kannst Dich sicher darauf verlassen, daß bayrische und österreichische Einquartierung viel schlimmer ist, als preußische.

„Es ist zwar kein angenehmes Gefühl, seine Verwandten in zwei Armeen zu wissen, Ihr habt aber die Beruhigung, daß keiner derselben Euch Schande gemacht hat."

Aachen 1867.

Nach der Demobilmachung kehrte Georg Siemens nach Aachen zurück und nahm seine Tätigkeit beim Landgericht wieder auf. Die Amtsgeschäfte machten ihm nicht allzuviel Freude. Neben den Vorbereitungen für sein Examen beschäftigte er sich mit der englischen Sprache, studierte Aufsätze von Disraeli und die Geschichte Friedrichs II. von Thomas Carlyle. An dem gesellschaftlichen Leben der Rheinländer

Georg Siemens 1866.

fand er offenbar mehr Gefallen als früher. Seine Briefe enthalten u. a. anschauliche und ausgelassene Schilderungen des Treibens in der Karnevalszeit.

Der Vater hatte für die rheinische Fröhlichkeit, die Georg in jener Zeit entwickelte, wenig Verständnis, wie nachstehende Briefstelle zeigt.

Aus einem Brief des Vaters an Georg, Berlin, 22. Mai 1867.

„Ich komme immer wieder darauf zurück, daß es, wenn Du nicht auf eine frühe Erbschaft spekulierst, notwendig wird, daß Du Deinen Aufenthalt am Rhein nicht über das Maß verlängerst, welches durch besondere Umstände geboten ist. Du näherst Dich nun auch dem Mannesalter, und es sind nicht die alten Jungfern allein, welche durch phantastische Tracht und naives Benehmen die Welt über sich und ihre Lage glauben täuschen zu können, sie finden im Gegenteil zahlreiche Pendants auch unter den jungen Männern. .... Wenn Du bald zurückkehrst, kannst Du hier Wirkungskreis genug finden. Überwinde endlich Deine Scheu vor regelmäßiger Tätigkeit und strebe nach der Überzeugung, daß das Leben doch eine höhere Bedeutung hat, als sich zu amüsieren."

Georg antwortete am 26. Mai 1867:

„Deinen freundlichen Brief wollte ich nicht eher beantworten, bis ich Werner gesprochen, der am Montag früh hier durchkam, und mit dem ich gesellschaftshalber über Lüttich nach Namur gefahren bin. Ich habe mit Vergnügen von ihm gehört, daß Deine Gesundheit besser geworden ist. Der Sommer, der sich wenigstens hier schön anläßt, so daß man ohne Überzieher ausgeht, wird wohl auch sein Teilchen beitragen, um Deine Laune und damit auch Deinen Magen zu erheitern, und im Herbst bin ich ja wieder in Berlin. Mir war es ein großes Vergnügen, Werner wiederzusehen. Er ist mir doch der Liebste wegen der ungemeinen Frische seiner Anschauungen, seiner Pläne und der Anregung, die er jedermann zu geben weiß. Und dazu seine große Zähigkeit.

„Hier dagegen hat man gar keine Pläne, außer wohin man des Abends gehen soll, und das rheinische Philisterium ist mir nachgerade langweilig geworden, so daß ich mich recht sehr wieder nach Hause sehne. Insofern begegnen sich also unsere Wünsche, ohne daß Du nötig hast, mich durch Andeutungen zu kränken, als ob ich durch ein längeres Wegbleiben auf eine frühere Erbschaft spekulierte. — Zu tun habe ich hier nicht viel. Mein Geschäft ist Kriminaldezernat und Erledigung der vielfachen Schwierigkeiten, die sich bei Exekutionen hiesiger Erkenntnisse in Hannover, Kurhessen und den anderen früheren Bundesstaaten erheben, die oft Gelegenheit zur Erörterung der kompliziertesten staatsrechtlichen Fragen bieten. Lernen tue ich indessen dabei wirklich nicht zuviel.

„Politik treibt man hier ebensowenig wie bei Euch. Das einzige Aufregende war die Rede unseres Abgeordneten Scherer, der (von der katholischen Partei gewählt und mit vieler Mühe gegen den nationalliberalen Kandidaten durchgebracht) plötzlich den Teufelsfuß entblößt und seinen Wählern und Gesinnungsgenossen einen tüchtigen Tritt versetzt hat. Die katholische Partei ist natürlich wütend. Die zweite Aufregung ist die luxemburgische Frage, die für eine Grenzstadt nicht unwichtig ist. Das französische Prestige ist hier so groß, daß man allgemein an eine Abtretung glaubt. Das Volk ist indessen so apathisch, daß es nur fragt: was wird er (Bismarck oder Napoleon) machen, nicht was wir machen werden. Das sind ja stets notwendige Resultate einer illiberalen Regierung."

Die Unzufriedenheit des Vaters darüber, daß das Examen sich über den Zeitpunkt, den er dafür in Aussicht genommen hatte, hinauszog, bestand fort. Teils war es Sorge, daß Georg seine „Scheu vor regelmäßiger Tätigkeit" nicht überwinden könne, oder mindestens, daß er seine hohen Erwartungen enttäuschen werde, teils der begreifliche Wunsch nach Entlastung von seinen eigenen Geschäften. So schrieb er am 8. Juli an Antonie v. Sperl:

„Über zwanzig Jahre, vom Jahre 1846 ab, bin ich nun schon in Berlin, und die Zeit ist herangekommen, in der ich nun auch auf einige Erleichterungen Anspruch machen kann. Mein Wunsch war immer, daß sich Georg zu einem tüchtigen Mann heranbilden möge. Die Kultur wird nicht untergehen, aber sie bedarf jetzt mehr wie je kräftiger und einsichtiger Männer, die es verstehen, einzugreifen in das Rad der Geschichte, wo es nötig und dienlich. Werde ich diesen Wunsch noch erreichen, so ist die Aufgabe meines Lebens vollführt. Doch das steht bei den Göttern."

* * *

Am 21. Dezember 1867 bestand Georg das mündliche Assessor-Examen. Neben den Vorbereitungen für die schriftliche Prüfung nahm er einen Teil der Geschäfte seines Vaters vor und fungierte als Berater von Siemens & Halske.

Aber noch ehe Georg mit seinem schriftlichen Examen zu Ende kam, trat an ihn eine Aufgabe heran, die von ausschlaggebender Bedeutung für Richtung und Gestaltung seines ganzen Lebens geworden ist: die Mitarbeit an dem von Werner und Wilhelm Siemens eingeleiteten großen Unternehmen einer indo-europäischen Telegraphenverbindung.

Drittes Kapitel.

London und Persien.

Werner Siemens und seine Unternehmungen.

Zu wiederholten Malen ist in der bisherigen Darstellung auf das enge Verhältnis hingewiesen worden, das zwischen dem Justizrat Johann Georg Siemens einerseits, Werner Siemens und seinen Brüdern andererseits bestand. Dieses enge Verhältnis war nicht auf die durch die nahe Verwandtschaft gegebenen persönlichen Beziehungen beschränkt, sondern erstreckte sich, wie oben schon erwähnt wurde, auch auf die geschäftlichen Unternehmungen Werners und seiner Brüder. Als Werner Siemens im Jahre 1847 in Gemeinschaft mit dem Mechaniker Halske an die Gründung einer eigenen Firma herantrat, deren Aufgabe zunächst die Herstellung von Telegraphen, Läutewerken für Eisenbahnen, Drahtisolierungen mit Guttapercha usw. sein sollte, da war es der Justizrat Siemens, der sich bereit erklärte, soweit es seine Kräfte gestatteten, mit Kapital einzuspringen. Er schrieb am 8. September 1847 an seine Tante, Freifrau von Grote zu Cölleda:

„Werner Siemens, der, wie Du weißt, ein sehr erfinderischer Kopf ist, hat einen neuen galvanischen Telegraphen konstruiert. Dieser hat hier schon allgemeine Aufmerksamkeit erregt und wird sowohl vom Staat als von mehreren Eisenbahndirektionen angenommen werden. Um uns den Vorteil nicht ganz entgehen zu lassen, haben Werner, der Mechanikus Halske und ich die Anlegung einer gemeinschaftlichen Fabrik beschlossen, die sofort ins Leben treten soll, und deren Statuten ich jetzt entwerfe. Halske, der ein blühendes Geschäft hatte, gibt dies auf und widmet sich ganz dem neuen Unternehmen. Er hat für die Konstruktionen der Maschinen zu sorgen. Werner, der schon zum telegraphischen Bureau kommandiert ist, übernimmt die Aufstellung, und ich habe die Verpflichtung kontrahiert, die zur Anlage nötigen Geldmittel zu beschaffen. Zur Sicherheit dient mir dafür das gesamte Material der Gesellschaft, und das Kapital wird mit 5% verzinst. Außerdem partizipiere ich am Gewinn zu einem Fünftel, Werner und Halske jeder zu zwei Fünfteln. Gefahr ist bei diesem Unternehmen in keiner Weise, indem die Bestellungen sogleich anfangen, und Werner ein Patent hat, welches die Konkurrenz anderer unmöglich macht. Ich habe schon Sorge getragen, das Kapitalvermögen, welches ich besitze, einzuziehen, um es zu verwenden ... ich muß wünschen, das ganze Unternehmen der Familie zu konservieren."

Seine Einlage, die in der ersten Bilanz des neuen Unternehmens mit 6842 Taler 20 Sgr. ausgewiesen wurde,*) war absolut genommen allerdings gering. Aber sowohl für die damaligen Vermögensverhältnisse des Justizrates, als auch für das ganze Unternehmen war diese Beteiligung nicht unerheblich; für die neue Firma stellte seine Einlage sogar das gesamte Barkapital dar.

Auch abgesehen von der Kapitalbeteiligung, interessierte sich der Justizrat Siemens für das neue Unternehmen. So vertrat er in Berlin

---

*) Vgl. Ehrenberg, Die Unternehmungen der Brüder Siemens, 1906, s. Seite 55. — Dieses Buch wird in diesem Kapitel häufiger zu erwähnen sein und im folgenden als „Ehrenberg" zitiert werden.

Werners Stelle, als dieser im Jahre 1852 seine erste Reise nach Rußland zur Anbahnung der späterhin so wichtig gewordenen geschäftlichen Beziehungen zu diesem Reiche machte.

Allerdings brachten es die Eigenarten des Justizrates mit sich, daß seine Beteiligung von den Brüdern Siemens, namentlich von den jüngeren in Werners Abwesenheit, nicht immer als eine reine Freude empfunden wurde. Seine übertriebene Vorsicht, sein Eigensinn und sein Hang zur Kritik vertrugen sich nicht mit dem kühnen Flug, zu dem sich Werners Unternehmungsgeist gerade in jenen Jahren anschickte. Es kam zu geschäftlichen Differenzen und schließlich zum Bruch der geschäftlichen Beziehungen: Ende 1854 schied der Justizrat Siemens aus der Firma Siemens & Halske aus; sein Geschäftsanteil belief sich damals auf 50000 Taler und sollte ihm in Jahresraten von 10000 Talern zurückgezahlt werden.*) Die guten persönlichen Beziehungen des Justizrats zu Werner und dessen Familie wurden jedoch durch den geschäftlichen Konflikt und seine Lösung nicht, oder wenigstens nicht dauernd getrübt. Der umfangreiche Briefwechsel zeigt vielmehr, mit welchem Interesse der Justizrat die Entwicklung der Wernerschen Unternehmungen auch weiterhin verfolgte, und welchen Anteil andererseits Werner an den Schicksalen des Justizrats und seiner Familie nahm. Insbesondere dem Sohne Georg wendete er stets eine ganz besondere Fürsorge zu. Er kam oft genug in die Lage, bei den schwierigen Verhältnissen in der Familie des Justizrats zu vermitteln und auszugleichen.

Schon im August 1859, als Werner Siemens sich mit dem Gedanken einer Kabelverbindung zwischen England und Ostasien befaßte, bot er, wie Georg damals an seinen Onkel Rudolf Siemens berichtete (s. oben S. 34), diesem an, sein Examen im Stich zu lassen, in seine Dienste einzutreten und im Herbst in seinem Auftrag nach Aden und Bombay zu reisen. Georg Siemens, der damals Landwirt werden wollte, lehnte ab. In den späteren Jahren jedoch ließ er sich bereitwillig von Werner zur Bearbeitung von juristischen Fragen heranziehen. Schon vor dem Krieg von 1866 hat er bei der Firma Siemens & Halske die Stellung eines juristischen Beraters eingenommen und dafür ein laufen-

*) Ehrenberg Seite 89.

des Gehalt bezogen. Trotz der natürlichen Opposition seiner frühzeitig stark ausgeprägten Individualität gegen den älteren und geistig so bedeutenden Vetter hat Georg sich bald zu einer aufrichtigen Bewunderung von Werners Genialität durchgerungen.

Als Georg im Herbst des Jahres 1867 von Aachen nach Berlin zurückkehrte, trat er mit Werner und seinen Unternehmungen wieder in nähere Berührung. Von den großen Projekten, die Werner damals beschäftigten, war es namentlich eines, das für eine intensive Mitarbeit Georgs ein gegebenes Feld darstellte: das Unternehmen einer telegraphischen Verbindung zwischen Westeuropa und Indien. Dieses Projekt, das Werner schon verhältnismäßig früh gereizt hatte, war in ein akutes Stadium getreten, und die angebahnte Lösung vollzog sich in Formen, welche die Heranziehung einer juristisch geschulten Vertrauensperson unerläßlich erscheinen ließen.

Der Vater Siemens gab wohl die erste Anregung. Er schrieb am 11. August 1867 an Georg:

„Werner ist noch immer mit seinem indischen Telegraphen beschäftigt. Die Anlage wird ein Kapital von etwa 2 Millionen Thaler erfordern. Ich habe ihn wiederholt darauf aufmerksam gemacht, daß Berlin kein Ort für ein solches Unternehmen ist, und er scheint jetzt selbst zu dieser Überzeugung zu kommen. Darauf habe ich ihm geraten, Dich nach London zu schicken, um mit den ostindischen Häusern in Verbindung zu treten. Es setzt dies einige Kenntnisse der Sprache voraus, ist aber eine ehrenvolle, lohnende, nicht zu kurze Mission, mit einem nach meiner Meinung zu erreichenden Ziel."

In der Tat sollte die Angelegenheit des indo-europäischen Telegraphen Georg nicht nur nach London, sondern bald darauf mit einer ebenso schwierigen, wie wichtigen Aufgabe nach Persien führen.

Das Projekt der indo-europäischen Telegraphenlinie.

Zur Erleichterung des Verständnisses der neuen Aufgabe, vor die Georg Siemens sich gestellt sah, sind einige Worte über das damals von den Brüdern Siemens in Angriff genommene Projekt des indo-europäischen Telegraphen erforderlich.

Seitdem die Fortschritte in der telegraphischen Technik, an denen Werner Siemens in allererster Reihe beteiligt war, sowohl die Herstellung langer Landlinien, als auch Untersee-Verbindungen ermöglicht hatten, suchte sich insbesondere der englische Handel dieses neue Kommunikationsmittel für seine ausgedehnten Beziehungen nach Westen und Osten mit der möglichsten Beschleunigung nutzbar zu machen. Namentlich von der Mitte der fünfziger Jahre an wurde ein großer Versuch nach dem andern unternommen, um telegraphische Verbindungen mit Amerika auf der einen Seite, mit Indien und dem ferneren Osten auf der anderen Seite herzustellen. Die Brüder Siemens wirkten in der einen oder anderen Weise bei einer Anzahl wichtiger Unternehmungen dieser Art mit. Wilhelm Siemens, der seit dem Jahre 1844 in London ansässig geworden war, und dem die Berliner Firma Siemens & Halske im Jahre 1850 ihre Vertretung in London übertragen hatte, stellte die erforderlichen Beziehungen zu den in jener Zeit entstehenden großen englischen Kabelfirmen (namentlich R. S. Newall & Co.) her, indem er Werners für die Entwicklung der Unterseetelegraphen entscheidende Erfindungen in geschickter Weise nutzbar machte. Insbesondere führte er der Berliner Firma große Aufträge für Apparatlieferungen zu. Späterhin erwiesen sich als außerordentlich wichtig die von Werner gefundenen und wissenschaftlich ausgebauten Methoden der Kabellegung sowie der Prüfung der Kabel auf ihre Leitungs- und Isolierfähigkeit.

Werner schrieb schon am 2. Oktober 1857 an Karl Siemens, der damals die Interessen der Firma in Rußland vertrat: „Für unser hiesiges Geschäft wird England immer mehr Hauptkunde. Es war zu dem Zwecke nötig, dort die Fäden wieder etwas zu vereinigen und namentlich die Unterseelinien, die die Anknüpfungsader zu neuen Linienkomplexen in andere Weltteile bilden, in die Hände zu bekommen. Das scheint gut gelungen. Es hängt jetzt eigentlich nur von uns ab, wie weit wir uns bei den Kabellegungen Newalls beteiligen wollen."*)

Nachdem Werner persönlich bei der von der Firma Newall & Co. übernommenen Kabellegung zwischen Cagliari auf Sardinien und Bona

*) Ehrenberg, S. 131/132.

in Algier mitgewirkt hatte,*) bei welcher Gelegenheit er zur Aufstellung seiner Kabellegungstheorie kam, wurde die bisherige Londoner Agentur der Firma Siemens & Halske in eine selbständige Unternehmung unter Wilhelms Beteiligung umgewandelt. Die neue Firma Siemens, Halske & Co. begann im Herbst 1858 ihre Tätigkeit. Ihre Aufgabe sollte sein: Beteiligung an Unterseeanlagen und etwa sich aus diesen ergebenden außereuropäischen Unternehmungen.

Gerade damals gelang es Cyrus W. Field, eine erste Kabelverbindung zwischen Europa und Nordamerika herzustellen. Die Tatsache erregte, obwohl das Kabel nur zwanzig Tage funktionierte, das größte Aufsehen und gab den auf die Herstellung großer Telegraphenverbindungen gerichteten Bestrebungen einen neuen Antrieb. Es folgten eine Reihe von Kabellegungen im Mittelländischen Meer. Vor allem aber wurde damals eine Kabelverbindung durch das Rote Meer zwischen Suez und Aden, als wichtigstes Glied eines europäisch-indischen Telegraphen, ernsthaft in Angriff genommen. Die von der Read Sea and India Telegraph Co. der Firma Newall & Co. in Auftrag gegebene Linie wurde durch die Siemens-Firma mit Apparaten ausgestattet, die Werner eigens für deren besondere Bedürfnisse konstruiert hatte. Es ist aus Werners Lebenserinnerungen bekannt, daß er im Frühjahr 1859 persönlich nach dem Roten Meer reiste, um sein Apparatsystem an Ort und Stelle zu erproben. Er fand bei dieser Expedition Gelegenheit, seine Methode der Fehlerbestimmung bei Unterseekabeln wesentlich zu vervollkommnen, was zur Folge hatte, daß die Londoner Firma in der Folgezeit wiederholt von der englischen Regierung mit der Prüfung von Kabeln beauftragt wurde. Auch als im Herbst 1859 die Firma Newall die Verlängerung des Roten-Meer-Kabels bis nach Kuradschi in Indien unternahm, wurden die Brüder Siemens zur Mitwirkung herangezogen, und William Meyer, der Oberingenieur der Firma Siemens & Halske und persönliche Freund Werners, wurde mit der Leitung der elektrischen Arbeiten betraut. Um dieselbe Zeit (Herbst 1859) arbeiteten Siemenssche Ingenieure und Walter Siemens, der zweitjüngste Bruder Werners, an der Kabelverbindung Singapore—

*) Siehe Werner v. Siemens' Lebenserinnerungen, S. 125 ff.

Batavia, welche von der Firma Newall im Auftrage der holländischen Regierung unternommen worden war.

In den folgenden Jahren trat jedoch eine Stockung im englischen Kabelgeschäft der Siemensfirmen ein. Teilweise war es die nationale Eifersucht der Engländer, welche einer „deutschen Firma" einen so hervorragenden Anteil an wichtigen englischen Unternehmungen nicht gönnte, teilweise die im Jahre 1860 eingetretene Lösung des geschäftlichen Verhältnisses zu Newall & Co., teilweise das Auftreten starker Konkurrenzfirmen. Einer dieser Firmen, Glaß & Elliot, wurde von der englischen Regierung die Legung und der Betrieb des wichtigen Kabels Malta—Alexandria übertragen, um das sich die Brüder Siemens beworben hatten.

Es war eine kritische Zeit für das Kabelgeschäft der Siemensschen Firmen. Werner erkannte klar die dominierende Bedeutung des englischen Marktes für diese Art von Unternehmungen. Er schrieb am 12. November 1860 an Karl:

„Ohne den englischen Markt kann unser hiesiges (Berliner) Geschäft nicht bestehen, da der übrige Absatz zu gering ist. Das englische Geschäft hat in telegraphischer Hinsicht allein eine Zukunft, und zwar möglicherweise eine recht bedeutende."

Auf der anderen Seite stand außer Zweifel, daß die Siemensfirmen eine Position im englischen Geschäft nur behaupten konnten, wenn sie mit Anspannung aller Kräfte den Kampf mit den kapitalistisch weit überlegenen Konkurrenzunternehmungen aufnehmen würden. Aber in diesem Punkte wirkten in Berlin retardierende Kräfte. Werners Kompagnon Halske war einer Vergrößerung des Risikos des englischen Geschäftes durchaus abgeneigt, und Werner hatte erst diesen Widerstand zu überwinden.

Im Jahre 1863 entschlossen sich die Siemensfirmen zur Errichtung einer eignen Kabelfabrik in Charlton bei Woolwich. Entscheidend für diesen Entschluß war, daß sich die französische Regierung bereit zeigte, der Siemensschen Firma die Legung eines Kabels zwischen der Südküste Spaniens und Algier (Cartagena—Oran) zu übertragen. Der Versuch der Herstellung einer solchen Verbindung war zu wiederholten Malen gescheitert. Aber trotz des großen Risikos wollten Werner und

Wilhelm diese Gelegenheit nicht aus der Hand geben, zum erstenmal für eigene Rechnung ein vollständiges Unterseekabel zu fabrizieren und zu legen und damit den großen englischen Konkurrenzfirmen ebenbürtig zur Seite zu treten.

Den Verlauf dieses Unternehmens hat Werner v. Siemens in seinen Lebenserinnerungen geschildert. Sowohl der erste Versuch der Kabellegung im Januar 1864, als auch der zweite im September desselben Jahres mißlangen. Die Londoner Firma erlitt schwere Verluste, und Halske, der von vornherein gegen das Unternehmen gewesen war, schied jetzt aus der Londoner Firma aus.

Die Lage für die Brüder Siemens wurde verschlimmert dadurch, daß um dieselbe Zeit (Frühjahr 1864) die Firma Glaß & Elliot sich mit der mächtigen Guttapercha-Company zu der Telegraph Construction & Maintenance Company mit 1 Million Pfund Sterling Betriebskapitat vereinigte. In Gemeinschaft mit der „Great Eastern" nahm diese Gesellschaft den Versuch einer transatlantischen Kabelverbindung wieder auf, und nachdem ein erster Versuch im Jahre 1865 mißlungen war, stellte sie im Jahre 1866 das erste Kabel zwischen Europa und Nordamerika her, das sich als dauernd brauchbar erwies.

Trotz des großen Verlustes durch den Mißerfolg mit dem Kartagena-Oran-Kabel und trotz der starken Konkurrenz gelang es dem Londoner Haus der Brüder Siemens in jener Zeit, sich mächtig emporzuarbeiten. Aus allen Weltteilen kamen Aufträge für eiserne Telegraphenstangen, Isolatoren, Kabel-Apparate usw. Die Firma fühlte sich schon im Jahre 1865 stark genug, um ein dem transatlantischen Kabel gleichwertiges Unternehmen, die Schaffung einer leistungsfähigen telegraphischen Verbindung zwischen Westeuropa und Indien, ernsthaft ins Auge zu fassen.

Daß sowohl für die englische Regierung, als auch für die Geschäftswelt ein eminentes Interesse an einer solchen Verbindung bestand, bedarf keiner Erläuterung. Wie bereits erwähnt, waren schon von der Mitte der fünfziger Jahre an wiederholt Versuche zur Herstellung einer solchen Verbindung gemacht worden. Aber mit Ausnahme der Linie Malta—Alexandria waren die verschiedenen Unterseekabel im

Mittelländischen Meer stets bald nach ihrer Legung unbrauchbar geworden. Demselben Schicksal verfiel das Kabel durch das Rote Meer nach Kuradschi, das in den Jahren 1858—1860 unter Mitwirkung der Brüder Siemens gelegt worden war: im April 1861 hatten vier von den sechs Abteilungen dieses Kabels aufgehört zu arbeiten.*)

Die britisch-indische Regierung suchte Ersatz zu schaffen durch die Herstellung einer telegraphischen Verbindung von Kuradschi durch den persischen Golf nach Buschir und von dort über Land nach Westeuropa. Im Jahre 1862 wurde das Unterseekabel Kuradschi—Buschir gelegt; die Brüder Siemens wurden dabei von der britisch-indischen Regierung zur Erstattung eines Gutachtens herangezogen. Im Anschluß an dieses Kabel wurde eine Landverbindung durch türkisches Gebiet bis nach Konstantinopel hergestellt, wo der Anschluß an das europäische Telegraphennetz erreicht wurde. Ferner erreichte der Vertreter der britisch-indischen Regierung, Oberst Stewart, die Genehmigung zur Herstellung einer telegraphischen Verbindung durch Persien.

Werner verfolgte diese Bestrebungen mit dem größten Interesse. Schon im Jahre 1862 wies er seinen Bruder Karl (St. Petersburg) auf die Wichtigkeit einer Konzession für die telegraphische Verbindung Tiflis—Teheran hin, und als die Engländer an die Ausführung der Linie durch Mesopotamien und Kleinasien herangingen, erreichte er es, daß die russische Regierung auf Grund einer Vereinbarung mit der persischen eine Verbindung von Tiflis über Djulfa nach Teheran herstellte.

Da ferner die britisch-indische Telegraphenverwaltung die Verbindung von Buschir nach Teheran baute, waren vom persischen Golf zwei telegraphische Verbindungen mit Westeuropa gesichert, die eine über Kleinasien und Konstantinopel, die andere über Persien und Rußland. Im Jahre 1865 waren beide Linien im Betrieb. Aber sie funktionierten so schlecht, daß die Interessentenkreise sich fortgesetzt mit dringenden Beschwerden an die britische Regierung wendeten, und daß schließlich eine parlamentarische Untersuchungskommission zur Prüfung der Verhältnisse des europäisch-indischen Telegraphenverkehrs eingesetzt wurde

*) Siehe William Pole, Wilhelm Siemens, deutsche Ausgabe S. 177.

(Frühjahr 1866). „Es war kein Verlaß auf den Telegraphendienst; die Gebühren waren zu hoch, die Depeschen nahmen zuweilen Wochen zu ihrer Übermittlung in Anspruch, um dann endlich verstümmelt oder gänzlich unverständlich ihren Bestimmungsort zu erreichen; dabei fanden auch häufige Depeschenverwechslungen statt, und große Verwirrung, Ungewißheit und Verluste waren die natürliche Folge davon."*)

Die Hauptursachen dieser Mißstände waren folgende: Auf beiden Linien mußten die Depeschen wiederholt aus der Hand der einen Verwaltung in die einer anderen übergehen und dabei umtelegraphiert werden. Die Beamten der einzelnen Telegraphenverwaltungen, namentlich der türkischen und persischen, ließen in bezug auf Zuverlässigkeit, technische Schulung und Sprachkenntnisse so gut wie alles zu wünschen übrig. Schließlich war die von den Persern ausgeführte Strecke Teheran-Djulfa so schlecht gebaut, daß fortgesetzt Unterbrechungen eintraten.

Diese Mißstände waren nur zu beseitigen durch eine einheitliche, europäische Verwaltung des ganzen indo-europäischen Drahtes und durch einen mindestens teilweisen Neubau, sei es zu Land, sei es zur See. Die parlamentarische Untersuchungskommission empfahl auf Grund dieser Gesichtspunkte an erster Stelle die Herstellung einer leistungsfähigen Untersee-Verbindung; denn diese Lösung hatte den Vorteil, daß die Linie in ihrer ganzen Ausdehnung einer einheitlichen englischen Verwaltung unterstellt werden konnte. Für diese Untersee-Verbindung sprachen also sowohl verwaltungstechnische als auch politische Momente. Aber auch die Verbesserung der Überlandlinie fand eifrige Vertreter, namentlich in den britisch-indischen Offizieren, welche die von ihrer Verwaltung angelegten Linien in Persien leiteten. Die Kommission schloß sich diesen Stimmen insoweit an, als sie die Herstellung einer leistungsfähigen Überlandlinie neben dem Unterseekabel für erwünscht erklärte.

Die englische Regierung zeigte sich in der Folgezeit bereit, beiden Projekten ihre Unterstützung zu gewähren. Ihre größere Sympathie lag begreiflicherweise auf der Seite des Unterseekabels, das unter ausschließlich englischer Kontrolle betrieben werden konnte, während das Überlandkabel, das preußisches, russisches und persisches Territorium durch-

*) Pole, a. a. O. S. 178.

querte, von vornherein einen internationalen Charakter tragen mußte. Wenn die englische Regierung trotzdem sich nicht ausschließlich auf die Seite des Unterseekabels schlug, so waren dabei sicher außer dem kommerziellen Vorteil, den eine Doppelverbindung zweifellos bot, gewisse Gründe bestimmend, die mit der damals schon recht lebhaften englisch-russischen Rivalität in Persien zusammenhingen. Gegenüber dem damals vorherrschenden russischen Einfluß hatten die Engländer in Persien gerade durch den Bau und die Verwaltung der Telegraphenlinien von Buschir nach Teheran und nach der türkischen Grenze ihre politische Position nicht unbeträchtlich verstärkt. Die persischen Linien gestatteten ihnen, einen Stab von Offizieren und Ingenieuren dauernd im Lande zu halten. Ferner hatten es die Engländer verstanden, durch den Telegraphenbau die persische Regierung zu sich in ein Schuldverhältnis sehr komplizierter Art zu bringen, und diese persische Telegraphenschuld konnte von England jederzeit als ein politisches Druckmittel benutzt werden. Für Georg Siemens' spätere Mission waren, wie wir sehen werden, diese Verhältnisse von wesentlicher Bedeutung.

Damals schon ergab sich aus der Sachlage die natürliche Konsequenz, daß England sich an der Überlandverbindung über Persien nach Indien nicht desinteressieren konnte. England mußte bei der Überlandverbindung unter allen Umständen die Hände im Spiel behalten; England mußte eine leistungsfähige Überlandverbindung über Persien nicht nur aus geschäftlichen, sondern auch aus politischen Gründen wünschen, aber nicht eine Überlandverbindung um jeden Preis, sondern eine Überlandverbindung unter Bedingungen, die seine politische Position in Persien zu befestigen geeignet waren. In diesem letzteren Punkte kollidierten Englands Interessen mit denjenigen Rußlands, das durch seine geographische Lage und seine politische Position in Persien neben England der wichtigste Partner in der großen Unternehmung sein mußte.

An diesem von Anfang an latent vorhandenen Interessenkonflikt zwischen England und Rußland ist wohl hauptsächlich die nächstliegende Kombination für die Herstellung einer leistungsfähigen Überlandlinie gescheitert, nämlich die Schaffung dieser Linie durch eine unmittelbare Vereinbarung zwischen den beteiligten Staaten. Auch fanden die Brüder

Siemens bei der russischen Regierung keine Geneigtheit, das erforderliche Geld für den Bau einer neuen direkten Linie bereitzustellen.

Unter diesen Verhältnissen faßte Werner den Plan, zur Durchführung des Projekts eine Gesellschaft ins Leben zu rufen, die ihrerseits von den in Betracht kommenden Regierungen die erforderlichen Konzessionen erwerben sollte. Die Gesellschaft sollte das für die neuen Linien erforderliche Kapital beschaffen und den Betrieb des gesamten Telegraphen von London bis Teheran übernehmen.

Auf dieser Grundlage wurde seit Beginn des Jahres 1867 das Projekt energisch gefördert. Um die Basis für die Gründung der Gesellschaft zu schaffen, schlossen die Siemensschen Firmen zunächst in ihrem eigenen Namen eine Reihe von Vereinbarungen ab. Wilhelm erhielt die Zusage der Unterstützung der englischen Regierung und schloß mit der Electric Company, welcher von Preußen ein zeitweiliges Monopol für die telegraphische Verbindung zwischen England und Preußen konzediert worden war, eine Vereinbarung, welche eine Landlinie von London nach Lowestoft, sowie das Monopolkabel Lowestoft—Emden für die Zwecke der indo-europäischen Telegraphen zur Verfügung stellte. Werner betrieb die Verhandlungen mit der preußischen und in Gemeinschaft mit Karl auch mit der russischen Regierung. Die preußische Konzession wurde im August 1867 erteilt, diejenige der russischen Regierung, welche den Neubau eines Telegraphen von der preußischen bis zur persischen Grenze einschloß, im September 1867. Die Verhandlungen mit der persischen Regierung wurden von Walter Siemens geführt, der seit einiger Zeit im Kaukasus ansässig war und dort das von den Brüdern Werner und Karl erworbene Kupferbergwerk in Kedabeg und die mit diesem zusammenhängenden Unternehmungen leitete. Walter, der im Kaukasus zunächst durch Karl ersetzt wurde, reiste Mitte Oktober 1867 nach Teheran.

Aus seinen Berichten seien die folgenden Stellen hier wiedergegeben, die ein Licht auf die Verhältnisse werfen, unter denen Georg Siemens ein Jahr später zu arbeiten hatte:

„Täbris, 23. Oktober 1867.

„Ich bin erschreckt über die Verworfenheit und noch mehr über die zeitraubende Schwerfälligkeit der persischen Regierungsorgane. Es wird der energischen Unterstützung der beiden Gesandtschaften (der russischen und der englischen; eine preußische existierte damals noch nicht) bedürfen, um schnell zu unserm Ziele zu gelangen."

„Teheran, 2. November 1867.

„Der russische Geschäftsträger hat auf Instruktion von Lüders*) bereits mit dem Minister des Auswärtigen über unsere Projekte gesprochen. Es scheint, daß man uns günstig aufnehmen wird, und er zweifelt nicht am Erfolge. Es wird aber Zeit und Geld kosten. Die Engländer unterhandeln mit den Persern über eine Landlinie zwischen Bender-Abbas—Buschir und der nächsten indischen Station, haben den Persern dazu gratis 1200 eiserne Pfosten und ganze Revenuen angeboten. Die Perser wollen nicht, aus politischen Gründen, und der Minister hat den russischen Geschäftsträger gefragt, ob wir uns nicht damit befassen wollten, da sie mit Privaten sich leichter verständigen würden. Die Perser sind viel weniger schwierig, wenn es sich um Konzessionen an Private handelt, und als Preußen sind wir doppelt unverdächtig."

In langwierigen und schwierigen Verhandlungen und mit unvermeidlicher Verwendung des landesüblichen „Bakschisch" gelang es Walter, von der persischen Regierung im Dezember 1867 eine Konzession zu erreichen, welche unter den damaligen Verhältnissen durchaus befriedigte. Die Konzession umfaßte den Bau und Betrieb einer neuen Telegraphenlinie Djulfa-Teheran; sie nahm ferner in Aussicht, daß nach Ablauf der englisch-persischen Telegraphenkonvention von 1865, d. h. vom Jahre 1872 an, auch der Betrieb der Linie Teheran—Buschir den Siemensschen Firmen übertragen werden sollte, und zwar entweder gegen eine jährliche feste Abgabe von 12 000 Toman oder gegen eine Abgabe von 2 Franken pro Depesche. Die an Persien zu zahlende Abgabe sollte für die ganze Strecke Djulfa—Buschir 10½ Franken pro Depesche nicht übersteigen.

*) General von Lüders, Chef der russischen Telegraphenverwaltung.

Georg Siemens reist zur Gründung der Indo-Europäischen Telegraphen-Gesellschaft nach London.

Nachdem die notwendigen Vereinbarungen mit den einzelnen interessierten Staaten getroffen waren, konnte die Finanzierung des Unternehmens in Angriff genommen werden. Wie bereits erwähnt, war beabsichtigt, das erforderliche Bau- und Betriebskapital durch Bildung einer Gesellschaft zu beschaffen; dabei war es natürlich für die Siemensschen Firmen, welche die auf ihren Namen erteilten Konzessionen einzubringen hatten, conditio sine qua non, daß ihnen der Bau der neuen Linien und womöglich auch die Remonte derselben übertragen wurde.

Werner war von Anfang an der Meinung, daß es möglich sein würde, das benötigte Kapital in Deutschland aufzubringen. Er dachte deshalb an die Bildung einer deutschen Kommanditgesellschaft auf Aktien. Wilhelm und Karl dagegen hielten es für notwendig, sich an den Londoner Markt zu wenden, „denn dort wohnen die Leute, welche das große Interesse an dem Verkehr mit Indien haben" (Karl an Werner, 7. Juli 1867). Auch der Chef der preußischen Telegraphenverwaltung, General von Chauvin, der ein eifriger Förderer des Unternehmens war, wünschte „den Hinzutritt englischen Kapitals und einen anglisierten Anstrich der Gesellschaft", weil er glaubte, daß das die Beziehungen zur englischen Regierung verbessern würde (Werner an Wilhelm, 24. Mai 1867). So entschied man sich denn im Herbst 1867 für die Bildung einer englischen Limited Company.

Die Organisation der neuen Gesellschaft machte Arbeit und Schwierigkeiten, denen die in den Siemensschen Firmen vorhandenen Kräfte in Anbetracht der Überlastung mit anderen Geschäften nicht gewachsen waren. Allein die technische Ausführung des indo-europäischen Telegraphen stellte, abgesehen von der Frage der Finanzierung und Gesellschaftsgründung, große Anforderungen. Es waren die Pläne und Kostenvorschläge auszuarbeiten, der Bau zu organisieren und vorzubereiten, der Prospekt fertigzustellen usw. Dazu kam, daß Werner in jener Zeit zwei seiner wichtigsten Mitarbeiter verlor: William Meyer war hoffnungslos krank und starb im Januar 1868; Halske, welcher das Risiko für das neue große Unternehmen nicht mittragen wollte, schied mit dem Jahre 1867 aus der Firma aus.

Außerdem waren Werner, Wilhelm und Karl Siemens durch eine Reihe von anderen Geschäften in Anspruch genommen. Namentlich Wilhelm, auf den bei der Organisation einer englischen Gesellschaft in erster Linie gerechnet werden mußte, hatte Kopf und Hände für diese Angelegenheit nicht genügend frei. Das geht aus der Korrespondenz zwischen Werner und Wilhelm aus jenen Tagen deutlich hervor. Am 25. November 1867 schrieb Werner an Wilhelm:

„Es fehlt jetzt bei uns einheitliches Regiment und harmonisches Zusammenwirken, und wir beide haben zu viele Sachen nebenbei um die Ohren. Du mußt die Briefe vor der Beantwortung durchlesen. Du mußt in der Kompagniesache überall entscheiden, weil die Kompagnie englisch werden soll. Ich mache nur Vorschläge und widerspreche."

Und am 26. November: „Das Statut der Gesellschaft kann nur dort gemacht werden. Bitte, schicke den Entwurf her."

Aber es wollte mit diesen Arbeiten, die Wilhelm nicht gerade sehr lagen, nicht recht vorwärtsgehen, so sehr auch Werner fortgesetzt drängte.

Unter diesen Verhältnissen war es natürlich, daß Werner bei der Umschau nach neuen Kräften zunächst an den jungen Georg Siemens dachte, mit dem ihn Verwandtschaft und persönliche Sympathie verbanden, und der nach seiner Vorbildung für die bei der Gesellschaftsgründung zu leistende Arbeit besonders geeignet schien.

Obwohl Georg damals mitten in der Arbeit für sein schriftliches Examen steckte, nahm er ohne weiteres Werners Vorschlag an, für einige Zeit nach London zu reisen, um Wilhelm bei der Gesellschaftsgründung zur Hand zu gehen. Er reiste in den letzten Tagen des Januar 1868 ab mit einem Brief Werners an Wilhelm, in dem es heißt:

„Georg, der diesen Brief mitbringt, hat sich mit den Formen hiesiger Gesellschaften vertraut gemacht, und weiteres Material werden wir nachsenden. Über das Gesellschaftsstatut usw. bringt Georg unsere Ansicht mit."

Werner war von Anfang an davon ausgegangen, daß das Unternehmen „als Kapitalfrage für Häuser ersten Ranges zu klein sei", daß man infolgedessen das Exzeptionelle der ganzen Sache und die politische Seite der Angelegenheit in den Vordergrund stellen und namentlich die am Handel mit dem Osten beteiligten ersten Firmen für das Unternehmen gewinnen müsse.*) In Hamburg und Bremen hatte Werner nach dieser Richtung hin Erfolg gehabt; am erstgenannten Platze hatte er den Chef des alten und angesehenen Bankhauses **Behrenberg, Goßler & Co.**, in Bremen **H. H. Meyer** lebhaft für den indo-europäischen Telegraphen interessiert; beide waren bereit, in den Board der zu gründenden Gesellschaft einzutreten und sich an der Finanzierung zu beteiligen. In London kam es, abgesehen von der Erledigung der Formfragen, darauf an, gleichfalls erste Namen des ostindischen Handels zu gewinnen.

Georg Siemens reiste zunächst nach Bremen, wo er mit H. H. Meyer konferierte, von dort über Aachen nach Calais; am 1. Februar 1868 kam er in London an und fand in Wilhelm Siemens' Haus gastfreundliche Aufnahme.

Bei allen Geschäften, denen sich Georg sofort nach seiner Ankunft widmete, blieb ihm genug Zeit, London kennen zu lernen und auch für einige Tage mit Wilhelm nach Birmingham zu reisen, wo dieser damals mit seinem Regenerativofen für Stahlfabrikation Versuche machte. Durch Wilhelms zahlreiche und wichtige Beziehungen fand Georg außerdem Eingang in die Londoner Gesellschaft.

Es seien hier einige Stellen aus den Briefen wiedergegeben, die er während seines Londoner Aufenthalts an seine Eltern richtete:

An die Mutter, London, 4. Februar 1868.

„.... Von der Großartigkeit (Londons) habe ich bisher noch wenig gespürt, weil alles nebeneinanderliegt, nicht übereinander wie die Gebirge in der Schweiz. Das, was mir bisher am meisten imponiert hat, ist, daß am 1. Februar, Sonntag morgen, wo ich von Dover nach London fuhr — wegen Sturmes war ich Sonnabend nachmittag in Calais geblieben — die Hammel, echte Southdowns, im Freien auf der Weide waren ...

*) Vergleiche den Brief Werners an Wilhelm Siemens vom 28. Januar 1868, **Ehrenberg** S. 205—206.

„Ich glaube, daß Wilhelm recht hat, welcher meinte, daß der Eindruck, den London machen könne, erst dann wirke, wenn man die Geschäfte kennen lerne, welche in den kleinen räucherigen Häusern gemacht werden.

„Imponiert hat mir bis jetzt als wirklich großartig die Paulskirche, ein Gebäude von einer ungeheuren Ausdehnung und prachtvoll schönen Verhältnissen. In der Westminster-Abtei war ich noch nicht, obgleich Wilhelms Office, wo ich täglich 6—7 Stunden sitze, nur wenige hundert Schritt davon entfernt ist. Abends bin ich aus gewesen: gestern in Gesellschaft bei Wilhelms Schwiegermutter; heute abend in einer Vorlesung von Mrs. Siddons, mit der ich übrigens auch gestern abend zusammen war; und morgen abend gehe ich auf einen Kostümball bei dem Telegraphenmann Reuter. Es ist ein „fancy-ball", aber ohne Masken, wo Wilhelms Frau als Winter erscheint."

An den Vater, London, 15. Februar 1868.

„Ich befinde mich hier wundervoll. Die durch eine der liebenswürdigsten Frauen ganz reizend angenehme Häuslichkeit Wilhelms hat mich ganz bezaubert. Sein Haus ist das angenehmste, das ich je gesehen, und wohl eines Studiums wert."

An die Mutter, London, 20. Februar 1868.

„Heute mittag, resp. heute abend fahre ich nach Richmond, wo ich eingeladen bin. Gestern habe ich bei Mr. Taylor, member of parliament, die Führer der englischen Reformpartei gesehen und gesprochen. Es ist ein großartiges Leben hier, und ich denke, daß ich Dir am nächsten Mittwoch oder Donnerstag abend viel erzählen kann."

In geschäftlicher Beziehung hatte Georg zunächst den Eindruck, daß er nicht viel ausrichten werde. Er schrieb am 4. Februar: „Was die Geschäfte betrifft, so ist es mir vollständig klar, daß ich zu früh gekommen bin; ich denke aber die Sache noch ganz gut einzurichten, daß der Vater zufrieden sein wird. Die Sache wird, wie ich hoffe, ganz gut gehen, wenn auch die Engländer etwas widerspenstig zu sein scheinen."

Noch am 10. Februar berichtet er an seine Mutter: „Ich denke noch immer Ende dieser oder Anfang der nächsten Woche mein Bündel zu schnüren, weil ich nicht einsehe, inwiefern meine Gegenwart hier besonders notwendig sein sollte."

Die folgenden Tage jedoch änderten seine Meinung. Er kam zu der Überzeugung, daß seine Mitwirkung bei der Feststellung der Statuten usw. nicht ohne Nachteil für das Unternehmen entbehrt werden könnte, und um seine Londoner Mission zum richtigen Ende zu führen, sah er sich veranlaßt, die Frist für sein schriftliches Examen, die am 24. Februar ablief, verlängern und sich die für seine Examensarbeit nötigen Akten nach London schicken zu lassen.

An den Vater, London, 15. Februar 1868.

„... Versäumen will ich die Abgabe der Arbeit um keinen Preis, ollte auch die Teheran-Linie darüber zum Teufel gehen; aber jede mögliche Form, in welcher diese beiden Zwecke vereinigt werden können, möchte ich beobachten, weil ich die Sache für ungemein wichtig halte. Siemens & Halske können nicht mehr davon zurück, ohne sich den größten Verlusten hinsichtlich ihres Portemonnaies und ihres Renommees auszusetzen; und ein Schlag, der die Familie für Jahre zurückbringen würde, muß vermieden werden.

„Fragt sich, was habe ich damit zu tun?

„Ich bin im Besitz der ganzen deutschen Korrespondenz dieses Unternehmens, die nur durch mich vermittelt wird. Ich bin im Besitz der Gesichtspunkte, die Werner als leitend hierfür angenommen hat, ich vermittle ferner, zwar nicht direkt, aber durch mein Drängen auf Wilhelm, daß diese Gesichtspunkte bei den Verhandlungen mit den Engländern festgehalten und dadurch dem Unternehmen ca. 700 000 Taler deutsches Kapital gesichert werden, die andernfalls möglicherweise verloren gehen könnten. Ich halte mich nicht für unentbehrlich, aber ich glaube, daß es schwer halten würde, mich zu ersetzen. Wilhelm, der eine der bedeutendsten Erfindungen der Neuzeit nicht nur gemacht, sondern auch in einem zu Birmingham von ihm angelegten Ofen *praktisch* durchgeführt hat, die Erfindung, aus Eisenerz direkt Stahl zu machen, und der diese Erfindung der Teheran-Linie voranstellt, kann gegenwärtig diese Arbeit nicht übernehmen. In seinem Kontor würden zuviel Versehen gemacht werden, die der Sache notwendig zum Nachteil gereichen müßten.

„Die Sache selbst nähert sich sehr schnell ihrer Entscheidung. Am Dienstag tritt ein meeting der drei bereits festgestellten englischen Direktoren zusammen, in welchem der Prospektus, der Vertrag zwischen Gründern und Aktienzeichnern, ähnlich unserem Statut, und die weitere Art des Vorgehens festgestellt wird. Weitere Verhandlungen zur Gewinnung einiger großen ostindischen Häuser, die infolge meiner Konferenz mit H. H. Meyer in Bremen durch meine Hand gegangen sind, sind noch in der Schwebe. Durch eine längere Abwesenheit von hier würde ich also, wenn auch nicht absolut das Unternehmen kompromittieren, doch jedenfalls demselben Nachteile zufügen und den ganzen Zweck meiner Reise vereiteln. Dies will ich nicht.

„Wenn ich also des Examens wegen nach Berlin müßte, so würde ich jedenfalls wieder nach London zurückkehren, um die Sache bis zu Ende zu bringen. Da ich diese beiden Dinge zu tun entschlossen bin, das Examen in der vorgeschriebenen Zeit bis zum 28. Februar zu Ende zu bringen und auch die Teheran-Linie durchzusetzen, so geht meine Frage dahin: In welcher Form rätst Du mir das zu tun? Soll ich nach Berlin inzwischen kommen? oder willst Du mir die Akten und Bücher umgehend senden? In beiden Fälle bitte ich um telegraphische Depesche, da keine Zeit zu verlieren ist.

17. Februar 1868. — „Am Sonnabend konnte ich den Brief nicht beenden, weil inzwischen die Post abging. Am Sonntag war eine Absendung desselben nach hiesigen Postverhältnissen unnütz. Ich habe unterdessen eine Unterredung mit Wilhelm über meinen Gesichtspunkt gehabt. Die Sache stellt sich folgendermaßen: Morgen ist das erste Direktoren-Meeting. Die Statutengeschichte wird mit den beiden Solicitors und Counsels heute noch von mir ins Reine gebracht; am Sonnabend oder spätestens am Montag kann alles fertig sein. Auf dem British-Museum habe ich heute verschiedene Bücher gefunden, so daß mir vorläufig die Akten, wenn ich sie habe, genügen werden.

„Schicke mir also, ich bitte Dich inständig, die Akten Mittwoch abend ab und benachrichtige mich durch eine telegraphische Depesche von deren

Abgang; es könnte sonst leicht das Examen versäumt werden, und die sechs Monate dadurch bedingten Zeitverlustes würde sowohl Dir wie mir sehr unangenehm sein."

An die Mutter, 20. Februar 1868.

„Eben aus der City kommend, finde ich Deinen lieben Brief, für den ich besten Dank sage. Ich bin mit den darin enthaltenen Gesichtspunkten vollständig einverstanden, verzichte auf die Übersendung der Akten und denke, da ich heute die letzte Direktorenschaft fertig gemacht habe, bald abreisen zu können...

„Ich denke, die Sache wird nunmehr gehen. Es ist ungemein schwierig, eine Sache anständig zu halten und doch Geld dabei zu verdienen."

An den Vater, London, 24. Februar 1868.

„Für Deine freundlichen Bemühungen bei Bode*) meinen besten Dank. Du brauchst nicht zu fürchten, daß ich ‚wegen Wilhelms angenehmer Häuslichkeit' oder aus sonstigen Gründen auch nur eine halbe Stunde über die notwendige Zeit hier bleibe. Meine Ungeduld, wegzukommen, ist, trotzdem ich hier wirklich viel lerne, vielleicht größer, als Deine Ungeduld, mich wieder in Berlin zu sehen.

„Gestern abend hatte ich bereits meine Sachen zur Abreise gepackt und war im Begriff, mich heimlich zu drücken; indessen mußte ich bleiben, weil Wilhelm (vielleicht mit Recht) großen Wert auf meine Anwesenheit bei einem neuen, Mittwoch mittag stattfindenden Direktoren-Meeting legte. Hoffentlich kann ich dann noch Mittwoch abend abreisen, ev. Donnerstag.

„Die Sache ist hier so ziemlich fertig. Direktoren, Statuten, Prospekt, alles ist da; nur das Geld fehlt noch, und ich fürchte, daß wir alle, auch ich, in der Freude, die bisherigen Schwierigkeiten so ziemlich überwunden zu haben, diese neue Schwierigkeit für zu gering anschlagen. Indessen hilft es nichts. Durch muß man. Vor Wilhelms Geschäftskenntnis und seiner Vorsicht habe ich jetzt großen Respekt; wenn Werner auch vielleicht begabter ist, ihm geht doch Wilhelms Routine ab. Daß

*) Examinator in der Assessor-Prüfung.

ich mit meinen germanischen Ansichten häufig, ja fast stets, verschiedener Meinung bin, hindert uns indessen nicht, uns bald zu verständigen."

Am 1. März 1868 war Georg Siemens, nach voller Erledigung seiner Londoner Aufgabe, in Berlin zurück. Werner war mit dem von ihm erzielten Erfolge sehr zufrieden und schrieb ihm am 26. Februar:

„Mein Kompliment über die klare und richtige Auffassung Deiner Aufgabe und über Deinen guten geschäftlichen Takt."

In Berlin erledigte Georg zunächst seine Examensarbeit. Dann übernahm er wieder die Vertretung seines Vaters, der sich nach Ahlsdorf zurückzog. Daneben beschäftigte ihn nach wie vor der indo-europäische Telegraph.

An den Vater, Berlin, 1. April 1868.

„.... Ich bin hier leidlich fleißig, gewinne und verliere abwechselnd Prozesse und schlage mich so ziemlich durch. Geld kommt vorläufig nicht zuviel, indessen doch so viel, als man braucht. Auch an Sachen habe ich keinen Mangel, und die indo-europäische Telegraphengesellschaft läßt mir nicht zu viel Mußestunden."

Im April wurden die Anteile der „Indo-European-Telegraph-Company", deren Kapital auf 450 000 £. bemessen wurde, in England, Deutschland und Rußland zur Zeichnung aufgelegt. Der Erfolg war auf dem Kontinent ein ausgezeichneter. Der für den Kontinent reservierte Betrag wurde glatt untergebracht, und zwar ohne daß die Vermittlung von Bankhäusern in Anspruch genommen worden wäre. Dagegen zeigte sich der englische Markt zurückhaltend; offenbar hatte dort das Rote-Meer-Kabel, für dessen Neukonstruktion damals eine Gesellschaft gebildet wurde, die Stimmung für den Indo-Europäischen Telegraphen etwas beeinträchtigt.

Am 22. April konnte Werner, dessen ursprüngliche Auffassung nunmehr durch die Tatsachen gerechtfertigt war, an Wilhelm schreiben:

„Hättet Ihr doch früher eine so geringe Beteiligung Englands erkannt! Es wäre so leicht gewesen, die ganze Geschichte hier aufzubringen."

Neue Schwierigkeiten für den indo-europäischen Telegraphen.

Mit der Finanzierung der Indo-Europäischen Telegraphen-Gesellschaft war die Mitwirkung Georgs an dem großen Unternehmen keineswegs abgeschlossen. Sachliche und persönliche Umstände wirkten vielmehr zusammen, um Georg alsbald vor wesentlich bedeutungsvollere Aufgaben in demselben Geschäfte zu stellen.

Zunächst blieben auch nach der Konstituierung der Gesellschaft noch wichtige Fragen der Organisation zu bearbeiten.

Georg Siemens schrieb am 28. Juni 1868 an seinen Onkel Rudolf:

„Die indische Linie verursacht noch immer viel Mühe und Sorgen, weil die starrköpfigen Engländer an unsere nicht minder starren bureaukratischen Formen gewöhnt werden müssen, ein Ding, das mir schon manchen Tropfen Tinte und manchen Bogen Papier gekostet hat. Vorderhand ist daher an eine zweite Einzahlung nicht zu denken, und ich will zufrieden sein, wenn die Sache so weit ist, daß im Monat September zum 1. Oktober diese Einzahlung eingefordert wird. Da die Bauerei schon munter losgeht, wird hier nämlich viel Geld gebraucht, und die Engländer wollen nicht bezahlen, ehe nicht alle Formalitäten bis auf das geringste Tüpfelchen auf dem I geordnet sind."

Die zwingenden Gründe, die Werner Siemens veranlassen mußten, sich nach neuen Kräften umzusehen, erfuhren bald nach der Rückkehr Georgs aus England eine wesentliche Verstärkung. Im Juni 1868 starb Walter Siemens, der die Telegraphenkonzession in Persien durchgesetzt hatte, in Tiflis plötzlich infolge eines Pferdeschlags. Um dieselbe Zeit sah Karl Siemens sich genötigt, in Rücksicht auf den sehr ungünstigen Gesundheitszustand seiner Frau seinen Aufenthalt im Kaukasus aufzugeben; er ging zunächst nach Deutschland und siedelte im Herbst 1869 dauernd nach London über. Nimmt man das Ausscheiden Halskes und den Tod Meyers hinzu, dann kann man sich ein Bild davon machen, welchen Wert Werner damals auf neue vertrauenswürdige und leistungsfähige Mitarbeiter legen mußte.

Dabei verursachte der Indo-Europäische Telegraph eine gewaltige Mehrarbeit und mitunter große Sorgen.

Der Bau und die Remonte der Linie wurde, wie von Anfang an beabsichtigt war, von der neuen Gesellschaft an die Gebrüder Siemens übertragen. Die Organisation und Durchführung des Baues, von dessen glücklichem Gelingen das geschäftliche Ergebnis des großen Unternehmens für die Siemensfirmen in erster Linie abhängig war, erwies sich als außerordentlich schwierig. Der Bau wurde in drei große Sektionen eingeteilt, deren Chefs in weitgehendem Maße freie Hand bekommen mußten. Namentlich auf der persischen Sektion (Djulfa—Teheran) kam es alsbald zu Komplikationen, die das Gelingen des Unternehmens in Frage zu stellen drohten.

Eine ganz besondere Gefahr für die Lebensfähigkeit der Indo-Europäischen Telegraphen-Gesellschaft ergab sich in jener Zeit aus der Neuregelung der Tariffrage durch internationale Vereinbarung der beteiligten Mächte.

Zu der Zeit, als die Gründung der Indo-Europäischen Telegraphen-Gesellschaft in Angriff genommen wurde, betrug der Tarif für eine Depesche von 20 Worten zwischen England und Indien 5 £. Eine Ermäßigung dieses Satzes wurde von Anfang an in Aussicht genommen, aber das Minimum, mit dem die Gebrüder Siemens rechneten und das auch im Prospekt der Gesellschaft der Rentabilitätsberechnung zugrunde gelegt wurde, war 3½ £ = 87½ Franken. Von diesem Betrage hatte die Gesellschaft an die verschiedenen beteiligten Staaten und Verwaltungen auf Grund ihrer Konzessionen und Verträge 58,75 Franken abzugeben, so daß ihr 28,75 Franken pro Depesche blieben. Dieser Ertrag pro Depesche erschien genügend, um die Rentabilität des Unternehmens zu sichern.

Im Sommer 1868 fand nun in Wien eine internationale Telegraphenkonferenz statt, in deren Verlauf es zu wichtigen, die Telegrammtarife nach Indien betreffenden Abmachungen kam. Werner selbst war während einiger Zeit auf der Konferenz anwesend, um seinen „Schnellschreiber" und sein für die Indo-Europäische Linie bestimmtes automatisches Apparatsystem vorzuführen. Er war bei dieser Gelegenheit Zeuge der Angriffe, welche von den durch die neue Linie mit Konkurrenz bedrohten Staaten gegen den Indo-Europäischen Telegraphen auf dem Gebiete der Tariffestsetzung gerichtet wurden. „Man hat sich endlich,“ so schrieb er am 3. Juli 1868 an Wilhelm, „dahin geeinigt, daß die Staaten sich keine Konkurrenz in Billigkeit machen, und daß wir und die türkische Linie gleiche Preise halten müssen. Damit können wir auch zufrieden sein.“

Nachdem jedoch Werner die Konferenz verlassen hatte, kam auf derselben am 22. Juli 1868 wider alles Erwarten ein Vertrag zwischen England, Rußland, der Türkei und Persien zustande, der den Depeschentarif von London nach Indien auf nur 71 Franken normierte. Damit wurde der Anteil der Gesellschaft an der Depesche von 28,75 auf 12,25 Franken reduziert, und auch diese 12,25 Franken sollten durch eine Erhöhung der Abgaben an die persische Regierung und an die britisch-indische Verwaltung der Strecke Teheran—Buschir noch eine Schmälerung um 3 Franken erfahren.

Es war klar, daß diese neue Situation für die Gesellschaft jede Möglichkeit einer Rentabilität ausschließen mußte. General von Lüders, der Chef der russischen Telegraphenverwaltung, der zu spät die verhängnisvollen Konsequenzen des von ihm mit unterschriebenen Wiener Vertrags erkannte, erklärte sich bereit, die von der Gesellschaft an Rußland zu zahlende Depeschenabgabe um 1—1½ Franken zu ermäßigen; aber mit einer so geringen Reduktion war natürlich der Gesellschaft nicht geholfen.

Wie die Dinge lagen, konnte die Gesellschaft aus der verzweifelten Lage nur durch eine durchgreifende Änderung und Ergänzung der persischen Konzession gerettet werden. In Frage kam vor allem, daß die Gesellschaft sich die 5 Franken pro Depesche, die der von ihr neu zu bauenden Linie Djulfa—Teheran zustanden, für sich selbst sicherte, statt sie an die persische Regierung abzuführen; ferner kam in Betracht die Übernahme des Betriebs der anderen, unter englischer Verwaltung stehenden persischen Telegraphenlinien und eventuell eine Umgehung des eine hohe Abgabe beanspruchenden und nicht einmal sicher funktionierenden Kabels Buschir—Kuradschi. Ob und wie weit sich diese Möglichkeiten verwirklichen lassen würden, ließ sich von Europa aus nicht beurteilen, sondern konnte nur durch Verhandlungen in Persien selbst entschieden werden. Aber wer sollte diese Verhandlungen führen? Walter Siemens, der durch seine erste Mission mit den Verhältnissen gut vertraut war, hatte kurz zuvor den tödlichen Unfall erlitten, und Karl Siemens, auf den man für den Fall der Notwendigkeit eines Eingreifens an Ort und Stelle gerechnet hatte, mußte gerade damals den Kaukasus verlassen.

Die Situation wurde erschwert durch die wenig vertrauensvoll klingenden Nachrichten über den Fortgang des Baues im Kaukasus und auf der persischen Sektion. Auch in dieser Hinsicht schien ein Eingreifen von Europa aus unbedingt erforderlich.

Die Entsendung Georg Siemens' nach Persien.

In Anbetracht der wichtigen Interessen, die nicht nur bei der Telegraphenangelegenheit, sondern auch bei den Bergwerksunternehmungen der Gebrüder Siemens im Kaukasus auf dem Spiele standen, entschloß sich Werner, persönlich nach dem Kaukasus zu reisen. Er gedachte dabei Georg mitzunehmen, sei es, damit dieser sich während eines vorübergehenden Aufenthalts an Ort und Stelle mit den Verhältnissen vertraut mache, sei es, um ihn für längere Dauer als Vertreter seiner Interessen im Kaukasus zu lassen. Als dann für die Telegraphengesellschaft die persische Frage akut wurde, verhandelte Werner mit Georg über dessen Entsendung nach Teheran als Vertreter der Indo-Europäischen Telegraphengesellschaft. Georg erklärte sich bereit, die wichtige Mission zu übernehmen.

Die folgenden Briefe beleuchten die einzelnen Phasen dieser Verhandlungen zwischen Werner und Georg, bei denen stets auch die allgemeine Frage der Gestaltung der Verhältnisse zwischen Georg und den Siemensschen Unternehmungen eine Rolle spielt.

Werner an Karl Siemens, Berlin, 24. August 1868.

„Ich habe Lust, Georg Siemens diesmal mit nach Tiflis zu nehmen. Es sind dort viele Kontrakte zu machen. Georg ist unser Syndikus, und es ist gut, wenn er dortige Rechtsverhältnisse kennen lernt. Er will selbst gern mal hin, hat Zeit, da sein Vater den

Winter über hier ist, und wollte selbst auf eigene Kosten reisen. Es ist auch gut, jemand zu haben, der den Ort kennt und die Leute, und den man in schwierigen Momenten mal mit Vollmacht hinschicken könnte."

Georg Siemens an seinen Vater, Berlin, 26. August 1868.

„Was meine Verhältnisse anbetrifft, so machte mir Werner den Vorschlag, daß ich in Tiflis Konsul werden möchte, d. h. consul missus, also vom Staat besoldeter. Er stellte mir die diplomatische Karriere sehr lockend vor und meinte, ich könne ja nebenbei dem Geschäft nützlich sein und dadurch Geld verdienen. Ich habe das abgelehnt, weil ich mich nach meiner Ansicht dabei vom Pferd auf den Esel setzen würde. Demnächst hat er mir einen zweiten Vorschlag gemacht: Ich solle am 10. September mit ihm nach Tiflis gehen und ihm bei der dort zu treffenden Organisation behilflich sein und mir die Sache ansehen, inwieweit ich in das Geschäft hineinsteigen wolle. Letzteres Anerbieten habe ich nicht unbedingt abgelehnt und erklärt, daß ich mit Dir darüber reden wollte. Zugleich aber teilte ich ihm mit, daß ich vor dem 1. Oktober nicht frei wäre. Darauf, seine Reise zu verschieben, glaube er nicht eingehen zu können, weil das Schiff schon am 13. September abginge, und er bat mich, Dich zu fragen, ob Du nicht bereits am 9. September zurückkommen könntest. Ich habe ihm versprochen, Dich deswegen zu fragen. Es würde mir sehr lieb sein, wenn Du, um die Sache einigermaßen zu besprechen, im Laufe der Woche nach Berlin kommen wolltest. Im Falle der Reise würde ich doch noch Vorbereitungen zu treffen haben, und es würde mir lieb sein, wenn ich meinen definitiven Entschluß am 1. September fertig hätte. Gern käme ich nach Ahlsdorf; allein ich weiß nicht, ob Du bereits dort bist und möchte, da ich ca. 20 Sachen liegen habe, nicht gern zuviel Zeit verlieren."

Georg Siemens an seinen Vater, Berlin 28. August 1868.

„Soeben macht mir Werner folgende Mitteilung: Die englische Regierung wünscht einige ihrer Telegraphenlinien in Persien los zu werden. Sie hat Wilhelm gefragt, ob er sich von der persischen Regierung eine Konzession von Schiras nach Bender Abbas geben lassen will. Die

Sache ist wichtig. Werner hat mir daher vorgeschlagen, nach Teheran zu gehen und dort die Konzession von dem Schah zu erwerben ... Ich möchte gern Deine Ansicht darüber. Bis Ostern ist die ganze Geschichte beendet."

Werner an Karl Siemens, 5. September 1868.

„Jetzt kann Georg nicht allein als unser Vertreter in Persien auftreten, er muß auch Vollmacht von der Konzessionsbesitzerin, also der Gesellschaft, erhalten. Durch den Vertrag vom 22. Juli (Wien) ist unsere Konzession durchlöchert. Georg muß daher klagend in Persien auftreten und für die Gesellschaft Entschädigung verlangen. Der einzige Ausweg den Persern gegenüber wird der sein, ihnen eine bare jährliche Summe anzubieten für Aufgabe ihrer Einnahmen von der ganzen Linie Djulfa—Buschir und Erteilung der Konzessionen. Das muß aber die Gesellschaft tun, da wir nicht legitimiert sind."

Die Reise nach Teheran.

Im September 1868 trat Georg Siemens die Reise nach Persien an. Er reiste über Wien und Budapest, fuhr von Belgrad die Donau abwärts und machte einen kürzeren Aufenthalt in Konstantinopel. Dort traf er Werners Schwager, den Professor Himly, mit dem er am 26. September nach Poti weiterreiste. Werner war direkt nach dem Kaukasus gereist, um die Kupferbergwerke von Kedabeg zu besichtigen und den Betrieb neu zu organisieren, sowie um sich über die Fortschritte des Linienbaus zu unterrichten. Die beiden trafen sich in Tiflis, wo Georg am 8. Oktober ankam.

Georg Siemens hatte ursprünglich die Absicht, über seine Reise ausführlich Tagebuch zu führen und eventuell ein Buch über seine Reisebeobachtungen zu publizieren. Aber die Reisebeschreibung, die er in den ersten Wochen begann, ist nicht weit gediehen. Es widerstrebte ihm, die oberflächlichen Eindrücke und Wahrnehmungen, die man auf einer raschen Durchreise allein in sich aufnehmen kann, zu Papier zu bringen. Das Fragment seiner Reisebeschreibung beginnt charakteristischerweise mit den folgenden Sätzen:

„Ob das, was ich schreibe wahr ist, weiß ich nicht. Das aber kann ich versichern, daß ich es für wahr hielt. Der ein Land nur flüchtig durchstreifende Reisende sieht von den tausenden ihm aufstoßenden Dingen nur einige. Wenn er aus dem von ihm Beobachteten Schlüsse ziehen will, so wird er auch bei der größen Vorsicht sich selten vor dem Schicksal jenes Engländers erwehren können, der in Calais entdeckte, daß alle Französinnen rothaarig, dick und schmutzig seien, weil das ihm bedienende Mädchen zufällig so aussah. Andererseits aber soll und darf der Tourist nicht fremde Wahrnehmungen in den Kreis seiner Betrachtungen ziehen. Nur die von ihm beobachteten Dinge soll er zeichnen, weil sonst sein Werk keine Reisebeschreibung sein würde."

Über den Verlauf der Reise nach Tiflis geben Briefe an die Mutter Auskunft, die nachstehend im Auszug wiedergegeben sind.

Tiflis, 9. Oktober 1868.

„Gestern bin ich glücklich in Tiflis einpassiert, nachdem ich mehrere Tage vergeblich in Poti und Kutaïs auf Werner gewartet habe, welcher sich noch im Kaukasus aufhält, um Kupferbergwerke und Linie zu besehen. Da er morgen oder doch Mitte nächster Woche hierher kommen wird, so werdet Ihr jedenfalls vor Eintreffen dieses Briefes von ihm gehört haben. Ich kann nichts über ihn berichten, als daß er nach einer gestern eingetroffenen Depesche vollständig wohl ist. Mir selbst geht es recht gut. Von Konstantinopel hatte ich eine telegraphische Depesche nach Berlin gegeben, die zur Veranlassung hatte, daß Himly am 25. September mittags dort eintraf. Nach Beendigung meiner Geschäfte, die in Besuchen, Konferenzen, Diners und mehreren Landpartien mit unserem Geschäftsträger und seinen Diplomätchen bestanden, reiste ich am Sonnabend, 26., mit Himly nach Poti. Wie ich in Konstantinopel, einem paradiesisch schön gelegenen Ort, von dem schönsten Wetter begünstigt worden war, so war es auch weiter auf meiner Fahrt auf dem Schwarzen Meer, die bis zum 1. Oktober dauerte.

In Poti traf ich Herrn Höltzer, einen von Werners Ingenieuren, nebst seinem Adjunkten Herrn Frischen aus Berlin. Da man Werner für den 6. Oktober in Orpiri, einem etwa 10 Meilen aufwärts gelegenen Ort, erwartete, so blieb ich bis zum 4. Oktober in Poti, fuhr an diesem

Tag per Dampfschiff, zugleich mit etwa 300 Rekruten, schön und kräftig aussehenden Menschen, aber schlecht bekleidet, nach diesem Ort, fand daselbst Herrn v. Granschewsky und hörte, daß Werner erst am 8. Oktober kommen könne. Da entschloß ich mich, vorauszureisen, weil dieser Ort, ein Dorf in elender Sumpfgegend, natürlich mit französischem Hotel ohne Bequemlichkeiten, aber mit hohen Rechnungen, zu langweilig war, fuhr am 5. Oktober nach Kutais, von wo die Post am 7. Oktober nach Tiflis abging. Hier bin ich denn nach etwa 40stündiger Fahrt auf hartem Sitz mit Himly eingetroffen, wohne in Siemens' Hause, einem recht freundlich eingerichteten Ding, und schreibe einen Brief an Ottos Schreibtisch.

„Tiflis ist eine große, zum Teil vollständig europäisch eingerichtete Stadt von 72 000 Einwohnern, am Kur, einem zwar nur wenig schiffbaren, aber doch schon ganz bedeutenden Fluß. Das Tal ist breit, so daß man die gegenüberliegenden Berge von etwa 800 bis 1000 Fuß Höhe (über dem Fluß) schon in etwas bläulichem Scheine sieht. Das Leben scheint recht angenehm zu sein. Die deutsche Kolonie ist nicht unbedeutend. Wenigstens traf ich gestern abend bei Herrn Bolten, dessen junge und sehr hübsche Frau uns bis zu Werners Ankunft in Verpflegung genommen hat, mehrere recht angenehme, feine Leute. Der Name Siemens scheint hier einen guten Klang zu haben, freilich mit einem Beigeschmack à la Rothschild, einem Beigeschmack, der mir bei den Hotelrechnungen manchmal recht unangenehm war. Die Hotelwirtin in Kutais sagte mir, es seien sehr angenehme Leute, „des gens qui font leur commerce, mais qui savent vivre et qui font vivre les autres“. Auf meinen Koffern stand der Name mit großen Lettern, ich hatte dafür das Vergnügen zu hören: Vous demandez naturellement de très bonnes chambres.

„Alle Hotelwirte sind natürlich Franzosen. Der Deutsche ist Handwerker, wie mir scheint; der Russe Arbeitsmann oder Beamter. Das andere sind georgische Fürsten und deren Bediente, Leute mit einer Unmasse Waffen im Gürtel, aber, wie mir scheint, mit sehr wenig Mut in der Brust. Wenigstens habe ich einige sehr sonderbare Dinge gesehen, und es ist mir jetzt sehr erklärlich, daß König Mithridates im Altertum in einem Jahr sich hier und in Kleinasien ein Königreich von etwa 20 000 Quadratmeilen erobern konnte, nachdem die Römer ihn aus seinem eigenen Lande vertrieben und seine Armee vernichtet hatten.

„Meine Reisebeschreibung ist angefangen, geht aber nicht recht vorwärts. Ich habe mich zu schnell durch die widersprechendsten Gegenden bewegt, um überhaupt viel Eindrücke gehabt zu haben. Auf dem Schiffe habe ich einiges geschrieben. Man sieht so viel, daß man konfus wird. Die Gegend, die man sieht, ist bald Gebirge, bald Ebene; die Menschen sind bald Gesandte und Prinzen, Gouverneure u. dgl., bald betrügerische Beamte und Trinkgeld verlangende Tagelöhner; das Vieh bald Kamele und Büffel, bald friedliche Ochsen und Pferde, furchtsame Hunde und mutige Moskitos oder Flöhe. Man muß erst ruhig werden und alles in seinem Schädel in Ordnung bringen, damit das deutsche Gemüt die verschiedenen Raritäten in ihre verschiedenen Schubladen methodisch verteilen und in Kapitel bringen kann, ehe man schreibt. Auch lügen die Menschen, welche einem etwas erzählen, teils aus Unkenntnis, teils aus orientalischem Phantasiereichtum so furchtbar, daß man sich wahrscheinlich furchtbar blamieren würde, wenn man Gehörtes wieder berichten wollte. Ob wohl das Wort „sich orientieren" vom Orient herkommt?

„Hier werde ich wahrscheinlich vier Wochen bleiben. Dann geht es weiter zu Wagen bis an die persische Grenze, so daß die Reitpartie viel kürzer ist, als ich anfänglich annahm."

Tiflis, 21. Oktober 1868.

„Morgen werde ich nach Persien fahren. Ich habe dazu einen eigenen Wagen, sowie einen Reisebegleiter, dem ich monatlich 200 Taler Gehalt gebe, und Empfehlungsbriefe die schwere Menge. Die russische und die persische Regierung haben mir so viel Briefe gegeben, daß ich einen Papierhandel damit anlegen könnte. Das Wetter ist günstig. An Bequemlichkeiten: Bett, Zelt usw. fehlt es nicht. Der König von Preußen könnte nicht bequemer und besser fahren.

„Wenn die Geschäfte gut gehen, kann ich mir keine angenehmere und lehrreichere Reise denken wie diese. Die einzige Unbequemlichkeit ist die Sprache. Hier spricht natürlich alles französisch und deutsch.

Auf dem Lande aber gehen russisch, grusinisch, türkisch usw. bunt durcheinander. Man muß also die notwendigen Worte von einem halben Dutzend Sprachen lernen und vergißt natürlich die eine über der anderen. Indessen sind die Pantomimen überall die gleichen, und da man als Europäer hier herrschende Klasse ist und gegen jedermann grob sein darf, so hilft das bedeutend zum Verständnis."

Aus den Besprechungen, die Georg Siemens mit Werner in Tiflis hatte, ergab sich für Georg die doppelte Aufgabe: erstens als Generalbevollmächtigter der Siemensfirmen den Bau des Telegraphen in der persischen Sektion zu überwachen und nötigenfalls mit Anordnungen und Abmachungen einzugreifen; zweitens in Teheran für die Indo-Europäische Telegraphen-Gesellschaft die notwendigen Änderungen und Ergänzungen der persischen Konzession zu erlangen.

Um ihn für die erstgenannte Aufgabe zu legitimieren, stellte ihm Werner das folgende Beglaubigungsschreiben aus:

Offenes Beglaubigungsschreiben für Herrn Assessor Georg Siemens aus Berlin.

Assessor G. Siemens geht als Generalbevollmächtigter der Geschäfte Siemens & Halske in Berlin, Siemens Brothers in London und Gebrüder Siemens in Tiflis nach Persien, resp. Teheran.

Er ist mit den nötigen gesetzlichen Vollmachten versehen, um überall mit unbeschränkter Machtvollkommenheit im Namen der genannten Firmen handeln und verfügen zu können.

Alle Beamten der genannten Firmen, welche sich behufs Anlage der Indo-Europäischen Telegraphenlinie in Persien befinden, werden hierdurch aufgefordert, Herrn Assessor Siemens als unsern Generalbevollmächtigten anzuerkennen, ihm alle verlangte Auskunft über ihre Tätigkeit und Handlungen zu geben, ihm auf Verlangen Rechnung zu legen und seinen Anforderungen Folge zu leisten. Herr Assessor Siemens ist durch seine Generalvollmacht berechtigt, Verträge mit rechtsverbindlicher Kraft für die genannten Firmen abzuschließen, Beamte zu engagieren oder zu entlassen, Verträge, welche von Beamten der genannten Firmen abgeschlossen sind, zu genehmigen, zu annullieren oder durch andere zu ersetzen.

Derselbe hat auf Grund seiner Generalvollmacht das Recht, Gelder im Namen der Firmen zu erheben, Schuldverschreibungen auszustellen, Wechsel auszustellen oder zu akzeptieren, und ersuchen wir hierdurch unsere Geschäftsfreunde, ihm vollen Kredit zu gewähren, unter dem Versprechen der pünktlichen Erfüllung der von ihm eingegangenen Verbindlichkeiten.

Tiflis, 6. Oktober 1868

gez. Siemens & Halske, Berlin; Siemens Brothers in London;
Gebrüder Siemens, Tiflis; Dr. E. W. Siemens.

Außerdem wurde zwischen Werner und Georg Siemens für den letzteren eine Instruktion formuliert, deren erster Teil sich auf den Bau bezog, deren zweiter Teil die Erweiterung der Konzession betraf. Die Instruktion hatte folgenden Wortlaut:

1. Mit dem Hause Z. & Co. (Speditionsfirma) den mit Hölzer abgeschlossenen Vertrag zu besprechen und, wenn möglich, die ungünstigen und zweifelhaften Punkte durch bessere zu ersetzen. Namentlich müssen wir Garantie haben, daß die Leute Z. & Co. die Transporte nicht hinziehen, um 2 Kopeken mehr zu erhalten, und daß sie tätig sind und ökonomisch wirtschaften. Unseren Angestellten ist die volle Kontrolle zu geben.

2. Mit Hölzer die Baudispositionen und die Zeiten für Transport und Bau zu besprechen und ihm Anweisung zu geben, wie mit dem dritten (persischen) Draht und der Remonte der alten persischen Linie zu verfahren. Es ist in Teheran zu ermitteln, ob und welche schriftliche oder mündliche Versprechungen Walter wegen der Remonte der alten persischen Linie gegeben hat.

Bei der persischen Regierung ist zu erzielen:

1. Abkauf der englischen Abgabe (von der Linie Teheran—Buschir) für. 12—15000 Tomans vom 1. Januar 1870 ab, im Notfalle schon vom 1. Januar 1869 ab;

2. Überlassung der 5 Franken für Djulfa—Teheran an die Gesellschaft, womöglich schon vom 1. Januar 1869 ab, wogegen wir dann den persischen Draht remontieren und sobald als möglich neu anlegen (an unsern Stangen). Dies wird sich vielleicht am besten einleiten durch einen Bericht Hölzers, daß sich nur mit großer Mühe und Kunst der alte persische Draht instand halten und die Neuanlagen so forcieren ließen, daß die Verbindung Djulfa—Teheran nicht unterbrochen wird;

3. Konzession Schiras—Bender Abbas, wenn möglich ohne Lasten und Abgaben, wenn nötig Gratis-Bau eines zweiten Drahtes für Gebrauch der Perser;

4. Goldsmid*) ist vermutlich für die Unterstützung unserer Anträge zu gewinnen, wenn er nach Teheran kommt."

---

*) Chef der englischen Verwaltung des Telegraphen Teheran—Buschir.

Mit diesen Vollmachten und Instruktionen versehen, verließ Georg gegen Ende Oktober Tiflis. Das nächste Reiseziel war Täbris, wo er mit Ernst Höltzer, dem Bauleiter der persischen Sektion, zusammentreffen sollte, und wo seine sich auf den Bau beziehenden Aufgaben, Nachprüfung und eventuelle Abänderung der Transportkontrakte, Regelung der Baudispositionen usw. zu erledigen war.

Am 3. Oktober kam Georg in Täbris an, nach einer zehntägigen Reise, die er in der warmen Herbstsonne teils zu Wagen, teils zu Pferd zurückgelegt hatte. Seine Haut war dabei so braun geworden „wie Schayers*) Farbe während der Heuernte". Über den Empfang, den er an der persischen Grenze fand, berichtete er:

„Ich hatte mich an den Konsul in Tiflis gewendet, um mir Postpferde zu sichern. Der hatte dann irgend eine diplomatische Order erlassen, und so wurde ich bei meinem Überschreiten der persischen Grenze in Djulfa von dem à peu près Landrat jener Gegend an der Spitze von etwa 30 Reitern feierlich eingeholt. Der Perser lud mich zum Kaffee, bedauerte sehr, daß ich nicht zur Nacht bleiben wollte, und begleitete mich mit den Reitern noch eine halbe Wegstunde. In noch feierlicherer Weise wurde ich am folgenden Tage von dem Vetter des Königs der Perser, dem Gouverneur eines kleinen Städtchens in jener Gegend, empfangen. Etwa 100 Reiter wurden mir auf eine Stunde entgegengeschickt, Reden wurden beiderseitig gehalten, am Eingang des Städtchens war die Einwohnerschaft, bestehend aus 200 dreckigen Bürgern, aufmarschiert; entgegenkamen mir 20 Bediente Sr. Kgl. Hoheit, die mit Stäben vor mir hergingen und Platz machten, während die Reiter hinter mir herritten. Kurz, es war ein fürchterlicher Spektakel, der denn natürlich damit endigte, daß sämtliche Kerle Trinkgelder verlangten, und der Großfürst W. sich von mir eine Flasche Wein ausbitten ließ. Erstere gewährte ich, während ich die Flasche Wein rundweg abschlug. [Natürlich habe ich auf dem ganzen Wege hierher berittene Begleitung gehabt, die ich mir aber hier vom Halse zu schaffen gedenke, weil der Scherz trotz aller Sparsamkeit doch viel zu teuer zu stehen kommt. Übrigens braucht Ihr nicht zu glauben, daß mir die Sache

*) Gutsinspektor in Ahlsdorf.

besonderen Spaß gemacht hat, bei den damit verbundenen Geldunkosten war mir dieselbe unangenehm genug. Auch macht man nicht gern viel Komplimente, wenn man bereits acht Meilen geritten ist und noch 6—8 Meilen zu reiten hat, namentlich wenn die Tage bereits so kurz sind, wie das jetzt der Fall ist. Indessen ging es nicht zu vermeiden.

Was die Gegend anbetrifft, so ist der Charakter wirklich merkwürdig. Hohe Berge, mit ewigem Schnee bedeckt, und doch auf dem ganzen Gebirge kein einziger Baum. Von Wald keine Spur. Nur einzelne Gärten existieren. Die Perser haben das Ideal Werners erreicht, daß man die Flüsse und Bäche nur dazu brauchen müsse, um Kanäle zu füllen. Kein natürliches Flußbett hat Wasser. Man leitet dasselbe in Kanäle und berieselt damit das Land, aus welchem man Acker machen will. Außer der Umgebung dieser Kanäle ist keine Spur von Vegetation. In der Nähe derselben aber legt man Gärten und Äcker an. Der einzige Baum in diesen Gärten ist die Pappel — die italienische —, die zugleich Bau-, Nutz- und Brennholz liefert. Regen fällt nur selten, und man hat daher die eigentümliche Erscheinung, daß man mitten im fürchterlichsten Staube durch eine ganz frische Vegetation fahren kann.

In der Kunst der Wasserleitungsanlage kann der beste deutsche Wiesenberieselungs-Ingenieur von dem einfachsten persischen Bauer gar vieles lernen. In der Kunst der Holzverwüstung aber haben sie es auch weiter gebracht wie der kühnste Güterausschlächter."

Gegenüber Ernst Höltzer, der Georgs Mission als ein unberechtigtes Mißtrauensvotum empfand, hatte Georg eine schwierige Aufgabe, deren er sich jedoch mit großem Takt entledigte. Herr Höltzer selbst hat eine Aufzeichnung über sein Zusammentreffen mit Georg Siemens zur Verfügung gestellt, der wir folgendes entnehmen:

„Es war im Jahre 1868, als ich mit Herrn Georg Siemens zuerst in der Stadt Täbris (Nordwest-Persien) zusammentraf; es war leider zuerst kein erfreuliches Zusammentreffen weder für mich noch für ihn, denn er sollte meine dortige, nach Berliner Ansicht allzu energische und willkürliche Tätigkeit bei der Indo-Europäischen Telegraphenlinie in Nordpersien näher kontrollieren und beaufsichtigen; er erschien also als eine Art Aufsichtsrat mit dem Titel Oberbevollmächtigter, ohne daß man mich zuvor davon benachrichtigt hatte; er kam also sozusagen, um mich zu überrumpeln. Ich selbst hatte soeben eine sehr anstrengende Tour an der ganzen Südküste des Kaspischen Meeres beendet und glücklich alle von den Persern und Russen in den Weg gelegten Schwierigkeiten gegen den Transport von Liniebaumaterial in bester Art beigelegt; ich freute mich herzlich über den Erfolg. Kam aber sehr ermüdet in Täbris an und fand das offizielle Schreiben aus Berlin vor, welches Herr Siemens selbst überbracht hatte.

„Natürlicherweise großes Erstaunen und Entrüstung meinerseits; ich schickte Herrn Siemens noch selbigen Tages mein Abdankungsschreiben und bat ihn, meine Stellung zu übernehmen, da mein Kontrakt gebrochen sei.

„Bald darauf erschien Herr Siemens mit einem meiner dortigen Bekannten und nach der Vorstellung rief er aus: ‚Sie haben mich da in eine schöne Stellung gebracht, dazu bin ich ja gar nicht befähigt und dazu nicht hierher geschickt, man hat mir nur nebenbei aufgetragen, nähere Erklärung über Ihr Schalten und Walten zu erfahren, weil man die außergewöhnlichen Umstände von Berlin aus nicht klar übersehen konnte; Sie haben manches geändert, ohne dies näher begründet zu haben.' (Ich hatte dazu keine Zeit gehabt und die Erklärung versprochen später abzugeben.) Sein gerades, offenes Wesen und die sofortige Richtigstellung seiner und meiner Vollmacht beredete mich auch bald, meine Arbeit weiter fortzuführen, und wir wurden gute Freunde vom selbigen Tage. Diese Sache hätte ganz anders und sicherlich zum großen Nachteil des ganzen Unternehmens ausfallen können, wenn ein anderer an Herrn Siemens' Stelle gekommen wäre.

„Ich fand, daß er sich schon gut informiert und mit gutem Takt sich auch bei andern einflußreichen Leuten eingeführt hatte."

Das gute Einvernehmen mit Hölzer, das Georg, allen in der Sache liegenden Schwierigkeiten zum Trotz, beim ersten Zusammentreffen herzustellen wußte, blieb auch in der Folgezeit bestehen. Georg lernte die guten Seiten Hölzers schätzen und trat gegenüber Berlin und London nachdrücklich für ihn ein.

Gegen Hölzer schrieben die ihm unterstellten Beamten Privatbriefe an Werner und an Wilhelm Siemens. Wilhelm schrieb am 18. Januar 1868 an Georg: „Unter unsern Leuten ist eine arge Wirtschaft. Ich habe Privatbriefe gelesen, wonach die Ankläger übertreibende Parteigänger, E. Hölzer ein schwach befähigter, aber ehrlicher Mensch ist.“

Werner äußert sich in einem Briefe vom 21. Januar 1869 an Georg:

„Mit E. Hölzer scheint es ja sehr schlecht zu gehen. Der Mann ist eitel, hat das Kommandofieber, es fehlt ihm Übersicht und organisierender Sinn, und er versteht seine Leute nicht richtig anzuspornen und zu behandeln. Mit so zentrifugalen Kräften, wie sie dort jetzt obwalten, läßt sich nichts schaffen. Wie die Sache eigentlich technisch steht, erfahren wir gar nicht von Hölzer. Die vorgeschriebenen Berichte sind auf dem Papier geblieben. Er schreibt uns Redensarten, keine Fakta, nicht eine einzige Zahl, und doch hängt die ganze Rentabilität des Baues von den in Persien wirklich bezahlten Transport- und Baukosten ab. Wir telegraphierten Dir daher: „Nimm selbst die Oberleitung des Baues in die Hand.“ Hölzer wird sich schon fügen. Andernfalls wirst Du mit G.'s und der russischen Telegraphisten Hilfe die Sache schon zustande bringen, auch ohne Hölzer.“

Trotz dieser Instruktionen dachte jedoch Georg nicht daran, sich von Hölzer, zu dem er nach der Prüfung der Verhältnisse Vertrauen gefaßt hatte, zu trennen.

Er schrieb am 11. Februar 1869 von Teheran aus an Siemens Brothers in London: „Zwischen den Beamten herrscht jetzt ein besseres Verhältnis; sie haben sich jetzt an persische Luft und Zustände gewöhnt und versöhnen sich dadurch auch mit Hölzer, der viele gute Seiten hat. Unter all den Europäern und Persern finden Sie einen von Hölzers Tüchtigkeit. Es ist leicht kritisieren, wenn man europäischen Maßstab an persische Verhältnisse anlegt. Aber es ist eine ungerechte Kritik. Dabei bleibe ich.“

Ein weiterer Brief Georgs vom 9. März 1869 zeigt, daß in Berlin und London ein Umschwung zugunsten Hölzers eingetreten war:

„Daß Sie mit Hölzer zufrieden sind, ist mir lieb. Ich halte ihn trotz aller Redereien von Leuten, die aus ihrer europäischen Routine nicht herauskönnen, und trotz aller geschäftlichen Fehler für sehr tüchtig, bei weitem tüchtiger als alle seine Angreifer, die noch mehr Dummheiten gemacht hätten, wenn sie sich selbst überlassen geblieben wären. Als die Hausbesitzer in Teheran trotz unserer Konzession sich weigerten, Pfosten auf ihren Dächern zu dulden, war er es allein, der die Fortsetzung der Linie durch seine Bemühungen ermöglichte."

Über die Hauptschwierigkeit, die sich der Aufstellung und Durchführung geordneter Dispositionen für den Bau entgegenstellte, berichtet Georg am 28. November 1868 an Werner:

„Persien ist kein Land wie Europa oder auch nur die Türkei. Die Befehle des Schahs stehen auf dem Papier. Von den Gouverneuren befolgt sie nur der, welcher dafür von dem Betreffenden Geld erhält. Die Macht des Schahs wird im wesentlichen nur durch die Gesandten aufrechterhalten. Welche Schwierigkeiten das beim Bau macht, kannst Du dir denken."

Georgs Auftreten fand durchaus Werners Beifall. Dieser schrieb am 23. November an Karl Siemens: „Ich bin sehr zufrieden, daß ich Georg Generalvollmacht für Persien gegeben habe. Er hat bereits in Täbris sehr nützlich gewirkt. Er ist klug und taktvoll. Er hat in Teheran eine schwierige Aufgabe."

Nach Erledigung der notwendigsten Dispositionen für Transport und Bau setzte Georg seine Reise nach Teheran fort. Ernst Hölzer begleitete ihn bis Kaswin, wo das Hauptquartier für den Linienbau aufgestellt war.

Teheran.

Ehe wir zu der Darstellung übergehen, wie Georg Siemens die ihm für Teheran übertragene äußerst schwierige Aufgabe löste, lassen wir seine persönlichen Briefe privaten Inhalts, die seine Eindrücke von Land und Leuten wiedergeben, folgen. Diese Briefe sind ein gutes Material zur Beurteilung der Verhältnisse, unter denen Georg zu arbeiten hatte.

An den Vater, Teheran, 26. November 68.

„Ich sitze hier ganz vergnügt mang die Perser, Leute, die ungeheuer viel Zeit haben und noch mehr Lust besitzen, Geld zu verdienen. Das Klima ist angenehm. Auf der Reise hat mich die Novembersonne so verbrannt, daß ich ganz braun bin und mir wie bei uns im heißen Sommer die Haut vom Gesicht absprang. Regen habe ich noch nicht gesehen, seit ich Tiflis verlassen, und heute ist der erste Tag, wo Wolken den ewig blauen Himmel umzogen haben. Die Wärme ist so groß, daß ich während des ganzen Rittes (ich brach nie nach 6 Uhr morgens auf und bin häufig in die Nacht hinein geritten) ohne Überzieher ritt, bloß einen persischen Shawl um den Leib gebunden. Heute erst wurde es etwas frisch, und ich habe mir deshalb in meinem Kamin Feuer machen lassen, nachdem ich durch meinen Diener mir 6 Pfund Holz für 4 Sgr. habe kaufen lassen. Von den Preisen hat man keine Idee bei uns. Europäische Bequemlichkeiten sind kaum zu bezahlen. Ein Wasserglas 2 bis 3 Franken, ein Weinglas nicht minder. Nur die Nahrungsmittel sind billig.

„Zum Erstaunen aller meiner Bekannten erstand mein Dolmetscher kürzlich einen ruinierten alten Mahagonitisch für den horrend billigen Preis von 12 Dukaten. Stühle kosten 3 Dukaten und so im Verhältnis weiter. Ich habe ein eigenes Haus, welches Herr Höltzer gemietet, für 120 Dukaten jährlich. Es besteht aus drei nebeneinanderliegenden Höfen mit Wasserbassins usw., an welche einige kleine Zimmerchen ohne Wände, aber mit lauter Fenstern und Türen angeklebt sind. Natürlich schließen diese Türen und Fenster nicht, aber die Luft ist auch so trocken, daß eine Erkältung, wenn man, wie ich, lauter Wolle trägt, nicht zu befürchten ist. Natürlich habe ich eine große Dienerschaft, im Vorhause 4 von der Regierung angestellte Soldaten, die vor mir das Gewehr präsentieren, wenn ich vorbeigehe; einen Dolmetscher, einen Koch, einen Kammerdiener, einen Hausdiener usw.; aber meine Stiefel putze ich mir selbst, und wenn ich meinen Tee des Morgens vor 8 Uhr trinken möchte, so müßte ich um 6 Uhr aufstehen, alles mit der Hetzpeitsche durchprügeln, um 7 Uhr nochmal mit der Peitsche drohen und hätte dann doch noch nichts. Von der Faulheit und der passiven Widerstandsfähigkeit dieser Leute hat man keine Idee. Wenn ich von meinem Hausdiener ein Glas Wasser verlange, so bringt er dies nicht, weil es den Kammerdiener angeht, und nur mit Prügeln habe ich es durchgesetzt, daß er wenigstens beim Kammerdiener aus eignem Antrieb das Wasser bestellt. So geht es natürlich auch mit den Ministern des Königs. Es ist alles eine so ungeheure Betrüger- und Vampyrbande, wie man es nicht für möglich halten wird. Trotz meiner Absicht, das Schlechteste von allen diesen Menschen zu denken, was man nur denken kann, bin ich doch über diese Unmasse von Niederträchtigkeit ganz erstaunt gewesen, und die Erziehung des guten Pastors Bock ist gewiß gut gewesen, wenn ich nicht als Spitzbube wieder nach Hause komme. In solchen Ländern ist das Geschäft natürlich ungemein schwierig, und ich muß Dir daher im voraus sagen, daß keine Hoffnung vorliegt, daß ich unter einem sechsmonatigen Aufenthalt in Teheran fertig werden kann. Die geschäftliche Lage ist nämlich auch an sich selbst ungeheuer schwierig, und Du wirst mir einen großen Gefallen tun, wenn Du eine Verlängerung meines Urlaubs um sechs Monate anbahnst. Der Telegraphendirektor v. Chauvin ist mit dem Minister Leonhardt bekannt und wird — er hat es mir schon mündlich versprochen — gern in dieser Beziehung einige Schritte tun.

„Das Land ist pompös, natürlich ohne jeden Wald; aber denke Dir Teheran etwa 2 Meilen entfernt von 12 000 Fuß hohen Gebirgen (dem Elburz), im Hintergrund die Schneepyramide des 19 000 Fuß hohen Demavend, der ohne Wolkenumhüllung frei in die Luft hinausragt, während Teheran selbst nur etwa 3000 Fuß über dem Meere liegt, so kannst Du die Großartigkeit des Anblicks wohl nachempfinden.

„Was meine Bekanntschaften anbetrifft, so habe ich bis jetzt nur eine Audienz beim Minister der Auswärtigen Angelegenheiten und beim König selbst gehabt. Der letztere scheint große Hochachtung vor den Preußen zu haben, denn er fragte mich wiederholt, ob ich auch wirklich ein Preuße sei. . . . So schön, wie es ist, so sehr möchte ich doch wieder nach Deutschland. Wer nicht im Orient gewesen ist, weiß gar nicht, wie gut er es zu Hause haben kann. Lernen tut man freilich genug, und ich denke, ich will offne Augen haben und manches sehen, was mir später von Nutzen sein kann.

„Die Europäer sind natürlich sehr gut eingerichtet, da fast nur Gesandtschaftsbeamte hier sind; sie sind gut bezahlt, in angenehmen Stellungen und auch gebildete, feine Menschen. Mit ihnen ist der Umgang äußerst angenehm, so daß man sich nicht langweilt und unheimlich fühlt. Aber das Geschäft mit den Persern kann einem manchmal die Laune verderben."

An den Vater, Teheran, 15. Dezember 1868.

„Es ist langweilig hier, und ich würde mich ziemlich unbehaglich fühlen, wenn ich nicht ungemein viel zu tun und zugleich meine recht schwierigen Verhandlungen zu führen und den Linienbau etwas zu kontrollieren hätte. Meine Wohnung wird immer behaglicher, da ich mich endlich entschlossen, einiges Geld für Teppiche usw. zu spendieren. Ich glaube, meine Stube könnte Euch gefallen, wenn Ihr auf meinem Diwan, den ein Sachse, namens Grunert, gemacht hat, abends vor meinem hellflackernden Kamin säßet und mit mir die „Augsburger Zeitung" vom 22. Oktober läset. Dazu habe ich jetzt ein paar recht gute Pferde, weil man zu Orientalen nicht zu Fuß gehen kann, ohne für einen Lumpen zu gelten und seinem Geschäfte zu schaden; und um meinen arabischen Schimmelhengst würde mich mancher Gutsbesitzer beneiden, wenn ich, vor mir zwei Soldaten und zwei Diener zu Fuß, hinter mir ein Diener zu Pferd, durch die Straßen zu irgendeinem spitzbübischen Mohammed oder Mustapha reite. Persisch habe ich auch schon etwas gelernt, so daß ich nach vier Wochen hoffentlich keinen Dolmetscher mehr brauchen werde. Denn Dolmetscher erschweren das Geschäft ungemein, weil sie häufig weder den Fragenden noch den Antwortenden verstehen, und ich könnte manches komisches Mißverständnis erzählen, wenn ich mir die Tausende von amüsanten Geschichten nicht für meine mündlichen Erzählungen vorbehielte, wenn ich auf Erfolge zurückblicken kann, die mit schwerer Mühe und manchem Nachdenken gewonnen werden müssen. . . .

„Ich glaube, daß die hier zugebrachte Zeit, auch wenn sie für mein eigentliches Berufsgeschäft verloren geht, für mein Leben gewiß nicht verloren ist, denn die Erfahrungen, die ich hier mache, werden mir später, namentlich für politische Karriere, ein gewisses Übergewicht über andere Leute geben, die nicht aus Europa heraus waren, das nicht hoch genug zu schätzen ist. Eines wird Dir vielleicht mißfallen: ich werde in mancher Beziehung viel konservativer zurückkommen, als ich gegangen bin.

Von meiner Idee, ein Buch zu schreiben, bin ich zurückgekommen, ich habe gegenwärtig keine Zeit und mache mir Notizen. Auch gibt es einige ganz vorzügliche Bücher über Persien, deren Lektüre vielleicht die Mutter interessieren wird (Brugsch, Reise der preußischen Gesandtschaft nach Persien, und namentlich: Pollack, Persien, das Land und seine Bewohner), daß es wirklich überflüssig wäre, andere Sachen als Feuilletonartikel zu schreiben. Feuilletonartikel kommen aber für europäische Verhältnisse zu spät, wenn sie 28 bis 30 Tage (kürzeste Frist) unterwegs sind. Meine Reise steht genau beschrieben im Brugsch, mit dem Unterschied, daß ich das wundervollste Wetter hatte; das Land schildert Pollack, so daß ich in dem Buche studiere, um danach zu lernen, wie man die Leute zu behandeln hat.

„Obertribunal gibt es hier natürlich nicht; auch ist die Kirche nicht vom Staate getrennt, und ich hatte viele Mühe, dem König auseinanderzusetzen, daß ich Richter wäre, ohne Priester zu sein. Unbesoldete Gerichtsassessoren gibt es natürlich in Persien nicht. Das aber war mir angenehm, daß der Mann, der ein sehr intelligentes Gesicht hat, Preußen wenigstens kannte, was bei seinen Ministern nur teilweise der Fall ist, und daß er von den Deutschen und deren Redlichkeit eine gute Meinung hat. Natürlich reite ich sehr auf diesem Pferde und denke, es wird mich auch gut tragen. Glücklicherweise haben wir noch keine diplomatische Vertretung, die uns durch ihre Dummheiten und Nachgiebigkeiten in ein schlechtes Licht bringen könnte; und man denkt, die Preußen sind ein sehr energisches Volk, weil noch kein Berliner Geheimrat hierher gekommen ist und den Leuten im höheren politischen Interesse Diener und Komplimente gemacht hat, wie die Franzosen, die hier eine ganz miserable Rolle spielen. Hier gibt es keine Opportunitätsrücksichten; die Frage ist nur die, ob man persönlichen Mut hat. Letzterer imponiert den Orientalen und namentlich den Persern, die dessen vollständig entbehren, ungemein, und die Folge ist, daß europäisches Eigentum durchaus sicher ist, während für Perser der Begriff Eigentum kaum existiert.

„Das gibt dem Leben hier einen frischen Zug, der ungemein anziehend ist und für viele Mängel vollständig entschädigt.“

An den Vater, Teheran, 26. Dezember 1868.

„... Wenn ich nicht durch den vielen Verkehr — denn mein Geschäft besteht hauptsächlich in Besuche machen, schöne Redensarten anbringen usw. à la commis voyageur, nur daß ich mit Prinzen und Gesandten handle — immerwährend beschäftigt würde, könnte ich manchmal wütend werden. Dem Onkel des Königs, Ali Kuli Mirza, mit dem Titel: „Säule der Wissenschaften, Stütze des Reiches und der Weisheit", der Telegraphenminister ist, mußte ich neulich auseinandersetzen, daß Wärme Telegraphendrähte ausdehnt und Kälte dieselben zusammenzieht. Ach! hättest Du gesehen, wie dieser persische Humboldt, der wirklich und mit Recht für den gebildetsten Mann hier gilt, sich dabei benahm, Du hättest Dich trotz allen Ärgers krank gelacht. Mir aber, der ich ihn überzeugen mußte, um ihm die Unmöglichkeit gewisser Vorschläge auseinanderzusetzen, die uns vieles Geld kosten konnten, mir wurde recht wild zumute. Dabei sind die Perser die feinsten Hofleute, und jede unruhige Bewegung wird sofort als Mangel an Takt ausgelegt. Man muß sich schändlich in acht nehmen. Selbstbeherrschung lernt man hier gründlich. Die einzige Gelegenheit, wo man sich mal ordentlich ausschimpfen kann, sind eben die Briefe, welche man schreibt. Du mußt daher entschuldigen, wenn ich wenig Tatsachen und viel Empfindungen schreibe."

An den Vater, Teheran, 11. Januar 1869.

„Das Land trägt einen eigentümlichen Charakter, wie Du aus nachfolgendem Spezimen seiner Prosa ersehen wirst (Freundschafts- und Handelsvertrag zwischen Frankreich und Persien vom Jahre 1855): Se. hohe Majestät der Kaiser Napoleon, dessen Erhabenheit gleich der des Planeten Saturn ist, dem die Sonne als Fahne dient, das leuchtende Gestirn der Firmamente der gekrönten Häupter, die Sonne am Himmel des Königtums, die Zierde des Diadems, der Glanz unter den Fahnen und kaiserlichen Abzeichen, der berühmte und freigebige Monarch... und Se. Majestät, erhaben wie der Planet Saturn, der Fürst, welchem die Sonne als Fahne dient, dessen Glanz und Gerechtigkeit der des Himmels gleich ist, der glänzende Monarch, dessen Armeen zahlreich sind wie die der Sterne, dessen Größe der Djemschids gleicht, der Erbe des Throns und der Krone der Kadjaren, der erhabene, der absolute Monarch Persiens usw.

„Wenn ich zu meinem Diener sage: ich gehe aus, so sage ich: Ich will, so Gott erlaubt, meinen Adel spazieren tragen.

„Hier ist es jetzt Winter geworden. Vorgestern hat es eine ganze Stunde geschneit, und ich heize tapfer ein. Steinkohlen kosten pro Pfund 1 Sgr., die Feuer- und Schornsteinanlagen sind mäßig, Türen und Fenster ziemlich ungenügend, da verbrennt man bald für 1 Taler täglich. Ich werde dem Geschäft eine schöne Rechnung machen, trotz aller Sparsamkeit, und ich will nur zufrieden sein, wenn ich einen Erfolg davontrage, wozu ich bis jetzt keine Aussicht habe.

„Daß man hier gut lebt und sich trotz der Entfernung von Europa gut amüsiert, wird Euch anliegender Theaterzettel beweisen. Am 31. Dezember hatten wir Liebhabertheater, welches die Engländer aufmachten, und große Gesellschaft dazu. Am 2. Februar bal costumé, wozu die Kostüme großenteils aus Tiflis beschafft werden mußten. . . .

„Wenn das Geschäft nichts dagegen hat, möchte ich — falls nicht geschäftliche Rücksichten in den Weg treten — meine Rückreise über Bombay machen und zugleich dabei die Trace der etwa neu zu bauenden Linie Schiras—Bender Abbas (etwa 100 Meilen) besichtigen. Wenn die Linie auch nicht sofort gebaut werden sollte, so kann man doch nicht wissen, wozu solche Lokalkenntnis gut ist. Persisch kann ich so ziemlich, und ich denke, daß ich in vier Wochen meine Geschäfte ohne Dolmetscher in der Landessprache werde abmachen können. Die Sprache ist nicht häßlich und gefällt mir ganz gut. Unverständlich sind nur die Blumenwendungen, gegen welche der preußische Kanzleistil mit dem allergnädigsten usw. Monarchen ein Kinderspiel ist. Die Anrede an einen Diener: „Du Hase, dessen Vater verbrannt ist, bringe Deinem Sklaven (d. h. mir) ein Glas Wasser" dürfte in Deutschland schwer verständlich erscheinen.

„Der Monat Ramasan (Fastenmonat), während dessen nicht gearbeitet wird, hat mir im Wege gestanden. Während desselben essen und trinken die Perser von Sonnenaufgang bis Sonnenuntergang keinen Bissen, sondern beten fortwährend. Nach Sonnenuntergang aber fressen sie so viel auf einmal, daß sie sich den Magen verderben. Natürlich arbeiten sie auch nicht. Vielleicht wird mein Geschäft nun, da er morgen aufhört, besser gehen. Inschallah! Die Linie geht hübsch vorwärts, und ich denke, daß ich den Schah bald zu einer Besichtigung derselben einladen kann. Vielleicht hilft mir das."

An die Mutter, Teheran, 24. Januar 1869.

„Wenige Tage, nachdem mein letztes Paket abgegangen war, erhielt ich Eure freundlichen Briefe und sage dafür meinen besten Dank. Wenn es auch in Persien recht angenehm ist, so vermißt man doch unter all den verschiedenen Menschen, mit welchen man verkehrt, die Möglichkeit eines freien angenehmen Gedankenaustausches. Jeden Menschen sehe ich mir von dem Gesichtspunkte aus an, ob ich ihn vielleicht brauchen werde, und zerstöre mir damit teilweise selbst meine Freude an der Geselligkeit.

„So schön die Berge in der Umgegend auch sind, so wenig habe ich Freude an dem unbefangenen Naturgenuß, solange mein Geschäft noch nicht beendet ist. Eine meiner letzten Empfindungen dieser Art ist mir gegenwärtig recht oft in die Erinnerung zurückgekommen. Ich stand mit Himly während unserer Schwarzen Meerfahrt auf dem Verdecke unseres Dampfers. Die Nacht war eingebrochen, und der Mond schien hell auf die dunkle See, die durch einen leichten Wind in eine zitternde Bewegung gebracht wurde. Vor dem Schiffsschnabel spielten einige Delphine, die mit einer merkwürdigen Regelmäßigkeit, vor dem Schiffe hergehend, alle zwei Sekunden aus dem Wasser sprangen. Jede dieser Wellenbrechungen wurde durch den Mond beschienen und gab einen selbständigen Lichtreflex. Um Himly zu beschäftigen, machte ich ihn auf die zauberische Wirkung dieses Bildes aufmerksam; er aber meinte, dieses berührt mich alles wenig, ich weiß, wodurch dieselbe entsteht, die Mondstrahlen fallen in die verschiedenen Winkel ein, und sobald ich die Ursache eines Dinges weiß, macht mir dasselbe kein Vergnügen mehr. Ich versuchte damals vergeblich, ihm die Unsinnigkeit dieser Anschauungen auseinanderzusetzen.

„25. Januar. — Gestern wurde ich unterbrochen, gerade als ich vom Bild zu Sais und der Wahrheit und lauter schönen Dingen sprechen wollte, die durchaus nicht nach Persien passen. Ich habe inzwischen ein russisches Bad genommen, bis nachts 2 Uhr Billard gespielt und die Sentimentalität abgelegt — kann daher nicht einmal eine Fortsetzung versprechen.

„Dagegen habe ich diese Nacht andere Dinge geträumt: daß Persien ein konstitutioneller Staat geworden wäre, und auf der Berliner Börse eine Anleihe zur Hebung des Landeskultur aufgelegt hätte. Ich las in Gedanken den Prospekt von Bleichröder & Co. und dachte an des Vaters Gesicht, als ihm derselbe präsentiert wurde, um auch einige Aktien zu nehmen. Die ganze nationalliberale Partei zeichnete Aktien, um die Freiheit zu befördern. Mir bot man den Direktorposten an, aber ich schlug ihn aus, weil Schayer meinte, daß in diesem Falle die Ziegelei in Ahlsdorf nicht gebaut werden könnte; aber ich war der Ansicht, daß dies wichtiger sei, vielleicht wegen, vielleicht trotz meiner bisherigen persischen Erfahrungen.

„Neulich war hier eine kleine Militärrevolution. Ein Regiment wurde nach Schiras (20 Meilen von hier, wo die Rosen in früheren Jahrhunderten gewachsen sind) versetzt. Natürlich marschierten die Leute nicht wie bei uns, sondern jeder Soldat kriegt Reisegeld und geht für sich alleine, indem er einen, resp. zwei Esel vor sich hertreibt, auf welche er sein Gepäck, resp. sich selbst legt. Ein solcher Esel, nicht viel höher wie ein recht großer Hund, trägt bis 700 Pfund und geht dabei immer Trab. So gehen die Leute in den Krieg. Was dabei herauskommt, kann man sich denken, wenn man annimmt, daß eine persische Armee mehr Esel wie Menschen zählt. Kurz und gut, die Soldaten sollten marschieren, und man gab einem jeden die ungeheure Summe von 4 Franken Reisegeld, um sich und seinen Esel damit zu beköstigen und sich wegen eines rückständigen neunmonatlichen Soldes zu befriedigen. Unglücklicherweise waren die Leute Türken aus der Täbriser Gegend, wo man noch manchmal mutig ist. Sie sagten nein und wollten nicht gehen. Darauf beschoß man sie und ihre Kasernen mit Kanonen und zwang sie zum Gehorsam. Man hatte viel Glück dabei; wie es hier Sitte ist, hatten die Soldaten keine Waffen und konnten sich nicht verteidigen. Sie erhielten darauf die Bastonade, und ihr Oberst, der das ganze, seinen Soldaten zukommende Geld „gegessen" hatte, verreiste ohne Urlaub auf einige Zeit. Er wird dem Schah von dem gestohlenen Gelde heute über 14 Tage ein Geschenk von 500 Dukaten machen und dafür zum General ernannt werden. Das Leben ist doch schön! Und dabei sind die Perser der Ansicht, daß diese Regierung noch eine vergleichsweise gute ist; sie lieben ihren König, weil jetzt mehr Ehrlichkeit herrscht wie in früheren Jahren; und dabei lügt alles von oben bis unten, Minister und Prinzen belügen sich und mich und den König, ja sogar ihre Diener um die Wette. Was mag Xenophon, der alte Grieche, dazu sagen, welcher in der Cyropädie auseinandersetzte, daß den persischen Kindern drei Dinge eingeprägt würden: Liebe zur Wahrheit, Mäßigkeit (jetzt saufen die Kerle Schnaps quartweise, natürlich heimlich) und die Übung der Waffen. Es ist hier noch immer das alte persische Volk, wunderschöne Männer, aber Lügner, Feiglinge unmäßige Hunde usw. So kann eine schlechte Regierung ein Volk im Laufe der Jahrhunderte herunterbringen. Und es ist keine Aussicht, daß Persien jemals wieder in die Höhe kommt, es ist ein rettungslos verlorenes Land, keine europäische Bildung und Tätigkeit kann diesem Lande mehr helfen: alle Versuche zur Hebung müssen an den ungünstigen Bedingungen der Natur und dem Volkscharakter scheitern.

„Man braucht hier schrecklich viel Geduld, und ich lerne so viel Sanftmut, daß ich sofort nach meiner Rückkehr Konsistorialrat werden muß."

An die Mutter, Teheran, 10. März 1869.

„Leider geht der englische Regierungskurier wieder früher, wie anfänglich mitgeteilt, und ich habe kaum Zeit, meine geschäftliche Korrespondenz zu enden, die jetzt so hübsch umfangreich geworden ist, seit ich Täbris, Tiflis, London und Petersburg in deren Kreis gezogen. Indessen bei dem nächsten sollst Du nicht zu kurz kommen, ich habe die ganze Baukolonne in unserm Teheraner Haus photographieren lassen, und Du wirst in wenig Zeit ein Bild erhalten, wo wir alle aussehen wie die wilden Männer. Dem Vater sage für seinen Brief besten Dank. Daß es nicht an mir liegt, wenn ich lange in Teheran bleibe, dessen kann er sich versichert halten. Ich brenne darauf, wieder wegzugehen, wenngleich das Leben, wenn man sich in den Orient gefunden hat, recht angenehm ist. Meine Beschäftigung ist nicht schlecht, wichtig, gefährlich, aufregend und hat eigentlich alles, was ich mir wünschen könnte. Ich glaube auch, daß ich den Firmen Siemens keinen ganz schlechten Dienst leiste, aber die Beschäftigung liegt außerhalb meiner Karriere. Ich lerne gewiß viel dabei: Menschenbeurteilung, Vorsicht, Höflichkeit und Grobheit, hier, wo ich so ziemlich das Haupt der Deutschen geworden bin; namentlich lerne ich auf meinen eigenen Beinen stehen und schnell sowohl mir selbst als andern helfen, da man manchmal schnelle Entschlüsse fassen muß.

„Alles das wird mir später sehr wichtig werden, aber augenblicklich bringt es mich in meiner Karriere nicht weiter, und das ist für mich der große Fehler. Wir hatten uns in Berlin sehr über die Leichtigkeit des Geschäfts getäuscht. Indessen fertig wird es doch, weil es fertig werden muß.

„Hier ist jetzt das wunderschönste Frühjahr, Veilchen und Narzissen in ungeheuren Mengen, und die Sonne scheint warm.

„Ich komme soeben zurück, nachdem ich die Baukolonne bis vor die Stadtgräben begleitet habe; wir haben beim Abschied ein fröhliches Hurra für Deutschland ausgebracht. Obgleich es erst 8½ Uhr morgens war, brannte doch die Sonne schon warm vom Himmel herunter. Es ist hier im Orient ein eigentümliches Gefühl, wenn man sich trennt. Es tut einem leid, und doch ist jedermann fröhlich. Man hat hier — was uns in Deutschland fehlt — das Bewußtsein der Kraft. Jeder hat sich irgendwo schon selbst Recht verschafft und weiß, was er sich zutraut. In solchen Trennungsfällen überkommt einem das wirklich schöne Gefühl, daß man sich nun selbst helfen wird.

„Vorgestern erhielt ich meine ersten Zeitungen: 24 Nummern Kölnische Zeitung; der Stil war stets: möchte, könnte, dürfte, z. B. er schien die *unzweifelhafte* Absicht *entschieden* erkennen geben zu wollen usw. Du glaubst nicht, mit welcher Verachtung, resp. Mitleid man solche Sachen hier liest. Und ich kann es verstehen, daß viele Menschen, die lange im Orient waren, sich nach diesem eigentümlichen Gemisch von Faulheit und Energie zurücksehnen."

An —, Teheran, 19. März 1869.

„Ew. Hochgeboren sage ich für den gütigen Brief vom 9. 2. nebst Zeitungspaket meinen allerbesten Dank.

„Was Ihre werten Bemerkungen über den persischen Handel betrifft, so bedaure ich, Ihnen sagen zu müssen, daß meine Erwartungen von Erfolgen persischer Handelsverbindungen fast bis auf Null herabgesunken sind.

„Die unsicheren Eigentumsverhältnisse und Beamtenplänkeleien haben den Persern die Lust zur Produktion genommen. Der Export ist deshalb ungemein gering und nimmt jährlich ab, seit die Seidenernten — Seide, in Gilan bei Rescht erzeugt, ist fast das einzige in die Wage fallende Objekt — wiederholt mißraten sind. Eine Zeitlang hindurch hat der Import, weil bares Geld im Lande war, den Export bedeutend überstiegen. Die hieraus resultierende überwiegende Goldausfuhr hat aber zur Folge gehabt, daß das Gold, welches als ursprüngliche Landesmünze sonst im Verkehr recht häufig gewesen sein soll, jetzt aus diesem Verkehr vollständig verschwunden ist, so sehr, daß die Perser gegenwärtig den durch mehrere Täbriser Häuser vermittelten Import nicht mehr in Gold zu bezahlen vermögen, und daß schon wiederholte Silbersendungen gemacht worden sein sollen. Die Importeure sind dadurch gezwungen, ungemein lange Kredite zu geben, und ich bin der Ansicht, daß einer nach dem anderen sein Geschäft auflösen wird. Es wäre dies vielleicht schon geschehen, wenn nicht infolge der Kredite bedeutende Summen in den Geschäften steckten, und wenn nicht die Liquidation selbst bei der Jämmerlichkeit der rechtlichen Verhältnisse und bei dem namentlich unter den Staatsbeamten organisierten Expressungs- und Betrugssystem ungemeine Schwierigkeiten machte, so daß sie unter zwei bis drei Jahren nicht beendet sein kann.

„Für deutsche, an diesen persischen Schwindel nicht gewöhnte, der durchaus notwendigen Personenkenntnis ermangelnde Häuser würde es eine komplette Unmöglichkeit sein, direkte Geschäfte in Persien anzuknüpfen, abgesehen davon, daß der Mangel einer diplomatischen Vertretung sie jeder Gewalttätigkeit aussetzen müßte. Sie könnten daher nur in der Weise ihre Geschäfte machen, daß sie für feste Preise an europäische Häuser in Konstantinopel oder Täbris verkauften. In Teheran ist kein Geschäft, welches der Rede wert wäre. Herr C. gilt für einen ziemlich unsoliden Menschen, und wäre gewiß nicht der Mann für solche Geschäfte, weil ihm das nötige Kapital fehlt. Auch würde er sich dasselbe nicht verschaffen können, weil der Zinsfuß etwa 20% beträgt und derartige Geschäfte kaum 10% Gewinn abwerfen dürften. Nach meiner Ansicht wären nur zwei Geschäfte dazu geeignet: Ralli & Co. und Ziegler & Co. (Korrespondenten von Hochstraßer & Co. in Trapezunt), beides Firmen in Täbris. Von diesen haben Zieglers, wie ich glaube, die Absicht, zu liquidieren, wenngleich sie es bestreiten. Auch würden sie, da sie selbst in der Schweiz Fabriken haben (Winterthur), nur zur Vertretung solcher Artikel geneigt sein, welche sie nicht selbst produzieren. Rallis kenne ich zu wenig. Nur glaube ich, daß auch sie eher an eine Verminderung als an eine Vermehrung ihres persischen Risikos denken.

„Zahlungsfähig sind, wie gesagt, hier nur die Europäer. Für deren Bedürfnis wird aber hier in Teheran ausreichend durch einige in Teheran etablierte französische Krämer gesorgt, welche allerdings zu enormen Preisen — die bei der Geringfügigkeit des Absatzes aber erklärlich sind — das Notwendige an Zigarren, Gläsern usw. usw. liefern. Das einzige, was hier gehen würde, und was der Deutsche auch gut produzieren kann (Spinn & Menke in Berlin haben, wie ich glaube, früher Sendungen nach Ägypten gemacht und müssen die für heiße, trockene Länder notwendigen Konstruktionen kennen), wären Möbel. Hierfür aber wäre die vorgeschriebene Straße nicht via Trapezunt, sondern via Petersburg, Nowgorod, Astrachan, Resch t, über Wolga und Kaspisches Meer. Leider steht diesem Wege entgegen, daß Rußland den Transit nicht erlaubt, und die Einfuhrzölle, deren Höhe für Rußland mir unbekannt ist, den Vorteil wahrscheinlich bedeutend vermindern würden. Hierfür wäre vielleicht etwas zu tun.

„Auch möchte ich wahrhaftig gern, daß unsere deutsche Industrie würdiger vertreten werden möchte, als durch österreichische Streichhölzchen und Berliner Stiefelwichse; aber ich glaube, daß ein jetziges direktes Angreifen nur Schaden bringen würde, wenn man sich nicht vorher einer praktikablen Transitroute versichert. Glücklich würde ich sein, wenn Ew. Hochgeboren mir Ihre Ansichten über diese Tatsachen zukommen ließen."

An die Mutter, Teheran, 7. April 1869.

„Ich hatte in der letzten Zeit recht gute Hoffnungen und recht viele Arbeit. Meine Briefe waren deshalb häufig kurz. Jetzt, wo in den Geschäften eine Pause eingetreten ist, weil ich auf eine Antwort des Königs warten muß, ehe ich die Schlußentscheidung treffe, will ich meine Muße benutzen, um Dir einige persische Festlichkeiten zu beschreiben.

„Die Perser, welche sehr ehrgeizig sind, streben viel nach der Ehre, mit der königlichen Familie verwandt zu werden. An und für sich ist dieses nicht schwierig, denn es gibt Prinzen und Prinzessinnen wie Sand am Meere. Der vorletzte, im Jahre 1835 gestorbene König Teth Alis Schah hatte z. B. nur 136 Söhne ohne die Töchter, und der Prinzen gibt es deshalb so viele, daß die meisten Telegraphistenstellen mit Prinzen besetzt sind. Aber wichtig ist es, in eine direkte Verbindung mit dem König zu kommen. Die Frau hat das Recht auf Zutritt in das Enderuum (Frauenhaus) des Königs und kann durch dasselbe alle mögliche Intrigen durchsetzen. Obgleich nun eine solche Frau ungemein teuer ist, einmal, weil sie keine Aussteuer mitbringt, vielmehr der Mann ihrem Vater ganz bedeutende Geschenke machen muß, andererseits aber, weil sie als Prinzessin die horrendesten Ansprüche macht, obgleich sie infolge ihres Hochmuts gewöhnlich auch im höchsten Maße untraitabel ist, so drängen sich doch die reichen Perser sehr nach der Ehre, solche Heirat zu machen.

Am 14. März nun verheirateten sich drei Töchter des Königs, und ich hatte Gelegenheit, den Hochzeitszug der einen zu sehen, als sie abends ihrem Manne entgegengeführt wurde. Sobald es dunkel wurde, begann ein glänzendes Feuerwerk. Die Perser lieben Feuerwerk so enthusiastisch, daß sie selbst an hellen Tagen Raketen abschießen; ihre Feuerwerke sind daher gut und mit vieler Pracht angelegt. Es wurden manchmal 50 Raketen und mehr zugleich in die Luft geschickt, und wenn die Garben aller dieser Raketen herunterfielen, so war wirklich ein vollständiger Feuerregen am Himmel. Dazwischen donnerten vom Augenblick an, wo die Prinzessin sich in Bewegung setzte, die Kanonen, und es begann demnächst eine ohrenzerreißende Musik. Der Zug wurde eröffnet durch ein Musikkorps von etwa 60 Trommlern und Pfeifern, die unsere preußische Querpfeife bliesen. Dahinter kam sofort eine Anzahl Signalhörner, die ohne jede Rücksicht auf Takt und Zusammenhang bliesen. Demnächst folgte sofort ein zweites, aus Negern bestehendes Musikkorps, welches persische Nationalmelodien spielte. Eine persische Nationalmelodie besteht aus drei Takten, manchmal vier Takten, die ohne jede Intervalle fortwährend wiederholt werden. Es ist natürlich das Eintönigste, was man sich vorstellen kann. Endlich aber folgt ein drittes Musikkorps, welches, wie es schien, etwas europäische Schule gehabt hatte, denn ich glaubte an dem Musikstücke, welches ich verfolgte, den ersten Teil einer französischen Polka erkannt zu haben. Alle diese drei Orchester spielten natürlich zu gleicher Zeit, und jedes strengte sich an, so laut als möglich seinen Eifer zu beweisen.

„14. April 1869. — Was mich verhindert hat, meinen Brief zu beenden, weiß ich nicht mehr, indessen ich fahre fort.

„Hinter diesem Musikkorps folgt Militär, etwa 1500—2000 Mann. Natürlich war das Militär nicht in europäischer Marschordnung. Es vertrat zugleich die Stelle eines wandernden Spaliers und einer Gasanstalt. Die Soldaten marschierten nämlich auf beiden Seiten des Weges, immer einer hinter dem andern mit Gewehr über. Jeder derselben trug in dem Gewehrlauf eine brennende Talgkerze, die das Schauspiel erleuchtete. In der Mitte aber fuhr die Prinzessin in einem Wagen à la Louis XIV. — es gibt hier nämlich mehrere Wagen, wenn man sie auch bei Tage nicht sehen darf — gezogen von vier erbärmlichen Krackern. Ihr Hochzeitskleid schien aus Silberstoff gemacht zu sein, und ihr Gesicht war mit einem Silberschleier verhüllt. Demnächst folgten ihre Sklavinnen, resp. Dienerinnen und zwei andere Wagen, die jeder Beschreibung spotteten, und die sogar bei Nacht durch ihre Fasson Schrecken bei jedem Europäer erregen mußten. Da ich den Vorbeigang des Zuges von einer Tribüne aus ansah, die wir uns in einer Kaserne mit einiger Beredsamkeit und dem betreffenden Obersten gegebenen Trinkgelde errichtet hatten, so hatte ich auch das Schauspiel zu sehen, wie der Bräutigam seine Braut zuerst begrüßte. Auf einmal kam nämlich ein Haufe von etwa 25—30 Menschen an, die einen anderen in der Mitte mit sich im Hundetrab fortzogen. Der mittelste war der Bräutigam, die anderen seine Freunde und vornehmsten Diener. Sie eilten dem Zuge entgegen, der Halt machte, drängten sich mit Prügeln und Schimpfen durch die Musikanten durch und blieben vor dem vordersten Wagen stehen, so daß niemand etwas, der dazwischen befindlichen Pferde wegen, von der Braut sehen konnte. Demnächst schrie der Bräutigam einige Worte, die niemand verstand, kehrte im Hundetrab seinen Weg zurück, und der Zug folgte ihm langsam.

„Von einer Menschenmenge, die den Zug bei uns begleitet hätte, habe ich natürlich nichts gesehen. Alle menschliche Bevölkerung, die den Zug und namentlich den Wagen mit den Frauen hätte sehen wollen, wäre von den Soldaten natürlich beiseite gestoßen worden, und ein jeder begnügte sich, die Lichter aus der Ferne anzuschauen, als von den Dächern der benachbarten Häuser oder anderen dergleichen vor Kolbenstößen sicheren Plätzen.

„Aber es war doch sehr schön, nur eins war bedauerlich. In früheren Jahren hatten die königlichen Töchter immer auf einem Elefanten gesessen, und jetzt hatte die verdammte fränkische Zivilisation auch diesen heiligen Brauch so erschüttert, daß man einen Wagen vorzog.

„18. April 1869. — Du siehst, ich schreibe schon 14 Tage an einem Briefe und komme nicht vorwärts. Kaum setze ich mich hin, so kommt etwas dazwischen, und doch komme ich trotz aller Tätigkeit nicht vorwärts. Der König hat meine Vorschläge im Prinzip angenommen. Ich komme aber immer noch nicht weiter, weil der Trauermonat Muharrem eingetreten ist, in welchem alle Perser weinen und schreien und keine Geschäfte machen. Wenn ich auch über Petersburg nur 22 Tage zur Rückreise brauche und über Trapezunt, wenn ich 300 Meilen in 12 Tagen reite (was doch etwas mühsam ist), 21 Tage, so kann ich noch nicht garantieren, daß ich am 1. Juni in Berlin bin. Daß ich Kopf und Kragen daran setze, kannst Du mir glauben, aber ich kann ein wichtiges Geschäft, welches uns auch bei unserer Regierung nützen muß, nicht unvollendet liegen lassen. Am 1. Juli aber denke ich zurück zu sein.

„Sag' dem Vater, ich bitte ihn herzlich, er soll sich tapfer halten. Ich komme gewiß. Was gemacht werden kann, wird gemacht. Und wenn ich Euch dazu erzähle, welche Schwierigkeiten ich habe überwinden müssen, dann wird keiner mehr sagen, daß ich mein Geschäft nicht verstehe."

An die Mutter, Teheran, 28. April 1869.

„Vorvorgestern hat der König 52 seiner getreuen Untertanen die Ohren abschneiden lassen. Der gute Herr befindet sich jetzt in einer etwas ungemütlichen Stimmung. Vor acht Tagen hat er dem Gouverneur von Teheran, dem hiesigen Hausmann, die Bastonade geben lassen, weil — ja, wenn man das sagen könnte. — Doch ich will die Geschichte erzählen.

„Im Frühjahr geht der König, der noch ein vollständiger Nomade ist, auf das Land, um in den Gebirgen zu jagen. Er bleibt dann bis zum Winter draußen. Er nimmt sich dazu, wenn er ohne Begleitung ist, nur zwei Regimenter Infanterie und eine Kamelbatterie mit; wenn er mit Begleitung geht, so besteht die Jagdpartie so ungefähr aus 10 000 Pferden und Mauleseln. Doch das gehört nicht zur Sache. Kurz, vor vier Wochen ging der König auf die Jagd. Plötzlich verbreitet sich eines Abends das Gerücht, der König ist tot. Die verschiedensten Leute hatten ihn umbringen sehen, und zwar durch die verschiedensten Todesarten; kurz, es war sicher, daß er tot war. Jeder Europäer, der in der Stadt war, ging natürlich nach Hause, lud seinen Revolver und ersuchte seine Soldatenwache, ein gleiches zu tun, was leider meistens nicht ging, weil die guten Kriegsknechte entweder ihr Gewehr verkauft hatten, oder doch weder Pulver noch Blei besaßen. Wer wie ich in der Vorstadt wohnte, setzte sich auf sein Dach und wartete die Revolution ab. Denn wenn in Persien ein König stirbt, so gibt es unbedenklich Revolution. Da die Herren meistens viel Kinder haben — Ali Schah hat 136 legitime Söhne —, so gibt es viele Kronprätendenten, und die Stellung eines persischen Königs ist trotz des Mangels einer fixierten Zivilliste wegen ihrer Diamanten und sonstigen Einkünfte eine sehr gesuchte. Die Revolution ging auch los. Sie begann in Teheran, wie sie in Berlin 1848 auch begonnen hat, damit, daß die Bäcker ihre Läden schlossen. Natürlich erbrach das souveräne Volk dieselben sofort, prügelte die Bäcker und machte einen fürchterlichen Lärm. Doch ging die Sache nicht recht vorwärts, wahrscheinlich weil sie, wie die deutschen Sozialdemokraten, nicht recht wußten, was sie eigentlich wollten, für wen und gegen wen die Revolution losgehen sollte. Inzwischen kam der König, dem man die Nachricht von seinem Tode schleunigst mitgeteilt hatte, in Eile zurück, und die Sache war aus. Was aber tat er nun:

„1. ließ er dem Gouverneur von Teheran eine ordentliche Bastonade verabreichen, weil er geduldet, daß die Bäcker ihre Läden schlossen, und zwang ihn, ihm untertänigst ein Geschenk von 80 000 Franken zu machen, das Se. Majestät huldreich annahmen. Demnächst verabreichte er ihm einen Ehrenshawl von 1000 Franken Wert und bestätigte ihn in allen seinen Würden.

„2. ließ er sechs Bäckern die Nase abschneiden und die übrigen ordentlich durchprügeln.

„Die Ruhe hatte sich natürlich von selbst wiederhergestellt. Die unterbrochene Jagdpartie aber wurmte den König doch, und er lauerte nur auf eine Gelegenheit, um zu beweisen, daß die Humanitätsprinzipien, zu deren Verbreitung die französische Gesandtschaft hier ist — weiter haben die Herren nichts zu tun —, noch nicht in Fleisch und Blut bei ihm übergegangen seien. Diese Gelegenheit fand sich. Alljährlich wird nämlich von den schiitischen Persern zum Gedächtnis der Ermordung der Gebrüder Hassan und Hussein, Söhne des Ali, ein besonderer Trauermonat, der Muharrem, gefeiert. In diesem Monat werden die Perser, eines der leichtsinnigsten und spitzbübischsten Völker, die es geben kann, sämtlich wie auf Kommando ganz ernsthaft religiös. In den ersten zehn Tagen sind alle Buden geschlossen, kein Geschäft wird gemacht, alle Leute aber begeben sich auf die Straße, ziehen in Scharen umher und singen: „O Hassan, o Hussein!“, schlagen sich mit der linken Hand auf die rechte Brust und gebärden sich nach Herzenslust wie Verrückte. — Die reichen Leute richten auf den freien Plätzen große, enorm große Zelte auf, die abends mit einer Unzahl Kerzen so hell erleuchtet werden, wie nur das Berliner Opernhaus sein kann. Einzelne dieser Zelte, wie z. B. die Takieh des Königs, fassen mehr wie 2000 Personen. Von der Menge der an den Wänden aufgehängten Kristall- und Glaskronleuchter hat man bei uns wirklich keinen Begriff. In der Mitte dieser Zelte befindet sich eine Estrade, ungefähr wie die der Musikkorps in den Biergärten, nur vielleicht je nach der Größe des Zeltes vier- bis achtmal so breit und lang. Auf dieser Estrade aber wird durch Schauspieler die Tragödie des Todes der beiden Söhne Alis dargestellt. Die Tragödie dauert zehn Tage lang, jeden Nachmittag wird ein Akt gespielt, und zwar gut gespielt, von fanatischen Schauspielern vor einem fanatischen Publikum. Unsere in der Reflexion untergegangenen Schauspieler könnten hier viel lernen. Die Sache trägt einen religiösen Charakter, wie die Mysterien des Mittelalters während der Passionszeit gewesen sein müssen. Das weibliche Publikum zerfließt vor Rührung in Tränen, die Männer schlagen sich vor Zorn die Brust blutig. Kurz, am zehnten Tage wird Hussein umgebracht, und das Volk begibt sich in der fürchterlichsten Aufregung nach Hause, resp. es zieht in Prozessionen in der Stadt umher.

„Nun gibt es aber in Persien, und zwar beinahe in jeder Stadt zwei Parteien, deren Namen man ungefähr mit Klerikalen und Liberalen übersetzen könnte, wenn nicht diese Worte ihre Bedeutung so ziemlich verloren hätten. Die betreffenden Parteien wohnen jede in ihrem besonderen Quartier und hassen sich auf das heftigste, wenn sie sich in Massen gegenübertreten. Kurz, am 10. Tag begegneten sich zwei Prozessionen solcher Parteien, es entstand ein Streit, eine Prügelei, und es wurden etwa zwei bis drei Leute getötet, eine größere Anzahl aber verwundet. Da man darauf vorbereitet war, so wurden die Leute bald getrennt, aber der König hatte eine Gelegenheit, seinen Zorn auszulassen. 52 dieser armen Kerle wurden vorgestern die Ohren abgeschnitten. ‚Und in Teherans Basaren war die Ordnung hergestellt'....

„Doch genug davon. Hier wird es jetzt so warm, wie bei Euch in den wärmsten Julitagen. Ich habe mir ein Zelt auf mein Hausdach gestellt, um dort zu schlafen. Solange ich mein Geschäft nicht beendet habe, kann ich nicht in das Gebirge und in den Sommergarten ziehen. Leider hat mein Haus keinen Keller wie die meisten Teheraner Häuser. Dafür habe ich mir ein zweites Zelt über ein Bassin in meinem Garten setzen lassen, das ich mit Brettern zugedeckt, und die Verdunstungskälte des Wassers gibt nun eine ganz erträgliche Kühle. Du siehst, man wird hier erfinderisch."

An —, Teheran, 14. Mai 1869.

„... Welches die landläufigen Ansichten über Eigentum sind, mag Ihnen folgende kleine Tatsache beweisen. Vor drei Jahren war ein Agent des Frankfurter Bankhauses Erlanger & Co. hier, um die Konzession für eine Bank zu erlangen. Man kam ihm bereitwilligst entgegen, man verlangte aber eine Erklärung, daß der König das in der Bank deponierte Geld seiner Untertanen nicht nach Belieben konfiszieren wolle. Diese wurde natürlich verweigert, und das Unternehmen zerschlug sich folgegerecht. Der deutsche Kaufmann aber wurde wegen seiner wunderbaren Anforderung allgemein verlacht. Allerdings würde eine solche Bank den ökonomischen Zustand Persiens sehr verändert haben, denn während die häufigen Vermögenskonfiskationen des jetzigen Königs das bare Geld in das Versteck treiben, wäre es nach und nach zu der sicheren Bank gekommen, und ich glaube, die Perser wären trotz ihres jetzigen Zinsfußes von 20% und mehr gern für 3 bis 4% Gläubiger der Bank geworden. Das Geschäft der Bank hätte dann freilich nicht in Persien, sondern in Indien und Europa gelegen, aber ihre Mittel wären dann den meisten europäischen Banken durch den Zufluß der bisher versteckten persischen Gelder gewiß überlegen gewesen. Daß man hierdurch Großes hätte erreichen können, werden Sie gewiß zugeben."

Wie bald Georg Siemens lernte, die Perser nach persischer Art zu behandeln, zeigt folgende kleine Geschichte:

Die eisernen Telegraphenstangen, die infolge des Holzmangels verwendet werden mußten, waren — wohl aus Sparsamkeit — etwas kurz geraten; besonders Kamele konnten nicht überall unter den Drähten passieren. Statt die Tiere ab- und wieder aufzuladen oder statt einen Umweg zu machen, zogen die Kameltreiber vielfach das einfachere Verfahren vor, die Drähte zu durchschneiden. Es schien, als sei gegen diese Unsitte nicht aufzukommen. Siemens beredete nun zunächst den Telegraphenminister, er solle immer dem Dorfe, in dessen Nähe die Drähte zerschnitten würden, die Kosten und Geldstrafen auferlegen; sie wollten dann das Geld teilen. Natürlich wußte er von vornherein, daß er nie einen Heller von dem Gelde sehen würde. Aber der Telegraphenminister fand bald so großen Gefallen an der neuen Art der Geldbeschaffung, daß er dazu überging, seine Kosaken in der Nähe wohlhabender Dörfer die Drähte zerschneiden zu lassen. Nun aber gewann Siemens die Bauern zu seinen Bundesgenossen, indem er ihnen klar machte, sie müßten die Drähte gegen die Kosaken schützen, um nicht von dem habgierigen Minister ausgeplündert zu werden. So gelang es ihm, die Bauern zu den eifrigsten Wächtern der Linie zu machen.

Die Konzessions-Verhandlungen.

Stand des persischen Telegraphen-Wesens.

Die geschäftliche Situation, die Georg Siemens in Teheran vorfand, war außerordentlich verworren und bedurfte in vielen Punkten erst noch der näheren Aufklärung.

Er fand das Telegraphenwesen in den Händen eines Ministers, Ali Kuli Chan, der, wie schon erwähnt, ein Oheim des Schahs war. Dieser sollte die Einnahmen aus den Linien beziehen und dafür die Remonte- und Betriebskosten bestreiten, war also persönlich und finanziell an dem Ergebnis der von Georg Siemens zu führenden Verhandlungen auf das stärkste beteiligt.

Der an sich einfache Sachverhalt wurde verwickelt durch die Beziehungen der persischen zu der britisch-indischen Telegraphenverwaltung. Wie bereits erwähnt, hatten die Engländer die Strecke Buschir—Teheran durch ihre britisch-indischen Beamten für Rechnung des Schahs gebaut. Die daher rührende Schuld des Schahs an die britisch-indische Regierung sollte dadurch gedeckt werden, daß den Persern die Einnahmen aus dem Betriebe der Linie nur bis zu dem Betrage von 30 000 Toman pro Jahr zustehen, der Überschuß dagegen den Engländern zur Deckung der Baukosten zufließen sollte; der den Persern zustehende Betrag von 30000 Toman (in den Verhandlungen und Akten häufig als „Tribut" oder „Abgabe" bezeichnet) war jedoch noch niemals auch nur annähernd erreicht worden. Außer dieser Schuld des Schahs, bzw. der persischen Regierung, schuldete der Telegraphenminister den Engländern erhebliche Summen. Die Verwaltung der Linie Teheran—Buschir wurde tatsächlich von Offizieren der britisch-indischen Telegraphenverwaltung wahrgenommen. Die Betriebskosten, einschließlich der Gehälter, waren wie oben gesagt, vom Telegraphenminister zu bestreiten, der dafür die Einnahmen der Linie bis zum Betrag von 30 000 Toman zur Verfügung hatte. In Wirklichkeit jedoch zahlte die britisch-indische Verwaltung die Betriebskosten für Rechnung des Telegraphenministers und hielt sich dafür an den Einnahmen schadlos, die jedoch den Betrag der Betriebskosten nicht erreicht zu haben scheinen; jedenfalls schuldete der Minister den Engländern à conto des Betriebes eine erhebliche Summe. Außerdem hatten die Engländer für Rechnung des Ministers die Strecke Teheran—Buschir mit einem zweiten Draht versehen.

Der Betrag der Schulden des Schahs stand einigermaßen fest; über den Umfang der Schulden des Telegraphenministers herrschte Unklarheit und Meinungsverschiedenheit. Auf alle Fälle gab die Existenz dieser Schulden den Engländern in bezug auf den Betrieb der Linie Teheran—Buschir eine faktische und rechtliche Machtstellung, durch welche die Aktionsfreiheit Georgs wesentlich beschränkt wurde.

Die Strecke Djulfa—Teheran, die von den Russen für die Perser erbaut worden war, stand in persischer Verwaltung; aber Anlage und Betrieb waren — wie wir wissen — derartig schlecht, daß die Gebrüder Siemens von Anfang an den Neubau dieser Strecke und die Übernahme des Betriebes ins Auge gefaßt und sich in ihrer Konzession gesichert hatten.

Hinsichtlich dieser letzten Strecke bestand die Aufgabe Georgs darin, die auf sie entfallende Gebühr von 5 Franken pro Durchgangsdepesche der Indo-Europäischen Telegraphengesellschaft zu sichern und damit die der Gesellschaft nach der Wiener Konvention vom 22. Juli 1868 noch verbleibende, durchaus ungenügende Einnahme pro indo-europäische Depesche um einen sehr ins Gewicht fallenden Betrag zu erhöhen. Es war nach dem Wortlaut der hier in Betracht kommenden Abmachungen nicht ohne weiteres klar, ob diese 5 Franken der persischen Regierung für die Verleihung der Konzession oder der Gesellschaft für die Herstellung und den Betrieb der Linie zustanden. Gerade diese Frage war aber infolge der Wiener Konvention für die Gesellschaft von entscheidender Bedeutung geworden, und ihre Lösung im Sinne der Gesellschaftsinteressen war der Hauptpunkt in Georg Siemens' Mission. (Punkt 2 der oben mitgeteilten Instruktion.) Die englische Regierung trat von Anfang an der Auslegung bei, daß die 5 Franken der Gesellschaft zuständen.

Eine weitere Verbesserung der Einnahmen der Gesellschaft sollte dadurch erzielt werden, daß die Gesellschaft zu einem möglichst frühen Zeitpunkte gegen ein nicht zu hoch zu bemessendes Entgelt die der persischen Regierung und Telegraphenverwaltung zustehenden Einnahmen aus der Linie Teheran—Buschir erwarb. Im wesentlichen handelte es sich dabei um den Abkauf des sog. „Tributs" in der Maximalhöhe von 30 000 Toman, der den Persern vorweg aus den Einnahmen der genannten Linie zustand. Da die Einnahmen bisher niemals diese Höhe auch nur annähernd erreicht hatten, war anzunehmen, daß die Perser sich mit einer wesentlich niedrigeren Summe als 30 000 Toman pro Jahr zufriedengeben würden. Die Instruktion Georgs (Punkt 1) setzte 12 000 bis 15 000 Toman als Kaufpreis fest. Da andererseits auf eine günstige Entwicklung der Einnahmen Teheran—Buschir infolge der Einbeziehung dieser Strecke in eine leistungsfähige Überlandlinie Europa—Indien gerechnet werden konnte, durfte man für die Gesellschaft aus solchen Abmachungen wachsende Erträgnisse erwarten.

Neben dem Kauf des persischen Einnahmeanteils kam als eine weitere Möglichkeit die Übernahme des Betriebs der Linie Teheran—Buschir nach Ablauf des persisch-englischen Telegraphenvertrags von 1865, das heißt vom Jahre 1872 an, ernstlich in Betracht. Schon in der von Walter Siemens erreichten Konzession war diese Eventualität vorgesehen.

Schließlich sollte die Position der Gesellschaft gestärkt werden durch die Erlangung der Konzession zum Bau eines Landtelegraphen, der in Schiras von der bestehenden Linie Teheran—Buschir abzweigen und in Bender Abbas das Meer erreichen sollte (Punkt 3 der Instruktion). Diese Linie mit einer eventuellen Fortsetzung zu Land bis nach Kuradschi sollte die Benutzung des Kabels Buschir—Kuradschi, das nicht besonders gut funktionierte und an das eine starke Abgabe pro Durchgangsdepesche zu leisten war, überflüssig machen.

Die diplomatische Lage.

Georg Siemens war für die Erreichung der ihm gestellten Ziele auf die diplomatische Unterstützung sowohl durch die englische als auch durch die russische Gesandtschaft angewiesen. Aber gerade die englischen und russischen Interessen kollidierten auf dem Gebiete des persischen Telegraphenwesens auf das schärfste.

Rußland sah den Einfluß Englands in Persien mit eifersüchtigen Augen an und war ganz natürlich für nichts zu haben, was geeignet war, die Stellung Englands zu befestigen. Am liebsten hätte es Rußland gesehen, wenn die von Georg Siemens zu führenden Verhandlungen das Ergebnis gehabt hätten, die britisch-indische Telegraphenverwaltung ganz aus Persien zu verdrängen und gleichzeitig auch die persische Telegraphenschuld an England definitiv zu regulieren. Wenn auf dem Gebiete des Telegraphenwesens den Engländern in Persien Terrain abgewonnen werden sollte, so konnte das nur durch die Indo-Europäische Telegraphen-Gesellschaft geschehen; diese war zwar formell eine englische Gesellschaft, aber die Russen hatten immerhin Einblick und Einfluß auf die Verhältnisse der Gesellschaft, und solange die Leitung effektiv in den Händen der Siemens-Firmen lag, die in Rußland so Hervorragendes geleistet hatten und so erhebliche gemeinschaftliche Interessen mit der russischen Telegraphenverwaltung besaßen, bestanden enge Beziehungen zwischen der Gesellschaftsleitung und der russischen Regierung, die durch das Vertrauensverhältnis zwischen dem Chef der russischen Telegraphenverwaltung, General von Lüders, und den Brüdern Siemens noch eine ganz bedeutende Festigung erfuhren. Die Gesellschaft konnte also, solange sie nicht ihren Charakter änderte und zu einem reinen Instrument der englischen Regierung wurde, auf die nachhaltige Unterstützung der russischen Diplomatie in Teheran rechnen. In der Tat hat Georg Siemens bei seiner Mission von Anfang an in dem russischen Geschäftsträger Sinoview, dem nachmaligen Botschafter in Konstantinopel, einen tatkräftigen Förderer gefunden.

Englands Haltung war in der persischen Telegraphenangelegenheit keine gleichmäßige. Wir haben gesehen, daß die Enquete-Kommission im Frühjahr 1866 geneigt war, an erster Stelle das Rote-Meer-Kabel als rein englische Verbindung mit Indien zu empfehlen. Wenn daneben die Vorzüge einer zweiten Verbindung durch eine Überlandlinie durchaus anerkannt wurden, so hatte England doch nur so weit ein Interesse an dieser Linie, als durch sie seine politischen Zwecke in Persien nicht gestört oder beeinträchtigt wurden. Das Interesse an der Überlandlinie wurde offenbar in den maßgebenden englischen Kreisen nicht immer gleichmäßig gewertet. Zur Zeit, als über die infolge der Wiener Konvention erforderlich werdenden Schritte in London und Berlin verhandelt wurde, schien in England Neigung zu bestehen, der Indo-Europäischen Telegraphen-Gesellschaft in Persien den weitesten Spielraum zu lassen. Es war sogar die Rede davon, daß die britisch-indische Verwaltung geneigt sei, sich zugunsten der Gesellschaft aus Persien zurückzuziehen; ferner hat die englische Regierung in jener Zeit den Brüdern Siemens unter die Hand gegeben, daß sie sich um die Konzession Schiras—Bender Abbas bewerben sollten (vgl. den oben S. 102 wiedergegebenen Brief Georg Siemens' an seinen Vater). Als die Aussendung Georgs beschlossen war, wurde diesem die weitgehendste Unterstützung durch den englischen Gesandten in Teheran, Mr. Alison, in Aussicht gestellt. Als aber Georg in Persien eintraf, fand er eine Situation, die keineswegs dem aus Europa mitgebrachten Bilde der englischen Absichten entsprach. Bei dem englischen Gesandten fand er keinerlei Unterstützung, sondern lediglich passiven Widerstand; bei den Leitern der britisch-indischen Telegraphenverwaltung in Persien fand er Verständnis und zeitweise auch eine Förderung, immer aber nur so weit, als seine Absichten nicht auf eine Beschränkung der britischen Einflußsphäre hinausgingen. Wir werden sehen, daß man in einem gewissen Stadium der Verhandlungen versuchte, den Unterhändler der Indo-Europäischen Telegraphen-Gesellschaft sogar für eine Ausdehnung der britisch-indischen Verwaltung auch auf die neue Linie Djulfa—Teheran zu gewinnen.

Georg Siemens befand sich infolge des Gegensatzes der englischen und russischen Interessen in einer außerordentlich schwierigen Lage. Die Gesellschaft brauchte das Wohlwollen und Vertrauen der beiden Regierungen, und es gehörte ein hohes Maß von Geschicklichkeit und Takt dazu, so zu operieren, daß nicht die Gegnerschaft der einen oder der anderen heraufbeschworen wurde. Erschwert wurde für Georg die Situation noch dadurch, daß die Brüder Siemens selbst, die ihn von Europa aus mit Instruktionen versahen, nicht immer die komplizierten Verhältnisse klar übersahen, und daß sie unter sich mitunter verschiedener Meinung über die einzuhaltende Marschlinie waren. Wilhelm stand begreiflicherweise ganz im englischen Gedankenkreise und war geneigt, den Einfluß, den er seinerseits auf die englische Regierung und Diplomatie hatte, zu überschätzen. Werner dagegen war, so sehr auch er auf das englische Wohlwollen und die englische Unterstützung Wert legte, von der Notwendigkeit durchdrungen, neben den englischen Wünschen soweit nur irgend angängig auch den russischen Interessen Rechnung zu tragen.

Irrungen und Wirrungen.

Wie wenig Georg Siemens unter den geschilderten schwierigen Verhältnissen nach Instruktionen verfahren konnte, die im voraus vereinbart waren, zeigte sich, noch ehe er an seinem Bestimmungsorte eintraf. Wilhelm verhandelte nach Georgs Abreise mit der englischen Regierung weiter und kam mit ihr zu einer Vereinbarung, welche die Grundlagen der Georg mitgegebenen Instruktion in wichtigen Punkten veränderte. Eine rasche gegenseitige Verständigung zwischen Georg und den Brüdern Siemens in London und Berlin war aber ausgeschlossen, da infolge der großen Entfernung und der schlechten Postverhältnisse schriftliche Berichte und Weisungen um Wochen und Monate den Ereignissen nachhinkten, da ferner Telegramme meistens verstümmelt ankamen und außerdem von den Persern, deren Linie sie benutzen mußten, gelesen wurden. Einen Schlüssel für Telegramme hatte man nicht vereinbart, und erst in einem bereits vorgeschrittenen Stadium der Verhandlungen wurden brieflich einige wenige Chiffreworte verabredet. Georg Siemens war also darauf angewiesen, nach eigenem Ermessen und auf eigene Verantwortung zu handeln.

Die Vereinbarung, die Wilhelm während der Reise Georgs mit der englischen Regierung traf, ging im wesentlichen darauf hinaus, daß die Georg aufgetragene Bewerbung um die Konzession für die Linie Schiras—Bender Abbas zurückgestellt werden sollte; daß England auf Grund der Herabsetzung des Tarifs für die Linie Teheran—Buschir auf $8^1/_2$ Franken eine entsprechende Kürzung des „Tributs“ von 30000 Toman (des den Persern vorweg zustehenden Einnahmeanteils) erstrebte; daß

England ferner für Teheran—Buschir der Indo-Europäischen Telegraphen-Gesellschaft von dem Überschuß über den Persien zustehenden Einnahmeanteil die Hälfte zugestand.

Die Vereinbarung mit der englischen Regierung über die Teilung des Überschusses der Einnahmen aus der Linie Teheran—Buschir unter gleichzeitiger Verringerung des persischen „Tributs" schloß den in Georgs Instruktion enthaltenen Kauf der persischen Einnahmen aus der genannten Linie aus. Denn wenn die Gesellschaft den persischen „Tribut" kaufte, hatte sie ein Interesse gegen dessen Herabsetzung; wenn sie aber auf eine Beteiligung an dem Überschuß über den Tribut hinausging, war sie an einer Herabsetzung des Tributs interessiert.

Daß infolge dieser Änderung der Marschroute, von der Georg Siemens unmöglich rechtzeitig verständigt werden konnte, eine Konfusion entstehen mußte, war unvermeidlich. Der englische Gesandte in Teheran, Mr. Alison, stellte — offenbar auf Grund einer telegraphischen Weisung seiner Regierung — bei den Persern die Forderung auf Herabsetzung des Tributs, ohne sich mit Georg zu verständigen. Georg ging zunächst auf den Ankauf des Tributs los.

Ein Brief Georgs an Wilhelm Siemens vom 28. November gab die Situation folgendermaßen wieder:

„Die Verhandlungen hier sind ungemein schwierig. Die englische Gesandtschaft lehnt vorläufig eine Unterstützung ab, weil sie angeblich keine Instruktionen hat, trotz aller meiner Vorstellungen ... Die Leute stehen steif wie die Böcke. Bis jetzt helfen mir nur die Russen. Englische und russische Interessen stehen sich hier entgegen. Die Russen verlangen von den Persern Ratifikation der Wiener Konvention und des Wiener Vertrags vom 22. Juli 1868, wodurch der Tarif Teheran—Buschir auf 8½ Franken reduziert wird, indem sie behaupten, daß dadurch das persische Interesse gefördert wird. Die Engländer verlangen wegen dieses Vertrags die Herabsetzung des „Tributs" auf 24 000 Toman, womit uns gar nicht gedient ist, wenn wir die Einnahmen von Teheran—Buschir in die Hand kriegen können, und beweisen dadurch nach Ansicht der Perser, daß das persische Interesse durch den Vertrag vom 22. Juli 1868 geschädigt ist. Ich stehe in der Mitte und sage: ich bezahle trotz der Reduktion des Tarifs nach wie vor 12 000 Toman (für die Überlassung des „Tributs" an die Gesellschaft). Die Perser, mutlos, dumm, unentschlossen, wie alle Orientalen, sagen „morgen", und ich sehe, daß die Sache mindestens noch sechs Monate dauern kann. An die Frage der 5 Franken Djulfa—Teheran, was m. E. die Hauptsache ist, habe ich daher noch gar nicht gerührt. Ich muß erst wissen, was bei dem Streit zwischen Engländern, Persern und Russen möglicherweise herauskommen kann."

Wilhelm Siemens selbst, der durch seine Abmachung mit den Engländern die Operationsbasis verschoben hatte, fürchtete Komplikationen. Er schrieb 24. November 1868 an Karl Siemens:

„Suche doch diese Anschauungen (über die Vorzüge des Abkommens mit der englischen Regierung) auch Werner und Georg klarzumachen. Georg reiste zu früh ab, und es fehlt an einheitlicher Grundlage in der Anschauung, wozu sich dann immer das kostspielige Vorurteil gegen England gesellt."

Auch Werner war in Sorge. Er hatte, während er noch am Schwarzen Meer weilte, von Georg ein Telegramm erhalten, das mit Genugtuung die Ablehnung der von dem englischen Gesandten gestellten Forderung auf Herabsetzung des Tributs meldete. Werner schrieb darauf von Batum aus im Dezember — der Brief ist nur „Sonntag" datiert — an Otto Siemens, der in Tiflis an Walthers Stelle getreten war:

„Mir ist doch sehr bange, daß Georg die neue Situation (durch Bewilligung der Teilung der englischen Einnahme in Persien) nicht richtig auffaßt. Seine in Orpiri erhaltene Depesche spricht zu uns erhabene Freude über das Abschlagen des englischen Antrags auf Herabsetzung des Tributmaximums von 30 000 Toman aus! Ist Georg sicher, daß der Abkauf des Tributs oder vielmehr sämtlicher persischen Einnahmen durch die Indo-Europäische Linie durchaus genehmigt wird, so ist die Freude begründet. Wird der Abkauf dagegen nicht angenommen, so wäre es umgekehrt in unserem Interesse, wenn der englische Antrag durchginge; da England erst Geld erhält, nachdem das Tributmaximum überschritten ist, so kann es natürlich dann auch erst teilen! Ich habe Georg daher eine Depesche gegeben: ‚Georg Siemens Teheran. Depesche erhalten. Hier zugestanden Einnahmeteilung, ändert Interesse, falls Abkauf nicht angenommen wird. Sehr vorsichtig. London Siemens.'

„Hoffentlich erregt sie kein Mißtrauen und wird von Georg verstanden. Ich fürchte namentlich, daß er sich zu sehr von Rußland leiten läßt und den Engländer zornig und mißtrauisch macht. England tut am meisten für uns und hat das größte Interesse, daß unsere Gesellschaft reüssiert, abgesehen von allen politischen Interessen. Durch Bewilligung der Einnahmeteilung hat England ein großes Opfer für uns gebracht. Wir dürfen es unter keinen Umständen mit ihm verderben, da unser Unternehmen in Wirklichkeit ein englisches ist und ganz von seinem Wohlwollen und seiner Beihilfe abhängt! Rußland befolgt wesentlich politische Interessen, die uns fremd sind und nichts einbringen. Wenn Georg die englische Ansicht, daß uns unzweifelhaft die 5 Franken für Djulfa—Teheran gebühren, mit Englands und Rußlands Hilfe durchsetzt und England es erreicht, daß das Tributmaximum von 30 000 Toman auf die Hälfte herabgesetzt wird, so ist das eine sehr günstige Lösung, besser als ein Kauf der persischen Einnahmen für 15 000 bis 20 000 Toman, weil die Gesellschaft dabei weniger riskiert und doch ca. zwei Drittel der persischen Gebühren erhalten wird.

„Da England die Bender Abbas-Linie einstweilen fallen gelassen hat, so ist die Konzession nur für die Zukunft, d. h. für den Fall einer Meinungsänderung Englands von Wichtigkeit. Georg braucht also auf diese Konzession kein entscheidendes Gewicht mehr zu legen, da sie später durch die persische Gesandtschaft in London zu erwirken sein würde. Baut England nicht nach Bender Abbas, so nutzt uns der Bau dahin nichts. Ebenso wenn es keine wesentliche Verminderung seines Kabeltarifs für die Strecke Bender Abbas—Kuradschi eintreten läßt.

„Schicke Georg diesen Brief, nachdem Du Kopie genommen hast. Suche ihn aber so schnell wie möglich zu expedieren, nötigenfalls per Expreß von Täbris aus. Also: unter keinen Umständen es mit England verderben, lieber noch mit Rußland, wenn unvermeidlich. Gegen England muß Rußland auf eigene Hand, scheinbar gegen Georg, operieren. Bei der jetzigen Sachlage ist das Bleiben Englands im alten Kontrakt mit Persien kein Nachteil für uns, da wir selbst für die Hälfte des Einnahmeüberschusses über den Tribut vorläufig nicht selbst remontieren könnten und Englands Partnerschaft anderweit großen Nutzen hat.

„Leb' wohl, lieber Otto, und Du, Georg, halte Dich tapfer und bleibe gesund! Führst Du diese Sache gut durch, so sollst Du mal deutscher Minister der auswärtigen Angelegenheiten werden!"

Dieser Brief Werners zeigt, wie wertvoll ihm damals die englischen Zugeständnisse erschienen, und wie sehr er geneigt war, sich an Stelle des an sich vorteilhaften Kaufs der persischen Telegrapheneinnahmen mit der in Anbetracht der englischen Unterstützung anscheinend leichter erreichbaren Teilung des den Engländern zustehenden Überschusses unter Herabsetzung des Tributmaximums zu begnügen. Sogar die von ihm sonst stets als notwendig betonte Rücksicht auf Rußland war Werner damals bereit, zurückzustellen.

Georg hatte sich in der ganzen Frage Tributankauf oder Tributherabsetzung bereits stark nach der anderen Seite engagiert, ehe er aus der Heimat über die eingetretene Wendung unterrichtet wurde. Desgleichen war er mit Energie auf die Konzession Schiras—Bender Abbas losgegangen, die jetzt überflüssig, ja direkt unerwünscht schien. Gerade diese Konzession hatte Georg zum Ausgangspunkt seiner Bemühungen gemacht, weil er glaubte, für die Schiras-Linie bei den Persern, für welche die Linie einen reinen Vorteil bedeutet hätte, das meiste Interesse zu finden.

Auf Grund der neuen Sachlage stellte Georg die Schiras-Konzession zurück. Die Folge war freilich eine unerwartete: „Die Konzession Schiras—Bender Abbas," so schrieb er, „wird mir jetzt ins Haus getragen, seitdem ich mich sanft zurückziehe." Georg mußte jetzt alle Minen springen lassen, um die Gesellschaft vor einer bindenden Verpflichtung zur Ausführung der Schiras-Linie zu bewahren.

Dagegen hielt Georg, entgegen den neuen Weisungen aus der Heimat, an dem ursprünglichen Gedanken des Ankaufs der persischen Telegrapheneinnahmen fest; auf Grund seiner eigenen Beurteilung der Verhältnisse war er der Ansicht, daß diese vorteilhaftere Lösung erreichbar sein werde. Es gelang ihm auch, Wilhelm und Werner zu seiner Ansicht zu bekehren, und Wilhelm wendete sich an die englische Regierung mit dem Ersuchen, Alison dahin zu instruieren, daß er seine Forderung auf Reduktion des Tributs fallen lasse und Georgs Anträge unterstützen solle.

Alison erhielt schließlich, wie Wilhelm am 26. Januar 1869 an Werner berichtete, die erbetene Instruktion. Trotzdem blieb Georg in dieser Frage im wesentlichen auf sich selbst angewiesen, da Alison seine passive Haltung nicht änderte.

Wilhelm entschuldigte anfangs die Untätigkeit des englischen Gesandten; er schrieb am 18. Januar 1869 an Georg: „Die Kaltblütigkeit von Mr. Alison ist hauptsächlich den Wahlen und dem Ministerwechsel zuzuschreiben. Unsere Gegner machten auf das neue Ministerium einen gewaltigen Anlauf, sind aber abgefallen, und jetzt wird England von neuem für uns einstehen."

Bald darauf aber gab er Werner gegenüber zu (27. Januar 1869): „Daß Alison eine Schlafmütze ist, ist bekannt; aber gilt für Persien als gut genug."

Nachdem wenigstens die weitere Durchkreuzung des von Georg betretenen Weges durch den britischen Gesandten abgestellt war, stieß der Kauf des „Tributs" auf das schwere Hindernis der persischen Schulden an England.

Georg Siemens erhielt am 8. Februar 1869 aus Berlin, wo die Schuldverhältnisse so gut wie unbekannt waren, die telegraphische Weisung, in der Schuldenfrage eine direkte Verständigung mit Major Smith, dem Leiter der britisch-indischen Telegraphenverwaltung in Persien, zu suchen. Aber diese Verständigung stieß auf so ungewöhnliche Schwierigkeiten, so daß Georg zeitweise an der Durchführbarkeit seiner Mission verzweifelte.

Am 11. Februar 1869 berichtet er:

„Die Schuldverhältnisse sind hier sehr schwieriger Natur. Ich werde Ihnen mit dem nächsten Kurier die Aktenstücke schicken. Mit vieler Mühe, und erst nachdem ich einen kleinen row mit ihm gehabt, habe ich Smith vermocht, mir die Einsicht in sein Bureau zu gestatten. Die Geschichte hat beinahe vier Wochen gedauert. Gestern konnte ich die Sachen nicht haben, weil infolge eines Feiertages die Bureaux geschlossen waren. Was sagen Sie zu dem Geschäftsbetrieb? Ich habe mit Smith und dem Telegraphendirektor Ali Kuli Chan abgemacht, daß ich von den Schulden Persiens an England in Anrechnung auf meine Zahlungen soviel als möglich übernehme, weil meines Erachtens England, welches diese Summen ganz außer allem Zweifel hier verloren erachtet, in London durch die Company bewogen werden kann, uns dieselben in Form einer Subsidie zu schenken. Leider ist die Geschichte ungemein kompliziert, und ich muß sehr vorsichtig prüfen. Der Telegraphenprinz hat nämlich einen Kontrakt mit dem König, wonach er die Einnahmen aus dem Telegraphen hat, gegen die Verpflichtung, die Linie zu unterhalten. Daraufhin hat er bei den Engländern ca. 60 000 Toman Schulden gemacht. Andere Schulden hat der König selbst gemacht; diese datieren aus früherer Zeit."

Eine genauere Aufstellung der persischen Telegraphenschulden an England schickte Georg am 20. Februar 1869 nach London. Er teilte dabei u. a. auch mit, daß der Telegraphenminister Prinz Ali Kuli Chan ihm versprochen habe, ihm gegen eine bestimmte Summe nicht nur die Einnahmen, sondern nach Ablauf des persisch-englischen Telegraphenvertrags von 1865 die Linie Teheran—Buschir selbst zu geben. „Der alte Spitzbube gab mir natürlich sein Ehrenwort als Prinz und Minister, daß ich für diese 14 000 Dukaten die Linie und alles haben sollte, was ich wollte. Hier muß man sich aber vor dem Zugreifen hüten, bis man vorsichtigerweise jeden möglicherweise zu entdeckenden Haken beseitigt hat; denn wenn man einmal zugegriffen hat und die Sache nicht fest packen kann, dann ziehen die Perser ihre Hand zurück, und es fängt ein neuer Handel an, bei dem die Perser ihrer Geduld wegen stets im Vorteil sind. Mein Haupthaken sind aber eben die englischen Schulden."

Das waren die englischen Schulden in der Tat. Georg Siemens wünschte, wie er in dem vorstehend wiedergegebenen Brief und auch späterhin mehrfach betonte, ihre Übernahme durch die Gesellschaft, schon weil er hoffte, daß die englische Regierung bestimmt werden könnte, diese Schulden der Gesellschaft zu erlassen. Er bat in seinem Schreiben vom 20. Februar 1869 dringend darum, sich darüber mit der englischen Regierung ins Einvernehmen zu setzen. Den Wunsch Georgs teilten die Perser, die in England einen unbequemen Gläubiger los werden wollten; ferner die Russen, die mit Recht in der persisch-englischen Telegraphenschuld ein wichtiges Instrument der englischen Politik in Persien sahen. Aber gerade aus demselben Gesichtspunkte heraus war England durchaus nicht geneigt, eine Regulierung der Schuld zu erleichtern.

In Europa, namentlich in London, unterschätzten die Gebrüder Siemens die Bedeutung der Schuld ganz beträchtlich. Sie nahmen an, infolge der wohlwollend aussehenden Haltung Englands, das ganz und gar nicht auf eine Zurückzahlung oder Regulierung der Schuld drängte, die Schuldenfrage in der Schwebe lassen zu können. Dies war ein Irrtum; denn die Perser — und hinter ihnen jedenfalls die Russen — wehrten sich mit Entschiedenheit gegen jede Abmachung über die Linie Teheran—Buschir, die nicht die Telegraphenschuld in der einen oder anderen Weise aus der Welt schaffte.

Georg war also gezwungen, sich mit der persischen Telegraphenschuld eingehender zu befassen, als man es in London für richtig hielt. Er berichtete über den Stand der Angelegenheit, der damals durch die Sicherung des Zustandekommens des Roten-Meer-Kabels noch komplizierter wurde, am 9. März 1869 folgendermaßen:

„Was die englischen Schulden betrifft, so bin ich aus zwei Gründen hineingetrieben: 1. weil mir der Smithsche Kontrakt im Wege stand; 2. hauptsächlich aber, weil die Perser selbst wiederholt fragten, wie es denn mit ihren Schulden werden sollte, und weil ich dieses Hindernis zu beseitigen wünschte. . . .

„Hoffentlich hilft mir jetzt das Red Sea Cable: wenn ich den Persern nur glauben machen kann, erstens daß es wahr ist, zweitens daß ihre Interessen dadurch geschädigt werden, denn sie halten es gar nicht für möglich, daß jemand es wagen könnte, ihnen Konkurrenz zu machen, ohne daß der „König der Könige" den Frechen zerschmettert. Leider hat Alison noch immer nichts erhalten und meine einzige Stütze, Thomson, der erste Sekretär, ein fähiger, guter Gentleman, verreist auf einige Zeit, doch ich denke, es wird werden; nur müssen Sie Geduld haben. Mit Geduld und Geld kommt man hier endlich doch zum Ziele.

„Vor dem Red Sea Cable habe ich keine allzu große Furcht. Nur verstehe ich nicht, wie Sie bei dieser Sachlage nicht auf Schiras—Bender Abbas zurückkommen. Der Kampf scheint nur ein Kampf zwischen Kabel- und Landlinie zu sein; wir werden die British-Indian-Submarine-Line schlagen, wenn wir auf dem Lande bleiben, und werden von ihr geschlagen werden, wenn wir auf das Wasser gehen. Das persische Golfkabel muß abgeschnitten werden früher oder später, und die englische Militärverwaltung muß aus Persien heraus, wenn wir auf einen grünen Zweig kommen wollen...

„Ebenso füge ich einen Brief von Alison und eine Zusammenstellung der persischen Schulden bei. Wenn Sie es erreichen könnten, daß England wegen deren Zückzahlung etwas drängte, und namentlich die Kosten des Materials für den zweiten Draht zum Gegenstande der diplomatischen Verhandlungen machte, wenn auch nur zum Schein, so würde mir sehr viel geholfen sein. Im übrigen komme ich jetzt zu der Überzeugung, daß die eigenen Füße immer besser sind, als geborgte Stelzen, und daß keine Mission dem helfen kann, der nicht selbst sich zu helfen versteht. Sonst nichts Neues, als der Wunsch, daß das Black Sea Cable das Red Sea Cable ausstechen möge."

Wie dieser Brief zeigt, suchte in dem Chaos entgegengesetzter Interessen jede Partei die anderen für ihre Zwecke auszuspielen. Die Perser und die Russen suchten durch Georg die Telegraphenschuld und damit ein Pressionsmittel der englischen Politik zu beseitigen. Die Engländer, die in London durch Andeutung einer weitgehenden Liberalität die Gesellschaft dazu bestimmt hatten, sich in den schwierigen Verhandlungen zu engagieren, taten bei den Verhandlungen in Teheran nichts, was der Gesellschaft einen Erfolg erleichterte; sie steigerten im Gegenteil durch ihre passive Haltung die Schwierigkeiten, augenscheinlich in der Absicht, die Gesellschaft zu bestimmen, sich zugunsten der britisch-indischen Verwaltung überhaupt aus Persien zurückzuziehen. Georg Siemens, der zunächst die englischen Ideengänge nicht völlig durchschaute, glaubte eine Zeitlang die Engländer für seine Zwecke in Bewegung setzen zu können; er führte die Untätigkeit Alisons lediglich auf dessen persönliche Indolenz zurück, während nach dem weiteren Gange der Dinge alle Wahrscheinlichkeit dafür spricht, daß Alisons Zurückhaltung eine wohlberechnete Taktik der englischen Politik war.

Aber Georg Siemens war klug und vorsichtig genug, um sich schon zu der Zeit, als er von England in der Schuldenfrage noch eine Unterstützung erwarten konnte, für alle Eventualitäten zu rüsten. Die Überzeugung, „daß die eigenen Füße immer besser sind, als geborgte Stelzen", betätigte er, indem er sich der englischen Ambitionen auf Erwerb des ganzen persischen Telegraphennetzes bediente, um einerseits auf die renitenten Perser einen Druck auszuüben und um seiner Gesellschaft andererseits für den schlimmsten Fall einen annehmbaren Rückzug vorzubereiten.

Nachdem er bei Major Smith große Neigung für einen Ankauf der Linie Djulfa—Teheran zu Bedingungen, die geschäftlich für die Gesellschaft recht vorteilhaft waren, gefunden hatte, begann er mit diesem Gedanken gegenüber den Persern zu operieren.

Freilich war dieses Vorgehen nach verschiedenen Richtungen hin sehr gewagt. Es barg zunächst die Gefahr, daß bei den Engländern Erwartungen geweckt wurden, deren Nichterfüllung eine Enttäuschung und Verstimmung in den für die Gesellschaft so wichtigen englischen Kreisen hervorzurufen geeignet war. Ferner war das Mißtrauen und eventuell ein direkter Einspruch Rußlands zu befürchten. Schließlich lag eine Gefahr darin, daß eine rasche Verständigung zwischen Georg und den Brüdern Siemens über die Bedeutung und Tragweite seines Vorgehens infolge der ungünstigen Verkehrsverhältnisse unmöglich war. Tatsächlich kam es zu Mißverständnissen, die beinahe dazu geführt hätten, daß der von Georg eingeschlagene Weg von Europa aus gekreuzt worden wäre.

Die Frage der Überlassung der Linie Djulfa—Teheran an die britisch-indische Verwaltung wurde in der zweiten Hälfte des Februar 1869 von Major Smith bei Georg Siemens angeregt. Wie ruhig und klar Georg von Anfang an diesen Vorschlag behandelt, ergibt der folgende Passus aus einem Bericht vom 20. Februar 1869 an Siemens Brothers in London:

„Es ist ein Irrtum Smiths, wenn er annimmt, daß ich wegen dieser Fragen in vollständigem Einverständnis mit ihm bin. Ich habe vielmehr nur erklärt, daß dieser Weg nach meiner persönlichen Ansicht von der Company eingeschlagen werden müßte, *wenn es mir nicht gelänge, die gewünschten Ziele in Persien zu erreichen.* Hierzu habe ich aber jetzt bessere Hoffnung, weil mir die Linie Schiras—Bender Abbas in Aussicht gestellt ist.

Gegen Smiths Ansicht spricht:

1. in rechtlicher Beziehung

   Art. 15 der persischen Konzession, wonach die Rechte nur einer Company übertragen werden können;

   Art. 22 der persischen Konzession, wonach die Russen die Oberaufsicht über unsere persischen Abmachungen haben;

2. in finanzieller Beziehung

   der Umstand, daß wir, wenn ich hier glücklich bin, per Depesche von Djulfa nach Teheran 9½ Franken (5 plus 4½ Teheran —Buschir) haben, ein Umstand, um dessentwillen man schon einige Risikos übernehmen kann, daß die englische Militärverwaltung niemals eine gleiche Schnelligkeit und Ordnung im Betriebe entwickeln kann, wie eine Company-Verwaltung, daß also die Administration und der davon abhängige Depeschenverkehr schlechter sein würden, daß wir nicht sicher sein würden, daß die Kabelverwaltung von den aus Indien kommenden Depeschen alles auf unsere Linie gehen lassen würde, weil die englische Militärverwaltung sich nicht dieselbe Mühe geben würde, dies Ziel zu erreichen, wie die Company-Verwaltung.

„Ich bat Smith, seine Ansichten Champain auseinanderzusetzen, weil ich glaube, daß uns bei den englischen Regierungsansichten dies nichts schaden könnte, und weil Sie am besten daraus ersehen, welches die Anschauungen der bestimmenden Kreise in Teheran sind. Damit mir Smith übrigens nicht vorwerfen kann, daß ich unfair gehandelt, werde ich ihm sofort schreiben. Ich habe sein Schreiben erst in diesem Augenblick erhalten.

„Recht hat Smith insofern, als man meines Erachtens in London und Berlin das ungeheure Risiko unterschätzt, welches die Company auf sich nimmt, wenn sie 1200 englische Meilen Telegraphenlinie (Djulfa —Buschir) nach 1872 in eigene Verwaltung übernimmt. Recht hat er ferner insofern, wenn er auseinandersetzt, daß die Ausdehnung der englischen Linie in Persien uns davor schützt, daß das englische Gouvernement jemals eine Zinsgarantie für ein Red Sea Cable gibt, und daß nach Ausführung eines Red Sea Cable unsere Linie so ziemlich wertlos sein müßte.

„Übrigens ist mir persönlich sehr lieb, daß die Sache zur Sprache kommt, weil die Perser dadurch sehen werden, daß wir nicht ganz waffenlos sind. Lieb ist es mir ferner, daß die Sache von englischer Regierungsseite aus zur Sprache gebracht wird, weil die Company den Firmen dann wenigstens nicht den Vorwurf wird machen können, daß dieselben, um zu bauen und beim Bau verdienen zu können, die Company in eine fatale Lage hineingelockt und ihren eventuellen Rückzug so geleitet haben, daß sie selbst verdient haben. Jedenfalls werden Sie nunmehr gute Gelegenheit haben, mit Champain alles zu besprechen."

In einem Briefe vom 8. März 1869 an die Gebrüder Siemens in Tiflis erwähnte Georg gleichfalls den eventuellen Verkauf von Djulfa—Teheran an die Engländer:

„Die mit gestrigem englischen Kurier mir von London zugegangene Nachricht, daß ein Kabel durch das Rote Meer von einer neuen Aktiengesellschaft mit 1200000 £ Grundstock gelegt werden soll, werden auch Sie bereits haben. Ich spanne jetzt natürlich alle Kräfte an. Es wird ein scharfes Rennen werden, aber ich hoffe, daß wir die Herren schlagen müssen... Eventuell bereite ich als Rückzugslinie der Company einen Verkauf ihrer persischen Sektion vor."

Die Idee des Verkaufs von Djulfa—Teheran an die Engländer fand zunächst sowohl bei Werner, als auch bei Wilhelm und Karl Siemens eine entschiedene Mißbilligung. Jedoch war Werner gegen den Verkauf an sich, während Wilhelm und Karl nur gegen die taktische Verwendung der Verkaufsidee waren, von der sie sich keinen Vorteil versprachen. Als die formulierten Vorschläge des Majors Smith in London eintrafen, wurde Wilhelm sofort zum eifrigsten Befürworter des Verkaufs; Karl trat ihm bei, aber Werner verharrte in Rücksicht auf Rußland mit aller Entschiedenheit bei seinem Widerspruch. Die Meinungsverschiedenheit der Brüder, die auch für Georg ihre Rückwirkungen hatte, ergibt sich aus folgenden Briefstellen:

Wilhelm an Werner Siemens, 22. März 1869.

„Smiths Vorschlag wäre für uns und die Gesellschaft jedenfalls sehr günstig. Wir kriegen 100 000 £ für Djulfa—Teheran und 2—3 Franken pro Depesche in Persien ohne alle dortigen Betriebs- und Unterhaltungskosten. Außerdem ist England dann sicher mit uns interessiert, und sollte die englische Verwaltung Aushilfe bedürfen, so leisten wir sie, gerade wie wir jetzt schon in Indien helfen. Sollte der Vorschlag auch nicht durchgehen, so scheint es mir eine gute Waffe gegen Rußland und Persien, welche uns doch nur bis aufs Blut aussaugen wollen."

Karl an Werner Siemens, 1. April 1869.

„Wir haben keinen Augenblick daran gedacht, den Verkauf der persischen Strecke an England hinter dem Rücken Rußlands abzuschließen. Es wäre vielleicht sehr zweckmäßig, wenn Du den Smithschen Brief an Lüders schicktest und ihm dabei sagtest, daß wir gezwungen seien, die Smithschen Propositionen anzunehmen, wenn er uns nicht die 5 Franken von den Persern verschaffte und die Abgaben an Rußland von 5 auf 3 Franken reduzierte. Lüders hat durch seine Handlungsweise in Wien die Company ruiniert und kann es doch unmöglich übelnehmen, wenn sie versucht, zu retten, was noch zu retten ist. Du fragst, warum Wilhelm früher auch dafür gewesen ist, die Strecke Teheran —Buschir zu übernehmen. Darauf antwortet er ganz einfach: früher bekamen wir ca. 30 Franken pro Depesche und jetzt sind wir durch Lüders auf 11 Franken heruntergelangt. Früher war Rußland unser Freund, und jetzt handelt es als Feind. Als wir die neuen Unternehmungen für die Company in Persien aufnahmen, woselbst Rußland und England bereits, jedes für sich, unterhandelten, erklärte England sich gleich bereit, mit uns Hand in Hand zu gehen, Rußland aber sagte ‚nein' und geht seinen gesonderten Weg weiter. Dagegen läßt sich nichts machen, und so bleibt nur übrig, daß wir uns zu verkaufen suchen. Wenn Wilhelm dem ersten Vorschlage von Georg nicht gleich zustimmte, so geschah es, weil Georg ihn nur als Drohmittel benutzen wollte, während jetzt ein reeller Vorschlag von seiten des englischen Vertreters vorliegt."

Karl Siemens sah, wie diese Ausführungen zeigen, offenbar unter Wilhelms Einfluß, den Stand der Dinge allzusehr durch die englische Brille. England hatte zwar der Gesellschaft seine Unterstützung in Persien zugesagt, aber keinerlei tatsächliche Unterstützung gewährt; dagegen hatte Georg Siemens von Anfang an bei dem Vertreter Rußlands, das Karl als Gegner ansah und behandeln wollte, eine wertvolle Förderung gefunden. Das Risiko des von Georg eingeschlagenen Weges lag gerade darin, daß Rußland den Gedanken des Verkaufs der Linie Djulfa—Teheran ernst nehmen und danach seine Haltung gegenüber der Gesellschaft ändern könnte. Georg hatte dem russischen Gesandten in Teheran von der Verkaufsidee gesprochen, aber nur in dem Sinne, daß dieser Gedanke für ihn ein Pressionsmittel gegenüber den Persern sein sollte. In Petersburg dagegen witterte man Gefahr, und General Lüders remonstrierte sofort auf das schärfste gegen Georgs Vorgehen und die Eventualität eines Verkaufs. Werner schrieb darüber am 22. April an Karl:

„Das Petersburger Donnerwetter hat sich einstweilen in ziemlich milder Form entladen. Es ist jetzt ganz klar, daß Lüders schon lange von den Verkaufsspekulationen in Persien wußte, und daß dies der eigentliche Grund seines Zornes gegen Georg ist. Es folgt aus dem Schreiben von Lüders unbedingt, daß Persien sich gegenüber Rußland schon engagiert hat, einmal die englisch-persische Konvention nicht zu verlängern und ferner den Verkauf an England nicht zu genehmigen. Lüders hat darin recht, daß in Persien der Schwerpunkt des ganzen Unternehmens liegt, und daß es nicht politisch ist, die kleinen europäischen Fragen, die sich schließlich von selbst nach der Konzession erledigen werden, *vor der Zeit*, d. i. vor der Entscheidung der Hauptfrage durchführen zu wollen. Es ist zweckmäßiger, Rußland lieber in dem Glauben zu lassen, daß man darauf gar nicht zurückkommen würde, um es zu desto größerem Eifer in der persischen Frage für uns zu veranlassen. Lüders *selbst* weiß sehr gut, daß er die Herabsetzung schließlich bewilligen muß, wenn Preußen es tut. Lüders kann aber in dieser Frage nur wenig selbst entscheiden. Er muß selbst sehr vorsichtig sein, um seinem Gegner keine Handhabe zu bieten. Seine Taktik, sich scheinbar schieben zu lassen, ist ganz vernünftig. Bedenkt wohl, daß Lüders unser und der indischen Linie einziger wirklicher Freund in Rußland ist, und daß sein Sturz auch den unserigen in dieser Sache zur Folge haben würde ... Seit der Bewilligung der russischen Konzession ist die Stimmung in den entscheidenden Kreisen noch mehr gegen die Linie in den Händen einer *englischen* Company durchgeschlagen. Die Gefahr ist also sehr groß, wenn *wir* antirussische Politik in Persien treiben; denn man hat uns hauptsächlich deshalb unlösbar mit der Company verknüpft (die russische Konzession machte eine dauernde Beteiligung der Siemensfirmen in der Indo-Europäischen Telegraphengesellschaft in Höhe von einem Fünftel des Grundkapitals zur Bedingung), weil man in uns eine Gegenmacht gegen spezifisch englische Tendenzen zu haben glaubte. Rußland wollte durch die Indo-Europäische Gesellschaft der Ausbreitung englischen Einflusses entgegenwirken und hält fest an seinem Schein, dem persischen Versprechen, uns 1872 auch die Linie Teheran—Bender—Buschir zu übergeben. Arbeiten wir dem entgegen, so ist die Gesellschaft dem heiligen Rußland schädlich, und dann hat sie ihr Fundament verloren. Daß der russische Einfluß in Persien weit größer ist als der englische, das erkennt ja auch Georg an, und die Ablehnung der englischen Proposition (Verkauf von Teheran—Djulfa an die Engländer) ist der beste Beweis. Gegen Rußland erreichen wir nichts in Persien. England gebrauchen wir aber notwendig, um uns Depeschen und Einnahmen zuzuführen. In Rußland rechnet man vielleicht zuviel auf das englische Handelsinteresse, darauf, daß es das politische überwiegen würde. Wir müssen suchen, zwischen Scylla und Charybdis durchzukommen, und müssen schließlich die *politischen* Erwartungen beider unerfüllt lassen. Rußland hat die Macht, England Geld und Depeschen. Wir müssen beides verwerten." *)

Als Werner diesen Brief schrieb, war insofern bereits eine Entscheidung gefallen, als Georg am 28. März 1869 folgende Depesche aus London erhalten hatte: „Company would accept Smiths proposals, Government well disposed if Goldsmith agrees, follow course leading to prompt conclusion."

Georg hatte nun freie Hand, den Verkauf von Djulfa—Teheran nicht nur als Pressionsmittel zu verwenden, sondern ihn gegebenenfalls praktisch abzuschließen. Georg machte aber von dieser Ermächtigung, da die Verkaufsidee den gewollten Druck bereits ausgeübt hatte und die Perser mehr Entgegenkommen zeigten, nur insoweit Gebrauch, als er das ganze Geschäft so zu gestalten suchte, daß der Gesellschaft für spätere

---

*) Ehrenberg, S. 243.

Zeit die Möglichkeit der Abtretung ihrer persischen Linie an England offen blieb.

Der Gang der Verhandlungen ist aus folgenden Briefauszügen ersichtlich:

Georg Siemens an Siemens Brothers, London.

Teheran, 19. März 1869.

„Anliegend übersende ich Ihnen die Preßkopie meines Briefes, den ich kürzlich dem Telegraphenprinzen geschrieben. Derselbe enthält die Vorschläge, wie sie sich nach vielfältigem Hin- und Herreden als annehmbar herausgestellt haben, und ich glaube, daß dieselben angenommen werden. Sie ersehen daraus, daß die 5-Franken-Frage Djulfa—Teheran noch immer nicht angerührt ist. Dies ist aber vorläufig nicht nötig, weil die Perser selbst nicht der Ansicht sind, daß ihnen hierauf ein Recht zusteht. Bei allen Unterhaltungen habe ich immer den Grundsatz festgehalten, daß die 12 000 Toman alles repräsentieren, was den Persern für die ihr Land berührenden internationalen Depeschen zukommt, und ich habe denselben auch den Leuten, mit welchen ich bis jetzt verhandelt habe, vollständig eingebläut. . . ."

In demselben Schreiben sagt Georg, daß er die 5 Franken Djulfa —Teheran für ziemlich sicher für die Gesellschaft halte, „wenn hier ein feiner, energischer Mensch in Teheran ist, sobald die Linie aufgemacht wird. Es ist hier übrigens der in der ganzen Welt geltende Grundsatz namentlich gang und gäbe, daß Verträge nur ein Stück Papier sind, solange nicht ein Mensch dahinter steht, der sie zur Geltung zu bringen weiß."

Georg Siemens an Gebrüder Siemens, Tiflis.

Teheran, 16. April 1869.

„Da ich inzwischen (vor Eintreffen der oben angeführten Depesche vom 28. März) günstige Zusicherungen erlangt hatte, beschloß ich, auf meinen persischen Wegen weiterzugehen und die Konzession, falls ich dieselbe erhielt, so einzurichten, daß die Company, wenn sie Lust hat, dieselbe jederzeit später der englischen Regierung zedieren kann.

... Inzwischen verbessern sich meine Aussichten täglich. Der Schah hat meine beiden Vorschläge, Kauf der Einnahmen Teheran—Buschir vom 1. Januar 1870 ab und Konzession Schiras—Bender Abbas im Prinzip genehmigt. Es handelt sich daher nur noch um die Redaktion des Konzessionsentwurfs. Leider ist seit gestern wieder der Muharrem, der Trauermonat, eingetreten, in welchem sich alle Mohammedaner wie verrückt gebärden, und das eigentliche Geschäft kann erst in 10 Tagen losgehen. ..."

Georg Siemens an Siemens Brothers, London.

Teheran, 17. April 1869.

„Die englische Gesandtschaft ist ebenso untätig wie zuvor. Alison, der Ende dieses Monats auf Urlaub geht, hat keine Lust, in das Geschäft hineinzusteigen, von welchem er wiederholt erklärt hat, daß er es nicht verstehe. Das einzige Interesse, welches er zeigt, besteht in der Bemerkung, die er mit vielem Behagen sowohl mir, als auch andern Leuten wiederholt, daß er glaube, wir seien durch die Rote-Meer-Linie vollständig kaput."

Inzwischen hatte Georg durch Werner die telegraphische Mitteilung bekommen, daß General Lüders über sein Vorgehen sehr ungehalten sei. Werner fügte die Weisung hinzu, nichts ohne die russische Zustimmung zu tun.

Georg setzte sich energisch zur Wehr. In einem Brief an Werner vom 20. April 1869 verteidigt er seine Haltung folgendermaßen:

„Ich begreife nicht, was Lüders an der Eingabe wegen des Verkaufs Djulfa—Teheran geärgert hat, und kann noch weniger begreifen, was diese Eingabe mit dem ‚von dort eingeschlagenen Weg' zu tun hat. Daß Sinoview sich nicht durch meine Eingabe bestimmen läßt, wo er Regierungsgeschäfte zu besorgen hat, liegt wohl für jeden denkenden Menschen auf der Hand. Freilich weiß ich nicht, ob man Herrn von Lüders nicht unter die Exzellenzen rechnen muß. Tue mir den einzigen Gefallen und verhindere, daß dieser Geselle mir auch noch in die Quere kommt. Ich kann es nicht jedermann recht machen. Er mag sich damit begnügen, daß ich das erreiche, was verabredet ist. *Wie* ich dies erreiche, ist meine Sache: über die Wege muß man mir die Disposition lassen, sonst stecke ich der ganzen Gesellschaft die Bude über dem Kopf an und gehe nach Hause, — natürlich erst, wenn das Geschäft fertig ist. Daß ich mich hier nicht unnütz mit Leuten brouilliere, wirst Du Dir wohl denken, wenn ich Dir sage, daß dieses niederträchtige Telegraphengeschäft der Angelpunkt der persischen Hofintriguen geworden ist. Der Minister des Äußeren will den Profit für sich behalten, der Telegraphenminister, Onkel des Königs, will die Sache ebenfalls für sich allein haben. Der Konstantinopler Gesandte, welcher acht Tage nach meiner Ankunft abreisen sollte, ist noch hier, weil er durch mein Geschäft Minister des Äußeren werden will, indem er dem König beweist, daß Mirza Said Chan die Staatsinteressen (!) nicht gehörig wahrnimmt. Natürlich traut sich keiner der Hunde einen Schritt zu machen, damit ihm nicht der andere den Hals bricht. Ich sitze mitten drin, lüge nach Bedarf, sage die Wahrheit, wenn's nötig, und suche einen durch den andern zu treiben. Wenn Lüders über mich ungehalten ist, mag er herkommen und das Geschäft selber probieren. Er wird gewiß nichts fertig kriegen."

Über die Konzession für Schiras—Bender Abbas bemerkte Georg in demselben Brief:

„Ich wehre mich natürlich des Prinzips wegen. Es kann mir ja gleich sein, ob wir Geld versprechen für eine Linie, die wir doch nicht bauen. Am liebsten gäbe ich ja 6000 Toman jährlich für Teheran—Buschir und 9000 Toman für Schiras—Bender Abbas. Sonnabend denke ich mit Mirza Said Chan in das Geschäft zu steigen. Das Schändliche ist, daß die Kerle wissen, daß ich sie sämtlich für Spitzbuben halte, und von mir doch voraussetzen, daß ich sie ehrlich behandle. Wenn ich nach Hause komme, bin ich zum konservativen Landrat wie geschaffen."

In einem weiteren Schreiben an Werner vom 28. April 1869 kam Georg nochmals auf das Verkaufsprojekt zurück:

„Da ich meinen Alternativvorschlag nur gemacht für den Fall, daß ich nicht durchkomme, aber die entschiedene Hoffnung habe, durchzukommen, so habe ich gar nicht nötig gehabt, mich um die russische Zustimmung zu bemühen. Meine Idee ist, den abgeänderten Kontrakt zu erreichen. Über die andere Frage habe ich nicht unterhandelt, konnte auch nicht unterhandeln nach meinem Briefe an Major Smith, d. d. 20. Februar 1869. Wenn Lüders darüber wütend wird, so ist er eben eine größere Exzellenz, als ich früher glaubte. Über Eventualitäten fragt man nicht. Darüber zu fragen ist Zeit, wenn die unangenehme Notwendigkeit an einen herantritt. Der Vorschlag ist nicht von mir ausgegangen, er ist mir gemacht, ich habe denselben in Teheran abgelehnt. Daß ich eine Waffe, die mir später dienen kann, nicht in die Senkgrube werfe, liegt auf der Hand. Das geht aber keinen, außer den Betroffenen, etwas an. Außerdem war mir der Vorschlag die herrlichste Medizin für die Perser, um bei ihnen meine Sache durchzusetzen. Ich werde das Geschäft durchsetzen und sollte ich zehn Jahre auf meine Kosten in Persien leben, ich komme nicht eher wieder nach Hause, als bis alles fertig ist. Wenn mir aber Lüders den Sinoview rebellisch macht, dann hört der Spaß auf, dann verdirbt er das Geschäft. Ich kann Dinge tun, die ein Gesandter nicht tun darf. Wenn man mich aber beim Minister an die Hundekette legt, dann braucht man eben nicht den Minister. Das bitte ich Lüders zu sagen. Im übrigen kann er zum Teufel gehen."

Ein Bericht Georgs vom 4. Mai 1869 an Siemens Brothers in London gab folgendes Bild von den sich endlos hinziehenden Verhandlungen:

„Seit meinem Schreiben vom 17. April hat sich hier nichts geändert. Ich berichte und konferiere. Die Stilredaktion meines Konzessionsentwurfes ist durch den Minister Mirza Said Chan, den Telegraphenminister Ali Khuli Chan und mich zu beiderseitiger Zufriedenheit hergestellt. Allerdings habe ich auf manches verzichten müssen, was mir lieb gewesen wäre, indessen man kann nicht alles erreichen, und ich verzichte hier auf manches, weil ein Kontrakt hier doch nur im wesentlichen ein leeres Stück Papier ist, wenn nicht ein tätiger, tüchtiger, feiner Mensch hier ist. Ist aber ein solcher hier, so wird er schließlich die Perser schlagen. Wenn ich noch etwas Geld für Schiras—Bender Abbas bewillige, so habe ich alles erreicht, was in Berlin für nötig erachtet wurde. 1. Konzession Schiras—Bender Abbas ohne Ausführungsverpflichtung; 2. Einnahmen Djulfa—Buschir für jährlich 12 000 Toman. Ich glaube, daß Sie damit zufrieden sein können.

„Wenn die Geschichte in eine etwas schiefe Bahn hinsichtlich der Konzession Schiras—Bender—Abbas insofern geraten ist, als ich gezwungen bin, mir eine Konzession geben zu lassen, die ich auszuführen nicht gesonnen bin, so ist dies lediglich Alisons Schuld, der mich wirklich auf eine himmelschreiende Weise behandelt hat."

Nachdem die Verständigung mit den Persern Anfang Mai im Prinzip feststand, blieb immer noch die schwierige Frage der Telegraphenschuld zu erledigen. Georg hatte, wie wir wissen, befürwortet, die Gesellschaft solle die Telegraphenschuld übernehmen. In Berlin und London war man anderer Ansicht, schon deshalb, weil man zu genau sah, daß die englische Regierung sich einer Regelung der Schuld widersetzen würde; daneben kam in Betracht, daß die Gesellschaft durch die bedingungslose Übernahme der Schuld finanziell schwer belastet worden wäre.

Anfang Mai erhielt Georg aus Berlin ein Telegramm, lautend: „Schuldübernahme nur zinslos bei langjähriger Amortisation unter englischer Zustimmung möglich, empfehle rückhaltlos Offenheit nach allen Seiten."

Georg antwortete am 8. Mai telegraphisch, man möge die Zustimmung in London fordern, er könne nicht darauf warten, Smith sei einverstanden. In einem Brief an die Gebrüder Siemens in Tiflis vom 12. Mai 1869 äußerte er:

„Ich kann es nicht jedermann recht machen. Wenn die Perser Leute wären, die jeden Kontrakt unterschreiben, dann möchte die Sache gehen... Die Perser wollen nicht Schuldner bleiben und würden nie einen Kontrakt schließen, der sie nicht frei macht. Die verschiedenen Gründe auseinanderzusetzen, würde Ihnen langweilig werden, und Major Smith kann so wenig ein Arrangement treffen, wie Hölzer. Daß ich keinen Schritt ohne Smiths Billigung in solchen Sachen tue, können Sie sich denken; aber Depeschen, welche mir dergleichen Ratschläge geben und ‚rückhaltlose Offenheit' empfehlen, werden besser in Berlin gelassen. Es ist ja gerade, als ob man den Leuten, die jede meiner Depeschen lesen, ehe ich sie in die Hand kriege, sagt, daß Georg Siemens sie bisher gründlich angelogen hat.

„Der Minister Mirza Said Chan hat meinen Konzessionsentwurf gebilligt.... Jetzt werden wohl die mysteriösen Gänge im Harem des Schahs anfangen, und nach drei Wochen denke ich das angenehme Ja zu haben. Dann werde ich sofort Persien mit Vergnügen den Rücken wenden und, falls Sie nicht anders bestimmen, auf dem billigsten Wege (etwa 200 Rubel Kosten) über Rescht und Petersburg nach Hause gehen. . . ."

Es gelang Georg Siemens in der Tat, sowohl den Major Smith, als auch den englischen Geschäftsträger Mr. Thomson — Alison hatte Teheran verlassen — für die Idee der allmählichen Schuldenregulierung zu gewinnen; ferner gelang es ihm, die Perser zu dem Zugeständnis zu bewegen, daß die Übernahme der Telegraphenschuld durch die Gesellschaft davon abhängig gemacht werden sollte, daß sich die persische und die englische Regierung über den immer noch strittigen Betrag der Schuld innerhalb einer kürzeren Frist einigten.

Am 20. Mai 1869 berichtete Georg an die Gebrüder Siemens in Tiflis:

„Eine Streitangelegenheit in Täbris zwingt mich, einen Privatkurier nach dort zu schicken. Ich benutze die Gelegenheit, um Ihnen mitzuteilen, daß meine Konzessionsangelegenheit heute dem König vorgelegt wird, und daß ich am 1. Juni das angenehme Ja haben werde.

„Ich füge Ihnen zugleich Kopie des Smithschen Antwortschreibens auf meinen Brief, betreffend die Schulden, d. d. Teheran, 14. Mai 1869, bei. Sie ersehen daraus, daß ich hier alles durchgesetzt, was erreichbar war. Wenn London nun vorgeht, dann ist das Geschäft über Erwarten gut ausgefallen, freilich nach Hinopferung mancher Spesen."

Ende gut, alles gut.

Endlich am 25. Mai konnte Georg Siemens die Unterzeichnung der Konzession melden.

Er drahtete nach Berlin via Buschir:

„Concession signed to-day. Ask Counseller the time I must be back Berlin. Construction advances."

Am 1. Juni 1869 sandte er an Siemens Brothers in London ein Exemplar des Konzessionsvertrags mit einem Begleitschreiben, in dem es hieß:

„Ich lege Ihnen eine in Teheran gemachte (!!) Lithographie der Konzession bei. Dieselbe hat noch an den letzten drei Tagen erhebliche Veränderungen erlitten, die ich indessen nicht für ungünstig halte.

„Als Bevollmächtigter der Indo-European-Company habe ich nicht abschließen können, weil Persian Government nicht die mindeste Idee einer solchen Company hat und keinesfalls daraufhin mit mir abgeschlossen hätte. (Siemens ist ein für die Perser leicht auszusprechendes Wort und bedeutet ungefähr soviel wie Drahtmann oder Drahtlieb.) Als ich im Januar mit der Indo-European-Company herausrücken wollte, hätte ich das Geschäft beinahe zum Scheitern gebracht. Ich habe deshalb immer von ‚concessionaires actuels' gesprochen, die Statutengenehmigung muß mein Nachfolger hier langsam anbahnen. Sie wird schließlich nicht verweigert werden, würde uns aber, wenn ich sie jetzt verlangte, hinsichtlich des Baues vollständig schutz- und rechtlos machen. Dies wäre eine Lächerlichkeit. Es ist sehr schön, immer Engländer zu bleiben und zu verlangen, daß alles quite english sei, daß alle anderen Leute sich nach diesem quite english richten sollen, aber ich glaube doch nicht, daß man so weit gehen wird, sich deshalb geschäftlich den Hals abschneiden zu lassen: ich habe dies wenigstens mit meinen Vollmachten für unvereinbar gehalten.

„Im übrigen werden Sie, denke ich, zufrieden sein. Schiras—Bender Abbas ist nicht limitiert. Wenn beim Wachsen des Verkehrs die Golfkabeldrähte nicht ausreichen, können Sie bauen lcssen und dadurch Verlängerung der anderen Konzession erzielen.

„Die bisherigen Einnahmen Teheran—Buschir sind allerdings nicht vielversprechend. Ich lege zur Information Bücherauszug für die Company bei. Indessen, was nicht ist, kann werden. Vielleicht verwandeln sich die 2000 Pfund in 20 000 Pfund."

Die Hauptpunkte der Konvention waren:

1. Die persische Regierung zedierte den Konzessionären für die Zeit vom 1. Januar 1870 bis zum Ablauf der persisch-englischen Telegraphenkonvention von 1865 alle ihre Rechte auf die Einnahmen aus dem internationelan Telegrammverkehr der Linie Teheran—Buschir. Nach Ablauf der genannten Konvention von 1865 sollte die Linie Teheran—Buschir den Konzessionären übergeben werden, falls nicht bis dahin

die persische Regierung mit der englischen Regierung eine neue Konvention auf den gleichen Grundlagen wie die bisherigen abgeschlossen haben sollte. Im letzteren Falle zedierte die persische Regierung den Konzessionären bis zum Ablauf ihrer Konzession (1. Januar 1895) alle Rechte, die der persischen Regierung bereits zustanden, desgleichen alle Rechte, welche die Erneuerung der anglo-persischen Konvention der persischen Regierung auf die Einnahmen aus dem internationalen Telegrammverkehr der Linie Djulfa—Buschir noch geben sollten.

Als Gegenleistung übernahmen es die Konzessionäre, für die Dauer ihrer Konzession der persischen Regierung nach ihrer Wahl entweder 2 Franken für jede durchgehende Depesche der Linie Djulfa—Buschir, oder ein jährliches Fixum von 12 000 Toman zu zahlen.

Durch die Fassung dieser Abmachung war mit dem Kauf des persischen Einnahmeanteils der unter britisch-indischer Verwaltung stehenden Linie Teheran—Buschir gleichzeitig auch die Frage der 5 Franken pro Depesche der Linie Djulfa—Buschir im Sinne der Gesellschaft erledigt. Alle der persischen Regierung zustehenden Einnahmen aus der gesamten Strecke Djulfa—Buschir waren der Gesellschaft gesichert.

2. Die Gesellschaft erklärte sich bereit, auf Wunsch der persischen Regierung die von der persischen Regierung und Telegraphenverwaltung bei der englischen Regierung kontrahierte Telegraphenschuld zurückzuzahlen; die Schuld sollte bis zum 1. Januar 1871 durch beide Regierungen festgestellt werden; eventuell sollte für die Feststellung ein Jahr Nachfrist bewilligt werden, nach dessen Ablauf die Gesellschaft von der Verpflichtung der Übernahme der Schuld befreit sein sollte. Die Amortisation sollte in 24, bzw. 23 Jahren durch Einbehaltung auf die der persischen Regierung von der Gesellschaft zu zahlende Abgabe erfolgen.

Georg machte zu dieser Bestimmung die Randbemerkung: „nicht zu befürchten, wenn wir nicht drängen". Er hat recht behalten.

3. Die Gesellschaft erhielt das Recht zum Bau und Betrieb einer Telegraphenlinie von Schiras nach Bender-Abbas. Als Gegenleistung sollte die Gesellschaft vom Tage der Betriebseröffnung an während der ersten Hälfte der 25jährigen Konzessionsdauer 1000 Toman, während der zweiten Hälfte 2000 Toman pro Jahr an die persische Regierung zahlen.

Damit war in der Tat alles erreicht, und zwar zu durchaus günstigen Bedingungen, was im Interesse der Gesellschaft erreicht werden konnte und was Georg Siemens als Aufgabe gestellt worden war. Der noch nicht einmal ganz dreißigjährige Mann hatte unter außerordentlich schwierigen, in jeder Beziehung eigenartigen Verhältnissen einen großen Erfolg errungen, der nicht nur an sich und für die Gesellschaft, die Georg vertrat, von Wichtigkeit war, sondern der für die fernere Gestaltung von Georgs Leben und Tätigkeit ganz wesentlich mitbestimmend werden sollte.

Auch nach dem Abschluß des Konzessionsvertrages konnte Georg Siemens, so sehr es ihn nach der Heimat drängte, nicht ohne weiteres an die Abreise denken. Zunächst waren hinsichtlich des Baues der persischen Strecke, dessen oberste Leitung Siemens neben den Konzessionsverhandlungen in die Hand genommen hatte, allgemeine Dispositionen für die Zeit nach seiner Abreise zu treffen. Ferner waren noch Verhandlungen mit den Persern über die Aufhängung eines für die letzteren bestimmten dritten Drahtes auf der Strecke Djulfa—Teheran erforderlich. Außerdem war auf das Drängen Rußlands mit den Persern noch eine Abmachung über die Beförderung russisch-persischer Depeschen auf der persischen Linie der Gesellschaft vor dem für ihre Inbetriebnahme ins Auge gefaßten Zeitpunkte zu treffen. Auch die Frage der Regulierung der englisch-persischen Telegraphenschuld nahm Georg noch in Anspruch.

Endlich im Juli 1869 konnte er Teheran den Rücken kehren. In Berlin, Petersburg und London fand er die verdiente Anerkennung für seine Leistungen.

Werner schrieb am 2. Juli 1869 den nachstehenden Brief an Georgs Mutter:

„Von Georg sind Briefe und Depeschen da, die sagen, daß er wohl ist, und in denen er über die Hitze räsoniert, aber nichts Neues seit der fabelhaft schnellen Depesche, die bei Deiner Anwesenheit hierselbst eintraf. Die alte Linie geht nicht mehr, und die neue wird in diesen Tagen fertig geworden sein, es fehlen aber noch die Apparate zum Sprechen. Ich habe ihm schon mehrere Male nach Tiflis telegraphiert, aber die Nachricht erhalten: „Depesche unbestellbar“ als Zeichen, daß er noch nicht dort angekommen war. Unsere Interessen und Wünsche, liebe Marie, gehen in betreff Georgs durchaus konform. Ich habe ihm sogar telegraphiert: ‚Deine baldige Rückkehr sehr ersehnt und auch im Geschäftsinteresse sehr erwünscht.‘ Weiter kann ich nichts tun. Ich vermute, Georg ist auf der Rückreise, und zwar auf der schnellsten über Petersburg. Möglich aber, daß er die Lorbeeren der glücklich vollendeten persischen Linie erst abwarten will, oder daß er mit dem Arrangement über Beförderung russisch-persischer Depeschen zwischen Persien und Tiflis durch die indische Linie, welches ihm noch zu vereinbaren oblag, noch in Teheran zurückgehalten ist. Da aus Teheran jetzt alle Leute auswandern, so würde er länger dort nichts machen können, auch wenn er nicht fertig geworden wäre.

„Es wäre mir außerordentlich lieb, wenn Georg jetzt hier wäre. Ich gehe doch mit einiger Besorgnis jetzt fort, da noch so viele offene Fragen des auswärtigen Geschäftes und namentlich der indischen Linie ungelöst sind, in denen nur Georg mich vertreten kann. Ich möchte auch über Georgs künftige Stellung zu unserm Geschäft mit ihm Rücksprache nehmen. Ich werde älter und der Ruhe bedürftiger. Schade, daß Georg nicht Techniker ist. Aber auch als Jurist und Geschäftsmann kann er dem Geschäft eine erhebliche und notwendige Stütze werden. Ich werde ihm vorschlagen, seine eigentliche juristische Laufbahn, die ihm doch nicht mehr recht munden wird, ganz aufzugeben. Vorläufig wird es ihm selbst wie uns, d. i. dem Geschäft, und, wie ich vermute, auch Euch am besten passen, wenn Georg an der Geschäftsleitung nicht als eigentlicher Beamter, sondern als freier Mann, als Syndikus mit erweitertem Wirkungskreise teilnimmt. Er kann dann, seinen und des Vaters Wünschen entsprechend, eine parlamentarische Laufbahn einschlagen und in derselben sein Heil versuchen. Vielleicht führt ihn dieselbe später in den Staatsdienst zurück. Wenn nicht, so wäre es um so besser für mich und mein Geschäft! Natürlich muß Georg aus seiner geschäftlichen Tätigkeit sein volles gutes Einkommen beziehen. Ich würde ihm, abgesehen von der Entschädigung für sein diesjähriges Kommissorium, ein Jahresgehalt von 1500 Talern und eine Tantieme am Gewinn aussetzen, die künftig hoffentlich die Hauptsache sein wird! Im Geschäft würde Georg überall als mein Spezialbevollmächtigter auftreten, und als solcher nicht unter, sondern über Haase stehen. Geeignete Formen werden sich schon finden lassen.

„Es wäre mir lieb, wenn Du diese Sache mal mit dem Vater in reifliche Überlegung zögest. Ich will auf Euren Sohn nicht gegen Eure Wünsche einwirken. Noch ist ihm der Weg frei, es muß aber bald eine Entscheidung getroffen werden.

„Unser Geschäft bekommt jetzt mehr und mehr eine Weltstellung und ist auf der soliden Basis einiger Millionen jetzt fest begründet. Auch bei dummer Leitung kann es schon wiederholt starke Püffe vertragen. Eigentlich riskante und Schwindelgeschäfte machen wir nicht, wollen sie auch künftig nicht machen. An seiner Leitung teilzunehmen, ist ein einflußreicherer und — ich glaube — ehrenvollerer Wirkungskreis wie Ausfüllung eines Advokaten- oder Richterpostens, wie im preußischen Staatsdienst. Überlegt und teilt mir Eure Ansicht mit. . . ."

Georgs Erfolge hatten also Werner ganz wesentlich in seiner Absicht bestärkt, Georg dauernd für sein Unternehmen zu gewinnen.

General Lüders schrieb in einem Brief an Werner Siemens vom 13. Juli 1869: „Ich möchte hier auch gleich eines anderen Teiles Ihres Geschäftes erwähnen, das eben so glücklich zu Ende gebracht ist, nämlich der persischen Konzession; nun hat man die Sicherheit, daß das Geschäft ein gutes wird, und ich mache Ihrem Agenten in Teheran, Georg Siemens, mein aufrichtiges Kompliment zu diesem Resultat."

Georg Siemens reiste bald nach seiner Ankunft in Berlin nach London weiter für einen kürzeren Aufenthalt; es galt, dort in dem Board der Gesellschaft die persische Konzession zur Annahme zu bringen, was denn auch ohne Mühe gelang.

Nachstehend ein Brief Georgs an seinen Vater aus London vom 7. September 1869:

„Für Deinen freundlichen Brief meinen besten Dank. Ich hoffe, nächsten Sonntag in Ahlsdorf sein zu können. Es handelte sich für mich darum, die persische Konzession hier durchzusetzen; dies ist heute durch Wilhelm im Board meeting durchgesetzt worden. Seine Auseinandersetzung war wirklich glänzend, und ich wundere mich jetzt, wo ich eben zurückkomme, daß ich so unendlich gescheut war und so wunderbare Dinge erreicht habe.

„Hier ist alles wohl. Wilhelm schwimmt obenauf, weil ihm eine seiner Ideen nun auch praktisch geglückt ist. Er hat ein neues Stahlwerk in Wales angelegt, welches in den Zeitungen wirklich einen gewissen Sturm hervorgerufen hat und als der Anfangspunkt einer neuen Stahlära angesehen wird. Unter diesen Umständen halte ich Karls Übersiedelung nach England für vernünftiger, als sie mir anfangs schien. Es ist und bleibt doch hier ein anderes Leben als unsere deutsche Pfennigfuchserei, die zwar dem einzelnen wohl bekommt, aber doch dem Lande nur wenig hilft."

Nach der Rückkehr aus London schloß Werner mit Georg einen Vertrag, durch den er ihn als Syndikus mit erweiterten Vollmachten für die Geschäfte in Berlin, London, Petersburg und Tiflis bestellte. Die Brüder Siemens waren sich einig darüber, daß in Georg ein Ersatz namentlich für Werner herangezogen werden sollte. Aus ihrem Meinungsaustausch seien die folgenden Briefstellen wiedergegeben:

Werner an Wilhelm Siemens. Berlin, 13. Oktober 1869.

„Ich glaube, es ist gut, seine (Georgs) Stellung zu erweitern und zu kräftigen. Er ist zuverlässig und gescheit, und es ist gut, eine solche jüngere verwandte Kraft in unserm weitschweifigen Geschäft zu haben. Nach meinem Tode wird er aktiver Vormund meiner Kinder werden."

Karl an Wilhelm Siemens, 14. Oktober 1869.

„Daß Georg mit seiner Rechtsgelehrsamkeit dem Geschäft nützlich sein kann und es sein wird, ist nicht zu bestreiten. Aber wirklich unentbehrlich wird er erst in Sterbe- und Krankheitsfällen. Wenn z. B. Werner etwas Menschliches passieren sollte, was soll dann aus dem Berliner Geschäft werden? Ist aber Georg mit seinem Geschäftsgange vertraut, so kann er die Leitung übernehmen, wozu er sowieso schon als Vormund von Werners Kindern berufen sein würde. In derselben Weise kann Georg Dir und mir nützen, wenn unser Stündlein geschlagen hat.

„Haase drückt sich aus: ‚Die Dynastie soll durch Georg gerettet werden.' Die Fähigkeit, einem Geschäfte sehr nützlich sein zu können, hat Georg unbedingt, und daß er ein anständiger Charakter ist, wird ihm wohl keiner abstreiten."

Es stand also nur bei Georg Siemens, ob er ausschließlich und dauernd in den Dienst der weitverzweigten Siemensschen Unternehmungen eintreten wollte, mit der Aussicht, neben Werner oder an Werners Stelle die Leitung des damals schon hochentwickelten Geschäftes zu übernehmen. An lohnender Arbeit hätte es in einer solchen Stellung für den Tätigkeitsdrang Georgs nicht gefehlt. Aber er empfand das Mißliche, mit Verwandten in geschäftlicher Verbindung zu stehen und berührte dabei in scherzhafter Weise auch seine eigene Stellung zu Werner, der ihn nun nicht mehr los werde und nach Arbeit suchen müsse, um ihn zu beschäftigen. In dem Scherz war ein Körnlein Ernst enthalten. Georgs Stolz und Unabhängigkeitssinn konnten sich mit der Stellung zu den Verwandten, die aus eigener Kraft und Tüchtigkeit heraus eine Unternehmung von Weltruf geschaffen hatten, nicht ganz befreunden. Es sagte ihm mehr zu, seine eigenen Wege zu gehen. Als man ihm die Gelegenheit bot, sich an einer neuen großen Aufgabe zu versuchen, bei der es sich darum handelte, aus einem Nichts heraus durch schöpferische Tätigkeit ein großes Unternehmen mit Zielen, die für Deutschlands Zukunft von Wichtigkeit waren, auf die Füße zu stellen, da zauderte er nicht, die bequemere und gesichertere Position in dem Siemensschen Geschäfte aufzugeben, um sich der neuen Aufgabe zu widmen, die forthin sein Leben zum größten Teil ausfüllen sollte und in der ihm die größten Erfolge beschieden waren.

Viertes Kapitel.

Der Feldzug 1870/71.

Ehe Georg Siemens der neuen Betätigung in Berlin, der von da ab sein Leben gewidmet blieb, sich ganz widmen konnte, rief ihn zum dritten Mal das Vaterland.

Am 19. Juli erfolgte Frankreichs Kriegserklärung. Schlag auf Schlag kamen die deutschen Siege in den Juli- und Augusttagen bei Weißenburg, Wörth, Gravelotte. Ein tiefes Aufatmen, gefolgt von ungeheurem, dankbarem Jubel durchzitterte Deutschland. Fünf Vettern des Siemensschen Geschlechtes war es vergönnt, sofort in den Kampf zu rücken; zwei davon wurden schwer verwundet. Während dessen harrte Georg zunächst vergeblich, mit größter Ungeduld, der Einberufung. Endlich erfolgte sie, aber dies war nur eine neue Geduldsprobe: Rekruten einexerzieren in Stralsund, so hieß die Ordre, mit der er als Leutnant dem Ersatzbataillon Nr. 24 zugeteilt wurde. Das entspreche allerdings allen elterlichen Wünschen betreffs seiner Sicherheit, schrieb er nach dem großen Tag von Sedan gereizt nach Hause.

Endlich im Oktober kam auch für ihn der Befehl, nach Frankreich abzurücken. „Er kam strahlend in Berlin an," so erzählte seine Mutter, „und lief den einen Tag, den er dort zum Aufenthalt hatte, von früh bis spät herum, um seine Leute genügend zu versorgen; abends bei der Abfahrt war ich auf dem Bahnhof. Da kam einer der Soldaten auf mich zu, schlug sich vergnügt aufs Bein und sagte: Der Herr Leutnant versteht's, der weiß, wie einem armen Mann zumute ist. Fünfe (nämlich Unterhosen) habe ich an."

Die Fahrt ging zunächst nach Metz. Georg Siemens begab sich alsbald nach Corny, dem Hauptquartier des Prinzen Friedrich Karl, um das Eintreffen seines verschiedenen Armeekorps angehörenden Ersatztransportes zu melden, stieß aber längere Zeit auf Schwierigkeiten, mit seiner Meldung bis zum Prinzen vorzudringen. Des Wartens endlich überdrüssig, legte er den ihm vom Schah von Persien verliehenen großen, grünen, brillantengeschmückten Ordensstern der aufgehenden Sonne und des Löwen an. Als er nun zum Schloß des Prinzen kam, trat die gesamte Wache präsentierend unter Gewehr. Man hielt den herankommenden Leutnant für einen der dem prinzlichen Hauptquartier zugeteilten deutschen Fürstensöhne. Gnädig winkte der vermeintliche Prinz ab, ein diensttuender Offizier besorgte den Zutritt zum Prinzen Friedrich Karl, der ihn lebhaft nach dem schreienden Ordensstern und den noch schreienderen Zuständen Persiens befragte, sowie schließlich zur Mittagstafel dabehielt.

Metz war inzwischen gefallen, die Einschließungsarmee wieder geteilt worden in eine 1. Armee, der die Fortführung des Kampfes im Norden Frankreichs zur Deckung der Belagerung von Paris zufiel und in die 2. Armee, bestimmt nach der mittleren Loire gegen die von Gambettas feuriger Energie aufgestellten Heeresmassen abzurücken, die das Einschließungsheer vor Paris von Süden her bedrohten. Zunächst hatte Siemens den Rest seines Ersatztransportes in Rheims abzuliefern, nicht ohne einige Märsche vor Metz „in endlosem Dreck". Dann aber eilte er zu seinem 4. Brandenburgischen Infanterieregiment (Nr. 24) zurück, das er am 12. November westlich Troyes erreichte, als es sich im Verbande des III. Armeekorps im Anmarsch auf Orleans befand.

An den Vater, Feldpostkarte.

Flahsy bei Villeneuve unweit Troyes 14./11. 70.

Ich habe inzwischen die 3. Kompagnie übernommen. Wir marschieren in kleinen Märschen in friedlicher Manöverstimmung in der Richtung auf Orleans, weil dort angeblich noch Franzosen sein sollen. Die ganze Bevölkerung, wo wir durchkommen, seufzt nach Frieden und verflucht Gambetta mit seinem Unsinn. Quartiere gut. Bevölkerung durchaus freundlich. Mir geht es ausgezeichnet.

Herzlichen Gruß Georg.

Diese Feldpostkarte zeigt, daß bei der Armee selbst noch kaum jemand ahnte, welch schweren Tagen die deutschen Truppen im westlichen Frankreich entgegengingen, wie riesenhaft der von Gambetta organisierte Widerstand anwuchs. Die von Siemens überbrachten Ersatzmannschaften waren sehr notwendig geworden, da das 24. Regiment in der mörderischen Schlacht bei Vionville am 16. August bereits 1100 Mann und 48 Offiziere verloren hatte. Trotzdem er erst Sekondeleutnant war, wurde ihm daher sofort die Führung der 3. Kompagnie übertragen, außerdem aber wurde er infolge seiner Gewandtheit im Französischen vielfach zu Dolmetscherdiensten herangezogen.

Auch in der folgenden Woche zeigte sich bei den deutschen Truppen noch keine weitergehende Erkenntnis der Bedeutung der Loire-Armee.

Feldpostkarte an den Vater.

Souppes bei Nemours 18./11. 70.

Herrliches Wetter. Alles im Überfluß. Einige Franktireurs, die aber stets ausreißen. Gesundheit vortrefflich. Bevölkerung friedlich bis auf einige Schreier. Loire-Armee nicht zu sehen. Habe Franz Rooch*) kürzlich gesehen, befindet sich wohl, läßt seinen Vater grüßen. Herzlichen Gruß Georg.

Doch nun kommt die Erkenntnis, daß Gambetta etwa Bedeutendes geschaffen habe; zugleich aber die Überzeugung, daß man die neue Armee mit einem einzigen Schlag, wie bei Sedan, niederkämpfen werde. Die Schlacht vor Orleans (3. und 4. Dezember) hatte jedoch nicht das gewünschte Ergebnis. Zwar wurde die französische Loire-Armee zersprengt, aber nicht vernichtet. Die in verschiedenen Richtungen zurückgehenden französischen Heeresteile entzogen sich bald der Verfolgung der schwachen, ihnen nachgeschickten deutschen Truppen. Die Fühlung mit dem Feinde ging zeitweilig ganz verloren.

Châtillon le roi 23./11. 70.

3 Meilen vor Orleans-nördlich

Geehrter Herr Platenius!**)

Von der Verwirrung, die dieser Krieg in den Verhältnissen hierselbst angerichtet, hat man bei uns keinen Begriff. In Rheims, wohin ich einige Tage lang kommandiert war und wo große Webereien usw. sind, lag alles still, und in . . . . wo enorme Massen Nachtmützen usw. gemacht werden, waren die Bankiers nicht imstande, mir 100 Tlr. selbst mit großem Kursgewinn zu wechseln. Von dem Elend unter der Arbeiterbevölkerung, die nur aus Not Franktireurs wird (weil sie nichts zu essen hat) und durch die Preußen verhindert wird, die Reichen totzuschlagen, hat man keinen Begriff. Ebenso geht's mit dem Landvolk, welches nach einer totalen Mißernte mit Requisitionen gequält wird. Trotz alledem ist alles friedlich gesinnt, und der Widerstand wurzelt eigentlich nur in dem sozialistisch angehauchten Arbeiter- und Beamtenstande. Wenn die morgen oder übermorgen hier bevorstehende Schlacht die von Gambetta geschaffene Loire-Armee vernichtet haben

*) Taglöhnersohn aus Ahlsdorf.

**) Damals Direktor der Deutschen Bank.

wird à la Sedan — hoffentlich wird man dabei nicht totgeschossen — wird auch Gambetta fallen und die Desorganisation wird ihren Gipfelpunkt erreicht haben. Dann kann Frankreich nicht wieder aufstehen, wenn seine ressources auch noch so inépuisables sind. Aber Frieden wird darum doch nicht: denn es ist tatsächlich niemand da, mit dem man wegen des Friedens auch nur verhandeln könnte. Insofern wird die Desorganisation auch uns noch sehr schaden.

Meine Ansicht vom September habe ich bestätigt gefunden, und es ist mir sehr zweifelhaft, ob ich sobald wieder nach Berlin zurückkommen werde. Uns gegenüber stehen schon wieder Turcos. Man weiß wirklich nicht, wo die Kerls noch herkommen.

Mit herzlichem Gruß an Sie und Ihre verehrte Familie.

Ihr treu ergebener G. Siemens.

Das III. Armeekorps, dem das Regiment 24 angehörte, war nach der Schlacht vor Orleans zunächst — östlich — loireaufwärts dem weichenden französischen XVIII. Armeekorps gefolgt, hatte bereits über Chateau-neuf am 7. Dezember Gien erreicht (65 km) und eine erneute Offensive dieses Armeekorps vereitelt, als es zur Unterstützung der Armee-Abteilung des Großherzogs von Mecklenburg in Eilmärschen wieder nach Westen zurückbeordert wurde. Der Großherzog war loireabwärts bei Meung-Beaugency-Crevant auf starke, noch unerschütterte feindliche Kräfte gestoßen, — es war die Masse der französischen Loire-Armee. Dringend schien er der Hilfe zu bedürfen. Das Armeekorps kam jedoch nicht mehr rechtzeitig, um in die Gefechte, die zum Zurückwerfen des Gegners hinter die Loire führten, entscheidend einzugreifen.

Einen Ausschnitt aus dieser für den Soldaten wenig befriedigenden Situation geben die folgenden Feldpostkarten. Sie zeigen vor allem, nach Erkenntnis der großen noch bevorstehenden Kriegsarbeit, die Tendenz, die besorgten Eltern zu beruhigen:

Chilleurs, 4./12. 70.

Die Loire-Armee sitzt jetzt schon ganz locker, wie die zunehmenden Gefangenen beweisen. Wir sind seit dem 3. Dez. (wo Siemens bei einem Artilleriegefecht nur in Reserve gestanden hatte) nicht im Gefecht gewesen und stehen auch jetzt noch in Reserve, während das IX., X. und XI. Korps die Hauptarbeit tut und ab und zu einzelne Regimenter von uns ins Gefecht kommen. Franktireurs sind verschwunden.

Feldpostkarte an Werner Siemens.

Mein Quartier Villiers bei Vendôme 15./12. 70.

Ich höre soeben daß Ali*) bei Beaune la Rolande verwundet ist. Ist die Sache gefährlich? Mir geht es recht gut. Die Loire-Armee geht stetig zurück, schlägt sich aber immer noch ganz tapfer. Unser III. Armeekorps war meistens in Reserve und hatte nur wenig Verluste. Dagegen drückt uns Brot- und Zigarrenmangel.

Besten Gruß Georg.

Von dem für das III. Armeekorps ergebnislosen Hin- und Herziehen berichtet der folgende Brief. Hier wird es lebendig geschildert, wie notwendig die Truppen nach den Strapazen des ersten Winterfeldzuges in schwierigem Gelände eine Rast hatten.

Orleans 25./12. 70.

Liebe Mutter.

... Wir liegen hier seit dem 20./12. im Ruhequartier, um unsere Stiefelsohlen (falls man die Lederstreifchen, die unsere Leute noch am Bein hängen haben, Stiefel nennen will) zu flicken, und uns etwas zu verpusten. Denn gerannt sind wir ungeheuer, erst ganz nach Osten nach Châteauneuf, Gien, dann nach Westen bis Vendôme, sind aber trotzdem im wesentlichen überall zu spät gekommen. Ich glaube, man wird uns hier lassen, bis die Franzosen sich wieder gesammelt haben und neue Angriffe machen. Denn das Hinterherrennen reißt unsere Armee nur auseinander, ohne Nutzen zu stiften. Die Loire-Armee war übrigens eine ganz respektable Armee, und Gambetta hat durch deren Schöpfung

---

*) Alexander Siemens, geb. 22. Januar 1847, Ingenieur, war ebenfalls für Werner Siemens in Persien am indo-europäischen Telegraphen und auf dem Schwarzen Meer tätig. Er erhielt das eiserne Kreuz. Seit 1887 Direktor von Siemens Brothers in London.

ein ganz ordentliches Stück Arbeit geliefert. Sie ist indessen so zugerichtet, daß wohl mindestens ein Monat vergehen wird, ehe sie wieder schlagfertig auf dem Plan erscheinen wird. Bis dahin ereignet sich hoffentlich etwas vor Paris, das einen Teil unserer Armee dort disponibel macht und uns in den Stand setzt, die Gesellen im Süden anzufassen und ihnen auch dort eine kleine Idee von den Leiden des Krieges beizubringen. Eher nehmen sie doch keinen Verstand an, Gambetta ist ein Dichter, und man muß die Leute aus dem poetischen Utopien, in welches er sie hineingeschwindelt hat, wieder etwas in die Wirklichkeit zurückversetzen, und die „Macht der Poesie" etwas abschwächen. Für deine freundliche Auskunft über Ali und Leo meinen besten Dank.

Die Gegend hier ist furchtbar ausgefressen. Das Auf- und Abwogen der Armee hat dem armen Lande, das so schon eine schlechte Ernte gehabt hatte, den Rest gegeben. Pferde, Kühe und Schweine sowie Hühner sind nicht mehr zu haben, und ich verstehe wirklich nicht, wie es möglich sein wird, das Landvolk vor einer Hungersnot zu schützen.

Heute war ich in der Kirche, wo der Bischof Dupanloup*) die Messe las, ein kleiner Mann mit weißen Haaren und feinen Gesichtszügen, der ab und zu dabei gähnte, weil er zu gescheit ist, um sich aus der ihm erwiesenen Hochachtung viel zu machen, aber dabei ein äußerst würdevolles Benehmen affektierte. Ich sage: affektierte, denn ich taxiere ihn auf einen Mann von lebhaftem Temperament, raschen Bewegungen, mit starken Sym- und Antipathien, dem ein solches Paradesitzen, wie er es unter seinem Thronhimmel tun mußte, höchst lästig gewesen sein muß. Seine Stimme ist zweiter Tenor und recht angenehm, auch stark. In dem Dom habe ich mich zugleich überzeugt, daß es in Orleans auch junge Damen gibt. Auf der Straße habe ich wenigstens vorher keine gesehen; sie gehen also nicht spazieren entweder aus Furcht vor der Bärenkälte oder vor den Preußen. Letzteres ist mir wahrscheinlicher. Der Patriotismus, namentlich der unverständige, ist hier am stärksten bei den Frauen vertreten. In allen Städten, wo ich gewesen, gingen die Honoratioren schwarz: elles portaient le deuil de la patrie. Ob sie Portraits von Gambetta als Medaillon tragen, weiß ich nicht, werde ich auch wahrschein-

*) Damals Führer der altkatholischen Bewegung in Frankreich.

lich schwerlich ergründen, da mein Wirt ein alter filziger Junggeselle von Rentier ist. Doch das Papier wird alle. Herzlichen Gruß und die besten Wünsche für Deine und des Vaters Gesundheit von

Deinem gehorsamen filio

Georg.

Franz Rooch liegt ebenfalls in Orleans und befindet sich wohl.

Am Sylvesterabend vereinigten sich 15 Offiziere des Regiments zu einem von Siemens arrangierten Souper bei dem Restaurateur Anfre zu Orleans (dem man für das Gedeck ohne Trinkgeld 15½ Taler zahlte). Mit einem Hoch begrüßte man das neue Jahr und gedachte in „Wehmut, Dankbarkeit und Stolz" des verflossenen. Wahrlich ein anderes Stimmungsbild, als die schamlose Schilderung, welche später ein Guy de Maupassant von den Gelagen deutscher Offiziere im Feldzug entworfen hat!

Orleans 2./1. 1871.

An den Vater.

Meine Glückwünsche zum neuen Jahr kommen natürlich spät, aber doch noch in die erste Hälfte desselben, in der zweiten Hälfte werde ich sie persönlich bringen, da die Geschichte vermutlich doch solange dauern wird. Wenn man die Gesellschaft hier sprechen hört, so kommt es einem wirklich vor, als ob die Franzosen fortwährend gesiegt hätten. Daß wir binnen kurzem von Frankreichs Boden weggefegt sein werden, steht ihnen baumfest, denn „la France est inépuisable de ressources" usw. Letzteres ist sie allerdings auch, und wer Ahlsdorfs öde Fluren und armselige Bauernhäuser mit der elendesten Gegend Frankreichs vergleichen wollte, würde ohne Zweifel letztere um das dreifache schöner und fruchtbarer finden. So wirkt der Unterschied des Klimas und der größeren Beweglichkeit und Tätigkeit der Einwohner. Leider werden unsere Armeen nach und nach zu schwach, um weiter nach Süden vorgehen zu können und so die „ressources" uns dienstbar zu machen. Paris fällt noch immer nicht, das Bombardement fängt noch immer nicht an — wahrscheinlich weil man sich vor Mißerfolgen fürchtet — und die Leute haben neue Zeit, neue Armeen zu bilden resp. die leider nur unvollkommen geschlagene Loire-Armee von neuem in guten Stand zu bringen. Glücklicherweise bestehen Armeen nicht allein aus Menschen, es gehören indessen Menschen dazu und letztere fangen an, uns etwas zu fehlen. Die nächsten Schläge werden wahrscheinlich dem armen v. Werder gelten, der einen sehr harten Stand haben muß, während wir recht friedlich hier stehen und uns von den ziemlich ausgefressenen Bewohnern Orleans tant bien que mal ernähren lassen.

Sonst ist nichts Neues zu vermelden. Ich glaube, wir werden noch einige Zeit hier bleiben. Wie lange, weiß nur Gambetta.

Georg S.

Es kam jetzt der für Georg Siemens schwerste und ehrenvollste Teil des Feldzuges. Um dem Angriff der aufs neue gesammelten französischen Loire-Armee unter dem energischen General Chanzy zuvorzukommen, hatte Prinz Friedrich Karl gleich nach Neujahr die gesamten, ihm unterstellten Kräfte zur allgemeinen Offensive über den Loir (nördlicher Nebenfluß der Loire) in Marsch gesetzt. Am 6. Januar kam es zu den ersten heftigen Kämpfen zwischen Loir und dem Azaybach, in deren Verlauf die Franzosen auf Le Mans zurückgeworfen wurden. Zur Deckung der für das III. Armeekorps neu geschlagenen Loirbrücke bei Meslay waren die Kompagnien 10 (Siemens) und 11 des Regiments 24 dort zurückgelassen worden.

Als nun das Armeekorps jenseits des Loir immer mehr vordrang, folgten auch diese Truppen und warfen in selbständigem Gefecht starke Franktireurscharen über Château Bel Air und Espéreuse zurück, das am Spätnachmittage besetzt wurde. In den Gefechten vom 7., 8. und 9. Januar wurden Chanzys Truppen immer mehr nach Westen zurückgeworfen, während ihre Widerstandskraft immer mehr nachließ. Die milde Witterung der vorhergehenden Tage verwandelte sich in grimmige Kälte, alle Straßen waren mit Glatteis überzogen. In der Nacht vom 8. zum 9. Januar lag Siemens mit seiner Kompagnie nordwestlich von St. Calais am Bois des Loges bei grimmigster Kälte auf Vorposten. Am 9. Januar nimmt er an der Spitze der Kompagnie teil an dem heftigen Gefecht um Dorf und Schloß Ardenay in der Avantgarde. Am 10. Januar wurde allgemein die deutsche Offensive aufgenommen, das 24. Regiment ging im Verbande der 12. Brigade auf der Straße Ardenay—Le Mans als äußerster rechter Flügel des III. Armeekorps vor. Ungehindert gelangte man bis zu dem Gehöft St. Hubert des Roches. Hier wurden stärkere feindliche Kolonnen im Anmarsch gegen den Wald gemeldet, alle Farmen und das Dorf Champagné waren bereits vom Feinde besetzt. Nachmittags entspann sich ein äußerst lebhaftes Waldgefecht, in das die unter Siemens Führung stehende 10. Kompagnie in durchschnittenem Gelände energisch eingriff. Im Verein mit vier anderen Kompagnien seines Regimentes gelang es „unter Überwindung großer Schwierigkeiten in einem gemeinsamen Anlauf den bedeutend stärkeren Gegner aus dem Walde zurückzuwerfen und sich in den Besitz der westlichen Lisière zu setzen —" so berichtet die Regimentsgeschichte. In einem Gehöft wurden dabei etwa 80 Gefangene gemacht. Drei andere Kompagnien hatten unterdessen den Eisenbahndamm bei Bourg-neuf erstürmt. Der Feind zog sich, die Tornister wegwerfend, eiligst gegen Champagné zurück, verfolgt von dem deutschen Schützenfeuer. Aber auch dieses für die Ersteigung des Plateau d'Auvours wichtige Dorf wurde noch am gleichen Tage in Gegenwart des Prinzen Friedrich Karl erobert. In unheimlichem und erbittertem Nachtkampf kam es zu den schwersten Gefechtslagen. Von Haus zu Haus mußte gekämpft werden und die mondbeleuchtete Dorfstraße bedeckte sich mit den Leichen gefallener Soldaten und Offiziere. Häufig mußte vom Bajonett Gebrauch gemacht werden. In der Nähe der Kirche stieß Siemens auf eine größere Anzahl Franzosen, denen er zurief: „Rendez-vous!" worauf ein Franzose erwiderte: „Un troupier français ne se rend jamais!" und ihn in demselben Augenblicke zu erstechen versuchte. Ein Einjähriger wehrte den Stich ab, wurde aber unmittelbar darauf erstochen. Den Franzosen ereilte dasselbe Schicksal.

Feldpostkarte an den Vater.

13./1. 71. Ferme bei Yvré l'Evêque unweit Le Mans.

Seit 2./1. von Orleans abmarschiert, immer in der Avantgarde ohne Gelegenheit zu schreiben; hoffe heute Post zu erreichen, wo IX. Korps vorgezogen wird. Verschiedene kleine Gefechte, drei Offiziere tot, drei verwundet. Franzosen schlugen sich gut. Strapazen enorm. Sache nunmehr hoffentlich vorüber. Frisch und gesund, wenn auch Kälte groß und Biwaks dabei ziemlich unangenehm, auch Nahrungsmittel knapp. Herzlichen Gruß von Georg.

Rooch vermutlich gesund, da Jäger wenig im Gefecht waren. Ich habe seit dem 2./1. die 10. Kompagnie.

Diese bescheidene Karte schrieb Siemens nach dem Schlußkampf am 12. Januar, durch welchen Le Mans genommen wurde. Die Franzosen zogen sich nach dem Bahnhof zurück, um nach Laval abzufahren und schossen noch vom Zuge aus auf die deutschen Truppen. Siemens hatte an diesem Tage die Aufgabe, den Franzosen nachzurücken und die Eisenbahnzüge, welche von der deutschen Artillerie zum Stehen gebracht worden waren, in seine Gewalt zu bringen.*) In den folgenden Tagen rückte das III. Armeekorps auf der nach Laval führenden Straße noch bis in die Gegend von Sablé-Sillé vor, wo den tapferen brandenburgischen Truppen, die auch diesmal wieder die Hauptlast des Kampfes getragen hatten, einige Zeit Ruhe gewährt werden konnte.

Das Regiment 24 bezog Quartiere bei Brulon.

Nach den schweren Kämpfen bei Le Mans, die zur Zertrümmerung der französischen Loire-Armee geführt hatten, suchten die Franzosen um Waffenstillstand nach, worauf am 31. Januar 1871 die Truppen auf beiden Seiten um 12 km zurück gingen.

Le Mans 16./1. 71.

Lieber Vater.

Auf Deine Veranlassung hat Dr. Zabel**) an mich geschrieben und mich um Korrespondenz gebeten. Bei unserer Lebensweise auf der Straße und im Biwak verbieten sich dergl. Scherze. Ich habe ihm aber vorläufig einen Feldpostbrief über unsere bisherigen Schicksale geschrieben, und ihm noch mehr versprochen, wenn ich Zeit, Tinte und Papier habe.

---

*) Eine ausführliche Schilderung findet sich in der „Geschichte des 4. Brandenburgischen Infanterie-Regiments Nr. 24", S. 102ff.

**) Chefredakteur der National-Zeitung zu Berlin.

Natürlich verringert sich dadurch meine Zeit für andere Briefe, denn Faulenzerleben ist uns noch nicht gestattet. Ich glaube daher, daß Du gut tun wirst — falls Zabel meine Briefe druckt, — dich auf die National-Zeitung zu abonnieren.

Mir geht es herrlich gut. Im Quartier kriege ich zwar nichts zu essen. Mit Dreistigkeit und Geld kann man aber doch ab und zu in den Hotels etwas haben. Auch diese Stadt ist durch die Franzosen und uns vollständig ausgefressen. Licht, Zucker, Tabak usw., sind absolut unerreichbare Dinge, wenn mir Platenius nicht ab und zu 6 Stück Zigarren in einem Brief schickte, hätte ich absolut garnichts zum Rauchen. Unsere Gefechte, die ganz gut ausfielen, tragen den Charakter eines großen Sieges. Ich glaube, die Loire-Armee hat wieder auf 4 Wochen genug wenngleich wir sie nicht gefangen nehmen konnten. Hoffentlich fällt Paris in der Zwischenzeit. Die Verluste werden nach und nach zu viel. Mein Bataillon — ich hatte während des Gefechtes die 10. Kompagnie geführt — hatte drei tote und einen verwundeten Offizier, was bei unserm geringen Bestand von Offizieren den dritten Mann bedeutet. Ich selbst habe einige ganz niedliche Coups gemacht und bin zum eisernen Kreuz und Premier-Leutnant eingegeben. Gegenwärtig führe ich die zweite Kompagnie, deren Hauptmann gefallen ist. Ich spekuliere auf eine Stelle als Divisionsadjutant wegen meiner Kenntnis der politischen Verhältnisse Frankreichs, aber ich fürchte es wird nichts werden.

Gestern traf ich den kleinen Benjamin Möller, früher Euer Verwalter, der beim Proviantamt angestellt ist. Er sah sehr gut aus. Die „Mehlwürmer" haben überhaupt ein gutes Leben, da sie an der Nahrungsquelle sitzen, um welche sich alles dreht.

Sonst nichts Neues. Zeitungen sind in letzter Zeit ausgeblieben, doch ist alles voller Gerüchte, wonach Paris kapitulieren wird, Gambetta erschossen ist usw. Schön wäre es, wenn es wahr wäre. Aber, aber —! Von Rooch habe ich in der letzten Zeit nichts gesehen. Julius hat mir einen Pelz avisiert. Ich fürchte, er wird kommen, wenn der Winter vorbei ist. Seit vorgestern haben wir das schönste Tauwetter, so daß ich ohne Paletot ausgehe. Der Winter soll ausnahmsweise streng gewesen sein, und ich kann mir denken, daß die in Paris garnisonierende Truppe höllischen Holzmangel leidet.

Ich habe heute die Verluste der 10. Kompagnie festgestellt seit dem 16. August:

46 Mann tot (2 Offiziere)
98 Mann verwundet (2 Offiziere)
72 Mann krank

216 Mann (4 Offiziere)

Die Kompagnie ist ausmarschiert 4 Offiziere 228 Mann stark. Du kannst daraus den Abgang ersehen und ermessen wie schwer der Krieg war. Allerdings hat diese Kompagnie auch mit die stärksten Verluste gehabt.

Herzliche Grüße für die Mutter von

Deinem gehorsamen Sohn

Georg S.

Georg Siemens an die National-Zeitung.

Le Mans 15. Januar 1871.

Seit zwei Tagen befinde ich mich in Le Mans und gewinne endlich Zeit, nach den Strapazen der letzten Wochen einen Rückblick auf unsere Operationen zu werfen. Am 3. Januar marschierte unser Armeekorps von Orleans und Umgebung ab. Wir erreichten am 6. mittags den Loir nördlich von Vendôme, wo unsere Brigade die ersten Schüsse hörte. Dort hatten die Franzosen (vermutlich die Avantgarde des XVII. Korps) einen Vorstoß gemacht mit der in voraufgegangenen Befehlen ausgesprochenen Absicht, Vendôme um jeden Preis zu nehmen. Die 11. Brigade (20. und 35. Regiment) warf sie jedoch zurück, und das ganze Armeekorps ging in breiter Front, sämtliche vier Brigaden nebeneinander aufmarschiert, auf verschiedenen Straßen in westlicher Richtung dahinter her. Bei Vendôme verändert sich der Charakter der Landschaft. Die Umgegend von Pithiviers, Beaumont, Orleans, Beaugency, Meung usw., der Schauplatz der letzten Gefechte, stellt sich im wesentlichen als eine fruchtbare Ebene dar, in welcher sich zwar einzelne große Waldstriche wie der Wald von Orleans, der Wald von Marchenoir befinden, die aber trotz derselben und trotz der (namentlich am Loire-Ufer) eingestreuten Weinberge die Verwendung von Artillerie und Kavallerie gestattet.

Westlich von Vendôme aber wird das Terrain wellig; die Felder sind ähnlich wie in Westfalen und Holstein von dichten Dornhecken eingefaßt; an die Stelle der großen Dörfer treten zahlreiche zerstreut liegende Gehöfte, zu welchen der Zugang durch schlechte ausgefahrene Geleise führt; Plätze, von denen man eine freie Übersicht gewinnen könnte, fehlen gänzlich, während vielfach eingestreute Waldparzellen jede Orientierung unmöglich machen. Unsere vortreffliche Kavallerie und Artillerie wurden somit fast unverwendbar und hätte in die Gefechte nicht eingreifen können, selbst wenn die Wege weniger glatt und schmal gewesen wären. Die Hauptlast der Gefechte lag also auf der Infanterie, welche ihrerseits nicht einmal in großen Massen, sondern meist nur in aufgelösten Kompagniekolonnen vorgehen konnte. Andererseits aber waren die Franzosen auf diesem Boden, wo sie stets gedeckte Verteidigungsstellungen einnahmen, ihre größere Anzahl und die Überlegenheit ihrer Feuerwaffe zur Geltung bringen konnten, bei weitem im Vorteil. In diesem Terrain ging nun das Armeekorps bei dicht nebligem Wetter 9—10 Meilen weit unter steten Wald- und Hausgefechten bis dicht an Le Mans heran. Nur selten kamen ganze Bataillone, meist nur einzelne Kompagnien zur Verwendung und erst am Morgen, wenn die Brigaden sich auf der Chaussee zum weiteren Vormarsch sammelten, erfuhr man, was jeder einzelne Führer getan hatte. Man kann sich leicht vorstellen, welche Schwierigkeiten dies Sachverhältnis der Oberleitung, welche Mühseligkeiten es den einzelnen Truppen bereitete, denn der Befehl, daß die betreffende Brigade an diesem oder jenem Tage einen bestimmten Terrainabschnitt zu erreichen habe, bedingte regelmäßig bis tief in die Nacht hineindauernde Gefechte, die fast nie vor 10 Uhr abends abgebrochen wurden. Das aber kann man kühn behaupten, daß keine andere Armee als die unsrige imstande gewesen wäre, diese Aufgabe zu erfüllen, deren Lösung eben nur da möglich ist, wo der engste Zusammenhalt und das größte Vertrauen zwischen der Truppe und dem Führer obwaltet, wo der Soldat dem leisesten Winke gehorcht und bei aller persönlichen Tapferkeit auf jeden eigenwilligen, den Truppenverband auseinanderreißenden Elan verzichtet. Daß die Gefechte nicht unblutig waren, versteht sich von selbst. So hat das 20. Regiment in diesen 5 Tagen 17 Offiziere verloren, und die Stärke der zum Gefecht disponiblen Mannschaft betrug am 12. morgens noch nicht 800 Gewehre; sein 1. Bataillon zählte noch 2 Offiziere 232 Mann.

Wie schwierig es war, die für diese Gefechte notwendige Information zu gewinnen, mag folgende kleine Geschichte beweisen. Beim Vorgehen auf Ardenay wurden am 8. abends gegen 8 Uhr 2 Kompagnien des 24. Regiments im Walde nach rechts detachiert, um zu sehen, ob ein lebhaftes Feuer in der rechten Flanke der 12. Brigade preußisches oder feindliches sei, und nach Umständen in das Gefecht einzugreifen. Konnte man doch nie wissen, welcher Teil des Terrains schon von den unsrigen eingenommen, welcher noch vom Feinde besetzt war. Man ging im Walde vor, und es wurde im dichtesten Kugelregen eine starke Patrouille nach vorwärts geschickt, um sich heranzuschleichen und die Sache zu untersuchen, ohne daß ein Schuß fallen durfte. Dicht an einem Gehöft wird dieselbe mit „Qui vive" angerufen. Der des Französischen unkundige Führer versteht das Wort „Tibi". Da sein Nebenmann in der Kompagnie zufällig mit Spitznamen „Tibi" hieß, so glaubt er, daß die Kompagnie sich an ihm vorbei nach vorn geschoben hat und daß das Gehöft von Landsleuten besetzt ist. Er ruft also: „Schießt nicht, Tibi muß gleich kommen." Natürlich schicken die Franzosen der Patrouille und der dahinter kommenden Kompagnie so viel Chassepotkugeln, als sie irgend entbehren können. Die Entrüstung des biederen märkischen Patrouillenführers als er zurückkam und meldete, daß die Franzosen ihn erst durch Tibi-rufen sicher gemacht und dann auf ihn geschossen hätten, konnte allerdings nur durch unser Gelächter übertroffen werden, als das Mißverständnis sich aufklärte. Doch erfuhren wir auf diese Weise, was wir wissen wollten, und konnten den Herrn auf den Leib gehen.

Bei diesen Gefechten kam aber auf französischer Seite auch die ganze Wildheit des Nationalkrieges zum Vorschein. Ihre Armee ist seit der Levée en masse teils aus enragierten Patrioten, teils aus zwangsweise ausgehobenen Mobilen zusammengesetzt, die sich entweder aus Fanatismus oder aus Furcht schlagen. Das bei uns vorherrschende Mittelding des ruhigen, besonnenen, seiner Pflicht lebenden Mannes scheint ihr zu fehlen. Solchen Leuten ist das Gewohnheitsrecht des Krieges natürlich vollständig unbekannt. Es war daher ein fast überall wiederkehrender Fall, daß nach einer ungeschickten oder wenig energischen Verteidigung eines Abschnittes von einem Teil der Besatzung noch auf vier bis fünf Schritt auf unsere in die Gehöfte eindringenden Leute geschossen wurde und daß die Franzosen erst dann das Gewehr streckten in der sicheren Erwartung, daß ihnen noch Pardon gegeben werden würde. Zur Ehre der Menschlichkeit will ich hinzufügen, daß dies auch meist geschehen ist, weil diese Schüsse gewöhnlich keinen Schaden mehr taten; aber wäre es unseren Leuten übel zu nehmen gewesen, wenn sie in solchen Fällen ablehnten, Gefangene zu machen? Mehrfach, namentlich beim 24. Regiment, kam es sogar vor, daß erst das Gewehr gestreckt und daß demnächst auf unsere herankommenden Soldaten gefeuert wurde, wenn man sich von deren schwächerer Anzahl überzeugt hatte. Bei einem ähnlichen Fall verlor der Premier-Leutnant und Rechtsanwalt Witte vom 20. Regiment das Leben.

Bei solchem Terrain, wo man jederzeit überrascht werden kann, und Alles „Avantgarde“ ist, ist von Quartieren nicht die Rede. Am Tage Gefecht, des Nachts Feldwache und Biwak im Schneegestöber. Dazu unzureichende Verpflegung, weil die Kolonnen dem schnellen Vormarsch nicht folgen konnten. Zwar war Fleisch vorhanden, aber es fehlte das Brot. Hätten wir nicht soviel französische Gefangene gemacht, die sämtlich mit Brot wohl versehen waren, hätten wir nicht in den einzelnen Gehöften hier und da fertiges Brot gefunden und einzelne französische Biskuitwagen erbeutet, so würden unsere Leute bittern Mangel gelitten haben. Kurz, dieser fünftägige Vormarsch war wirklich eine erstaunliche Leistung unserer Infanterie.

Die weitere Entwicklung der Sache, wie die Franzosen durch das III. Armeekorps in der Front festgehalten, vom IX. Armeekorps in der Flanke gefaßt und von ihrer dominierenden letzten Stellung auf den Bergen bei Yvré l'Evèque und Le Mans herunter gerollt wurden, werden Ihre Leser besser kennen als wir selbst, müssen wir uns doch aus den Berliner Zeitungen über die Resultate unserer eignen Gefechte orientieren. Jetzt flicken wir in Le Mans unsere vom Dornengestrüpp zerrissenen und recht fadenscheinig gewordenen Hosen und Mäntel und sehnen uns nach neuen Stiefeln; die alten sind nicht mehr zu flicken. Zwar haben wir eine Menge schöner französischer Stiefeln erbeutet und aus dem Leder von Conlie kommen täglich neue Vorräte. Der französische Fuß ist aber im Durchschnitt so klein und namentlich so schmal, daß nur de fünfte Mann imstande ist, die französischen Stiefel zu tragen. Überhaupt waren die Franzosen mit allen Lebensbedürfnissen gut versehen und reichlich verpflegt. Da dies sich aus dem Umstande erklärt, daß ihnen im eigenen, an Hülfsquellen reichen Lande die Eisenbahnen zu Gebote standen, während bei uns alles durch Wagen nachgeschafft werden muß, so kann man unserer Intendantur daraus gewiß keinen Vorwurf machen; aber trotzdem war es bitter, wenn man einzelne unserer armen Leute sich auf solchem Marsche mit bewunderungswürdiger Ausdauer ohne Sohlen hinschleppen sah, ohne ihnen helfen zu können, wenn man ihre stumme Klage nicht einmal verstehen durfte. Die Unterhaltungsgegenstände der Frontoffiziere sind daher auch nicht ihre Taten, sondern der Zustand des Stiefelwerkes ihrer Kompagnie und die ingeniösen von ihnen ergriffenen Auswege, wodurch es ihnen gelang, einem Mann mit einem 12 zölligen Fuß ein Paar neue Stiefel zu verschaffen.

Brulon westlich von Le Mans 26./1. 71.

Lieber Vater.

Ich habe seit einigen Tagen nicht schreiben können, weil wir wieder munter auf Märschen waren, wo die Post uns nicht erreichen konnte. Jetzt liegen wir hoffentlich auf einige Tage ruhig in einem kleinen niedlichen Städtchen auf Vorposten. Ich nehme an, daß unsere Ruhe nicht gestört werden wird, weil unsere Disposition dahin geht, nicht angriffsweise gegen die Franzosen zu verfahren, und weil dieselben schwerlich gegen uns vorgehen werden. Wie lange diese Disposition dauern wird, können wir natürlich nicht ermessen, wir wünschen aber, daß es möglichst lange dauern möge. Der Krieg fängt an, etwas unbequem zu werden. Das eintretende Tauwetter erzeugt einen unermeßlichen Dreck, und man läßt uns mitunter auch auf anderen Wegen wie auf Chausseen laufen. Abgesehen davon bedeutet bei uns das Wort marschieren auch soviel als Brotmangel, Wäschemangel usw.

Strumpfpakete habe ich einige von den verschiedensten Seiten her erhalten, ebenso eine dicke gestrickte Nachtmütze aus Hannover. Ein Pelz ist mir avisiert, aber nicht angekommen. Auf unseren Märschen sind dergleichen Sachen auch schwer transportabel. Die Pariser Zernierungstruppen sind insofern viel glücklicher, als sie stets fest auf einem Punkt bleiben und höchstens eine halbe Meile weit nach vorwärts auf Vorposten ziehen, während wir stets marschbereit sein müssen. Die dortigen Verhältnisse sind daher für uns nicht maßgebend.

Ich glaube übrigens, daß die Winterkälte vorbei ist. Jetzt haben wir es mit der Nässe zu tun, und mein Regenpaletot hält ja noch vorläufig.

Meine Gesundheit ist nach wie vor vortrefflich. Wein und Fleisch sind ausreichend vorhanden und der Appetit bei guter Bewegung dementsprechend. Ich bin, um die Mutter zu beruhigen, übrigens seit dem 2. Januar wieder Kompagnieführer und habe gegenwärtig die 2. Kompagnie, deren Führer am 11. gefallen ist.

Sonst nichts Neues. Die Bevölkerung ist ruhig und fügt sich. Der französische Rückzug, der sehr ungeordnet vor sich gegangen sein muß, scheint ihnen die Augen geöffnt zu haben. Franktireurs sind nicht vorhanden. Man macht auch wenig Umstände mit der Gesellschaft.

Nochmals herzlichste Grüße für Dich und die Mutter von Deinem Sohn Georg.

Georg Siemens an die National-Zeitung.

Brulon (westlich von Le Mans) 27. Januar.

Die Freude über die Ruhetage in Le Mans hat leider nicht lange gewährt. Schon am folgenden Tage marschierten das 24. und 52. Regiment nebst einer Batterie nach Süden, um festzustellen, ob das in dieser Richtung nach Angers abgezogene XVII. französische Korps sich wieder gesetzt habe und etwa imstande sei, einen neuen Vorstoß zu machen. Das Ergebnis war befriedigend, und vom Feinde nicht viel zu merken. Jetzt sind wir wieder in den Divisionsverband zurückgetreten und liegen auf Vorposten gegenüber den nach Laval abmarschierten übrigen Truppen Chanzys. Abgesehen von den notwendigen Feldwachen ist dieser Dienst nicht zu anstrengend, und ich benutze gern die Muße, um mein Versprechen meines Berichts über die Stimmung der Bevölkerung zu lösen.

Es liegt auf der Hand, daß die Eindrücke, die ein Soldat in dieser Hinsicht gewinnt, nicht unbedingt richtig sein können. Sein Beobachtungsfeld ist beschränkt. Selbst wenn man bei ihm eine persönliche Voreingenommenheit nicht annehmen wollte, so ist doch zu berücksichtigen, daß er der Bevölkerung direkt als Feind (und namentlich als alles auffessender Feind) gegenübertritt, daß der Quartiergeber ihm gegenüber in der Lage ist, sein Eigentum, und wären es auch nur Kartoffeln und Brennholz, verteidigen zu müssen. Der Franzose, welcher eine Mittelstraße nicht kennt, ist dem Feinde gegenüber gewöhnlich entweder kriechend höflich, er lamentiert und sucht Mitleid zu erregen, oder er ist anmaßend und trotzig; er verleugnet entweder seine Überzeugung, oder er affektiert einen Mut und Glauben an sein Vaterland, den er im Innern gar nicht empfindet. Schwer aber ist es, hieraus das richtige Fazit zu ziehen.

Mit Ausnahme eines eintägigen Aufenthaltes in Rheims habe ich mich seit Metz auf der Linie Commercy, Joinville, Brienne, Sens, Troyes, Pithiviers, Orleans, Vendome, Le Mans bewegt und bei den verschiedensten Leuten, als Instruktions- und Friedensrichtern, Rentnern, die ihr Vermögen in Eisenbahn-Aktien angelegt hatten, Pächtern, meist aber (bei meiner dunklen Stellung als Kompagnieführer) bei Bauern im Quartier gelegen. Aus vielfachem früherem Verkehr mit Franzosen habe ich den Eindruck gewonnen, daß der intelligentere Teil dieses Volkes trotz einer sehr glücklichen Organisation seines Gehirns mehr empfindet als denkt, das Blut geht ihm mit dem Verstande durch. Die Fähigkeit, von sich selbst und seinen Leidenschaften (also von der bestia Ciceros) zu abstrahieren und ein Ding sachlich unbefangen anzusehen, geht ihm im wesentlichen ab. Seinen Verstand braucht er daher hauptsächlich, um durch dialektische sophistische Raisonnements seine Wünsche vor sich selbst zu rechtfertigen. Die Franzosen sind gute Mathematiker und Physiker, weil bei diesen Wissenschaften ihre Leidenschaft nicht mit ihrem Verstande in Konflikt tritt; sie sind aber schlechte Philosophen, weil die Energie des Wollens ihnen nicht Zeit zu der Ruhe läßt, welche das Abwägen erfordert. Derjenige, welcher sie zu begeistern versteht, indem er ihnen in schöner Form hohe ideale Ziele, und wäre es auch nur in nebelhafter Ferne, vorzaubert, wird stets eine große Partei, namentlich unter den intelligenten Klassen, für sich haben und die schwerfälligere Masse mit sich fortreißen, gleichviel ob er ein unehrlicher Staatsmann, ein Dichter oder vielleicht nur ein Narr ist.

Dem Bauer dagegen (und alle Landwirte sind Bauern, weil der große Grundbesitzer nicht selbst wirtschaftet, sondern seine Besitzung in Parzellen von 100—300 Morgen an Bauern verpachtet) fehlt sowohl die eigentliche Schulbildung, als auch infolge der republikanischen und napoleonischen Zentralisation diejenige Schulung, welche nur eine selbsttätige Beteiligung an den Kommunal- und Staats-Interessen zu gewähren vermag. Der Bauer hat, ohne eigentlich apathisch zu sein, nur Sinn für die Vermehrung seines Eigentums. Er will den Frieden, er stimmte für das Plebiszit, weil er darin den Frieden zu erblicken glaubte, und er ist unglücklich über den gegenwärtigen Krieg, welcher sein Vieh tötet und seine Felder verwüstet, aber er kann nichts für die Verwirklichung seines Friedenswunsches tun, weil er nicht Mittel und Wege dafür zu finden weiß. Auf alle Fragen hat er nur die Antwort: „Que voulez-vous que j'y fasse, c'est l'affaire du gouvernement." Die Frage nach der Berechtigung des Gouvernements ist ihm zu hoch: dieses wird durch die Priester gemacht. Er seufzt darüber, aber er schickt seine Pferde, Schafe und Kinder zur Armee, wenn Monsieur le maire so befiehlt. Ich habe die feste Überzeugung, daß von der ländlichen Bevölkerung, der es an größeren, mitarbeitenden Grundbesitzern, d. h. also an jedem leitenden Element fehlt, niemals auch nur die leiseste selbsttätige Anstrengung zur Erlangung des Friedens gemacht werden wird, selbst wenn ihr alles durch den Krieg zugrunde ginge. Täglich aber können Sie von der Bevölkerung die Worte hören: „Wenn doch Paris kapitulierte, bombardieren Sie es nur tüchtig, damit wir den Frieden haben." Ob dieser Volksinstinkt recht hat? Ich zweifle noch. Doch was können wir darüber wissen, die wir außer unseren höchst persönlichen Erlebnissen alles andere in Frankreich Geschehene nur über Berlin erfahren?

Reißt man nun diesen Bauer von seiner Scholle fort, macht man ihn zum Moblot, so wird er im Anfang natürlich ein schlechter Soldat sein, schließlich aber bei der Herdennatur des Volkes dem allgemeinen Impuls folgen und sich gut schlagen. Hiernach erscheint mir auch Trochus Plan, gleich dem des Fabius Cunctator, sehr wohl berechnet gewesen zu sein. Glücklicherweise hat Gambetta in poetischer Ungeduld das meiste zu dessen Scheitern beigetragen, indem er durch die Wahl der Offiziere, d. h. also durch Ernennung unfähiger Schreier, zuvörderst die Disziplin ruinierte, damit den zur Ausbildung neuer Truppen notwendigen Zeitraum verlängerte, und dann undisziplinierte und unfertige Massen gegen uns führte, welche auf ihrer Flucht Mutlosigkeit und Verzweiflung im Lande umhertrugen. Jetzt dürfte es zu spät sein. Weder Chanzys, noch Bourbakis, noch Faidherbes Armeen sind noch imstande, den eisernen um Paris gezogenen Ring zu durchbrechen.

Etwas anders verhält es sich mit der intelligenteren, beweglicheren, städtischen Bevölkerung. Hier ist zuvor die Frage zu beantworten: sind die bereits geführten Schläge genügend, um diesen Teil zum Nachdenken über die Lage des Landes zu zwingen? Wird derselbe nunmehr die Lage seiner Verteidigungsmittel unbefangen prüfen und sich nicht durch die Phrasen Republik, tausendjährige Größe Frankreichs, den taktischen und strategischen Unsinn über die Schlachten von Valmy und Jemappes usw. abfertigen lassen? Ich glaube es nicht, denn bei meinen Unterhaltungen mit gebildeten und dialektisch gut geschulten Franzosen habe ich bis jetzt noch immer die unglaublichsten Dinge an logischen Widersprüchen bei dieser Materie erlebt, wo Patriotismus und ehrliche Erwägung der Dinge in Gegensatz traten.

Wenn ich als Einquartierung in ein Haus kam, wegen der Störung um Verzeihung bat und mich mit dem Kriege entschuldigte, so kam gewöhnlich das politische Gespräch auf das Tapet. Bei dem Mangel an originellem Denken unter den Franzosen verliefen sie gewöhnlich in derselben Manier, und ich glaube, daß nachfolgende Skizzierung auf 999 unter 1000 Fällen passen wird.

Nachdem, wenn auch nur aus Höflichkeit zugegeben war, daß Frankreich den Krieg begonnen, so wurde als letztes Argument geltend gemacht, daß nicht das Volk, sondern Napoleon den Krieg gewollt habe, Beweis das Plebiszit. Jede Beweisführung, daß Napoleon nicht das geringste dynastische Interesse gehabt, daß es, wenn das Plebiszit etwas bedeutete — seinerseits eine Dummheit gewesen wäre, zugleich gegen Deutschland und das Plebiszit anzugehen, fiel davor ins Wasser. Demnächst wurde hieraus die Folgerung gezogen: da Napoleon verjagt ist, müßt Ihr Friede machen; denn nicht das Volk, sondern das Gouvernement führt den Krieg. Wenn ich nun erwiderte, daß wir dazu bereit wären, sobald man Garantien gebe, daß nicht wieder ein Gouvernement ohne oder gegen den Willen des Volkes solchen Krieg führen würde, so wurde gesagt: „Diese Garantien sind vorhanden.“ Wer giebt sie? „La nation.“ Dem Einwande, daß der Wille eines Volkes, dessen Ansichten von Napoleon geständigermaßen so blutwenig respektiert wurden, keine genügende Garantie sei, wurde mit dem Ausruf begegnet: „Oh Monsieur, la republique c'est le peuple!“ Wenn den Herren nun begreiflich gemacht wurde, daß diese Republik bis jetzt ohne die Sanktion des Volkes bestehe, daß die Vertreter des Volkes behufs deren Herstellung aus dem Sitzungssaal vertrieben worden seien, daß Jules Favre, Cremieux, Gambetta, Picard, Laurier und die übrigen Advokaten, welche das Szepter führen, noch gar keine Anstalt getroffen, diese Sanktion einzuholen, daß sie deren Einholung geradezu verweigert, daß sie aber ohne diese Sanktion Gesetze einführten und aufheben, die unerhörtesten Blut- und Geldsteuern auferlegten, kurz daß diese volonté du peuple auch jetzt noch sehr problematischer Natur sei, dann hieß es: „Oh Monsieur, ce n'est pas là le gouvernement, ce ne sont que des usurpateurs“ usw. Wenn man ihnen dann entgegenhielt, daß diese Leute schon deshalb ein Gouvernement seien, weil alle Welt und sie selbst denselben ohne Widerrede gehorchten, dann wurde die Unterhaltung mit den Worten abgebrochen: „Ah, vous voulez détruire la France, mais la France est inépuisable d'hommes et de ressources, elle ne fera jamais une paix déshonorante.“

Auf gut Deutsch heißt das, daß die Leute weder nachgeben, noch nachdenken wollen. Sie wollen weiter nichts, als die Wiederherstellung des Zustandes vor dem Kriege. Alle ihre Raisonnements sind weiter nichts als Staub, den sie uns in die Augen werfen wollen. Das aber wolle man auch bei uns im Lande bedenken, wenn die Friedensheuler sich breit machen, daß jedes solches Friedensgeheul eine blutige Beleidigung gegen die Gefallenen ist, deren leider nur zu viele in fremdem Boden schlafen. Hat doch das 24. Regiment auf einen ursprünglichen Bestand von 56 Offizieren bis jetzt allein 23 Tote ohne die Verwundeten aufzuweisen!

Der Franzose hält also Frankreich so lange für unbesiegt, so lange Paris noch steht; denn die Provinz war bisher nur Anhängsel und Folie. Ob dies auch nach dem Fall von Paris noch gelten wird?

Ich habe darüber kein Urteil; aber der Krieg ist seit 4 Monaten von den Provinzen aus selbstständig geführt. Wer weiß, was sich seit dieser Zeit entwickelt hat? Noch sind 7000 Quadratmeilen ganz intakt, noch haben 22 Millionen keine Invasion gesehen. Und der Franzose ermangelt der Abstraktionsfähigkeit im Denken; er will erst die Schläge fühlen, ehe er an deren Möglichkeit glaubt. Noch würden also 22 Millionen über Verrat schreien, wenn es zum Friedensschluß käme. Der Vorwurf des Verrates wird aber in Frankreich leichter geglaubt, wie in anderen Ländern, weil er der unangenehmen sachlichen Prüfung über die Frage nach der eigenen Schuld enthebt und zugleich eine Schmeichelei für den Verratenen in sich schließt. Er ist zugleich empfindlicher wie in anderen Ländern, weil das Ehrgefühl anderer Art ist, als bei den germanischen Nationen. Welcher Mann wird in diesem korrumpierten Lande mutig und uneigennützig genug sein, um solchen Vorwurf auf sich zu laden?"

Ein drittes Schreiben an die Nationalzeitung befaßt sich mit der Wahlbewegung im Departement der Sarthe (abgedruckt in Nr. 80 am 15. Februar 1871) und bespricht in charakteristischen Beispielen die französische Scheu vor der Verantwortung des Friedensschlusses.

Der Waffenstillstand ging unter dem Eindruck der Pariser Kapitulation in ernstere Friedensverhandlungen über. Das Regiment marschierte nach Rheims und kam nicht mehr zu kriegerischer Verwendung.

Die Männer, die Siemens in jener Zeit als Kameraden kennen lernten, rühmen übereinstimmend seine persönliche Tapferkeit, seine Bereitwilligkeit, die Verdienste Untergebener anzuerkennen, eine stets heitere Laune und treffenden Witz. Sie erkannten bald sein reiches Wissen, sie achteten seine Erfahrung und seinen selbstständigen Geist, der sich auch in der bescheidenen Stelle des Front-Kompagniechefs den weiten Blick für die großen Zusammenhänge zu bewahren bestrebt blieb und gerade diese erstaunlich richtig beurteilte.

Anfang März kam in Ahlsdorf nachts eine Extrapost an. Sie brachte den Eltern ihren Einzigen unversehrt und in stolzer Manneskraft zurück.

Es war die letzte große Freude des greisen Vaters, der fortab Ahlsdorf nicht mehr verließ. In den folgenden neun Jahren seines leidensvollen Lebens durch Taubheit und Blindheit heimgesucht, wurde er am 25. April 1879 durch einen sanften Tod erlöst.

Am 23. Juli 1871 nahm Siemens den militärischen Abschied. Für seine ausgezeichnete Haltung in den Gefechten von Espéreuse, Ardenay und St. Hubert war er zum Premierleutnant befördert worden und hatte das eiserne Kreuz II. Klasse erhalten. Dies blieb fortab der einzige Orden, den Georg Siemens getragen hat, auch nachdem ihm später von zahlreichen Potentaten die höchsten Auszeichnungen zuteil geworden waren.

Fünftes Kapitel.

Eigener Hausstand.

Zweiunddreißigjährig fand Georg Siemens die liebenswürdige und kluge Lebensgefährtin, an deren Seite er durch 28 Jahre das Glück einer harmonischen Ehe genießen durfte. Elise Görz war die Tochter des Mainzer Juristen, späteren hessischen Oberlandesgerichtspräsidenten Dr. Josef Görz. Aufgewachsen in den bescheidenen, aber klargeordneten Verhältnissen eines frohsinnigen altrheinischen Beamtenhauses, war diese Frau so ganz besonders geeignet, Sonnenschein auf dem Wege eines Mannes zu verbreiten, dem das Elternhaus wenig in dieser Beziehung gewährt hatte und den der Lebensberuf in fortgesetzt wachsender Anspannung hielt. Doch lassen wir hier eine Aufzeichnung der Gattin sprechen:

„Als ich im Herbst 1869 in Berlin beim Geheimrat Lohde zu Besuch war, wurde gar oft von einem Herrn Georg Siemens gesprochen. Lohde selbst liebte diesen mir unbekannten Herrn, den er von klein auf kannte, zärtlich. Eines Tages wurde mir denn auch Herr Siemens vorgestellt. Der weitgereiste Mann machte eine etwas ungelenke Verbeugung und sagte hastig, wie verlegen: „Mein Fräulein, von Ihrem Wein habe ich schon getrunken." (Meine Eltern besaßen ein Weingut bei Mainz.) So hatte ich mir den vielgerühmten Herrn Siemens nicht vorgestellt und das mag sich vielleicht auf meinem Gesicht wiedergespiegelt haben. Denn Georg schlug sofort einen herausfordernden spöttischen Ton an. Noch an demselben Abend erklärte er, meine Handarbeit sei sehr liederlich genäht. Auf dem Juristenball, wo wir uns später trafen, hatte ich ihn von Beginn an gesehn und wußte, daß auch er mich gesehn hatte. Ich dachte, er sei doch ein recht unhöflicher Mann, daß er nicht einmal den Versuch mache, mich zu einem Tanz aufzufordern. Um 9 Uhr, meine Karte war längst besetzt, kam er mit der Miene eines Mannes, der sich ungern einer Pflicht entledigen will, und bat um einen Tanz. Ich hielt ihm stumm meine besetzte Karte entgegen. Er verbeugte sich und ging weg, ohne auch nur ein Wort zu sagen. Geärgert sah ich ihm nach. Später hat er mir gesagt, daß dieser eine Blick für ihn entscheidend gewesen sei."

Die dann folgenden Kriegsjahre konnten das Bild der anmutigen Rheinländerin in Georgs Erinnerung nicht verwischen. Nach dem Frieden suchte er jede Gelegenheit, auf seinen Reisen in Mainz vorzusprechen, wo ihn das innige Familienleben des Hauses Görz so wohltuend berührte. Im Februar 1872 erhielt er das Jawort, und am 1. Mai war die Hochzeit. Die erste Wohnung des jungen Paares in Berlin war in der Bendlerstraße 11.

In den Briefen, die Georg als Bräutigam geschrieben hat, ist viel Schönes und Tiefempfundenes ausgesprochen. Die geradezu verblüffende Offenheit, mit der er über sich selbst und seine Vergangenheit spricht, hat ihren Urgrund in der großen Sehnsucht nach einem harmonischeren Dasein als er es bisher erlebt hatte. Er verlangt geradezu die Kritik seiner Braut. „Sieh, ich bin ein komischer Junggeselle, etwas ungeschickt und der Verbesserung fähig. Ich möchte mich gern ändern, aber wenn ich nicht weiß, was ich zu tun habe, dann werde ich immer ein ungeschickter Peter bleiben. Soll ich so bleiben?" Und ein anderes Mal: „Mir geht die Behäbigkeit und Ruhe ab, und wenn Du es nicht verstehst, mir diese Eigenschaften einzuflößen, dann wirst Du manchmal unter meiner Unruhe und Lebhaftigkeit sehr zu leiden haben." Am interessantesten ist wohl folgendes Bekenntnis:

„Du wirst es früh genug merken, daß ich ein wirklich unglückliches Menschenkind bin mit großen, sehr großen Plänen und Entwürfen, verzehrt von dem brennenden Gefühl, etwas wirklich Schönes und Bedeutendes zu leisten, und mit einer schwachen Kraft, die weit hinter den Wünschen zurückbleibt. Dieses Mißverhältnis zwischen der Phantasie, welche die Pläne und Träume in mir nährt und großzieht, und der physischen oder moralischen Kraft, welche zu deren Verwirklichung notwendig ist, macht mich manchmal namenlos unglücklich. In der Sturm- und Drangperiode hat es ein paar Dichter gegeben, denen es ähnlich ging. Große Phantasien hatten sie im Kopf, aber ihre Gestaltungskraft war nicht ausreichend, um die Ideen präzis zu fassen. Sie gingen verloren. Ich werde zwar nicht verloren gehen, aber es tut mir jetzt schon wehe, wenn ich mich in meinen stillen Träumen dabei ertappe, wie ich Dich in diese unklaren Bestrebungen hineinziehen will. Ich weiß wohl, warum Du all den Leuten so gut gefällst. Es ist nicht Dein liebliches Gesichtchen (wenngleich dies gewiß dazu beiträgt), nicht Dein liebenswürdiges freundliches Wesen allein, die das machen. Es ist vielmehr die abgerundete Harmonie, die sich in Deiner Erscheinung und in Deinem Empfinden ausspricht. Und wenn ich nun denke, daß ich (ich möchte fast sagen) gewissenlos genug gewesen bin, Dich in Deiner ruhigen Arglosigkeit an mich unfertiges Geschöpf zu ketten, dann möchte ich mich selbst hassen. Doch aber konnte ich nicht anders. Es ging mir wie dem Kind, dem man eine kostbare schöne Sache zeigt; wenn man ihm auch das Anfassen verbietet, weil sie wertvoll und zerbrechlich ist, es kann nicht widerstehn. Lange guckt es mit begehrlichen Augen hin und wehrt sich, soviel es kann. Endlich aber muß es doch die Sache in die Hand nehmen, und nun steht es da voll Glück und auch wieder voller Angst und weiß nicht, was es mit dem Schatz beginnen soll. So ähnlich sind meine Empfindungen Dir gegenüber. . . . Ich bin auf dem Wege, einflußreich zu werden, und wenn Du mir etwas hilfst, dann kannst Du in zehn Jahren eine sehr angesehene Frau werden, um die man sich nicht nur um Deinetwillen, sondern auch etwas um meinetwillen viel Mühe geben wird. Könnte Dir das gefallen?“ . . .

Zweiter Teil.

Gründung und erste Entwicklung der Deutschen Bank.

Erstes Kapitel.

Die deutsche Volkswirtschaft und das deutsche Bankwesen zur Zeit der Reichsgründung.

Die großen Züge der wirtschaftlichen Entwicklung Deutschlands.

Die Zeit, in der Georg Siemens vor der Entscheidung über die Richtung seines Lebensweges stand, war für unser deutsches Vaterland die große Epoche neuen Werdens. Die politische Wiedergeburt Deutschlands, vorbereitet durch die Bewegungen des deutschen Volkes in den 30 er und 40 er Jahren, gefördert durch den wirtschaftlichen Zusammenschluß im Zollverein, in praktische Wege geleitet durch Bismarcks willensstarke Staatskunst, war zur Vollendung herangereift. Schon seit dem Abschluß der Auseinandersetzung mit Österreich stand das große Ziel in greifbarer Nähe vor aller Augen; die Erwartung der nahen Erfüllung ging wie ein Frühlingssturm durch die Lande und erweckte alle die schlummernden Kräfte zu fröhlichem Schaffen.

Das Gefühl des politischen Erstarkens gab auch der wirtschaftlichen Tatkraft einen neuen Ansporn. Schon seit der Mitte des Jahrhunderts war der dumpfe Druck, der auf allen Verhältnissen lastete, einem frischen Leben gewichen. Die Beseitigung der inneren Zollschranken durch den Zollverein, verbunden mit einer dem Stande der deutschen Volkswirtschaft angemessenen Handelspolitik, die Aufhebung des Zunftzwangs und die Ersetzung der veralteten, auf die gewerbliche Kleinwirtschaft zugeschnittenen Gebundenheit durch den Grundsatz der Gewerbefreiheit, zusammen hiermit die Umwälzung der gewerblichen Gütererzeugung und der gesamten Verkehrsverhältnisse durch Dampfmaschine und Eisenbahn, — das alles hatte bereits in den letzten Jahrzehnten vor der Reichsgründung zu einer ungeahnten Entwicklung des wirtschaftlichen Zustandes geführt. Die schlimmen Nachwirkungen der endlosen Kriege, die unser Vaterland seit dem gewaltigen Anlauf der Reformationszeit verheert und ausgesogen hatten, waren endlich überwunden. Und als im Jahre 1870 das Deutsche Reich neu erstand, da konnte Deutschland als wirtschaftliche Macht sich bereits mit Stolz neben den älteren und durch eine glücklichere politische Entwicklung begünstigten Ländern, wie England und Frankreich, sehen lassen. Es stand freilich, absolut genommen, hinter Frankreich und weit mehr noch hinter England zurück an Umfang der gewerblichen Produktion, an Ausdehnung des Binnenhandels und namentlich des auswärtigen Handels, an Kapitalkraft, an Ausbildung der Organisation in Gewerbe, Handel und Kreditwesen Aber die in den letzten Jahrzehnten erzielten großen Fortschritte waren unverkennbar; und unverkennbar war auch die neu erwachte Kraft, die künftighin den Fortschritt weitertragen sollte.

Mit dem siegreichen Kriege gegen Frankreich und der Errichtung des neuen Reiches war die Bahn endgültig frei. Nun begann das gewaltige Arbeiten und Schaffen, das unaufhaltsame Vorwärtsdrängen und Höherstreben, das die deutsche Wirtschaftsentwicklung von 1871 bis 1914 vor derjenigen aller anderen europäischen Länder auszeichnete. Nur die Vereinigten Staaten von Amerika und — in wesentlich kleinerem Maßstabe Japan — waren an Kraft und Schnelligkeit der wirtschaftlichen Entfaltung mit Deutschland vergleichbar.

Es soll auf diesen Blättern das Leben und Wirken einer Einzelpersönlichkeit beschrieben werden. Aber diese Persönlichkeit ist mit dem wirtschaftlichen Werden Deutschlands in jener Zeit so eng verflochten wie nur wenige andere; ihre Ziele und ihre auf diese gerichtete Lebensarbeit waren durchaus bedingt durch das Wesen der großen Entwicklungsperiode, und umgekehrt hat Georg Siemens der Zeit sein Bestes gegeben und als einer der führenden Geister den neuen Kräften die Wege gewiesen. Es sei deshalb erlaubt, an dieser Stelle den Hintergrund der wirtschaftlichen Entwicklung, auf dem sich Georg Siemens schaffendes Leben abspielte, in großen Zügen zu zeichnen.

Das erste grundlegende Phänomen war die starke Zunahme der Bevölkerung. Das Gebiet des heutigen Deutschen Reichs zählte 1816 nur 24,8 Millionen Einwohner, 1850 betrug die Bevölkerung 35,4 Millionen Seelen, 1870 war die Einwohnerzahl 40,8 Millionen; dann folgte in den drei Jahrzehnten bis zum Ende des Jahrhunderts die gewaltige Zunahme auf 56,3 Millionen, die sich bis zum Jahre 1914 auf 67 Millionen fortgesetzt hat.

Dieser in der Geschichte alter Kulturländer wohl einzig dastehende Zuwachs an Händen und Köpfen heischte einen entsprechenden Zuwachs an Arbeit und Brot; und er war nur möglich, wenn es gelang, dieser Forderung zu genügen. Er brachte uns eine starke Mehrung an politischer und wirtschaftlicher Macht; er ging Hand in Hand mit einer enormen Steigerung der Gütererzeugung, des Handels und des Verbrauchs; er führte im Innern zu einer Umwälzung der sozialen und berufsständischen Schichtung unseres Volkes, nach außen zur Umbildung des mehr oder weniger sich selbst genügenden Agrarstaates in einen mit tausend Fäden in die Weltwirtschaft verschlungenen Industriestaat. Aus dem Hineinwachsen in die Weltwirtschaft ergaben sich neue Aufgaben für Politik und Wirtschaftspolitik: die Pflege der auswärtigen Wirtschaftsbeziehungen erforderte neue Organisationen der kaufmännischen Arbeit; die Notwendigkeit der Sicherung der auswärtigen Bezugs- und Absatzmärkte beeinflußte Deutschlands politische Beziehungen zu den fremden Mächten, führte zum Ausbau der Flotte und zur kolonialen Betätigung.

Als Beispiel für die Ausdehnung der deutschen Gütererzeugung sei angeführt, daß die Produktion von Roheisen im Zollgebiet, die sich um die Wende der 60er und 70er Jahre des vorigen Jahrhunderts auf etwa 1,4 Millionen Tonnen stellte, im Jahre 1900 die stattliche Höhe von 8½ Millionen Tonnen erreichte; bis zum Jahre 1913 ist die Roheisengewinnung auf fast 20 Millionen Tonnen weiter gestiegen. Deutschland nahm vor dem Krieg in diesem Zweige der Gütererzeugung die zweite Stelle unter den Ländern der Erde ein; es stand nur hinter den Vereinigten Staaten von Amerika zurück, während es England, das Anfang der 70er Jahre uns um ein Vielfaches überlegen war, beträchtlich überholt hatte. Die Gewinnung von Kohle (Steinkohle und Braunkohle) im deutschen Zollgebiet, die im Jahre 1870 etwa 34 Millionen Tonnen betrug, stellte sich im Jahre 1900 auf 150 Millionen Tonnen, im Jahre 1913 auf mehr als 290 Millionen Tonnen.

Die Entwicklung des inneren Güterverkehrs wird charakterisiert durch folgende Ziffern aus dem Eisenbahnwesen: Die Streckenlänge der Eisenbahnen im Gebiete des heutigen Deutschen Reichs war im Jahre 1870 etwa 21 650 km, im Jahre 1900 etwa 51 700 km (1913: 63 300 km). In der gleichen Zeit ist der Betrag der auf den deutschen Eisenbahnen beförderten Tonnenkilometer von etwa 6 Milliarden auf etwa 37 Milliarden gestiegen (1913: rund 68 Milliarden).

Der Wert des deutschen Außenhandels bezifferte sich zu Beginn der 70er Jahre auf etwa 3½ Milliarden Mark in der Einfuhr und 2½ Milliarden Mark in der Ausfuhr, zusammen also auf ca. 6 Milliarden Mark. Im Jahre 1900 war der Wert der Einfuhr ca. 6 Milliarden Mark, der Ausfuhr ca. 4¾ Milliarden Mark, zusammen ca. 10¾ Milliarden Mark. Die Zahlen für 1913 waren: Einfuhr 10,8, Ausfuhr 10,1, zusammen 20,9 Milliarden Mark.

In welchem Maße gleichzeitig die Wohlhabenheit und der Verbrauch der großen Massen gestiegen ist, geht aus folgenden Ziffern hervor:

Im Jahre 1900 betrugen die Gesamteinlagen in den deutschen Sparkassen etwa 8,8 Milliarden Mark, während ihr Betrag für den Beginn der 70er Jahre kaum höher als auf 1,5 Milliarden Mark geschätzt werden kann. Bis zum Jahre 1914 ist eine weitere Zunahme auf gegen 20 Milliarden Mark eingetreten.

Charakteristisch für die Konsumentwicklung ist insbesondere der Verbrauch der Massen-Genußmittel; z. B. ist der Zuckerkonsum von 6 kg pro Kopf im Durchschnitt der Jahre 1871/76 auf 12,3 kg im Jahre 1900/01 und auf 21,4 kg der Jahre 1912/13 gestiegen. In der gleichen Zeit stieg der Verbrauch an Baumwolle von 2,84 kg pro Kopf der Reichsbevölkerung auf 5,54 und 7,6 kg.

Die stark zunehmende Bevölkerung war, obwohl auch die deutsche Landwirtschaft sich erfreulich entwickelte, zum weitaus größten Teil darauf angewiesen, in der Industrie Arbeit zu finden. Ihr Bedarf an Nahrungs- und Genußmitteln machte in fortschreitendem Maße eine

Zufuhr von außerhalb erforderlich. Die wachsende Industrie selbst erzeugte einen steigenden Begehr an Rohstoffen, die unser Vaterland entweder überhaupt nicht oder nicht in genügendem Maße hervorbringt. Im auswärtigen Handel zeigt sich das an dem Überwiegen der Nahrungs- und Genußmittel sowie der Rohstoffe in der Einfuhr, der Fabrikate in der Ausfuhr. In der inneren Schichtung des deutschen Volkes trat die Wandlung zutage in dem Hinübergleiten des Schwergewichts der Bevölkerung von den landwirtschaftlichen zu den gewerblichen und kaufmännischen Berufen. Im Jahre 1882 entfielen von 100 Erwerbstätigen auf die Landwirtschaft usw. 43,4%, auf die Industrie (einschl. Bergbau) nur 33,7%, auf Handel und Verkehr 8,3%. Im Jahre 1907 kamen auf die Landwirtschaft nur 32,7%, auf die Industrie 37,2, auf den Handel 11,5%.

Gleichzeitig vollzog sich in der Industrie und im Handel eine weitgehende Umbildung in den Betriebsformen: die Entwicklung und das Überhandnehmen der Großbetriebe. Die gewaltige Steigung der Leistungsfähigkeit war nur möglich auf Grund einer starken Konzentration von Kräften und Kapitalien. In den meisten Fällen war diese Konzentration nur möglich in Gesellschaftsform. Vor dem Jahre 1870 waren in Preußen insgesamt nur etwa 400 Aktiengesellschaften mit einem Kapital von rund 3 Milliarden Mark vorhanden; zum großen Teil entfiel dieses Kapital auf die seither verstaatlichten Eisenbahn-Gesellschaften. Im Jahre 1913 dagegen betrug die Gesamtzahl der deutschen Aktiengesellschaften 5486 mit einem Kapital von rund 17,4 Milliarden Mark; dazu kamen 26 790 Gesellschaften mit beschränkter Haftung, deren Kapital den Betrag von 4,8 Milliarden Mark überschritt.

Aber mit der Entwicklung zum Großbetrieb und dem Überhandnehmen der Gesellschaftsform der Unternehmungen ist der Prozeß der Konzentration nicht erschöpft; die großen und größten Unternehmungen bilden nur in den seltensten Fällen eine in sich abgeschlossene Einheit, sie sind vielmehr mit anderen ihresgleichen in den Formen von Syndikaten, Kartellen, Interessenvereinigungen usw. zusammengewachsen.

Ihre Ergänzung fand die innere Entwicklung der deutschen Volkswirtschaft, wie sie sich in der gewaltigen Steigerung von Produktion, Verkehr und Verbrauch, in der zunehmenden Industrialisierung, in dem

Übergang zu neuen, größeren und leistungsfähigeren Organisationsformen zeigte, in der Ausgestaltung der wirtschaftlichen Beziehungen zum Auslande. Die Ziffern des auswärtigen Handels sind oben bereits mitgeteilt. Aber der auswärtige Handel erschöpfte diese Seite unserer Wirtschaftsentwicklung keineswegs. Wir haben hinzuzunehmen den großen Aufschwung unserer Seeschiffahrt, in der, soweit der Rauminhalt der Dampferflotte in Betracht kommt, Deutschland im Jahre 1914 mit rund 3,2 Millionen Netto-Registertonnen (gegen 982 000 im Jahre 1871) nach England, dessen Überlegenheit allerdings eine gewaltige geblieben war, die zweite Stelle einnahm, während noch in der ersten Hälfte der 80er Jahre außer England auch noch die Vereinigten Staaten und Frankreich Deutschland übertroffen hatten. Wir haben ferner zu beachten die große Ausdehnung, die deutsche Unternehmungen im Auslande gewonnen hatten, von den kleinen kaufmännischen Handelsbetrieben in überseeischen Faktoreien und Küstenplätzen bis zu den gewaltigen Eisenbahn-Unternehmungen, wie der Anatolischen und Bagdad-Eisenbahn. Schließlich war ein wichtiges Glied in der Kette dieser Entwicklung die Zunahme des Besitzes an ausländischen Werten aller Art, als Ergebnis der Beteiligung des deutschen Kapitals an ausländischen Finanzoperationen. Jahr für Jahr bezog die deutsche Volkswirtschaft aus dem Geschäft des internationalen Frachtführers und Handelsvermittlers, das die deutsche Seeschiffahrt und der im Ausland ansässige deutsche Kaufmann besorgten, aus den im Auslande arbeitenden deutschen Unternehmungen, aus dem Besitz an ausländischen Wertpapieren stetig wachsende Erträgnisse; diese halfen ihr, dem Auslande die Nahrungsmittel, Genußmittel und Rohstoffe zu bezahlen, deren Zufuhr wir zur Ergänzung der eigenen Produktion benötigten, und so den erheblichen Überschuß der Wareneinfuhr über die Warenausfuhr zu begleichen. Die deutschen Unternehmungen im Auslande und die Beteiligung des deutschen Kapitals an ausländischen Finanzgeschäften waren außerdem mit die wichtigsten Mittel zur Gewinnung und Sicherung von Absatzmärkten für unsere heimische Industrie. Ferner waren unsere Kapitalanlagen im Auslande eine Reserve für kritische Zeiten; sie ermöglichten die Überwindung vorübergehender ungünstiger Konstellationen der internationalen Zahlungsbilanz; sie bildeten einen wichtigen Bestandteil der finanziellen

Kriegsbereitschaft; sie waren schließlich ein wirksames Machtmittel der internationalen Politik und Wirtschaftspolitik in dem ununterbrochenen Kampfe um die Erhaltung und den Ausbau der Stellung Deutschlands unter den Nationen des Erdballs.

Unbestreitbar hatte die glänzende Entwicklung Deutschlands in den letzten vier Jahrzehnten ihre Schattenseiten. Sie hat im Innern eine Verschärfung der sozialen Gegensätze gezeitigt, deren Milderung durch ein bis dahin in keinem anderen Lande erreichtes System der sozialen Politik versucht worden ist. Sie hat uns nach außen hin in einen Gegensatz zu den mit uns in Wettbewerb stehenden und sich in ihrer wirtschaftlichen und politischen Weltstellung bedroht sehenden Kulturvölkern gebracht in einen Gegensatz, der durch die bloße Dokumentierung unserer friedlichen Absichten nicht abzuschwächen war, der vielmehr den Ausbau unseres Landheeres und die Schaffung einer auch der größten Seemacht imponierenden Flotte nötig machte. Aber der wirtschaftliche Aufstieg, der uns vor diese Probleme stellte, gab uns gleichzeitig die Mittel, die hieraus erwachsenden Lasten zu tragen: Das Erstarken unserer Finanzkraft ermöglichte uns die großen Ausgaben für Armee und Marine, deren ordentlicher Ausgabeetat im letzten Friedensjahr rund 1 Milliarde Mark betrug; desgleichen die in ihrem ganzen Umfang viel zu wenig bekannten Aufwendungen für die sozialen Zwecke, die für die drei Zweige der Arbeiterversicherung im Jahre 1913 sich auf mehr als 1 Milliarde Mark belaufen haben, also auf noch etwas mehr, als dem laufenden Aufwand für des Reiches gesamte Wehrkraft zu Wasser und zu Lande entsprach.

* * *

Die Entwicklung, die in den vorstehenden Ausführungen in ihren großen Zügen veranschaulicht werden sollte, war das Ergebnis des Zusammenwirkens der verschiedenartigsten politischen und wirtschaftlichen Kräfte. Die politische Wiedergeburt, das Ansehen, das uns die Bismarcksche Politik unter den Völkern verlieh, die zähe Arbeit des Volkes, die gute wissenschaftliche und technische Schulung, die Intelligenz und Energie des deutschen Unternehmers — alles das hatte seinen Anteil.

In diesem Rahmen von ungewöhnlicher Weite fiel eine Aufgabe von besonderer Bedeutung den Banken zu. Die Konzentration der Kapitalien und ihre möglichst ausgiebige Verwendung war für Deutschlands wirtschaftliche Entwicklung um so mehr eine zwingende Notwendigkeit, als das deutsche Volk an Kapitalreichtum zu Beginn der uns beschäftigenden Periode beträchtlich hinter seinen großen Konkurrenten zurückstand. Die Erzielung der größtmöglichen Nutzwirkung aus den gegebenen Mitteln wurde für die Finanzierung der deutschen Wirtschaftsentwicklung das höchste Gesetz, genau wie in der Technik der Produktion und der Verkehrsmittel. Zur Verwirklichung dieses Gesetzes bedurfte es einer Organisation des Kapital- und Kreditverkehrs, wie sie in dem deutschen Bankwesen erwuchs. Dieses ist bei allen Mängeln, die ihm, wie jeder Schöpfung des Menschengeistes, anhaften, nach dem Urteil der Sachverständigen der ganzen Welt in dem für Deutschland entscheidenden Punkte, der Erzielung der größten Nutzwirkung aus dem vorhandenen Kapitalbestand, in keinem anderen Lande erreicht, geschweige denn übertroffen worden.

Die Konzentration der Kapitalien in den Banken und die den Banken dadurch zufallende Disposition über deren Verwendung brachte es mit sich, daß die Banken sich vor die Aufgabe gestellt sahen, bei der Organisation der sich stetig erweiternden deutschen Wirtschaft in allererster Linie mitzuwirken. Organisation tat not, nicht nur bei dem Aufbau der Unternehmungen im Innern, sondern vor allem auch in der wirtschaftlichen Betätigung nach außen; in letzter Hinsicht ebensowohl in der Finanzierung des internationalen Handelsverkehrs, wie auch in der Gewinnung und Erschließung der Absatzmärkte und des Feldes für die Betätigung des deutschen Unternehmungsgeistes. Die Führung in der Erfüllung dieser umfassenden Aufgaben hat frühzeitig die Deutsche Bank übernommen, in der Georg Siemens — man darf es aussprechen, ohne seine Mitarbeiter zurückzusetzen — vor allen anderen der leitende und treibende Geist war. Er hat der Entwicklung der Deutschen Bank in wesentlichen Zügen den Stempel seiner Persönlichkeit aufgeprägt, und die Deutsche Bank hat ihrerseits die Entwicklung des gesamten deutschen Bankwesens stärker und nachhaltiger beeinflußt, als irgend eines der anderen Kreditinstitute.

Das deutsche Bankwesen zur Zeit der Gründung der Deutschen Bank.

Das Lebenswerk, das Georg Siemens in der Deutschen Bank vollbracht hat, und der Anteil, den die Deutsche Bank in der Entwicklung des deutschen Bankwesens und darüber hinaus in der Entfaltung der gesamten deutschen Volkswirtschaft für sich beanspruchen kann, lassen sich nur würdigen auf Grund der Kenntnis des Zustandes, in welchem sich das deutsche Bankwesen und die mit ihm zusammenhängenden Einrichtungen zur Zeit der Gründung der Deutschen Bank befanden.

Auch auf diesem Gebiete war in jener Zeit alles im Fluß. Zahlreiche Mißstände, die aus alten Zeiten überkommen waren, harrten noch ihrer Beseitigung und der Ersetzung durch neue, den Erfordernissen der neuen Zeit angepaßte Einrichtungen. Beachtenswerte und teilweise bereits weit vorgeschrittene Ansätze zu Neubildungen waren vorhanden und in rascher Weiterentwicklung begriffen. Die Gesetzgebung schickte sich an, die Grundlagen neu zu ordnen, auf denen ein jedes Bankwesen sich aufbaut: die Münzverfassung und den Zahlungsverkehr; sie nahm ferner die Ordnung eines wichtigen Teiles des Bankwesens, nämlich der Verhältnisse der Notenbanken, unmittelbar in die Hand, und sie befaßte sich bereits mit der Gewährung größerer Freiheit für die Entwicklung der übrigen Banken im Wege der Reform des Aktienrechts.

Durch das Münzgesetz vom 9. Juli 1873, das die Einheit des deutschen Geldwesens herstellte und den Übergang von der Silberwährung zur Goldwährung vorsah, wurden die Grundlagen der neuen deutschen Geldverfassung geschaffen. Georg Siemens hat als Reichstagsabgeordneter Gelegenheit gehabt, an den Beratungen über die Münzreform-Gesetzgebung mitzuwirken, und die Deutsche Bank hat, wesentlich auf Grund seiner Bemühungen, eine Zeitlang an der Abstoßung des Silberumlaufs geschäftlich mitgewirkt.

Im Anschluß an die Reform des Münzwesens wurde auch die Papierzirkulation, sowohl das Staatspapiergeld als auch die Notenausgabe, gesetzlich neu geregelt.

Auch an der Erledigung dieser gesetzgeberischen Aufgabe, insbesondere an der Gestaltung des Bankgesetzes vom 14. März 1875, das die Reichsbank schuf, hat Georg Siemens tätigen Anteil genommen. Zu der Regierungsvorlage nahm er im Jahre 1874 in einer Broschüre „Das Zettelbankwesen und der Bankgesetz-Entwurf" öffentlich Stellung; bei der Beratung des Entwurfs im Reichstag griff er mit einer viel beachteten Rede ein.

Die Entwicklung des Bankwesens in Deutschland bis zum Ende der 60er Jahre des vorigen Jahrhunderts war bedingt durch die relative Kapitalarmut, durch die gewaltigen Anforderungen, welche die um die Mitte des Jahrhunderts einsetzende industrielle Entwicklung stellte, durch die unzulänglichen und ungeordneten Verhältnisse des Geldwesens und schließlich durch die Hemmungen einer das Konzessionsprinzip verwirklichenden Gesetzgebung.

Das Bankgeschäft lag bis zum Ende der 40er Jahre ganz und gar in den Händen der Privatbankiers und einiger weniger Institute, die mit dem Recht der Notenausgabe ausgestattet waren. Unter den Privatfirmen befanden sich mehrere alte, angesehene und reiche Häuser wie die Rothschilds und Mendelssohns, die das Kreditgeschäft, den Handel in Wechseln und Wertpapieren, die bernahme von Staats- und Eisenbahn-Anleihen in größerem Stil betrieben; die große Masse der Privatbankiers widmete sich jedoch in erster Linie dem bei der Münzzersplitterung besonders wichtigen und lukrativen Geldwechselgeschäft, häufig in Verbindung mit dem Kommissions- und Speditionsgeschäft. Die vor 1848 bestehenden Notenbanken, die vorwiegend aus der Initiative des Staates hervorgegangen waren, pflegten in der Hauptsache das Diskont- und Lombardgeschäft; von dem spekulativen Effektenhandel und Emissionsgeschäft hielten sie sich durchaus fern.

Diese Verfassung des Bankwesens genügte zur Not den wenig entwickelten Bedürfnissen des vormärzlichen Deutschland; die um die Mitte des Jahrhunderts einsetzende rasche Entwicklung der Industrie und des Verkehrs stellte jedoch hinsichtlich der Finanzierung der neuen Unternehmungen so gewaltige Anforderungen, daß die Kapital-Assoziation großen Stils auf dem gesamten Gebiet der Kapitalvermittelung zur Notwendigkeit wurde.

Den Anstoß gab der Eisenbahnbau.

Obwohl bereits im Jahre 1835 die erste Linie (Nürnberg-Fürth) dem Verkehr übergeben worden war, betrug die gesamte Streckenlänge der Eisenbahnen Deutschlands im Jahre 1855 erst 7800 km mit einem Anlagekapital, das eine Milliarde Mark kaum überschritt. Zwanzig Jahre später dagegen, im Jahre 1875, waren rund 28 000 km im Betrieb mit einem Anlagekapital von mehr als 6¾ Milliarden Mark. Es waren also in jenen zwanzig Jahren allein für den Bau und die Ausrüstung der Eisenbahnen gegen 6 Milliarden Mark zu beschaffen. Dabei ist wichtig, daß der größere Teil der Bahnen von Privatgesellschaften gebaut wurde. Im Jahre 1875 hatte das Privatbahnnetz eine Streckenlänge von rund 16 000 km, das Staatsbahnnetz dagegen umfaßte nur 12 000 km. Diese Zahlen geben einen Begriff davon, welche Leistung einerseits in der Organisierung und Finanzierung der privaten Eisenbahngesellschaften, andererseits in der Geldbeschaffung für den staatlichen Eisenbahnbau zu bewältigen war. Dazu kommt die ganz unmittelbare Rückwirkung des Eisenbahnbaus auf die Montan- und Maschinenindustrie. Der große Bedarf an Schienen, Rollmaterial, Steinkohlen usw. konnte durch die bestehenden Unternehmungen nicht entfernt gedeckt werden. Die notwendigen Betriebserweiterungen und Neugründungen stellten ähnliche Aufgaben an Organisation und Finanzierung wie der Eisenbahnbau selbst. Von der Montan- und Maschinenindustrie übertrug sich der Aufschwung auch auf die anderen Gewerbe; überall, selbst im Handwerk, regte sich der Drang nach Erweiterung und damit der Begehr nach Kapital.

In England bestand, als dort, einige Jahrzehnte früher als in Deutschland, die neue „kapitalistische" Entwicklung einsetzte, bereits ein ausgebildetes, in feste Formen gegossenes Bankwesen, das sich in seinen Funktionen auf die sogenannten „Bankgeschäfte im engeren Sinne" beschränkte, d. i. im wesentlichen die Kassenführung für Private im Wege des Depositengeschäfts und Scheckverkehrs, das Kontokorrentgeschäft, die Diskontierung von Wechseln, die Bevorschussung von Wertpapieren und Waren und andere kurzfristige Kreditgeschäfte, sowie auf den Handel in Edelmetallen. Dieses Bankgeschäft war bereits stark genug, um die in seinen Rahmen fallende Kreditgewährung entsprechend den

Anforderungen der neuen Zeit erheblich zu erweitern, ohne dadurch in seinem Wesen nennenswert beeinflußt zu werden. Andererseits war der allgemeine Wohlstand bereits so weit entwickelt, daß man für die Finanzierung der neuen Unternehmungen, soweit diese sich nicht im Wege der Gewährung von Betriebskrediten, sondern in den Formen der dauernden Kapitalbeteiligung vollzog, nicht genötigt war, auf die Bankiers und Banken zurückzugreifen. So kam es, daß das englische Bankwesen durch die neue Entwicklung zwar eine mächtige Anregung empfing und sich in seinen Dimensionen erheblich erweiterte, daß es aber in seiner Struktur und seinen Funktionen im wesentlichen unverändert blieb, während sich für die neuen Aufgaben der Finanzierung großer Unternehmungen, also für das Gründungs- und Emissionsgeschäft, im Anschluß an den bereits stark entwickelten Effektenhandel neue Organe abseits der eigentlichen Banken herausbildeten.

In Deutschland war die Lage hiervon grundverschieden, während andere Länder, z. B. Frankreich, eine Mittelstellung einnahmen. In Deutschland war, als die moderne Entwicklung einsetzte, das Bankwesen, wie wir gesehen haben, noch in den Anfangsstadien. Der industrielle Aufschwung brachte, gleichzeitig mit den enorm gesteigerten Ansprüchen an den im Rahmen des eigentlichen Bankgeschäfts zu vermittelnden Kredit, auch die ganz neuen Anforderungen hinsichtlich der Finanzierung der staatlichen und privaten Unternehmungen. Die vorhandenen Privatbankiers und Notenbanken waren nicht einmal in der Lage, auch nur den erweiterten Anforderungen an das eigentliche Bankgeschäft zu genügen, geschweige denn die Aufgabe der Organisation und Finanzierung der Eisenbahnen und Industrien zu übernehmen. Auf der anderen Seite waren damals die Privatbankiers und die Notenbanken die einzigen Stellen, an denen Kapital in konzentrierter Form vorhanden war. Aus diesen Verhältnissen ergab sich die Notwendigkeit, neue Organe für die Bewältigung der neuen Bedürfnisse zu schaffen, und dieser Notwendigkeit konnte nur genügt werden auf dem Wege der Kapital-Assoziation, auf dem Wege der Vereinigung der in zahlreichen Händen zerstreuten kleinen Kapitalien zu einem einheitlichen Unternehmen. Die gegebene Form war die Aktiengesellschaft oder die Kommanditgesellschaft auf Aktien. Die Privatbankiers selbst empfanden mit in erster Linie diese

Notwendigkeit, und wir finden sie deshalb überall unter den Konzessionären und Gründern der in jener Zeit in Gesellschaftsform errichteten Bankunternehmungen.

Es konnte gar nicht anders kommen, als daß den neu entstehenden Gebilden dieser Art die Gesamtheit der Aufgaben zugewiesen wurde, die sich hinsichtlich der Kapitalbeschaffung aus der neuen Entwicklung ergaben, und zwar sowohl die in den Rahmen des eigentlichen Bankgeschäfts fallende Vermittlung kurzfristigen Betriebskredits, für welche die bestehenden Bankhäuser und Notenbanken nicht ausreichten, als auch die Gründungs- und Emissionstätigkeit. Das „gemischte System" ergab sich also für Deutschland aus den gegebenen wirtschaftlichen Zuständen mit derselben Notwendigkeit, wie in England aus anders gearteten Verhältnissen das System der Trennung des Bankgeschäfts im engeren Sinn von dem Gründungs- und Effektengeschäft.

Der praktischen Verwirklichung der angedeuteten Entwicklung stellten sich allerdings gewisse Schwierigkeiten in den Weg. In Preußen, Bayern und den meisten deutschen Mittelstaaten war für die Errichtung von Aktienbanken die staatliche Genehmigung erforderlich, und von diesem Genehmigungsrecht oder vielmehr Untersagungsrecht wurde ein äußerst strenger Gebrauch gemacht. Bis zum Jahre 1848 wurden grundsätzlich alle Gesuche um Konzessionierung von Aktienbanken abgewiesen. An Banken in Gesellschaftsform bestanden bis dahin im wesentlichen nur die Landesnotenbanken Preußens, Bayerns und Sachsens. Auch späterhin zeigte man in Preußen und in den größeren Mittelstaaten noch eine starke Zurückhaltung, während die Kleinstaaten sich in der Bewilligung von Bankkonzessionen freigebiger zeigten.

Weitaus die meisten dieser außerpreußischen, aber großenteils auf das preußische Geschäft zugeschnittenen Gründungen wurden mit dem Notenrecht ausgestattet. Von der Mitte der 40er Jahre bis zur großen Krise von 1857, die den Bankgründungen aller Art für längere Zeit ein Ziel setzte, wurden außerhalb Preußens errichtet 18 Banken mit Notenrecht und nur 8 Banken ohne Notenrecht, davon 2 in Hamburg und je eine in Leipzig und Darmstadt. Einschließlich Preußens waren in der genannten Periode zu verzeichnen 25 Banken mit und 12 Banken ohne Notenrecht.

Was nun die Banken anlangt, die in der Zeit von der Mitte der 40er Jahre bis 1857 von vornherein ohne Notenprivileg ins Leben gerufen wurden, so war es hier, wie bei den Notenbanken, in erster Linie der Wunsch nach erweitertem und erleichtertem Kredit für die verschiedenen Zweige des Gewerbes, der den Anstoß gab. Am deutlichsten ist dies bei der im Jahre 1851 von David Hansemann gegründeten Diskonto-Gesellschaft.

Eine andere Note klang bereits mit bei der im Jahre 1848 erfolgten Gründung des A. Schaaffhausenschen Bankvereins. Die Firma A. Schaaffhausen, zu deren Konsolidierung der Bankverein als Aktiengesellschaft errichtet wurde, war an zahlreichen industriellen Unternehmungen beteiligt, und schon die Notwendigkeit, diese Beteiligungen teilweise zu übernehmen und zu mobilisieren, mußte das neue Unternehmen auf Wege führen, die über die bloße Kreditgewährung hinausgingen, namentlich auf den Weg des Gründungs- und Umwandlungsgeschäfts.

Einen erheblichen Einfluß auf die Entwicklung in Deutschland hat in jener Zeit der Neubildungen eine französische Gründung ausgeübt: Die Errichtung der Société Générale de Crédit Mobilier durch die Brüder Pereire. Ganz bewußt wurde der Crédit Mobilier als ein Institut ins Leben gerufen, das sich, unter Hintansetzung des regulären Bankgeschäfts, dem Gründungs- und Emissionsgeschäfte widmen, je nach den Verhältnissen dauernd an den von ihm gegründeten Unternehmungen durch Kapitaleinlagen und Kredit beteiligt bleiben und die über sein Aktienkapital hinaus für die genannten Zwecke erforderlichen Mittel teils durch die ihm zur Verwaltung anvertrauten Gelder, teils durch die Ausgabe von Obligationen beschaffen sollte. Das Eisenbahnwesen und die französische Industrie sollten durch die Wirksamkeit dieses Instituts organisiert und finanziert, das gesamte Kreditwesen auf neuen Grundlagen reformiert werden.

Das neue Unternehmen erschien als die Erfüllung der wirtschaftlichen Zeitforderungen. Sein glänzend formuliertes Programm mußte vor allem Anklang in Deutschland finden, wo die Kapitalnot und der Bedarf an Organen der Finanzierung noch beträchtlich stärker war als in Frankreich; und während in Frankreich der Crédit Mobilier der Vorläufer von Finanzierungs-Instituten wurde, die — wenn auch nicht so streng geschieden wie in England — sich neben den das laufende Geschäft pflegenden Banken entwickelten, durchsetzten in Deutschland, wo eben bisher kein den neuen Aufgaben auch nur einigermaßen genügendes Bankwesen bestand, einige Hauptideen des Crédit-Mobilier-Programms die gesamte Entwicklung der bankmäßigen Organisation.

Zunächst wurde bewußt nach dem Vorbilde des Crédit Mobilier, wenn auch nicht in sklavischer Nachahmung, im Jahre 1853 in Darmstadt die Bank für Handel und Industrie, kurz Darmstädter Bank genannt, gegründet.

Unter den bei der Gründung der Darmstädter Bank maßgebenden Einflüssen änderte bald auch die im Jahre 1851 als reines Kreditinstitut geschaffene Diskonto-Gesellschaft ihr Wesen von Grund aus. Die statutarischen Bestimmungen über ihren Geschäftskreis wurden in den Jahren 1855 und 1856 in einer Weise erweitert, daß sie nunmehr Kredit- und Finanzierungsgeschäfte aller Art betreiben konnte.

Die im Jahre 1856 unter Mitwirkung der angesehensten Berliner Privatbankiers als Kommanditgesellschaft auf Aktien gegründete Berliner Handelsgesellschaft bezeichnete von vornherein als ihr Geschäftsgebiet den „Betrieb von Bank-, Handels- und industriellen Geschäften aller Art"; ihre Wirksamkeit sollte sich erstrecken „insbesondere auch auf industrielle und landwirtschaftliche Unternehmungen, auf Bergbau, Hüttenbetrieb, Kanal-, Chaussee- und Eisenbahnbauten, sowie auf die Begründung, Vereinigung und Konsolidierung von Aktiengesellschaften und die Emission von Aktien und Obligationen solcher Gesellschaften".

Auch der im gleichen Jahre ebenfalls als Kommanditgesellschaft auf Aktien gegründete „Schlesische Bankverein" zu Breslau, der für die Schlesische Industrie eine ähnliche Förderung darstellen sollte, wie der Schaaffhausensche Bankverein für die rheinisch-westfälische, paßt in seinen Zielen durchaus in diesen Rahmen. Dasselbe gilt von der in demselben Jahre 1856 als Aktiengesellschaft gegründeten Allgemeinen Deutschen Kreditanstalt zu Leipzig und von den wenigen in jener Zeit ohne Notenprivileg ins Leben gerufenen kleineren Banken. Eine durch strengere Begrenzung ihres Geschäftskreises gekennzeichnete

Sonderstellung hatten lediglich die beiden in Hamburg (gleichfalls im Jahre 1856) gegründeten Banken, die Norddeutsche Bank und die Deutsche Vereinsbank.

Die Krisis von 1857, unter deren Nachwirkungen die damals bereits bestehenden Banken längere Zeit schwer zu leiden hatten, schob der Gründung weiterer Banken bis gegen das Ende der 60er Jahre hin einen Riegel vor. Die oben genannten Institute stellten also im wesentlichen, bis hart an den Zeitpunkt der Gründung der Deutschen Bank heran, das deutsche Bankenwesen dar, soweit es nicht mit der Notenausgabe verbunden war. Im ganzen bestanden in den deutschen Staaten (ausschl. Österreichs) am Ende des Jahres 1857 12 Banken ohne Notenrecht, mit einem eingezahlten Kapital von zusammen rund 180 Millionen Mark; davon kamen allein 36 Millionen Mark auf die beiden einigermaßen abseits stehenden Hamburger Banken.

Es ist erstaunlich, was dieser kleine und selbst noch in den Anfängen seiner Ausbildung stehende Apparat für die Entwicklung der deutschen Volkswirtschaft geleistet hat. Den Blick für diese Leistung sollte man sich nicht — wie es häufig geschehen ist — trüben lassen durch die Tatsache, daß, namentlich in der ersten Zeit des stürmischen Werdens, in der die Bäume in den Himmel zu wachsen schienen, schwere Fehler und starke Übertreibungen mit unterlaufen sind.

Mit ganz besonderem Erfolg widmeten sich die Banken dem Geschäft der Übernahme und Emission von staatlichen Anleihen und Eisenbahnwerten. Größtenteils durch ihre Vermittlung wurden die Milliarden aufgebracht, die damals für den Ausbau des Eisenbahnnetzes benötigt wurden, und zwar teilweise im Wege der Begebung von Staatsanleihen, die gerade durch den Eisenbahnbau einen bisher unerhörten Umfang annahmen, teilweise durch die Begebung von Eisenbahn-Aktien und Obligationen. Trotz der großen hier zu bewältigenden Aufgaben beschränkte sich das Emissionsgeschäft der Banken bald nicht mehr auf die deutschen Staaten, sondern griff auch auf das internationale Geschäft über. So beteiligte sich die Darmstädter Bank schon im Jahre 1854 bei dem großen Geschäft des Ankaufs der österreichischen Staatsbahnen; später nahm die Mitwirkung der deutschen Banken bei österreichischen Staats- und Eisenbahngeschäften einen recht erheblichen Umfang an insbesondere nachdem die Diskonto-Gesellschaft im Jahre 1864 im Verein mit englischen, französischen und holländischen Banken und gegen das im internationalen Finanzgeschäft an der ersten Stelle stehende und in Österreich bis dahin geradezu allmächtige Haus Rothschild eine umfangreiche österreichische Silberanleihe übernommen hatte, worauf dann bald der Zusammenschluß der Diskonto-Gesellschaft und auch der Darmstädter Bank mit dem Hause Rothschild zu der sogenannten „Rothschildgruppe" erfolgte, die für lange Zeit große Gebiete des Staats- und Eisenbahngeschäfts geradezu monopolisierte. An die österreichischen Geschäfte reihten sich bald schwedische, italienische und namentlich russische Geschäfte an; im Jahre 1869 — als erstes überseeisches Finanzgeschäft — sogar eine Finanzoperation der Darmstädter Bank mit der Republik Peru. Die Berliner Börse, die an Bedeutung für das inländische Geschäft in jener Zeit sehr bald die früher den ersten Platz einnehmende Frankfurter Börse beträchtlich überholte, begann, dank der Rührigkeit und Geschicklichkeit der Berliner Banken und Bankiers und dank der ebenso einfachen wie zweckmäßigen Organisation des Börsengeschäfts, zu einem Markte internationalen Ranges zu werden, dem nicht nur aus dem deutschen Inlande die Anlage suchenden Kapitalien zuströmten, sondern der auch mehr und mehr vom ausländischen Kapital zu Anlagezwecken aufgesucht wurde.

Nicht ganz der gleiche Erfolg war der auf die Finanzierung der Industrie gerichteten Tätigkeit beschieden. Hier gab es vielmehr von Anfang an harte Nackenschläge. Insbesondere zeigten sich sehr bald die großen Gefahren der direkten Kapitalbeteiligung an industriellen Unternehmungen; daneben auch die kaum geringeren Gefahren einer zu ausgedehnten Kreditgewährung an die Industrie, einer Kreditgewährung, die — wenn auch der Form nach kurzfristig — ihrem Wesen nach nur allzu häufig zu einer dauernden Kapitalfestlegung wurde.

Die Banken zogen aus diesen Erfahrungen, die namentlich in der Krisis von 1857 sehr bitter waren, die Lehre. In den 60er Jahren beschränkten sie sich in den Finanzgeschäften so gut wie ausschließlich auf die Emission von Staatsanleihen und Eisenbahnwerten und zeigten gegenüber den industriellen Gründungen der neu beginnenden Aufschwungsperiode eine bemerkenswerte Zurückhaltung. Sie bemühten sich ferner, ihre langfristigen Engagements in industriellen Krediten allmählich abzuwickeln und durch vorsichtigere Geschäfte zu ersetzen. Vor allem aber wendeten sie sich mit neuem Eifer der Pflege des laufenden Kundengeschäftes zu. Das gilt insbesondere von der Diskonto-Gesellschaft, die — ihrer Entstehung entsprechend — diesen wichtigen Geschäftszweig über dem Gründungs- und Emissionsgeschäft niemals vernachlässigt hatte. Auch bei den übrigen Banken entwickelte sich in den 60er Jahren das Kontokorrentgeschäft in durchaus erfreulicher Weise, wie das die Bilanzziffern für Kreditoren und Debitoren sowie die steigenden Provisionserträgnisse beweisen.

Dagegen ist eine auffallende Erscheinung das gänzliche Zurückbleiben des Depositengeschäfts, auffallend um so mehr, wenn man sich vor Augen hält, daß das englische Bankwesen sich in erster Linie auf dem Depositengeschäft aufbaut. Die relative Kapitalarmut Deutschlands allein kann man für diese Erscheinung nicht verantwortlich machen; denn in der hier in Betracht kommenden Periode hatte sich der Nationalwohlstand auch in Deutschland so weit entwickelt, daß der Boden für ein Depositengeschäft zweifellos vorhanden war. Von entscheidender Bedeutung war vielmehr, daß die Banken dem Depositengeschäft in jener Zeit keinerlei Aufmerksamkeit und Pflege zuwandten, und zwar weder die Notenbanken noch die Kredit- und Effektenbanken. Erst unter der Führung der Deutschen Bank ist späterhin das Depositengeschäft auch in Deutschland entwickelt und zum Rückgrat des Bankgeschäfts gemacht worden.

Schließlich muß zur Kennzeichnung des Zustandes des deutschen Bankwesens gegen Ende der 60er Jahre noch ein Gebiet berührt werden, das zu der Gründung der Deutschen Bank in einer ganz besonderen Beziehung steht, nämlich das Gebiet der bankgeschäftlichen Vermittelung des Handelsverkehrs mit dem Auslande, insbesondere mit den überseeischen Ländern. Der auswärtige Handel des Zollvereins war im Einklang mit der wirtschaftlichen Gesamtentwicklung erheblich gewachsen. Die Versorgung der aufblühenden Industrie mit Rohstoffen und die Einfuhr von Genußmitteln, desgleichen der bereits ansehnliche Export von Industrie-Erzeugnissen, gaben Anlaß zu großen Geldtransaktionen. Aber während der deutsche Kaufmann durch seine Rührigkeit und Intelligenz dem Handel und der Industrie seines Heimatlandes eine angesehene Position auf dem Weltmarkte errungen hatte, während die deutsche Seeschiffahrt bereits einen bemerkenswerten Aufschwung verzeichnen konnte, fehlten noch alle Ansätze zu einer bankmäßigen Organisation für die finanzielle Abwickelung des überseeischen Handelsverkehrs. Allerdings hatte die Darmstädter Bank, wie oben gezeigt wurde, schon im Jahre 1853 die Förderung des Imports und Exports durch ihre Organe im In- und Auslande in ihr Programm aufgenommen. Aber auch die Darmstädter Bank kam auf dem Gebiet des überseeischen Bankgeschäfts nicht über bescheidene Anläufe hinaus. Nur in den Hansestädten, die währungs- und zollpolitisch vom übrigen Deutschland getrennt waren, bestand für diesen Geschäftszweig eine Organisation, die aber ganz und gar nach London gravitierte. So war der deutsche Außenhandel für seine Geldtransaktionen bis zur Errichtung der Deutschen Bank durchaus von London abhängig, dessen Banken auch für den größten Teil der übrigen Welt den überseeischen Handel finanzierten.

Alles in allem läßt sich also der Zustand des deutschen Bankwesens gegen Ende der 60er Jahre des vorigen Jahrhunderts folgendermaßen kennzeichnen:

Neben den gut fundierten und organisierten größeren Noteninstituten, insbesondere der Preußischen Bank, ein Übermaß von kleineren und mittleren Notenbanken, deren Verfassung und Geschäftskreis dringend der Regelung bedurfte.

Bei den übrigen Banken ein verhältnismäßig gut entwickeltes reguläres Kontokorrent- und Kommissionsgeschäft, ein ausgedehntes Emissionsgeschäft in Staats- und Eisenbahnwerten, sowie ein mit einiger Unsicherheit und Zurückhaltung betriebenes Finanzierungs- und Kreditgeschäft auf dem Gebiete der großen Industrie- und Transportunternehmungen.

Vernachlässigung des Depositengeschäfts und Fehlen einer Organisation für die finanzielle Vermittlung des überseeischen Verkehrs.

Das Ganze im lebhaften Flusse des Werdens, ein Nebeneinander von Teilen in den verschiedensten Stadien der Entwicklung, noch weit entfernt von der gleichmäßigen Ausreifung und noch ermangelnd der Zusammenschweißung zu einem einheitlichen, den besonderen Bedürfnissen der deutschen Wirtschaftsentwicklung genügenden Ganzen.

Zweites Kapitel.

Die Anfänge der Deutschen Bank.

Die Gründung.

Die auf die Krisis von 1857 folgenden Jahre hatten in der Entwicklung des jungen deutschen Bankwesens zunächst einen empfindlichen Rückschlag gebracht, dann zu einer stetigen Konsolidierung geführt. Die schlimmen Erfahrungen in der kritischen Zeit, eine gewisse Sättigung des wirtschaftlichen Bedürfnisses und das nach wie vor gegenüber Bankgründungen ablehnende Verhalten der größeren deutschen Regierungen wirkten zusammen, um für Jahre hinaus neue Bankunternehmungen von irgendwelcher Bedeutung nicht aufkommen zu lassen. Erst nach dem Abschluß des Krieges von 1866 begann eine neue Bewegung. Es zeigten sich die Anfänge des großen wirtschaftlichen Aufschwunges, der sich — kaum unterbrochen durch den Deutsch-Französischen Krieg — bis in das Jahr 1873 hinein fortsetzen sollte. Das Geschäft der bestehenden Banken nahm in Verbindung hiermit eine überaus günstige Entwicklung. In den Regierungen brach sich, wenn auch langsam, eine liberale Auffassung auch in Sachen des Bankwesens Bahn. Die preußische Regierung gestattete in der zweiten Hälfte der 60er Jahre die Gründung einiger Genossenschaftsbanken und Provinzialinstitute, und in Süddeutschland wurde im Jahre 1869 die Errichtung der Bayerischen Handelsbank, der Bayerischen Vereinsbank und der Württembergischen Vereinsbank genehmigt.

Wenn im Jahre 1868 in den deutschen Staaten im ganzen 4 Banken mit etwa 10 Millionen Mark Kapital, 1869 gleichfalls 4 Banken mit etwa 22 Millionen Mark Kapital errichtet wurden, so war das nur ein ganz bescheidenes Vorspiel für die Entwicklung, die mit der Freigabe der Gründung von Aktiengesellschaften durch die Novelle zum Handelsgesetzbuch vom 11. Juni 1870 einsetzen sollte. Das Jahr 1870, das in seiner ersten Hälfte noch unter der Herrschaft des Konzessionssystems, in seiner zweiten Hälfte unter dem Einflusse des Krieges stand, brachte bereits 9 Bankgründungen mit einem Nominalkapital von mehr als

100 Millionen Mark; darunter befand sich auch die **Deutsche Bank** mit einem Anfangskapital von 15 Millionen Mark. Im Jahre 1871 betrug die Zahl der Bankgründungen nicht weniger als 48 mit etwa 375 Millionen Mark Kapital, im Jahre 1872 50 mit etwa 210 Millionen Mark Kapital. Bei dieser Gründungstätigkeit wurde allerdings jede vernünftige Grenze weit überschritten, und ein großer Teil der neuen Banken brach nach einer Eintagsexistenz bereits in der Krisis von 1873 und der auf diese folgenden Depressionsperiode wieder zusammen. Immerhin aber zeigen die angeführten Ziffern, daß auch ein außerordentlich starkes tatsächliches Bedürfnis für eine beträchtliche Entwicklung des deutschen Bankwesens bestand.

Die **Deutsche Bank** verdankt ihre Entstehung, die gerade noch in die Zeit vor der Einführung der Aktienfreiheit fällt, außer dem geschilderten allgemeinen Bedürfnis einer besonderen Veranlassung. Bei der Darstellung des Zustandes, in welchem sich das deutsche Bankwesen gegen Ende der 60er Jahre befand, wurde hervorgehoben, daß es damals an einer bankgeschäftlichen Organisation für den auswärtigen Verkehr Deutschlands noch so gut wie vollständig fehlte. Diese Lücke war es, die im Jahre 1869 die Anregung zu dem Plane gab, ein Bankinstitut zu errichten, dessen Aufgabe in erster Linie die Pflege der durch den deutschen Außenhandel verursachten Geldtransaktionen sein sollte.

Es ist heute schwer festzustellen, in welchem Kopfe der Gedanke zuerst entstand, und wie er in weitere Kreise getragen wurde. Jedenfalls wurde bereits im Jahre 1869 zum Zweck der Durchführung des Planes ein Komitee gebildet, in dem eine Anzahl angesehener Bank- und Handelshäuser vertreten waren. Die Initiative und Führung lag bei **Adalbert Delbrück**, dem Chef des Bankhauses **Delbrück, Leo & Co.** Dieser hatte für die geplante Gründung unter anderen auch **Ludwig Bamberger**, damals Mitglied des Zollparlaments, zu interessieren gewußt, der ein großes Ansehen als volkswirtschaftliche Autorität genoß und geschäftlich auf Grund seiner früheren Wirksamkeit in einem Pariser Bankhause, das auch das überseeische Geschäft pflegte, zur Mitwirkung bei der geplanten Gründung besonders geeignet war.

In seinen „Erinnerungen“ (S. 385) schreibt Bamberger in Anknüpfung an seine Pariser bankgeschäftliche Tätigkeit:

„Irgendein Zufall hatte die ersten Verbindungen mit Brasilien herbeigeführt, und fügten sich daran eine Reihe anderer, namentlich mit den La Plata-Staaten. Ein großer Teil dieser, sowie der ostasiatischen Geschäfte, die auch mit einflossen, mußte immer über London geleitet werden, wohin die Kredite eröffnet und die Waren konsigniert wurden, und diese Erfahrungen gaben den Anlaß, daß, als Ende der 60er Jahre, bei meinem ersten längeren Aufenthalt in Berlin, Adalbert Delbrück mir von dem Unternehmen einer zu gründenden Deutschen Bank sprach, mit der Aufforderung, mich daran zu beteiligen, ich willig darauf einging, im Hinblick auf die dem deutschen Bankgeschäft nach transatlantischen Gebieten zu erobernde Ausdehnung, für die ich mir einige Kenntnisse zutraute."

Für den Gedanken der Errichtung eines Bankinstituts zum hauptsächlichen Zwecke der Vermittlung der Geldtransaktionen mit den überseeischen Gebieten wurde durch vertrauliche Besprechungen und Korrespondenzen in den zunächst interessierten Kreisen geworben. Im Juli 1869 wurde eine Denkschrift über die Ziele und die Organisation des zu gründenden Instituts mit einem Statutenentwurf an zahlreiche namhafte Persönlichkeiten in den wichtigsten Handelsplätzen Deutschlands versandt und gleichzeitig zu einer gemeinschaftlichen Besprechung des Projekts nach Berlin eingeladen. In dieser Besprechung wurde der Plan eingehend erörtert und beschlossen, seine Durchführung in die Wege zu leiten. Nachdem die weiteren Verhandlungen die Gründung finanziell sicher gestellt hatten, wurde die konstituierende Versammlung auf den 22. Januar 1870 einberufen. In dieser wurde das Statut festgestellt und auf Grund desselben ein Verwaltungsrat von 10 Mitgliedern gewählt mit dem Auftrage, die Konzession an Allerhöchster Stelle nachzusuchen, und mit der Befugnis, sich durch Zuwahl bis zur statutengemäßen Zahl von 24 Mitgliedern zu ergänzen.

Neben der Eingabe an das preußische Handelsministerium, das die Statuten zu prüfen und die Allerhöchste Genehmigung herbeizuführen hatte, richtete der provisorische Verwaltungsrat am 8. Februar 1870 ein Schreiben an den Bundeskanzler Grafen von Bismarck, das in seinem Wortlaute hier Platz finden möge:

Die gehorsamst Unterzeichneten glauben nicht verfehlen zu dürfen, Euer Exzellenz Aufschluß zu geben über das Unternehmen der „Deutschen Bank", welches von ihnen ins Werk gesetzt worden ist und welches nur noch der Allerhöchsten Genehmigung der zu diesem Zwecke eingereichten Statuten wartet, um seine Tätigkeit zu beginnen. Der Gedanke, an dieser hohen Stelle Rechenschaft abzulegen von der Grundidee der künftigen Gesellschaft, hat sich namentlich um deswillen aufgedrängt, weil dieselbe die Ehre in Anspruch nimmt, ihren Ausgangspunkt aus der Neugestaltung der nationalen Verhältnisse genommen, ihren tieferen Sinn aus der Gründung eines im Weltverkehr unter der Schutzmacht des Norddeutschen Bundes und des Zollvereins einig und stark dastehenden Deutschlands geschöpft zu haben. Es ist Euer Exzellenz bekannt, welche Rührigkeit und Kraft von den gewerbe- und handeltreibenden Deutschen im Warenverkehr mit den Ländern jenseits der Meere seit Jahren in stets wachsendem Maße entfaltet wird. Einer der wichtigsten Faktoren dieses Weltverkehrs jedoch ist in dieser Beziehung zum großen Schaden der nationalen Interessen hinter dem eigentlichen Austausch der Handelsgegenstände selbst zurückgeblieben, nämlich der alles beherrschende und ausgleichende Geldverkehr. Das Bankwesen zwischen Deutschland und den übrigen Weltteilen liegt, abgesehen von den Vereinigten Staaten Nordamerikas, in den Händen der Engländer und Franzosen. Der außerordentlich beträchtliche Kredit, dessen die großartigen und weitausgespannten Umschläge mit den Gebieten von Mittel- und Südamerika, von Kalifornien, von Britisch- und Holländisch-Indien, von China und Japan bedürfen, wird dem deutschen Kaufmann nur dadurch zugänglich, daß ihn eine auswärtige Firma in London, Liverpool, Marseille, Bordeaux oder Nantes unter ihre Flügel nimmt, und diese Lage ist um so demütigender, als selbst viele Handelshäuser dieser fremden Plätze von deutschen Händen bedient werden und ihren Kredit nur gewähren, wenn ihnen deutsches Kapital die entsprechende Bürgschaft leistet. Der deutsche Kaufmann bedarf eines zweifachen Vermittlers, wo der englische oder französische auf direktem Wege mit einem Bankhause seines Landes in Verbindung tritt.

Dieser entsagenden Stellung der deutschen Handelswelt zum Ausland soll die neue Bank Abhilfe schaffen. Sie soll dem deutschen Industriellen, welcher Rohstoffe aus der weiten Ferne zu beziehen, und dem, welcher die Produkte seines Gewerbefleißes dahin abzusetzen hat, einen Vermittler, einen Anlehnungspunkt abgeben diesseits wie jenseits des Ozeans, und zwar in Gestalt eines in der Hauptstadt Deutschlands angesessenen und in den Hafenplätzen allmählich durch Kontore vertretenen Institutes, welches Kredit, Auskunft und Anregung zur Förderung dieses für die ganze Kultur eines Volkes so bedeutenden Geschäftszweiges zu bieten imstande sein wird. Die Deutsche Bank ist bereits in diesem Sinne von dem Handelsstande der ganzen Nation aufgefaßt worden. Ein Blick auf die beigefügte Liste der Häuser jeden Ranges und Berufs, welche zur Bildung des Instituts auf die erste Kunde herbeigeeilt sind, mag Euer Exzellenz andeuten, daß der Gedanke dieser Schöpfung wie eine längst entbehrte Wohltat aufgegriffen worden ist, und die diplomatischen Vertreter im Ausland werden sicherlich bei der Botschaft von diesem Beginnen es mit gleicher Wärme begrüßen. Das Gefühl der Sicherheit und das Selbstbewußtsein, dessen der deutsche Schiffer und Kaufmann im fernen

Osten und Westen teilhaftig geworden, seitdem die deutsche Schutzmacht ihre große Stellung im völkerrechtlichen Verkehr genommen hat, wird einen nicht unwesentlichen Zuwachs erfahren durch die Gewißheit, in den wichtigsten Geldangelegenheiten den Schutz und Beistand der eigenen Landsleute zur Seite zu haben.

Mögen daher Euer Exzellenz das eben in Angriff genommene, aus einem wahrhaft patriotischen Gedanken entsprungene Werk Ihrer hohen Aufmerksamkeit und Gunst nicht unwürdig erachten, und dasselbe der Gewogenheit und Obhut der von Ihnen geleiteten Behörden in Deutschland und in der Fremde zu empfehlen sich geneigt finden. Nicht gleichgültig ist nach der ganzen Anlage und Bestimmung dieser Bank der Umstand, daß sie ihren Hauptsitz gerade in Berlin hat, und die Anerkennung der Wichtigkeit dieser Stellung findet sich in höchst bezeichnender Weise in der Tatsache, daß der Frankfurter Kapitalmarkt der Sache mit dem größten Eifer entgegengekommen ist. Bereits hat der bedeutsame Fingerzeig, welcher in dieser Erscheinung liegt, den Anstoß zu Schöpfungen gegeben, welche von anderen Punkten Deutschlands aus dem gegenwärtigen Unternehmen den Rang abzulaufen gedenken, welche aber leider in gesetzgeberischer Beziehung günstiger gestellt, sofort ins Leben treten und einen für die Folge wichtigen Vorsprung gewinnen konnten, weil sie nicht erst eine oberste Genehmigung abzuwarten genötigt waren. Die Unterzeichneten dürfen sich wohl schmeicheln, daß Euer Exzellenz ihnen beistimmen wird, wenn sie sich der Hoffnung hingeben, daß der Nachteil, in welchen sie auf diese Weise gekommen sind, auf das Maß des Unvermeidlichen beschränkt werden möchte bei der gesetzlichermaßen durch das Königl. Handelsministerium vor Erlaß Allerhöchster Genehmigung zu veranstaltenden Prüfung der Statuten.

Das Konkurrenzunternehmen, auf das in dem Schreiben an den Bundeskanzler angespielt wurde, war die „Internationale Bank", deren Gründung damals in Hamburg betrieben wurde. In den Berliner Regierungskreisen zeigte man sich durchaus geneigt, den Wünschen der hinter der Deutschen Bank stehenden Kreise nach einer schleunigen Erledigung des Konzessionsgesuchs zu entsprechen. Obwohl das Handelsministerium an dem eingereichten Statut in nicht weniger als 34 Punkten, allerdings meist nur redaktioneller Natur, Ausstellungen zu machen hatte, erfolgte die Beantwortung der Eingabe schon am 20. Februar; am 25. Februar reichte der Verwaltungsrat das revidierte Statut ein, und am 10. März 1870 wurde die Allerhöchste Genehmigung vollzogen.

H. von Poschinger, der Geschichtschreiber des preußischen Bankwesens, bemerkt zu dieser Genehmigung:

„Die Konzession war ein Akt, dessen Bedeutsamkeit erst dann recht in die Augen springt, wenn man erwägt, daß seit dem Schaaffhausenschen Bankverein, also seit dem Jahre 1848, ein größeres kreditmobilierartiges Kreditinstitut in Preußen nicht konzessioniert, wohl aber Dutzende derartige Projekte zu den Akten geschrieben wurden."

Aus dem numehr definitiv festgestellten Statut sind folgende Bestimmungen bemerkenswert:

Als Gesellschaftszweck wurde bezeichnet „der Betrieb von Bankgeschäften aller Art, insbesondere Förderung und Erleichterung der Handelsbeziehungen zwischen Deutschland, den übrigen europäischen Ländern und überseeischen Märkten". Der Bank war also, bei aller Betonung ihres besonderen Zweckes, der weiteste Spielraum für den Ausbau ihres Geschäftskreises gelassen.

Das Aktienkapital wurde auf 20 Millionen Taler bemessen, wovon zunächst 5 Millionen zur Ausgabe kommen sollten. Auf Wunsch der Regierung wurde vorgesehen, daß die Erhöhung über 5 Millionen hinaus erst nach Vollzahlung der ausgegebenen Aktien statthaft sein sollte. Den ersten Zeichnern, soweit sie sich jeweils noch im Besitz von Aktien erster Emission befinden sollten, wurde das Bezugsrecht auf etwaige Neuemissionen zu pari eingeräumt, ein Recht, auf das die Gründer einige Jahre später freiwillig verzichteten.

Als Gesellschaftsorgane waren vorgesehen: die Direktion, der Verwaltungsrat und die Generalversammlung. Der Verwaltungsrat war keineswegs als ein in der Hauptsache nur kontrollierendes Kollegium gedacht wie der Aufsichtsrat unseres heutigen Aktienrechtes; er war vielmehr mit weitgehenden exekutiven Kompetenzen ausgestattet. Er war in dem Statut als „der Träger aller Vollmachten seitens der Gesellschaft" bezeichnet, und von ihm sollte die Erteilung aller Bevollmächtigungen ausgehen, soweit solche nicht durch das Statut beschränkt waren. Die Direktion hatte die Geschäfte „nach Maßgabe dieses Statuts und der ihr vom Verwaltungsrat erteilten Instruktionen" zu führen. Um dem vielköpfigen Verwaltungsrat eine wirksame Vertretung gegenüber der Direktion zu geben, war ein Fünfer-Ausschuß vorgesehen, von dem es in den Statuten hieß: „Dieser Ausschuß hat der Direktion gegenüber alle dem gesamten Verwaltungsrat zustehenden Rechte. Er tritt zusammen, so oft es die Geschäfte erfordern oder einer der Direktoren darauf anträgt. Jedes Mitglied desselben ist berechtigt, den Ausschuß zusammenzuberufen." Diese weitgehenden Kompetenzen des Verwaltungsrats und seines Ausschusses haben späterhin zu mancherlei Reibungen geführt; insbesondere konnte sich Siemens, dessen Unabhängigkeitstrieb damals schon stark ausgesprochen war, nicht in ein solches Verhältnis schicken, in dem die Direktion in ihrer Geschäftsführung stets einem Eingreifen des Verwaltungsamts ausgesetzt war. Wir werden sehen, daß es ihm gelungen ist, Wandel zu schaffen.

Schließlich sei noch bemerkt, daß die Regierung sich bei der Genehmigung der Statuten das Recht vorbehielt, das ihr zustehende Aufsichtsrecht durch einen von ihr zu bestellenden Kommissar wahrnehmen zu lassen. Dieser Vorbehalt ist mit der Einführung der Aktienfreiheit gegenstandslos geworden.

Am 21. März 1870 fand die Generalversammlung der Zeichner des zunächst auf 5 Millionen Taler normierten Aktienkapitals statt, die endgültig die Statuten beschloß und den Verwaltungsrat ernannte. Zwei Tage darauf wurde die Direktion, zunächst bestehend aus den Herren W. A. Platenius und Georg Siemens, gewählt. Das Geschäft wurde am 9. April 1870 in einem kleinen gemieteten Lokal in der Französischen Straße aufgenommen.

Zur öffentlichen Zeichnung wurden zunächst 2 Millionen Taler aufgelegt; auf diese wurden nicht weniger als 294 Millionen Taler gezeichnet. Poschinger bemerkt hierzu: „Die starke Überzeichnung der aufgelegten Bankaktien zeigte, welchen Wert das Publikum der ersten Konzession einer großen Kreditbank beimaß und welches Vertrauen sie den an der Leitung derselben stehenden Männern entgegentrug." Natürlich hat das damals schon grassierende Spekulationsfieber seinen Anteil an dem Zeichnungserfolg gehabt.

Der Vollständigkeit halber muß erwähnt werden, daß es auch Skeptiker gab. Zu diesen gehörte der Frankfurter „Aktionär", eine angesehene Fachzeitschrift, die den Plan der Gründung der Deutschen Bank Ende Januar 1870, also nach der konstituierenden Versammlung, mit folgender Korrespondenz aus Berlin begrüßte:

„Die Idee, hier am Platze eine Deutsche Bank mit bedeutenden Mitteln und dem Zweck, die internationalen Geldgeschäfte des deutschen Handels in die Hand zu nehmen, zu gründen, bestand bereits vor einem Jahr oder noch früher; man hatte indessen seit so langer Zeit nichts mehr von dem Projekt gehört, daß es vergessen schien und sein plötzliches Auftauchen daher nicht wenig Erstaunen erregte. Daß das Projekt an der Börse mit Befriedigung aufgenommen wäre, läßt sich nicht behaupten; man bezweifelt, ob der ostensible Zweck desselben allein einem Bankinstitute mit so bedeutenden Mitteln, wie sie der Deutschen Bank zur Verfügung gestellt werden sollen, genügende Beschäftigung gewähren kann und glaubt, daß der Kern der Sache weniger die sehr schön gedachte Unterstützung des deutschen Handels sein wird, als vielmehr die Agiotage im großen nach dem Vorbilde der Wiener und Pariser Institute. In dieser Beziehung wollen aber die Diskonto, die Handelsgesellschaft und die großen Firmen, die bisher ein Monopol für Gründung neuer Unternehmungen und Einführung neuer Papiere hatten, sich den Rang nicht ablaufen lassen und versäumen daher nicht, zu kontraminieren, ‚soviel die Schicklichkeit erlaubt'. Es kommt dazu, daß die Häuser, die sich an die Spitze des Unternehmens gestellt haben, so ehrenwert und solide sie ohne Zweifel sind, nicht für fähig gehalten werden, ein derartiges Institut den modernen Anforderungen entsprechend zu leiten."

In dieser kritischen Äußerung lag ein Kern Wahrheit.

Die Vermittlung des überseeischen Geschäftsverkehrs allein konnte die Bank schon deshalb nicht ausreichend alimentieren, weil dieser Geschäftszweig überhaupt erst noch zu organisieren und zu entwickeln war; weil ferner, wie Siemens später nachdrücklich vertrat, die Ausbildung und Ausdehnung des überseeischen Geschäfts nur möglich war durch ein Institut, dessen Kredit durch ein hohes Eigenkapital, das zum Teil nur im Inlandsgeschäft lohnende Verwendung finden konnte, von vornherein gesichert war.

Ferner traf zu, daß die neue Bank, die von Handelsfirmen, einigen nicht in Berlin ansässigen Banken und einer Anzahl angesehener, aber nicht in der allerersten Reihe stehenden Berliner Privatbankiers gegründet wurde, den bestehenden Berliner Großbanken und den ersten privaten Bankhäusern als eine nicht gerade willkommene Konkurrenz erschien. Die Deutsche Bank hat sich gegenüber den hieraus erwachsenden Widerständen späterhin ihren Platz in hartnäckiger Arbeit erkämpfen müssen.

Schließlich ist sicher, daß unter der Leitung der bei der Gründung beteiligten Privatbankiers, die begreiflicher- und natürlicherweise das neue Institut in erster Linie als Mittel für ihre Zwecke ansahen und benutzen wollten, die Deutsche Bank niemals zu einer selbständigen und großen Wirksamkeit gekommen wäre, geschweige denn sich zu einem Weltinstitut ersten Ranges entwickelt hätte. Hierzu bedurfte es eines selbständigen und tatkräftigen Geistes in der Bankleitung, der entschlossen und befähigt war, die Eierschalen abzustoßen, der neuen Bank ein eignes Leben einzublasen und sie weit über die Ideen der Gründer hinaus den Weg zur Größe und Macht zu führen.

Georg Siemens' Eintritt in die Direktion der Deutschen Bank.

Viele Jahre nach der Zeit, die uns hier beschäftigt, am 9. Juni 1891, schrieb Georg Siemens an seine älteste Tochter, die damals in England in einem Pensionat war:

„Wenn es Dir möglich ist, möchte ich Dir anraten, daß Du die Gelegenheit nicht versäumst, der Lady Anna Siemens (Wilhelms Witwe) einen Besuch zu machen, solange sie in London ist. Viel Amusement ist nicht dabei. Aber sie war gegen mich sehr freundlich, als ich zum erstenmal in London war (1867), und ist eine feine angenehme Dame, vielleicht etwas verwöhnt; aber sie wird sich doch freuen, wenn Du ihr erzählst, daß ich ihr für ihre viele Freundlichkeit noch immer eine dankbare Erinnerung bewahrt habe. Dadurch, daß Wilhelm mich 1868 nach Persien reisen ließ, kam ich in die kaufmännischen Geschäfte und wurde mit anderen Leuten bekannt, die mich dann in die Deutsche Bank brachten. Wäre Wilhelm nicht gewesen und hätte er mir damals nicht Vertrauen geschenkt, so wäre ich vielleicht heute preußischer Geheimrat und langweiliger Kerl."

Georg Siemens hatte durch sein geschicktes und tatkräftiges Verhalten bei der Durchführung der ihm anvertrauten persischen Mission in Sachen des indo-europäischen Telegraphen und dann durch seine Mitwirkung bei der Errichtung der englischen Gesellschaft, welche die Telegraphenkonzession zu übernehmen hatte, nicht nur die Anerkennung seiner ersten Auftraggeber erworben, sondern sich auch bei den aufmerksameren Beobachtern in dem weiteren Kreise der für das Unternehmen des indo-europäischen Telegraphen gewonnenen deutschen Interessenten bemerkbar gemacht und in Ansehen gesetzt. Außerdem hatte er bei der Mitarbeit an diesem großen und interessanten Unternehmen Geschmack an der geschäftlichen Betätigung gewonnen; sein auf das praktische Schaffen gerichteter, durch die reine Juristerei nichts weniger als befriedigter Geist fühlte sich hier in seinem Elemente.

Unter den deutschen Mitbegründern der indo-europäischen Telegraphen-Kompagnie befand sich Adalbert Delbrück, derselbe, der jetzt mit in erster Reihe das Projekt der Gründung der Deutschen Bank betrieb.

Durch das indo-europäische Geschäft war Delbrück mit Georg Siemens in nähere Berührung gekommen und hatte dessen tüchtige Mitarbeit schätzen gelernt. Die von Siemens in Persien und London vollbrachten Leistungen lagen zwar nicht auf dem Gebiet des Bankgeschäfts, aber doch immerhin auf dem Felde des Auslandsgeschäftes, das die geplante Bank vor allem pflegen sollte. Ganz besonders fiel ins Gewicht, daß von allem Anfang an als Stützpunkt für das überseeische Geschäft der Deutschen Bank an eine Niederlassung in London gedacht war, und daß Siemens Gelegenheit gehabt hatte, sich mit englischen Geschäfts- und Rechtsverhältnissen vertraut zu machen und sich auf diesem für die deutsche Geschäftswelt damals noch recht fremden Boden die Sporen zu verdienen.

Der Jurist, der aus der durch sein Studium vorgezeichneten normalen Laufbahn ins geschäftliche Leben übergeht, war damals noch eine seltene Erscheinung. Der Gedanke eines solchen Übergangs war sowohl dem Juristen als auch dem Kaufmann gleichmäßig fremd. Für den Juristen jener Zeit typisch ist die Auffassung des Justizrats Siemens, der sich mit dem neuen Berufe seines Sohnes durchaus nicht befreunden wollte und dessen schwere Mißstimmung nur allmählich durch die Erfolge, die der Sohn auf dem neuen Arbeitsfelde errang, einigermaßen ausgeglättet wurde. Bezeichnend für den Kaufmann ist auf der andern Seite die Tatsache, daß Adalbert Delbrück und die anderen an der Gründung der Deutschen Bank beteiligten Geschäftsleute, obwohl sie Georg auf geschäftlichem Gebiet hatten arbeiten sehen und seine Leistung hoch anerkannten, obwohl sie ferner sich klar darüber waren, daß seine Mitarbeit an der geplanten Deutschen Bank für das neue Unternehmen von großem Werte sein würde, doch zunächst an nichts anderes dachten, als daran, Georg als juristischen Beirat, als Syndikus, zu gewinnen. Nach dieser Richtung hin bewegten sich die ersten Andeutungen und Vorschläge, mit denen Adalbert Delbrück an Georg Siemens herantrat.

Siemens selbst dagegen nahm die durch das Projekt der Deutschen Bank sich eröffnende Perspektive sofort in ihrer vollen Weite. Der Gedanke, den deutschen Handel für seine überseeischen Geldtransaktionen durch ein großes deutsches Institut von der englischen Vermittelung unabhängig zu machen, lag innerhalb des Ideenkreises, der ihn als angehenden Juristen bereits intensiv beschäftigt hatte. Seine persische Mission, in der er deutsche industrielle Interessen unter englischer Flagge hatte vertreten müssen, hatte ihm das Fehlen deutscher Geltung im Auslande ganz unmittelbar vor Augen gerückt. Die Aussicht, abseits von den ausgetretenen Wegen ein Feld schöpferischer Tätigkeit von kaum übersehbarer Weite zu finden, packte ihn mit solcher Gewalt, daß es für ihn keinen Zweifel und kein Schwanken gab. Der Gedanke, als Syndikus im Nebenberuf für das neue Unternehmen tätig zu sein und ihm einen Bruchteil seiner Arbeitskraft zur Verfügung zu stellen, konnte bei ihm nicht einen Augenblick Raum gewinnen. Er war sich klar: Hier bot sich ihm ein Lebensziel, das den ganzen Mann verlangte und seinem Schaffensdrang und seinem Ehrgeiz Genüge versprach. Mit der selbstverständlichen Entschlossenheit, wie sie nur die klare Einsicht in die Zukunftsmöglichkeiten zu geben vermochte, streckte er über den angebotenen Syndikus hinaus die Hand nach dem Ganzen aus, nach dem Platze in der Leitung des neuen Unternehmens.

Siemens war klug genug, um sich volle Rechenschaft darüber zu geben, daß ihm zum Leiter eines Bankinstitus, und namentlich eines neuen, erst noch zu organisierenden, die banktechnische Schulung und die unerläßlichen Spezialkenntnisse fehlten. Bei allem gesunden Selbstvertrauen, daß er bald genug Herr über das Handwerkszeug sein werde, sagte er sich, daß er für die erste Stelle vorläufig nicht in Betracht kommen könne; aber er erstrebte in der Leitung des neuen Unternehmens wenigstens den zweiten oder dritten Platz.

Mit diesem Gedanken im Kopf beteiligte er sich, von Adalbert Delbrück aufgefordert, an der Suche nach dem ersten Mann für die neue Bank; wenige Tage nach der entscheidenden Versammlung vom 22. Januar, richtete er an seinen Vetter Karl Siemens nach London das nachstehende vom 26. Januar 1870 datierte Schreiben:

„Hier ist vor wenigen Tagen ein neues Unternehmen, sog. „Deutsche Bank" in Angriff genommen, deren Absicht es ist, ihre Geschäfte nach Indien und Amerika auszudehnen und den in jenen Ländern zerstreuten deutschen Kaufleuten Gelegenheit zu geben, in direkte Geld- und Warentransaktionen mit Deutschland zu treten, während bis jetzt diese Geschäfte im wesentlichen über London und, soweit es Hamburg anging, durch das Haus Schröder in London und Hamburg, vermittelt wurden. In Hamburg fürchtet man, daß mit dem bald zu erwartenden Tode Schröders und der daraus folgenden Erbteilung das Haus bedeutend geschwächt werden wird und sieht sich nach Ersatz um. In Berlin aber ergreift man gern die Gelegenheit, Berlin zur Seestadt Deutschlands zu machen. Da natürlich das indische Geschäft nur allmählich kommen kann, so will man die zu gründende Bank vorläufig auf europäische Geschäfte — Vermittelung von Anleihen usw. — versuchen, bis sich nach und nach die Ausdehnung nach dem Osten und Amerika ermöglicht.

„Das in Aussicht genommene Kapital beträgt 20 Millionen Taler, wovon vorläufig 5000000 emittiert werden sollen. Da der Schwerpunkt vorläufig im Bankgeschäft liegt, so will man als ersten Direktor einen mit dem großen Bankgeschäft vertrauten Bankier (nicht Kaufmann) nehmen. Man glaubt aber keinen solchen in Berlin finden zu können, und ich denke, man hat recht darin. Es fragt sich nun, ob Ihr und namentlich Wilhelm in London einen geeigneten Mann kennt. Mein persönliches Interesse ist dabei auch im Spiele. Ich möchte gern Direktor werden, und zwar, da ich nicht erster werden kann, zweiter oder dritter. Da nun natürlich der erste Mann bei der Auswahl des zweiten und dritten eine bedeutende Stimme hat, so liegt mir daran, daß ich den ersten finde, damit er mich als zweiten resp. dritten vorschlägt.

„Die Gründer sind Delbrück, Magnus, Schickler, die Breslauer, Münchener Bank usw. usw. Mit Hamburg sind Verhandlungen im Gange, die vielleicht ein günstiges Resultat haben werden, weil die Hamburger selbst eine ähnliche Geschichte mit der neuen Deutschen Bank verbinden wollen. Von Bremern haben H. Meyer u. a. sich bereit erklärt. Werner ist gleichfalls im Verwaltungsrat.

„Die Sache ist also entschieden first rate. Deshalb muß der zu Gewinnende eine Kapazität sein, abgesehen davon, daß das Geschäft durch Rücktreten der Hamburger möglicherweise schwierig werden kann. —

„Delbrück hat mich autorisiert, mich deshalb an Euch zu wenden, ob ihr jemand wißt, während wahrscheinlicherweise andere in gleicher Absicht sich in Frankfurt a. M. umsehen werden. Leute, die das englisch Geschäft kennen, werden aber jedenfalls den Vorzug haben, da London der erste Ort ist, wo zur Aufschließung des neuen Geschäftskreises eine Filiale errichtet werden soll."

Es scheint, daß aus London kein geeigneter Vorschlag kam.

Dagegen hatte Bamberger zwei Kandidaten gefunden, die bei den Gründern der Deutschen Bank Beifall fanden.

Der eine, W. A. Platenius, ein Deutsch-Amerikaner, der seit einigen Jahren in Stuttgart lebte, verfügte zwar nicht über eine eigentliche bankmäßige Vorbildung. Seine Spezialität in Amerika war das Diskontgeschäft gewesen, und in Deutschland befaßte er sich mit dem Handel in amerikanischen Wertpapieren. Aber da man für die neue Bank große Hoffnungen auf die Herstellung von Beziehungen zu Amerika setzte, mochte er als Kenner der dortigen geschäftlichen Verhältnisse immerhin für eine wertvolle Kraft gelten. Es sei gleich hier vorausgeschickt, daß Platenius sich nicht recht in seine neue Aufgabe fand und bereits im Jahre 1871 aus der Direktion der Deutschen Bank wieder ausschied.

Der andere Bambergersche Vorschlag war dagegen ein glücklicher Griff in des Wortes vollster Bedeutung. Hermann Wallich war Fachmann im überseeischen Bankgeschäft, das er in Paris, auf der Insel Bourbon, in Indien und zuletzt in China betrieben hatte. Zur Zeit der Verhandlungen über die Gründung der Deutschen Bank stand er an der Spitze der Filiale des Comptoir d'Escompte in Shanghai. Bamberger, der mit ihm entfernt verwandt war, hatte ihn in Paris näher kennen gelernt, und als es sich jetzt um den geeigneten Mann für die Organisation des überseeischen Geschäfts der Deutschen Bank handelte, erinnerte er sich seiner. Im Januar 1870 fragte er bei Wallich an, und dieser griff zu. Er konnte jedoch sein Verhältnis zum Comptoir d' Escompte nicht sofort lösen, sondern traf erst nach Ausbruch des Deutsch-Französischen Krieges, im Oktober 1870, in Berlin ein, um seine neue Stellung anzutreten.

Zunächst war nur Platenius zur Stelle. Unter diesen Verhältnissen kam Delbrück selbst auf den Gedanken, Georg Siemens ganz für das neue Unternehmen zu sichern. Er bot ihm mit Zustimmung der übrigen Mitglieder des provisorischen Verwaltungsrats den Eintritt in die Direktion an. Siemens besann sich gegenüber diesem Angebot, das seinen Wünschen entgegenkam, keinen Augenblick. Er quittierte den Staatsdienst und übernahm am 23. März 1870 mit W. A. Platenius die Leitung der Deutschen Bank.

Das Einarbeiten.

Der Anfang war nicht übermäßig ermutigend.

Schon die äußeren Verhältnisse waren deprimierend. Die Geschäftsräume befanden sich in einer Etage eines alten, baufälligen Hauses in der Französischen Straße (Nr. 21), dessen dunkler und nahezu lebensgefährlicher Treppenaufgang nach allen Schilderungen geradezu abschreckend gewirkt haben muß. Das Direktionskabinett, in dem Siemens untergebracht wurde, war ein sich durch besonderen Mangel an Licht auszeichnendes „Berliner Zimmer", das selbst dem Vater Justizrat, der als früherer Berliner Rechtsanwalt in bezug auf Geschäftsräume gewiß nicht verwöhnt war, bei seinem ersten Besuch ein mitleidiges Kopfschütteln abnötigte. Dazu kam, daß Siemens und sein Mitdirektor Platenius zunächst ihrer Aufgabe sehr fremd gegenüber standen.

Platenius hat später erzählt, wie er und Georg Siemens sich am ersten Tage ihrer neuen Tätigkeit am Pulte einander gegenübersaßen Einer fragte den andern: „Was machen wir nun? haben Sie eigentlich eine Ahnung vom Bankgeschäft?" Beide verneinten und brachen dann in ein erlösendes Lachen aus.

Siemens nahm die Situation mit dem ihm eigenen Humor; aber während er nach außen hin sich über sich selbst lustig zu machen schien, griff er tüchtig zu und arbeitete in aller Stille, aber auch mit aller Zähigkeit an der Bewältigung der Schwierigkeiten und Fremdheiten des neuen Berufs.

Es klingt etwas beklommen, was er am 5. April 1870 an seinen Vater schrieb:

„Ich habe viel Arbeit, und die neuen Verhältnisse bereiten mir einige Schwierigkeiten. Morgen werden wir in das Handelsregister eingetragen, und ich bin dann in der Lage, über bedeutende Summen verfügen zu müssen, ohne recht zu wissen wohin damit, da die Geschäfte vorläufig noch fehlen.“

Sein derber Humor aber bricht durch in folgenden Zeilen an seinen Vetter Rudolf Siemens (vom 13. April 1870):

„Von dem amerikanischen und indischen Bankgeschäft verstehe ich zwar wenig; ich tue indessen sehr gelehrt, zucke ab und zu die Achseln, ziehe das Maul bis an die Ohren — wenn ich nämlich spöttisch lache — und schlage zu Hause heimlich das Konversationslexikon resp. Fremdwörterbuch oder die Kunst, in 24 Stunden Bankier zu werden, auf, um nachzulesen, wenn ich ein mir unverständliches Wort hörte. Den Unter schied zwischen Brief und Geld habe ich denn auch schon annähernd erfaßt.“

Am 25. April berichtete er an seine Mutter:

„Meine Hauptbeschäftigung ist im Augenblick eine theoretische und beschränkt sich im wesentlichen auf die Lektüre verschiedener Schriften über Bankwesen, da wir mit den Vorbereitungsarbeiten fertig und mit dem eigentlichen Geschäftsbetrieb noch nicht im Gange sind.“

Vier Tage später schrieb er:

„Ich habe mich hier gegen Projektenmacher zu verteidigen, die alles mögliche „gründen“ wollen und nächstens noch eine Kombination zwischen einem Bankgeschäft und einem Bierausschank für eine Lösung der sozialen Frage erklären werden.“

Von besonderem Interesse ist eine Stelle aus einem Brief an die Mutter vom 1. Juli 1870, die zeigt, daß Siemens sich damals schon im Bankgeschäft heimisch zu fühlen begann, und in der zum erstenmal von der Einführung des Depositenverkehrs, in dem die Bank später so große Erfolge erzielt hat, die Rede ist:

„Durch meine Idee der Errichtung eines Depositengeschäfts — ob die „Post" etwas darüber gebracht hat, weiß ich nicht — haben wir uns eine ganz entschiedene Stellung erworben, und ich leite das Geschäft, da Platenius abgeht, munter allein. Allerdings läuft auch mancher Bock mit unter. Indessen was schadet's?"

Ein eigenhändig geführtes Notizbuch gibt Aufschluß über Georgs Tätigkeit in jenen ersten Monaten. Es zeigt, wie er es verstand, nach den verschiedensten Richtungen hin Geschäftsverbindungen anzuknüpfen, und es ist bemerkenswert durch die Genauigkeit der skizzierten Bedingungen. Als Wallich im Herbst 1870 seine Stellung antrat, während Siemens im Felde stand und Platenius allein die Bank leitete, fand er „ein zwar kleines, aber reines Geschäft, das nur der Entwicklung bedurfte"; dieses Urteil des ebenso geschäftskundigen wie kritisch veranlagten neuen Mannes bedeutete keine geringe Anerkennung der bisher geleisteten Arbeit.

Um die Ideen zu beleuchten, mit denen Siemens an die neue Aufgabe heranging, sei wiedergegeben, was er über seinen Beruf am 13. März 1872 an seine Braut schrieb:

„Ich ging vor zwei Jahren aus dem Staatsdienst, wo ich gewiß Geheimer Rat geworden wäre, weil das Programm der Bank, in die ich eintrat, mir eine große Wirksamkeit zu eröffnen schien. Geld habe ich damals von den Leuten nicht bekommen; im Gegenteil, ich verschlechterte damals meine Einnahmen. Aber ich hatte die Idee, daß ich es zwingen könnte, und ich glaube, ich habe einiges vor mich gebracht. . . . . Ich habe durch unverrücktes Festhalten der Ziele unsere Bank, die im Anfang eine kleine Wucher- und Agiobank zu werden drohte, aus diesem Geleise herausgeschmissen und zu einigen Ehren gebracht, so daß dieselbe jetzt schon allgemein geachtet dasteht, wenn sie auch vielleicht weniger Dividende usw. liefert, wie andere Institute. Ich denke, mit jedem Jahre meinem Ziele, den deutschen Export- und Importhandel von England unabhängig zu machen, näherzukommen, und ich denke, daß die Durchführung dieser Idee eine ebenso große nationale Tat sein wird, wie die Eroberung irgendeiner Provinz. Aber es ist viel Zorn und Ärger auf solchem Wege."

Die Mitarbeiter.

Der Ausbruch des Krieges mit Frankreich nötigte Georg Siemens im Juli 1870, die erst vor wenigen Monaten aufgenommene Arbeit zu unterbrechen. Erst gegen Ende März 1871, nach Abschluß des Waffenstillstandes, kehrte er zur Deutschen Bank zurück. Platenius hatte sich inzwischen mit dem Verwaltungsrat verzankt und war gegangen. An seiner Stelle war ein Geheimer Rat aus dem Finanzministerium zum Direktor ernannt worden, nicht sehr zur Freude von Siemens, der noch aus dem Felde hierüber folgendes an seinen Vater schrieb:

Le Mans, 16. Februar 1871.

„Bei der Deutschen Bank haben sich auch einige Veränderungen zugetragen, die mir recht unangenehm sind und mich wahrscheinlich veranlassen werden auszutreten. Man kann ja noch immer Anwalt in Leipzig werden, wenn man vorher dazu den Doktor macht. Platenius ist nämlich ausgetreten und, anstatt durch einen Fachmann, durch den Geheimen Oberfinanzrat M. ersetzt worden, welcher sich mit Camphausen gezankt hatte. Da M. als Jurist, wenn er überhaupt etwas tun will, natürlich meine Branche in die Hand nehmen wird, so wird für mich nicht viel zu tun bleiben als Flickarbeit. Hierfür aber habe ich keinen Sinn. So ein Krieg bringt doch manchen Schaden!"

Die Berufung von M. erwies sich als ein völliger Mißgriff. Ludwig Bamberger, der als Mitglied des Verwaltungsrats Gelegenheit hatte, seine Tätigkeit zu beobachten, schreibt von ihm in seinen Erinnerungen: „Der Mann war weder dumm noch unwissend, aber etwas Unfähigeres in solcher Stelle habe ich nie gesehen. Beamtenfach und kaufmännischer Beruf sind so himmelweit voneinander entfernt!" M. erkannte selbst die Unhaltbarkeit seiner Stellung und schied bereits im Jahre 1872 wieder aus der Direktion der Deutschen Bank aus.

Dafür fand Siemens in Wallich, der, wie oben erwähnt, im Oktober 1870 seine Stellung bei der Deutschen Bank angetreten hatte, einen Arbeitsgefährten fürs Leben. In ihm erhielt die Deutsche Bank von Anfang an eine ihrer allerwertvollsten Kräfte. Georg Siemens war der erste in der Anerkennung dessen, was die Bank Wallich zu verdanken hat. Seine absolute Beherrschung der Technik des überseeischen Geschäfts, seine große kaufmännische Erfahrung, sein durchdringender Verstand und sein stets ruhig abwägendes Urteil — alle diese Eigenschaften haben mitgeholfen, die Deutsche Bank zu dem zu machen, was sie heute ist. Wallich war die gegebene Ergänzung für Siemens, dessen Kraft in erster Linie in der Konzeption großzügiger Geschäfte und in der Wucht des Zugreifens lag.

Ferner gewann die Bank im Jahre 1874 in Max Steinthal einen Mitarbeiter, der seine ungewöhnliche Intelligenz und Arbeitskraft von nun an auf Jahrzehnte hinaus der Bank widmete und, ebenso wie Wallich, aus der gemeinschaftlichen Arbeit heraus in ein enges persönliches Verhältnis zu Siemens trat und ihm bis zu seinem Tode in treuer Freundschaft verbunden blieb. Freilich wurde dieses Freundschaftsverhältnis nicht im ersten Wurf gewonnen. Bei allem äußerlichen Sichgehenlassen war und blieb Siemens eine Natur, die nur schwer ihr Innerstes und Eigenstes gab; sein ausgeprägter Charakter und sein zielbewußtes Wollen führten zu mancher Reibung. Aber aus den Meinungsverschiedenheiten und Zusammenstößen erwuchs, ebenso wie aus der Schulter an Schulter geleisteten Arbeit nach dem gleichen Ziele, die gegenseitige Achtung auch vor anders gearteter Wesenheit und damit die Voraussetzung der wahren Freundschaft.

Im Jahre 1878 wurde Rudolph Koch in den Vorstand der Deutschen Bank aufgenommen. Er war kurze Zeit nach der Errichtung der Bank in deren Dienste getreten, hatte sich alsbald durch seine Arbeitskraft und sein Organisationstalent hervorgetan und war nach wenigen Jahren vom Prokuristen zum Stellvertretenden Direktor aufgerückt. Mit seinem Eintritt war der Kreis der Männer geschlossen, deren einsichtiges, tatkräftiges und treues Zusammenarbeiten in den folgenden Jahrzehnten die Deutsche Bank „per aspera ad astra" geführt hat.

Drittes Kapitel.

Der Aufbau des überseeischen Geschäfts.

Die Errichtung der German Bank in London und der Filialen in Bremen und Hamburg.

Das überseeische Geschäft war es gewesen, das den Gründern der Deutschen Bank Georg Siemens als eine wertvolle Kraft für die Leitung des neuen Unternehmens erscheinen ließ, und das andererseits für diesen den besonderen Reiz der ihm angebotenen Wirksamkeit darstellte.

Nach der Rückkehr aus dem Feldzuge widmete er sich mit der ganzen ihm eigenen Konzentration der vorher kaum in Angriff genommenen Aufgabe der Organisation dieses Geschäftszweiges. In Wallich hatte er jetzt einen Kollegen zur Seite, der mit der komplizierten Technik des überseeischen Geschäfts auf das genaueste vertraut war und der es ausgezeichnet verstand, seine Kenntnisse und Erfahrungen dem auf diesem Spezialgebiete unbewanderten, aber überaus lernbegierigen Mitdirektor mitzuteilen. Wallich erzählt in seinen den Herausgebern dieses Buches überlassenen Aufzeichnungen, wie oft Siemens über seine Unbeholfenheit in den technischen Dingen klagte, und wie oft er daran verzweifelte, die nötige Schulung zu erreichen; aber er fügt hinzu, daß diese Furcht unbegründet war, daß vielmehr Siemens sich die technischen Kenntnisse nicht nur sehr rasch angeeignet, sondern sie auch auf Grund seiner juristischen Vorbildung theoretisch vervollkommnet und so bald genug seinen Lehrmeister übertroffen habe — ein Lob, das denjenigen, von welchem es ausgeht, nicht weniger ehrt, als denjenigen, welchem es gilt.

In der eifrigen Zusammenarbeit entstand die erste Organisation des deutschen überseeischen Bankgeschäfts. Wie groß die Schwierigkeiten der zu bewältigenden Aufgabe waren, wurde den beiden wohl erst bei der Durchführung klar. Mehr als einmal schien ein völliger Mißerfolg die Preisgabe des erstrebten Zieles erzwingen zu sollen.

Über die dem überseeischen Geschäfte zu gebende Organisation hatte man sich schon bei den Verhandlungen über die Errichtung der Deutschen

Bank wenigstens in großen Zügen ein Bild gemacht. Die einzelnen geschäftlichen Operationen — in der Hauptsache die Bevorschussung der zur Ausfuhr gelangenden Waren und die Gewährung von Rembourskrediten an den Einfuhrhandel — waren den an der Gründung der Bank beteiligten Kaufleuten durchaus geläufig. Auch bestand darüber Klarheit, daß das erstrebte Ziel nur durch Zweigniederlassungen und Vertretungen im Auslande erreicht werden könne; insbesondere war man von Anfang an durchdrungen von der Notwendigkeit einer Niederlassung in London. Wollte man von den englischen Banken unabhängig werden, so mußte man zunächst in London selbst Boden fassen. Schon in der im Juli 1869 versandten Denkschrift wurde dieser Gedanke ausführlich entwickelt. Es hieß dort: Nicht allein sei London noch die Metropole des Welthandels und die Introduktion der deutschen Devise auf den überseeischen Plätzen nur graduell erreichbar, sondern auch die Vorschüsse auf Ausfuhrwaren, namentlich auf von Manchester verschiffte Manufakturen, würden auch in London zu leisten sein, während vielerlei wichtige Momente das Etablissement einer solchen Londoner Branche als ein in sich selbst schon Vorteil versprechendes Unternehmen hinstellten, das sofort dem Institut eine geeignete remunerative Beschäftigung bieten würde. Die ausgedehnten Beziehungen zwischen England und Norddeutschland würden noch durch kein in London und Berlin ansässiges Bankinstitut exploitiert, die preußische Valuta sei in London kaum notiert und deutsche Fonds würden ebensowenig in London, wie englische in Berlin gehandelt. Die Branchen, die von London aus leichter auf den überseeischen Hauptplätzen zu organisieren wären, müßten auf eine Lokalbank in London, wie die Union-Bank, London Joint Stock Bank usw. ziehen, um dem Publikum eine doppelte Garantie zu bieten, die dem Papier der Branchen auch einen entsprechend höheren Wert verleihen würden.

Der allgemeine Gedanke war einfach, aber seine Übersetzung in die Praxis stieß auf große Hindernisse.

In Berlin, dem Hauptsitze der Bank, fehlten für den geplanten überseeischen Bankverkehr fast noch alle Anknüpfungspunkte. Die einzigen deutschen Plätze, an denen dieses Geschäft bisher ein Feld hatte, waren Hamburg und Bremen; man mußte sich also, um überhaupt einen

Anfang machen zu können, in irgendeiner Form die Mitwirkung dieser Plätze sichern. Hierfür mußte berücksichtigt werden, daß beide Plätze sich durch ihre Währung sowohl untereinander als auch von dem übrigen Deutschland unterschieden, wie denn überhaupt die damals noch bestehende Vielgestaltigkeit der deutschen Geldsysteme ein großes Hindernis für die Durchführung des Hauptzieles der Deutschen Bank war. An eine Einbürgerung der deutschen Valuta auf überseeischen Plätzen war jedenfalls vor Durchführung einer einheitlichen Währungsverfassung in Deutschland selbst überhaupt nicht zu denken, und schon aus diesem Grunde war es nötig, eine Vertretung in London zu schaffen, über die wenigstens für die erste Zeit nahezu das gesamte überseeische Geschäft geleitet werden mußte. Aber wie sollte diese Londoner Vertretung aussehen? Die hier zu lösenden Fragen sind in der nachstehenden Aufzeichnung von Siemens Hand niedergelegt:

„. . . Die englischen Gesetze von 1862 und 1867 kennen keine andern companies als englische, und erlauben nur solchen companies die Einregistrierung, welche vor englischem Gesetz gültig bestehen. Die Einregistrierung ist für limited companies aber wichtig, weil nur dadurch die Möglichkeit einer limited liability, andererseits die Möglichkeit gegeben wird, daß der manager die company verpflichten kann, ohne sich persönlich zu verpflichten.

„Es fragt sich also, was hat eine kontinentale Gesellschaft zu tun, um dieser Vorteile teilhaftig zu werden, ohne doch zugleich der englischen Steuergesetzgebung und namentlich der income tax hinsichtlich ihres ganzen Kapitals zu verfallen. Konstituiert sie sich als selbständige limited company mit selbständigem Board noch einmal mit ihrem ganzen gezeichneten Kapital in London, oder konstituiert sie eine Untergesellschaft mit einem Teil ihres Kapitals in England besonders, oder kann sie endlich als fremde Person — wie jeder beliebige deutsche Kaufmann — in England Geschäfte betreiben?"

Die Prüfung dieser Frage ergab, daß mangels besonderer vertragsmäßiger Abmachungen zwischen Preußen und England, wie solche z. B. von der Schweiz und Frankreich mit England getroffen waren, die juristischen Personen deutschen Rechts als solche in England nicht anerkannt wurden.

Die Frage einer Vertretung in London war aber brennender, als irgendeine andere, wenn man mit dem überseeischen Geschäft Ernst machen wollte. Auf den Ausgang diplomatischer Verhandlungen über die Anerkennung juristischer Personen deutschen Rechts durch die englische Gesetzgebung konnte und wollte man nicht warten. So entschloß man sich, zunächst den im ersten Geschäftsbericht der Deutschen Bank angedeuteten Weg der Beteiligung an einem neu zu errichtenden selbständigen Londoner Bankinstitut zu betreten.

Die Deutsche Bank betrieb das Projekt einer solchen Gründung seit dem Ende des Jahres 1870 zusammen mit der Mitteldeutschen Kreditbank und dem Bankhause Gebr. Sulzbach in Frankfurt a. M. Auch einige namhafte englische Bankhäuser wurden für das Projekt gewonnen. Das Kapital der neuen Bank wurde auf 600 000 £ festgesetzt, wovon etwa 250 000 £ auf die Deutsche Bank und ihre Unterbeteiligten, etwa ebensoviel auf die Gruppe Mitteldeutsche Kreditbank Gebr. Sulzbach und etwa 100 000 £ auf die englischen Konsorten entfielen. Als Firma der neuen Bank wurde „German Bank of London Limited" gewählt. Die endgültige Konstituierung fand Ende März 1871 statt.

Bei den Gründungsverhandlungen selbst hatte Siemens, der damals noch im Felde stand, nicht mitgewirkt. Dagegen hat er intensiv mitgearbeitet an den Abmachungen, die späterhin zwischen der Deutschen Bank und der German Bank über den gegenseitigen Geschäftsverkehr getroffen worden sind: Die German Bank stellte der Deutschen Bank einen Kredit zur Verfügung, benutzbar durch sechsmonatliche oder kürzere Tratten, die von der Kundschaft der Deutschen Bank gegen Warenaussendungen nach überseeischen Plätzen auf die German Bank gezogen wurden, unter gleichzeitiger Einsendung der Konnossemente, Versicherungspapiere usw.; ferner einen Blankokredit, benutzbar durch Ziehungen der Deutschen Bank, ihrer Niederlassungen und Geschäftsfreunde von Europa oder von anderen Weltteilen aus, unter der Bedingung, daß die Akzepte vor Verfall durch Rimessen auf London abgedeckt wurden. Soweit dieser Kredit über eine bestimmte Höhe hinaus in Anspruch genommen werden sollte, wurde eine spezielle Garantie verabredet, die von der Deutschen Bank zu stellen war. Außerdem wurde mit einer Londoner Joint Stock Bank ein Abkommen getroffen, nach welchem diese Tratten von Niederlassungen der Deutschen Bank gegen gleichzeitige Deckung zu akzeptieren sich bereit erklärte, während es die German Bank übernahm, diese Deckung für Rechnung der Deutschen Bank unter bestimmten Bedingungen zu besorgen.

Trotz des freundschaftlichen Entgegenkommens, das die German Bank der Deutschen Bank, die nicht nur zu ihren Gründern sondern auch zu ihren größten Aktionären gehörte, zu erweisen bestrebt war, boten die Abmachungen mit der engen Bemessung namentlich des ungedeckten Akzeptkredits und mit ihren ängstlichen Vorschriften über die bei eventuellen Kreditüberschreitungen zu stellenden Garantien nur eine recht beschränkte Bewegungsfreiheit. Es machte sich von allem Anfang an sehr fühlbar, daß das in der Hauptsache auf Akzeptkredit beruhende überseeische Geschäft ein großes Eigenkapital verlangt, das in sich selbst die nötige Grundlage für einen umfangreichen Akzeptkredit bei den Bankverbindungen darstellt und das dem eigenen Akzept erst die erforderliche Absatzfähigkeit sichert. Auch nachdem das Kapital der Deutschen Bank im Laufe des Jahres 1871 durch Vollzahlung der zunächst emittierten Aktien auf 5 Millionen Taler gebracht worden war, genügte es noch nicht entfernt, um der Bank im Überseegeschäft eine Position zu sichern.

Immerhin war die Gründung der German Bank und der mit dieser vereinbarte Geschäftsverkehr ein Anfang, auf dem sich weiter bauen ließ.

Der nächste Schritt war die Errichtung einer Filiale in Bremen Der Geschäftsbericht für 1871 sagt darüber: „Die Verschiedenheit der Valuta zwischen den deutschen Binnen- und Seeplätzen und die damit zusammenhängende ziemlich scharfe Trennung des kaufmännischen Geschäfts in Binnen- und Küstenland machte es ihrerseits erforderlich, namentlich für das überseeische Geschäft auch in den Seeplätzen durch eigene Institute vertreten zu sein. Wir errichteten zu diesem Behufe die Filiale in Bremen, welche seit dem 1. Juli 1871 gerade das überseeische Geschäft mit viel Erfolg betreibt und" — so fügt der Bericht hinzu — „deren günstigen Resultate uns veranlassen, noch in demselben Jahre die Vorbereitungen für Errichtung einer weiteren Filiale in Hamburg zu treffen."

Ostasien.

Der Ausbau der Organisation in London und in Deutschland erheischte als Ergänzung ein Fußfassen der Deutschen Bank in den überseeischen Gebieten selbst. Die Augen richteten sich zunächst auf den Osten. Schon in den verschiedenen Denkschriften aus der Zeit der Verhandlungen über die Gründung der Deutschen Bank hatte das Geschäft mit Indien und China, neben dem amerikanischen Geschäft, eine Rolle gespielt. Von alters her umschwebte den Handel mit dem Osten ein besonderer Zauber, eine Erinnerung an die reichen Gewinne, die er in alten Zeiten dem wagemutigen Kaufmann abgeworfen hatte. Die Leitung der Deutschen Bank beurteilte die ihrer Geschäftstätigkeit offenstehenden Gebiete durchaus nach realen Gesichtspunkten. Die allgemeine Idee des Geschäfts mit dem Osten hatte in erster Linie dazu geführt, daß Wallich für die Bank gewonnen worden war. Es ist nur natürlich, daß Wallich, der das chinesische Geschäft an Ort und Stelle gründlich kennen gelernt und eine gute Meinung von dessen Aussichten mitgebracht hatte, vor allem dem Ausbau nach dieser Richtung hin das Wort redete. Dazu kam, daß infolge des Deutsch-Französischen Kriegs das Comptoir d'Escompte, in dessen Diensten auch Wallich bisher gestanden hatte, seine deutschen Beamten plötzlich entließ; darunter befanden sich auch mehrere Beamte der östlichen Niederlassungen, die Wallich als tüchtig und mit dem chinesischen und japanischen Geschäft gut vertraut bekannt waren. Die in neuen Geschäften ganz besonders wichtige Personenfrage erschien mithin leicht lösbar. Ferner sprach mit ein sachliches Moment von ungewöhnlicher Bedeutung: Der bevorstehende Übergang Deutschlands von der Silber- zur Goldwährung machte die Abstoßung gewaltiger Silbermengen erforderlich, für die der Osten das gegebene Absatzfeld war. Nicht nur bedeutete die Möglichkeit der Verfügung über so große Silberquantitäten eine Erleichterung für die Bemühungen, im Osten ins Geschäft zu kommen, sondern die Vermittelung der Abstoßung des Silbers war an sich schon ein ansehnliches Geschäft.

Siemens war von Anfang an für den Schritt nach dem Osten gewonnen, und nahm die Bearbeitung der Angelegenheit bald nach seiner

Rückkehr aus dem Feldzug mit Nachdruck in die Hand. Nachstehend einige sich hierauf beziehende Zeilen ohne Datum an Wallich:

„Lieber Kollege. Ich sprach heute nachmittag mit Bamberger, wenn auch nur flüchtig, über eine zukünftige Ausdehnung. Er meinte, daß, wenn ein genau ausgearbeitetes Projekt vorgelegt würde, die Zustimmung des Verwaltungsrates nicht ausbleiben dürfte. Ich habe drei Nächte auf der Eisenbahn gesessen und kann heute abend nicht mehr viel machen. Wollen Sie eine flüchtige Skizze machen, die wir morgen durchsprechen und die ich morgen abend genauer ausarbeiten kann? Ganz der Ihrige. Siemens."

Das Projekt der Errichtung von Filialen im Osten wurde nun auf das genaueste studiert und durchgearbeitet. Es wurden zu diesem Zweck auch diejenigen Persönlichkeiten zugezogen, die auf Grund ihrer bisherigen Tätigkeit bei den östlichen Filialen des Comptoir d'Escompte für die Leitung der geplanten Niederlassungen ins Auge gefaßt worden waren. Auch aus anderen Quellen suchte Siemens sich zu orientieren, so durch Unterhaltungen und Briefwechsel mit Herrn von Brandt, dem früheren Kameraden in der Pension des Pastors Bock, der im Jahre 1860 als Offizier die Eulenburgsche Mission nach Ostasien begleitet hatte und dann im diplomatischen Dienste des Norddeutschen Bundes und später des Reiches die Verhältnisse speziell Japans eingehend kennen gelernt hatte.

Die Vorarbeiten für die Errichtung der geplanten Filialen erstreckten sich keineswegs nur auf die interne Organisation und die zu betreibenden Geschäftszweige, sondern umfaßten auch das Studium der gesamten für den Handel mit Europa in Betracht kommenden wirtschaftlichen Verhältnisse der ostasiatischen Länder.

Das Feld, auf dem die Deutsche Bank als erstes deutsches Kreditinstitut durch die Errichtung von Filialen Fuß fassen wollte, zeigte in großen Zügen folgendes Bild:

Der Handel, beruhend in der Hauptsache auf den zwei großen Stapelartikeln der Ausfuhr — Seide und Tee —, war in gewaltigem Aufschwung begriffen, seitdem China zu Anfang der 40er Jahre und Japan in den 60er Jahren eine Anzahl wichtiger Hafenplätze dem europäischen Kaufmann geöffnet hatten. Der Außenhandel der chinesischen Hafenplätze (außer der englischen Kolonie Hongkong) war von 1864 bis 1869 in der Einfuhr von 51,3 auf 74,9 Millionen Taels, in der Ausfuhr von 54,0 auf 67,1 Millionen Taels gewachsen. Der Außenhandel Japans, der noch 1863 ganz unbedeutend gewesen war, entwickelte sich mit Riesenschritten; speziell der Außenhandel des wichtigsten Platzes Yokohama stieg in der Zeit von 1863 bis 1870 von 6,7 auf 38,7 Millionen mex. Dollar.

Alle großen Handelsvölker waren eifrig bemüht, sich einen Anteil an dem rasch aufblühenden Verkehr mit Ostasien zu sichern. England, Frankreich, die Vereinigten Staaten und Rußland hatten frühzeitig mit China und Japan Handels- und Konsularverträge geschlossen. Der Zollverein unter Preußens Führung sandte im Jahre 1860 eine Expedition unter dem Grafen Fritz Eulenburg nach dem Osten; dieser gelang es, mit Japan, China und Siam Verträge abzuschließen, die Deutschland hinsichtlich der diplomatischen und konsularischen Vertretung sowie hinsichtlich seines Handels und seiner Schiffahrt in allen wesentlichen Punkten den obengenannten Mächten gleichstellten. „Es war ein Stück glücklicher, aktiver Politik, welches Preußen als gleichberechtigt mit den Seemächten und als den Träger der realen Interessen Deutschlands im fernen Orient erkennen ließ."*)

England hatte aus naheliegenden Gründen die unbedingt vorherrschende Stellung im östlichen Handel. Die Britisch-Ostindische Kompagnie war während vieler Jahrzehnte durch die ihr in Kanton eingeräumten Vorrechte im Besitz des Handelsmonopols mit China gewesen. In dem sog. „Opiumkrieg" hatte England die chinesische Regierung gezwungen, eine Anzahl wichtiger Hafenplätze dem britischen Handel zu öffnen und Hongkong an England als dauernden Stützpunkt abzutreten. Wenn dann auch andere Staaten sich in den Genuß der zunächst nur England eingeräumten Rechte setzten, so bewahrte doch der britische Handel seine historisch gewordene Vormachtstellung. Hongkong wurde zum Mittelpunkt des ostasiatischen Verkehrs. Die englische Regierung begünstigte die Schiffahrt nach dem Osten durch die Subventionierung der Peninsular and Oriental Steamship Company;

*) R. v. Delbrück, Lebenserinnerungen. Bd. II. S. 184.

in allen Vertragshäfen entstanden zahlreiche und bedeutende Niederlassungen englischer Kaufleute; englische Banken machten überall ihre Agenturen auf, und London wurde, mehr und ausschließlicher noch als für den Warenhandel, für die bankgeschäftliche Abwicklung des ostasiatischen Verkehrs der anerkannte Mittelpunkt, dessen auch die nichtenglischen Kaufleute sich für den größten Teil ihrer Transaktionen bedienten.

Freilich blieb die englische Suprematie nicht unangefochten. Insbesondere machte Frankreich gewaltige Anstrengungen, sich eine selbständige Position im ostasiatischen Verkehr zu schaffen. Es setzte sich Anfang der 60er Jahre in Cochinchina fest und legte dort die Grundlagen für sein heutiges indochinesisches Kolonialreich. Nach dem Vorbilde Englands unterstützte es den direkten Schiffsverkehr mit dem Osten durch die Gewährung von Subventionen an die Messagéries Impériales, später Messagéries Maritimes genannt. Ferner veranlaßte die französische Regierung das Comptoir National d'Escompte, Filialen in China und Cochinchina aufzumachen. Der großen Rührigkeit dieses Bankinstituts und seiner Vertreter im Osten gelang es in der Tat, der französischen Valuta in jenen Gegenden neben der englischen eine gewisse, wenn auch bescheidenere Stellung zu verschaffen und direkte Handelsbeziehungen zwischen China und Frankreich herzustellen: Lyon wurde der Stapelplatz für ostasiatische Seide. Auch deutsche Häuser bedienten sich für ihre Geschäfte mit dem Osten vielfach der Vermittlung des Comptoir d'Escompte.

Ähnliche Anstrengungen wie Frankreich machten die Vereinigten Staaten von Amerika. Die Vollendung der ersten durchgehenden Eisenbahnlinie zwischen der atlantischen und pazifischen Küste des nordamerikanischen Kontinents war hierfür ein nicht zu unterschätzender Antrieb. Außerdem wurde die Pacific Mail Steam Co. speziell für den Verkehr mit Ostasien errichtet und stark subventioniert. Der Erfolg war, daß es gelang, den großen Bedarf an Tee durch direkten Bezug aus China zu decken. Weniger glücklich waren die Versuche, New York zu einem Zentralpunkt für den Handel in chinesischer Seide zu machen. In bezug auf die Geldtransaktionen blieb Amerika für den Verkehr mit Ostasien noch völlig in der Abhängigkeit von London, hauptsächlich wegen des erheblich billigeren englischen Zinssatzes. Die großen am Teehandel interessierten amerikanischen Häuser ließen für ihre Importen entweder ihre Londoner Verbindungen beziehen, oder sie ließen die auf sie selbst zu ziehenden Tratten bei Londoner Banken zahlbar stellen.

Auch Rußland machte damals schon ernstliche Versuche zur Herstellung direkter Handelsbeziehungen mit China, namentlich für den Bezug von Tee.

Deutschland stand noch im Hintergrunde. Zwar hatten sich nach Öffnung der Vertragshäfen in diesen eine Anzahl deutscher Kaufleute niedergelassen, deren Geschäft sich gut entwickelte; auch fanden deutsche Fabrikate im Austausch gegen die ostasiatischen Produkte, namentlich Tee, einen sich allmählich steigernden Absatz, und in der Küstenschiffahrt tauchten hanseatische, hannoversche und oldenburgische Schiffe immer häufiger auf. Aber noch fehlten regelmäßige und direkte Schiffsverbindungen, ein Umstand, der allein schon zur Inanspruchnahme der englischen Vermittelung nötigte, und noch fehlte jeder Anfang zu Bestrebungen, die aus dem östlichen Handel erwachsenden Geldtransaktionen von fremder Vermittelung unabhängig zu machen.

Wenn jetzt solche Bestrebungen auftauchten und sich in der Gründung der Deutschen Bank deutlich manifestierten, so kam diesen nicht nur die natürliche Tendenz nach der kürzesten Verbindung zugute, sondern auch die durch die Eröffnung des Suezkanals herbeigeführte große Umwälzung in den internationalen Verkehrswegen — ein Umstand, auf den Herr von Brandt, damals Konsul in Yokohama, in einem in Abschrift an Siemens mitgeteilten Berichte an das Reichskanzleramt ganz besonders aufmerksam machte.

Deutschland werde, so führte Herr von Brandt aus, durch die Änderung der Handelswege insofern berührt, als der Bezug der östlichen Produkte über italienische und österreichische Häfen vorteilhafter werde, als über London. Deutschland werde dabei immerhin fremden Nationen für einen Teil der Transportkosten tributär bleiben; es erscheine daher doppelt wichtig, möglichst bald diejenigen Schritte zu tun, die nötig sind, um den deutschen Fabrikanten sowohl, als auch den deutschen Kaufmann von der Bevormundung durch den Londoner Geldmarkt zu befreien und auf eigene Füße zu stellen, das heißt dem Kaufmann und dem Verarbeiter ostasiatischer Rohstoffe zu ermöglichen, seinen Agenten für den Einkauf dieser Artikel deutsche Kredite zu geben und den Fabrikanten der für die ostasiatischen Märkte bestimmten Manufakturen in den Stand zu setzen, deutsche Vorschüsse auf seine hinausgesandten Waren zu erhalten und seine Rimessen für Verkäufe in Ostasien direkt, statt über London und Paris zu empfangen.

Ein weiterer günstiger Umstand war, daß die bereits eingeleitete Reform des deutschen Geldwesens die Beseitigung eines Mißstandes in nahe Aussicht stellte, der bisher ein nahezu unüberwindliches Hindernis für direkte Geldtransaktionen mit überseeischen Gebieten gewesen war. Die Talerwährung, die innerhalb des Zollvereins dominierte, war auf keinem der mit Ostasien in direktem Verkehr stehenden deutschen Seeplätze in Geltung, konnte also erst recht nicht für eine Einbürgerung im Verkehr mit überseeischen Gebieten in Frage kommen. Dagegen ließ sich auf der Grundlage der einheitlichen deutschen Goldwährung ein Erfolg erwarten.

So lagen die Verhältnisse, unter denen die Deutsche Bank sich anschickte, ihren ersten Schritt nach der Übersee zu unternehmen.

Als diejenigen Plätze, welche für die Errichtung von Niederlassungen im Osten in Betracht kamen, wurden Yokohama, Shanghai und Hongkong von den Sachverständigen in Vorschlag gebracht. Yokohama konzentrierte in sich damals mehr als zwei Drittel des ganzen japanischen Außenhandels, und nahezu dieselbe Stellung nahm Shanghai in dem Gesamtverkehr der chinesischen Vertragshäfen ein. Hongkong war der Zentralpunkt für das südliche Ostasien; man entschloß sich, von Hongkong zunächst Abstand zu nehmen. Zwar hatte man in Yokohama und Shanghai mit einer starken Konkurrenz der dort bereits bestehenden Banken zu rechnen; es besaßen dort Niederlassungen die Oriental Bank, die Chartered Mercantile Bank, die Hongkong and Shanghai Banking Corporation und das Comptoir d'Escompte, in Shanghai außerdem noch die Agra Bank und die Chartered Bank of India. Aber die Konkurrenz darf nicht abschrecken, sie ist vielmehr das beste Zeichen eines lohnenden Bodens.

Die Etablierung im Osten konnte, darüber war man sich klar, nicht ohne gewisse Rückwirkungen auf die Organisation in Europa bleiben.

Diese mußte leistungsfähiger gestaltet werden, nicht nur durch die Bereitstellung neuen Kapitals, sondern auch durch einen inneren Ausbau. Die von Anfang an geplante Errichtung einer Filiale in Hamburg — neben der in Bremen bereits bestehenden — wurde dringend, und vor allem entstanden neue Zweifel, ob die German Bank ein hinreichend tragfähiger Stützpunkt an dem für das überseeische Geschäft vorerst noch allerwichtigsten Platze sei.

Aus allen diesen Erwägungen heraus entstand das nachstehend auszugsweise wiedergegebene, von Siemens ausgearbeitete Promemoria, mit welchem die Direktion der Deutschen Bank ihrem Verwaltungsrate im November 1871 den technischen Bericht der für die Leitung der ostasiatischen Filialen ausersehenen Herren Mammelsdorf und Seligmann vorlegte und den Antrag begründete, das Kapital der Bank um 5 Millionen Taler zu erhöhen und Filialen in Yokohama, Shanghai und Hamburg einzurichten.

Indem die Direktion sich erlaubt, in der Anlage einen näheren Bericht zu überreichen, verfehlt sie nicht, noch einige Bemerkungen daran zu knüpfen.

Es ergibt sich aus diesem Bericht, daß ein gut geleitetes Bankinstitut im Osten an sich recht gut möglich und wahrscheinlich auch lukrativ ist, wenngleich man gegen einige der in diesem Bericht aufgestellten Ziffern Einwendungen erheben könnte. Denn es ist noch nicht bewiesen, daß einem solchen Institute sofort der in dem Bericht erwartete Anteil an dem Geschäftsverkehr der gedachten Plätze zufallen wird. Es ist vielmehr notwendige Voraussetzung für Erwerbung dieses Anteils, daß das dortige Institut durch eine Vertretung in London mit allen im Osten domizilierten Banken gleiche Vorteile bieten kann. Diese Voraussetzung ist aber im Augenblick nicht vorhanden. Es muß also darauf gesehen werden, die Verbindung mit einer Londoner Bank noch intimer zu machen, indem man sich einmal einen größeren Einfluß auf dieselbe sichert und zweitens mit ihr ein Übereinkommen trifft, wonach sie uns erlaubt, in ihrem Geschäftslokal eine Agentur zu errichten, welche Verbindungen aufsucht, und wonach sie sich verpflichtet, unter unserer Garantie alle die auf Seite 22, 23 des Berichtes erwähnten Kredite zu gewähren. Sollte dies nicht zu erreichen sein, so würde eine selbständige Agentur errichtet werden müssen. Denn das Hauptgeschäft des neuen Instituts wird im wesentlichen in England zu suchen sein, wo infolge seines kommerziellen Übergewichtes vorläufig der Weltverkehr noch fast allein sich konzentriert. Über diesen Punkt würden daher in jedem Falle noch Verhandlungen in London zu führen sein.

Dies kann indessen uns nicht abhalten, sofort im Osten vorzugehen, weil die Verhandlungen in London wegen der kürzeren Entfernung rascher gefördert werden können und weil ein Aufschub im Osten möglicherweise die Folge haben könnte, daß die Konjunktur verloren ginge, welche in der günstigen Lage des

Geldmarktes und in der Möglichkeit der Erwerbung erfahrener und erprobter Kräfte begründet ist. —

Betrachtet man die bisherige Geschäftsrichtung der Deutschen Bank auf überseeischem Gebiete, so findet man,

1. daß die Gewährung von Vorschüssen auf Aussendungen bei dem gegenwärtigen Geschäftsbetriebe verhältnismäßig gefährlich ist. Solange man nicht eine Bank oder ein drittes Haus beauftragt, die Dokumente gegen Zahlung auszuhändigen, solange ist man im wesentlichen auf die Ehrlichkeit des Empfängers angewiesen, welcher die Bankrimessen einzusenden hat. Da dies aber in manchen Fällen nicht möglich und in manchen Fällen wegen der Zwischenprovision zu teuer ist, so hat man nur die Wahl entweder das Geschäft sehr zu beschränken oder bedenkliches Risiko zu laufen;

2. daß die Gewährung der Rembourskredite zu wenig lukrativ ist. Denn da nur englische Banken als Wechselkäufer auftreten, so ist ein Rembours nur auf London möglich und die an das betreffende englische Institut zu zahlende Provision verringert den Nutzen des Kreditgewährers.

Diesen beiden Übelständen würde durch Filialen der Deutschen Bank wesentlich abgeholfen werden. Das Bevorschussen der ausgesendeten Fabrikate wird ein sicheres sein. Der Umstand aber, daß die Filialen zugleich als Käufer der auf deutsche Firmen gezogenen Tratten (für Rembourskredite) auftreten, müßte das direkte Remboursgeschäft auf Deutschland ermöglichen. Es müßte dadurch ein großer Teil des direkten deutschen Imports (dessen Bedeutung man allerdings wohl überschätzt) der Vermittelung der Deutschen Bank anheimfallen.

Hinsichtlich der Organisation wirft sich die Frage auf, ob man derartige Institute im Osten als selbständige Banken oder als Filialen einrichtet. Die Direktion würde sich für Filialen entscheiden.

Da man in Japan und China Sechsmonats-Sicht-Tratten nur auf die großen Depositenbanken, z. B. Union Bank of London, Westminster Bank, London Joint Stock Bank, zieht, so würden die Abnehmer von solchen Papieren, die übrigens den Geschäftsbetrieb der trassierender Filiale genau beurteilen können, im Hinblick auf den Trassaten über Bedenklichkeiten, die sie etwa hinsichtlich des unbekannten Mutterinstituts der Filiale haben könnten, leicht hinwegsehen. Wichtiger ist allerdings dieser Punkt für die hauptsächlich in Hongkong gemachten Geschäfte im indochinesischen Verkehr, wo die Filiale als Trassat auftritt.

Dagegen hat die einheitliche Leitung der verschiedenen Comptoirs eine Reihe großer Vorteile, da dieselben sich gegenseitig leicht unterstützen können. Auch würden selbständige Banken ein viel größeres Kapital erfordern, als dies bei Filialen der Fall ist, welche durch das Mutterinstitut gedeckt sind.

Dem in dem Berichte gemachten Vorschlage, drei Filialen in Yokohama, Shanghai und Hongkong zu errichten, kann sich die Direktion nicht anschließen, weil sie einmal nur für 2 Filialen geeignete Vertreter vorzuschlagen weiß, und weil zweitens Hongkong als ein im Zurückgehen begriffener Platz von verhältnismäßig geringerer Wichtigkeit ist als Shanghai.

Englische Produkte wurden in Hongkong eingeführt

1867	1868	1869
£ 2 471 809	£ 2 185 972	£ 2 131 388

Sein Handel, der übrigens zu 3/4 indochinesischer Handel ist, für welchen die Organisation der Filiale nicht ausreichend ist, hat daher im Verhältnis zu Shanghai ganz erheblich abgenommen, wenn er auch der Summe nach stehen geblieben ist.

Die Direktion wünscht daher vorläufig

Yokohama zu dotieren mit 1 000 000 Taler,

Shanghai zu dotieren mit 2 000 000 Taler.

Den Betrag von 2 000 000 Taler, welcher bei einer Emission von 5 Millionen Taler restlich bleiben würde, aber schlägt die Direktion vor, mit 500 000 Talern für Hamburg und mit 1 500 000, falls eine selbständige Agentur in London notwendig werden sollte, für London zu reservieren.

In Hamburg würde im wesentlichen das gleiche Geschäft wie in Bremen zu machen sein:

1. Annahme von Depositen,
2. Herauslegen von Rembrourskrediten resp. Bevorschussen von Waren,
3. die Vermittelung des Hamburger Effektenverkehrs mit der Berliner Börse.

Namentlich würde bei den Hamburger Platzverhältnissen, welche in der lokalen Beschränkung der Valuta ihren Grund haben, die Annahme von verzinslichen Depositen auf lange Dauer ein besonders gutes Geschäft in sich schließen.

Die Direktion beantragt daher zu beschließen:

Vermehrung des Kapitals durch Emission von 5 Millionen Taler neuen Aktien mit 40 prozentiger Einzahlung, Errichtung von Filialen in Yokohama, Shanghai und Hamburg.

Berlin, im November 1871

Der Verwaltungsrat schloß sich den Anträgen der Direktion an. Die Filiale in Hamburg wurde schon zu Anfang des Jahres 1872 eröffnet; im Mai 1872 folgten die Niederlassungen in Yokohama und Shanghai. Die neuen Aktien im Nennwerte von 5 Millionen Taler wurden am 2. Januar 1872 ausgegeben.

Die London Agency.

In dem Bericht an den Verwaltungsrat über die Errichtung der östlichen Filialen, der oben abgedruckt ist, wurde gleich im Eingang hervorgehoben, daß die durch die östlichen Filialen erstrebten Vorteile im vollen Umfang nur dann erreicht werden könnten, wenn die Vertretung der Bank in London, über welchen Platz der weitaus größte Teil des Geschäftes mit dem Osten bis auf weiteres geleitet werden mußte, eine Ausgestaltung erfahren würde, die es der Bank ermögliche, dem mit Ostasien arbeitenden Handel die gleichen Vorteile zu bieten, wie die Institute, die bereits im Osten Niederlassungen besaßen. Zu diesem Zweck mußte entweder die German Bank in einem sehr viel weiter gemessenen Umfang, als bisher, der Deutschen Bank zur Verfügung gestellt werden, oder aber die Deutsche Bank mußte erneut die Gründung einer eigenen Filiale in London in Angriff nehmen.

Auf dem ersten Wege war nicht weiter zu kommen. War auch die Deutsche Bank weitaus der größte Aktionär der German Bank, so hatte sie an dieser doch immerhin nur ein Minoritätsinteresse. Die Leitung der German Bank hätte auch bei der weitestgehenden Bereitwilligkeit, der Deutschen Bank bei ihren Bestrebungen nützlich und behilflich zu sein, stets ihre eigenen Interessen als diejenigen eines selbständigen Instituts über diejenigen der Deutschen Bank stellen müssen und konnte unmöglich auf Kosten ihrer übrigen Aktionäre der Deutschen Bank die Erleichterungen und Vorteile zuwenden, welche man von einer Zweigniederlassung zu erwarten berechtigt ist. Die Verhandlungen und Korrespondenzen mit der German Bank mußten sehr bald über diesen Punkt volle Klarheit schaffen.

Es blieb also nur die Errichtung einer Londoner Filiale.

Das juristische Hindernis, das im Jahre 1870 zunächst den Ausschlag gegen die Errichtungen einer Filiale gegeben hatte, bestand zwar nach wie vor. Aber Siemens hatte inzwischen Gelegenheit gefunden, sich darüber zu vergewissern, daß die Reichsregierung dafür gewonnen werden könne, dieses Hindernis auf dem Wege diplomatischer Verhandlungen mit England zu beseitigen. Während diese Verhandlungen mit guter Aussicht auf Erfolg eingeleitet wurden, traf die Direktion der Deutschen Bank ihre Vorbereitungen für die Gründung einer Londoner „Agency".

Im Spätjahr 1872 waren die Vorarbeiten so weit gefördert, daß die Direktion bei dem Verwaltungsrat die Errichtung einer eigenen Filiale in London und gleichzeitig die Erhöhung des Gesellschaftskapitals von 10 auf 15 Millionen Taler vorschlagen konnte. Der Verwaltungsrat erhob diesen Antrag am 25. November 1872 zum Beschluß. Am 8. März 1873 begann die Filiale unter der Firma „Deutsche Bank (Berlin)

London Agency" ihre Wirksamkeit. Die diplomatischen Verhandlungen zwischen dem Deutschen Reich und Großbritannien waren in diesem Zeitpunkt noch nicht formell zum Abschluß gelangt; der Abschluß des Vertrags, betr. gegenseitige Anerkennung der unter der beiderseitigen Gerichtsbarkeit stehenden juristischen Personen, erfolgte jedoch am 27. März 1873. Damit war, wie der Geschäftsbericht der Deutschen Bank über das Jahr 1873 hervorhebt, die rechtliche Position der Londoner Filiale geklärt und sichergestellt.

Mit der Errichtung der London Agency war der entscheidende Schritt für die Entwicklung nicht nur des überseeischen Geschäftes der Deutschen Bank, sondern auch des überseeischen Bankgeschäftes Deutschlands überhaupt getan. Während anderwärts manche herbe Enttäuschung eintrat und von der Deutschen Bank eine Umgestaltung ihres ursprünglichen Programms erzwang, hat sich die Londoner Niederlassung von Anfang an als lebens- und entwicklungsfähig erwiesen und ist bald zu der wichtigsten und größten Filiale der Deutschen Bank emporgewachsen. Für Jahrzehnte war sie die einzige deutsche Bankfiliale in London und als solche ein wirksames Instrument für die Ausgestaltung und Ausbreitung der überseeischen Handelsbeziehungen Deutschlands.

Paris und New-York.

Noch vor der Gründung der Londoner Filiale erstreckte die Deutsche Bank ihre Beziehungen auf andere ausländische und überseeische Gebiete; zunächst auf Nordamerika und auf Frankreich. Im Geschäftsbericht für das Jahr 1872 wurde hierüber folgendes ausgeführt:

„Die mannigfachen Beziehungen zwischen Nordamerika einerseits und Deutschland sowie Ostasien andrerseits ließen eine Vertretung auch in New-York wünschenswert erscheinen. Mit Rücksicht auf die amerikanische Gesetzgebung und auf unsere angenehmen Verbindungen mit einer Reihe dortiger Häuser wählten wir hierfür die Form einer Kommandite und kommanditierten vom 15. Oktober 1872 ab die Herren Knoblauch und Lichtenstein, welche, seit längerer Zeit in New-York ansässig, das dortige Geschäft genau kennen, mit 500000 Dollar Currency. Wenn andere Institute, welchen nicht die Hilfsmittel einer Verzweigung über die verschiedensten Produktionsländer, wie dem unserigen, zu Gebote standen, durch solche Kommanditierung sehr vorteilhafte Resultate erzielt haben, so glauben auch wir, an jenen Versuch günstige Erwartungen knüpfen zu dürfen.

„Da uns auch eine intimere Verbindung in Paris nützlich erschien, so beteiligten wir uns endlich vom 1. Januar 1873 ab, zugleich mit einer Reihe ausgezeichneter und mächtiger Häuser, bei Kommanditierung der schon seit längerer Zeit bestehenden Pariser Firma Weißweiler & Goldschmidt, deren Leiter als vorsichtige und erfahrene Geschäftsleute den besten Ruf besitzen."

Südamerika.

Erheblich wichtiger als die Kommanditierungen in New-York und Paris war ein Schritt, den die Deutsche Bank im Jahre 1874 nach einem zunkunftsreichen und ausgedehnten überseeischen Wirtschaftsgebiete unternahm: Der Eintritt in die in Argentinien und Uruguay arbeitende Deutsch-Belgische La Plata-Bank und die Übernahme der Leitung dieses Instituts.

Das Programm, zu dessen Verwirklichung die Deutsche Bank ins Leben gerufen wurde, war weltumspannend; die Aufgabe, den auswärtigen Handel Deutschlands in seinen Geldtransaktionen von dem englischen Bankwesen unabhängig zu machen, war an kein bestimmtes Land und keinen bestimmten Weltteil gebunden, und gerade die Universalität dieser Aufgabe war es gewesen, die auf Georg Siemens einen besonderen Reiz ausgeübt hatte. Wenn die neue Bank mit ihren überseeischen Filialen zuerst nach China und Japan gegangen war, so waren hierfür die oben geschilderten besonderen Verhältnisse maßgebend gewesen. Aber schon in der am 8. Februar 1870 an den Bundeskanzler gerichteten Denkschrift waren neben China und Japan eine Reihe anderer überseeischer Gebiete namhaft gemacht, auf die sich die Tätigkeit der Deutschen Bank erstrecken sollte, darunter ausdrücklich auch Mittel- und Südamerika.

Bei einer geringeren Initiative, als sie in Georg Siemens verkörpert war, hätte die Deutsche Bank zunächst wohl abgewartet, wie sich die Niederlassungen im Osten, in London, in Bremen und Hamburg entwickeln würden. Die Organisation dieser Filialen und des gesamten überseeischen Geschäfts — eine Organisation, die in der Tat aus einem Nichts heraus zu schaffen war — stellte keine geringen Ansprüche an die Arbeitskraft und die Elastizität der leitenden Persönlichkeiten. Aber Siemens kannte kein genügsames Stillhalten. Er nahm begierig jede sich in das Gesamtprogramm einpassende Anregung auf, verarbeitete sie mit der neuen ihm durch Wallich vermittelten Kenntnis der Geschäftstechnik und mit den eigenen sich bald genug aus den östlichen Filialen ergebenden Erfahrungen, verwarf sie oder gestaltete sie zu großen Projekten.

Wallich, der vorsichtig abwägende, stemmte sich oft genug gegen das allzu stürmische Vorwärtsdrängen; aber auch er war bald so sehr im Banne des Siemensschen konstruktiven Geistes, daß er auch dann mit Siemens ging und, wenn nötig, Schulter an Schulter in Fragen von entscheidender Wichtigkeit schließlich mit Siemens gegen den Verwaltungsrat focht, wenn die innere Stimme der angeborenen Vorsicht ihn warnte. Siemens hat sich oft genug drastisch über das Kopfschütteln geäußert, das seine Projekte mitunter bei seinen Kollegen ausgelöst haben. Wallich selbst erzählt: „Unsere Ansichten stießen oft aufeinander, wenn ich einem von ihm vorgeschlagenen kühnen Schritte widersprach. Ich gab aber in den meisten Fällen nach, selbst wenn ich in meinem Innersten nicht einverstanden war. Ein unbewußter Instinkt sagte mir: Du darfst diesen Mann nicht gehen lassen. Er ist eine bedeutende Kraft für die Bank und hat Eigenschaften, die dir fehlen."

Schon ehe die konkrete Frage der La Plata-Bank aufgetaucht war, hatte sich Siemens eingehend mit der Ausdehnung des Geschäftes der Deutschen Bank auf die westliche Hemisphäre befaßt. Der Handelsverkehr Deutschlands mit den verschiedenen amerikanischen Wirtschaftsgebieten war unstreitig sehr viel bedeutender als derjenige mit dem Osten, und er erschien auch für die Zukunft als aussichtsvoller. Dazu kam, daß die östlichen Filialen der Deutschen Bank — wie sich bald herausstellte — es doch recht schwer hatten, sich gegenüber dem übermächtigen Wettbewerb des alteingesessenen englischen Handels eine Stellung zu verschaffen, während die südamerikanischen Verhältnisse, die viel mehr im Flusse des Werdens und der Neubildung waren, bessere Angriffspunkte zu bieten schienen.

Nicht nur der Leitung der Deutschen Bank, sondern auch den weiteren Kreisen der Interessenten drängten sich solche Gesichtspunkte auf. So befaßte sich ein Artikel des „Deutschen Ökonomisten" vom 31. Januar 1873 eingehend mit diesen Fragen. Bei aller Zustimmung zu den Grundzügen des Programms der Deutschen Bank erhob er Ausstellungen dagegen, daß die Deutsche Bank in Ostasien und nicht etwa in Buenos Aires, Rio de Janeiro, Valparaiso, Lima usw. die Verwirklichung ihres Programms begonnen habe. „Es wäre mehr im Interesse unserer Industrie gewesen, wenn die Deutsche Bank ihr Augenmerk bei Etablierung ihrer Filialen zuerst auf die vorher genannten südamerikanischen Plätze geworfen hätte, auf Plätze, die seit Jahren schon Abnehmer unserer sächsischen Strumpfwaren, wollenen und halbwollenen Kleiderstoffe, Remscheider, Solinger und Lüdenscheider Eisenwaren, preußischer Tücher, Berliner Shawls, Konfektions- und Kurzwaren usw. sind, auf Plätze, wo die englische Konkurrenz für den Import weniger vorhanden ist und die in ihren Exporten, Wolle, Häute, Kaffee, Zucker, Salpeter, Guano, Kupfer, Tabak, Farb- und Nutzhölzer usw., von ebenso großer Wichtigkeit für uns sind wie Baumwolle." An den genannten Plätzen sei auch eine geringere Konkurrenz durch englische Bankfilialen vorhanden als in Indien und China; die angesehensten und größten Geschäftshäuser daselbst seien deutsch oder deutschen Ursprungs; die deutsche Einwanderung nach diesen Gebieten nehme zu.

Für Siemens war auch die Erstreckung der Tätigkeit der Deutschen Bank auf Südamerika nur ein Teil einer weit größeren Konzeption. Indem er die Erfahrungen, die sich aus der Entwicklung der östlichen Filialen ergaben, auf die Ausgestaltung seiner Pläne wirken ließ, kam er zu organisatorischen Ideen, die — wenn sie auch damals ihrer Zeit noch erheblich vorauseilten — späterhin sich als fruchtbar erwiesen haben und in der Entwicklung des deutschen überseeischen Bankgeschäfts wenigstens teilweise zur Durchführung gekommen sind.

In den Akten der Deutschen Bank findet sich ein aus dem Jahre 1872 — aus der Zeit nach der Errichtung der östlichen Filialen und vor der Gründung der London Agency — stammender Entwurf zu einem

Promemoria, der Entwurf geblieben und wohl niemals auch nur dem Verwaltungsrat vorgelegt worden ist, der aber interessant genug ist, um hier in seinem wesentlichen Inhalt mitgeteilt zu werden.

Die Handelsbeziehungen zu Nord- und Südamerika, so wird dort ausgeführt, seien größer als diejenigen zu China und Japan, und die Möglichkeit sei gegeben, auf dem Austausch deutscher Manufakturen gegen amerikanische Importartikel ein bedeutendes Bankgeschäft zu basieren. Was die Form anlange, so bleibe im wesentlichen die Wahl zwischen der Errichtung von Filialen und von selbständigen, durch besondere Vereinbarungen und dauernde Beteiligung mit der Deutschen Bank im innigsten Zusammenhang zu haltenden Instituten. Für China und Japan sei die Form der Filialen unbedingt geboten gewesen, da die Frage der Kreditfähigkeit so am einfachsten gelöst werden konnte. Man habe sich jedoch die damit verbundene Gefahr der Schwächung der der Zentrale zur Verfügung stehenden Mittel nicht verhehlt und müsse von der Ausbreitung des im Osten befolgten Prinzips auf das neu zu betretende transatlantische Gebiet entschieden abraten. Es bleibe also nur die Errichtung selbständiger Banken. Dabei sei die Frage offen, ob es zweckmäßiger wäre, für jeden der in Aussicht genommenen Plätze eine besondere Bank zu bilden, oder ob es sich empfehle, ein großes Zentralinstitut zu errichten, dessen Zweige sich über die sämtlichen Hafenplätze Amerikas ausdehnen sollten. „Mein Plan war eigentlich der letztere. Ich beabsichtigte, neben der Deutschen Bank, gewissermaßen als deren Korrelat, ein neues Institut mit — sage 10 Millionen Taler unter dem Titel „Germanische Transatlantische Bank“ zu gründen; die Verwaltung, ähnlich der Provinzial-Diskonto-Bank, sollte dieselbe wie die der Deutschen Bank sein... Als erstes Geschäft dieser neuen Gesellschaft und gewissermaßen als Grundlage würde die Errichtung des beabsichtigten New-Yorker Geschäfts, welches den Namen „Germanische Transatlantische Bank in New-York“ führen würde, dienen. Dieselbe Schablone anwendend würde man ähnliche Institute in New-Orleans, Habanna, Rio, Buenos Aires, Montevideo, Valparaiso, je nachdem die geeigneten Persönlichkeiten sich finden, nachbilden. Sie alle würden ihren Mittelpunkt in Berlin zu suchen haben und ihre Operationen in der Deutschen Bank konvergieren lassen. Diese letztere würde auf diese Weise alle Geschäfte der genannten Institute zentralisieren, ohne solidarische Haftbarkeit, wie dies bei den östlichen Filialen der Deutschen Bank der Fall ist. Die Bedeutung, die diese Zentralisation dem Berliner Platze geben wird, liegt auf der Hand, und von dem Augenblick, wo diese Idee sich ihrer Realisation nähert, ist die Aufgabe der Deutschen Bank als Weltinstitut gelöst."

Der Kern des in diesem Entwurf skizzierten Programms hat später in der Deutschen Überseeischen Bank seine Verwirklichung gefunden und sich als durchführbar und gesund erwiesen. Aber ehe eine so umfassende Organisation Wurzel schlagen konnte, mußte erst in langer und mühsamer Arbeit und um den Preis mancher Enttäuschungen und Fehlschläge der Boden vorbereitet werden.

In der Zeit, die uns beschäftigt, konnte eine Konzeption von dieser Größe nur ein ideales Ziel darstellen; an eine Verwirklichung in naher Zeit war schon deshalb nicht zu denken, weil die Persönlichkeiten, wie sie für die Durchführung solcher Neuschöpfungen die erste Notwendigkeit sind, nicht aus dem Boden gestampft, sondern nur allmählich an den neuen Aufgaben herangebildet werden konnten. Die Annäherung an das Ziel konnte nur Schritt für Schritt erfolgen, unter geschickter und entschlossener Ausnutzung der sich bietenden Gelegenheiten und oft genug unter Kompromissen, wie sie die besondere Lage des einzelnen Falls erforderlich machte.

So zeigte es sich bald, daß die zunächst in Erwägung gezogene Errichtung einer Niederlassung der geplanten Überseebank in New-York nicht den Verhältnissen entsprochen hätte. Abgesehen von den in der amerikanischen Gesetzgebung liegenden Schwierigkeiten war das einheimische Bankgeschäft in New-York bereits hinreichend entwickelt und seine Beziehungen zu Deutschland waren bereits so weit ausgestaltet, daß die Zwecke, die dort zu erreichen waren, einfacher und sachgemäßer durch die Kommanditierung eines bereits bestehenden Hauses erreicht werden konnten.

In den Südstaaten der Union und in Zentralamerika fehlten die geeigneten Anknüpfungspunkte.

Südamerika wurde auf die vorhandenen Möglichkeiten eingehend studiert, insbesondere Brasilien, Chile und die La Plata-Staaten.

Am 17. April 1873 erteilte der Verwaltungsrat der Deutschen Bank dem Fünferausschuß die Ermächtigung zu weiteren Verhandlungen über die Errichtung einer Südamerikanischen Bank auf folgender Basis:

1. Die Südamerikanische Bank ist in Berlin mit einem Kapital von 5 Millionen Taler zu konstituieren;

2. Die Deutsche Bank ist ermächtigt, die Hälfte dieses Kapitals zu zeichnen und dauernd zu behalten, wenn sie anderweitige Partizipanten für die zweite Hälfte findet;

3. Der Verwaltungsrat der neuen Bank muß zur Hälfte aus Mitgliedern des Verwaltungsrats der Deutschen Bank bestehen, und dem Vorstand der Deutschen Bank muß durch das Statut der neuen Bank ein bestimmter Einfluß auf deren Geschäftsführung eingeräumt werden.

Die Bank kam in dieser Form nicht zustande. Von Brasilien entschloß man sich abzusehen, da die Internationale Bank in Hamburg in Vorbereitungen für die Errichtung einer Deutsch-Brasilianischen Bank bereits ziemlich weit vorgeschritten war und Siemens keine Neigung hatte, nachzuhinken. Über eine Etablierung in Valparaiso waren die Erkundigungen noch in der Schwebe, als sich die Gelegenheit bot, in den La Plata-Staaten Fuß zu fassen.

Die La Plata-Länder, insbesondere Argentinien, standen damals noch im Anfangsstadium ihrer Entwicklung. Die Grundlage ihrer späteren Blüte, der Weizenbau, war noch kaum in Angriff genommen; die weiten fruchtbaren Flächen des Landes wurden nur durch die extensivste Viehzucht nutzbar gemacht. Erst mit der Erschließung des Landes durch den Eisenbahnbau und durch den starken Zufluß von Arbeitskräften wurde die Getreideproduktion in größerem Umfang lohnend; während Argentinien bis zum Jahre 1881 fast ununterbrochen eine Mehreinfuhr an Getreide benötigt hatte, begann es in den 80er Jahren Getreide an den Weltmarkt abzugeben und wurde bald eines der wichtigsten Getreideexportländer. In der ersten Hälfte der 70er Jahre waren die Ausfuhrartikel so gut wie ausschließlich Wolle und Häute; aber in diesen Artikeln war das Geschäft sehr bedeutend. Anfang der 70er Jahre erreichte der argentinische Außenhandel bereits den Betrag von 100 Millionen Goldpesos. Trotz ungünstiger politischer Verhältnisse — Krieg und Revolution lösten sich fast ohne Unterbrechung ab —, trotz des schlechten Standes der Staatsfinanzen und der starken Zerrüttung des Geldwesens — der Kurs des Goldpeso in dem entwerteten Landespapiergeld stieg bis auf 3000% — war der wirtschaftliche Fortschritt unverkennbar. Es wurden große Vermögen verdient, die Bevölkerung und die Kaufkraft wuchsen, der Handel nahm sprungweise zu, und die Zukunft bot bei der Unermeßlichkeit des jungfräulichen Bodens von märchenhafter Fruchtbarkeit unbegrenzte Perspektiven.

Von den europäischen Ländern interessierte sich für die La Plata-Gebiete in erster Linie England; eine Anzahl englischer Häuser war dort ansässig und vermittelte den englischen Bezug von Wolle und Häuten im Austausch gegen englische Manufakturwaren. Britisches Kapital war in argentinischen Staats- und Provinzialanleihen sowie in Eisenbahnen bereits engagiert. Auch waren am La Plata zwei englische Banken seit längerer Zeit tätig, die London and River Plate Bank und die Commercial Bank of the River Plate. Neben England hatte Italien schon damals besondere Beziehungen zu Argentinien, namentlich durch Auswanderung; es war auch durch eine Bank, die Banque Italienne du Rio de la Plata vertreten. In Frankreich, das ansehnliche Handelsbeziehungen mit Argentinien hatte, ging man mit der Gründung einer Bank für die La Plata-Länder um. Die deutschen Interessen waren in den La Plata-Gebieten bereits seit längerer Zeit durch eine Anzahl kaufmännischer Häuser vertreten; der deutsch-argentinische Handel nahm rasch an Bedeutung zu; um seine Entwicklung zu fördern und ihn von der englischen Zwischenhand unabhängig zu machen, war im Jahre 1872 von einer deutschen Gruppe unter Führung der Diskonto-Gesellschaft und des Bankhauses Sal. Oppenheim in Köln in Gemeinschaft mit belgischen Interessenten, für die ähnliche Gesichtspunkte bestimmend waren, die Deutsch-Belgische La Plata-Bank mit dem Hauptsitz in Köln und einem Stammkapital von 10 Millionen Taler, worauf 70% eingezahlt wurden, gegründet worden.

Die Deutsch-Belgische La Plata-Bank.

Die Deutsch-Belgische La Plata-Bank hatte in Südamerika zwei Niederlassungen, eine in Buenos Aires, die andere in Montevideo; an letzterem Platze besaß sie auf Grund einer Konzession der Republik

Uruguay das Recht der Notenausgabe. Ihr Geschäft bestand zum einen Teil in der Finanzierung des Warenhandels zwischen den La Plata-Ländern einerseits, Deutschland und Belgien andererseits, also in der Bevorschussung der aus Europa nach dem La Plata zur Ausfuhr kommenden Fabrikate, in der Gewährung von Rembourskrediten auf die Produktenverschiffungen vom La Plata nach Europa und in den sich hieran anschließenden Wechsel-Operationen; zum anderen Teil war das Geschäft ein lokales, bestehend einerseits in der Annahme von Depositen und (für Uruguay) in der Ausgabe von Banknoten, andererseits in der Gewährung von Vorschüssen an die drüben ansässigen Firmen und — last not least — an die in Betracht kommenden Regierungen.

Das neue Institut hatte, weit entfernt, glänzende Erträgnisse zu bringen, zunächst einmal seine Mittel stärker festgelegt, als es vorsichtigerweise hätte geschehen dürfen; das Gründungskonsortium das wohl darauf gerechnet hatte, die übernommenen Aktien bald mit Vorteil an den Markt bringen zu können, saß auf dem Unternehmen fest, und dies zu einer Zeit, wo die beginnende Börsen- und Wirtschaftskrisis das Gesetz der Liquidität wieder einmal zu Ehren brachte. Aus diesen Verhältnissen heraus erklärt es sich wohl, daß die an der Gründung der La Plata-Bank beteiligten Institute, die nicht — wie die Deutsche Bank — die Förderung des Überseehandels als ersten Punkt in ihr Programm aufgenommen hatten, eine Entlastung von dem Engagement der La Plata-Bank als erwünscht ansahen. Die Deutsche Bank, die gerade infolge des Umstandes, daß sie sich bisher ganz vorzugsweise mit der Pflege des überseeischen Geschäftes befaßt hatte, von dem Rückschlag auf die Ausschreitungen der Gründerjahre kaum berührt wurde, war ihrerseits nicht abgeneigt, eine gute Gelegenheit zur Erweiterung ihres speziellen Geschäftszweiges zu benutzen.

Vom Monat Mai 1873 an wurden zwischen der Deutschen Bank und der Diskonto-Gesellschaft Verhandlungen über die La Plata-Bank geführt. Im Prinzip war man rasch einig: Die Deutsche Bank sollte aus den Händen des ursprünglichen Konsortiums einen stattlichen Betrag der Aktien der La Plata-Bank übernehmen und dafür im Verwaltungsrat und der Direktion der La Plata-Bank die ausschlaggebende

Stellung bekommen. Aber die Einzelheiten machten bei der Zähigkeit, mit der auf beiden Seiten verhandelt wurde, große Schwierigkeiten.

Bei der Deutschen Bank sorgte Wallich für eine kühle Beurteilung. Seine eingehende Prüfung der Situation der La Plata-Bank führte zu einem Ergebnis, das nicht gerade besonders ermutigend war. Er faßte sein Urteil ungefähr folgendermaßen zusammen:

Die augenblickliche Lage der Bank sei nicht brillant. Sie habe ihr ganzes Kapital und 2 Millionen Taler darüber hinaus, für die sie Kredite in Anspruch genommen habe, drüben festgelegt zu Kursen, die zurzeit 3% Verlust ließen. Dabei erscheine eine Reduktion des drüben arbeitenden Kapitals auf 3 Millionen Taler geboten. Der Gegenwert des investierten Kapitals sei in Wechseln, teilweise in Solawechseln, zu einem mäßigen Zinsfuß angelegt. Die Beurteilung der Qualität des Montevideo-Portefeuilles sei nicht möglich; das Buenos Aires-Portefeuille sei, soweit es sich von Europa aus beurteilen lasse, im ganzen nicht beunruhigend, aber immerhin sei eine gewisse Reserve notwendig. Alles in allem sei es kein übergroßes Wagnis, die Bank zu übernehmen, wenn man die Garantie besäße, daß in der Leitung drüben die Leute gefunden würden, die ein solches Geschäft verstehen und tüchtig durchführen können.

Dies sehr zurückhaltende Urteil hat sich später als noch zu günstig erwiesen. Immerhin genügte es, um auch Siemens, der die Verhandlungen in der Hauptsache führte, zur Zurückhaltung zu bestimmen. So blieb die Angelegenheit bis zum Beginn des Jahres 1874 in der Schwebe. Wie lange sich Wallich sträubte, und wie zähe Siemens auf seiner Idee bestand, zeigt folgender Brief von Siemens an Wallich, datiert Berlin, 21. Dezember 1873.

„Ich habe Sie durch Stenzel bitten lassen, entweder auf der Depositenbank oder auf der Deutschen Bank einen Augenblick auf mich zu warten, fand Sie aber um 12 weder dort noch hier. Ich bedauere dies um so mehr, als ich morgen früh möglicherweise keine Gelegenheit habe, mit Ihnen über die Sache zu sprechen.

„Ich halte dies aber auch für ziemlich überflüssig.

„Meine Stellung zur Sache ist von jeher dieselbe geblieben. Ich war für die Übernahme der Aktien und bin natürlich jetzt auch für das minus, nämlich für die Übernahme der Konten, wenn ich das plus nicht erreichen kann. Aber diese meine Stellung ist nur eine theoretische. Sie betrachteten seinerzeit mein Anerbieten, die La Plata-Bank zu übernehmen, mit einem leichten Spott, und ich muß Ihnen darin recht geben. Sie gingen auch am letzten Dienstag von der Ansicht aus, daß die Arbeit für diese Branche wesentlich auf Ihnen lasten würde. Dies ist meines Erachtens ebenso richtig, wenn es meines Erachtens auch nicht ganz ohne Ihre Schuld sich so verhält, daß Sie im Geschäft keine Hilfe dafür auftreiben können, weil Sie zu wenig nach festen, unwandelbaren Prinzipien verfahren. Nehmen Sie mir diese kleine persönliche Bemerkung nicht übel. Sie ist nicht böse gemeint. Wenn aber Sie im wesentlichen allein die Arbeit haben, so kommt es vorweg auf Beantwortung der Fragen an:

„Wieviel können und wollen Sie dabei tun?

„Wieweit können Sie mit vollem Herzen hineingehen?

„Das können nur Sie allein beantworten, und ich möchte Sie nach dieser Richtung hin nicht überreden.

„Wenn Sie aber dies beantwortet haben, dann will ich gern und mit herzlichem Vergnügen an die Formulierung der von uns eventuell zu machenden Vorschläge gehen.

„Am liebsten wäre mir freilich, um späteren Rekriminationen zu entgehen, Sie formulierten selbst, und ich prüfe bloß die Frage nach der Ausführbarkeit sowohl unsererseits als seitens der Diskonto-Gesellschaft.

„Ich bleibe heute nachmittag den ganzen Tag und Abend zu Hause, um zu arbeiten. Meine Frau ist verreist. Vielleicht kommen Sie im Laufe der Zeit bei mir vor, wenn es mir nicht gelingt, Sie noch vorher ausfindig zu machen.

„Besten Gruß. G. Siemens.

„P. S. Die prinzipielle Frage, ob überhaupt ein überseeisches Geschäft sich für uns empfehle, ist ja wohl noch nicht ernstlich von Ihnen in Zweifel gezogen."

Wallich gab schließlich nach, und die Verhandlungen mit der Diskonto-Gesellschaft konnten nunmehr, Anfang 1874, zum Abschluß gebracht werden.

Die mit der Diskonto-Gesellschaft als der Vertreterin des alten Konsortiums getroffene Vereinbarung bestimmte im wesentlichen folgendes:

Die Diskonto-Gesellschaft übernahm es, auf einer außerordentlichen Generalversammlung der Aktionäre der Deutsch-Belgischen La Plata-Bank eine Reihe von Statutenänderungen herbeizuführen, die von der Deutschen Bank als Voraussetzung für ihren Eintritt in das genannte Institut formuliert worden waren. Insbesondere handelte es sich dabei um die Reduktion des Aktienkapitals im Nominalbetrag von 10 Millionen Taler mit 40 % Einzahlung auf 3 Millionen Taler in vollgezahlten Aktien, welcher Betrag nach dem Urteil der Deutschen Bank für absehbare Zeit allen vernünftigen Bedürfnissen durchaus genügen sollte. Ferner sollte der Sitz des Instituts von Köln nach Berlin verlegt und eine Anzahl anderer statuarischer Bestimmungen dem neuen Sachverhalt angepaßt werden.

Die Deutsche Bank erklärte sich bereit, von dem alten Konsortium nom. 1 Million Taler in vollgezahlten Aktien des reduzierten Aktienkapitals der Deutsch-Belgischen La Plata-Bank, also ein Drittel des Stammkapitals, zu Pari mit 5% Stückzinsen vom 1. Januar 1874 ab zu übernehmen; dabei war Voraussetzung, daß der Deutschen Bank das statutarische Grundkapital der La Plata-Bank als effektiv vorhanden nachgewiesen würde. Die von der Deutschen Bank zu übernehmenden Aktien waren als dauernde Beteiligung gedacht und sollten demgemäß von den Konsortialverkäufen ausgeschlossen bleiben.

Ferner wurde vereinbart, daß der Verwaltungsrat der Deutsch-Belgischen La Plata-Bank in der Weise erneuert werden sollte, daß mindestens die Hälfte der Mitglieder aus den Mitgliedern des Verwaltungsrats der Deutschen Bank genommen würde. Die Direktion der Deutschen Bank verpflichtete sich, in die Direktion der La Plata-Bank einzutreten und unter Mitwirkung eines noch zu wählenden Spezialdirektors deren Oberleitung zu übernehmen.

Schließlich wurden eingehende Bestimmungen getroffen, welche die geschäftlichen Beziehungen der Deutschen Bank und der La Plata-Bank regeln und ein planmäßiges Zusammenwirken der zwei Institute sichern sollten. Im wesentlichen sollten alle von einem der beiden Institute eingeleiteten Transaktionen zwischen Europa und Südamerika für gemeinschaftliche Rechnung gemacht werden. Dabei stellte die Deutsche Bank der La Plata-Bank für Rembourskredite auf

Deutschland, Österreich, Nordeuropa und England ihr Akzept zur Verfügung, während die Vorschußgeschäfte auf Aussendungen nach den in den Geschäftskreis der La Plata-Bank fallenden südamerikanischen Plätzen unter Mitwirkung und Aufsicht der La Plata-Bank abgewickelt werden sollten.

Alle wesentlichen Gesichtspunkte, die für die neue Ausdehnung des überseeischen Geschäfts der Deutschen Bank sprachen, sowie die Grundzüge, nach denen künftig die beiden Banken zusammen arbeiten sollten, sind in einem ausführlich begründeten Antrag der Direktion an den Verwaltungsrat der Deutschen Bank vom 13. Januar 1874 kurz und präzis dargelegt. Dieses Dokument verdient hier um so mehr wiedergegeben zu werden, als es die eigenste Arbeit Georg Siemens darstellt. Der Entwurf stammt, ebenso wie mehrere Vorentwürfe, die von der gründlichen Durcharbeitung der Materie Zeugnis geben, vom Anfang bis zum Ende von Siemens' eigner Hand.

Antrag der Direktion zur Verwaltungsratssitzung vom 13. Januar 1874.

Der Verwaltungsrat der Deutschen Bank wolle die Direktion ermächtigen:

Von dem Syndikat, welches die Aktien der Deutsch-Belgischen La Plata Bank besitzt, für einen Betrag bis zu einer Million Taler effektiv als Gegenwert Aktien dieser Gesellschaft zu übernehmen, wenn

1. dem Verwaltungsrat der Deutschen Bank die Majorität der Stellen im Aufsichtsrat der La Plata-Bank eingeräumt wird,
2. zu Direktoren der La Plata-Bank die Direktionsmitglieder der Deutschen Bank ernannt werden,
3. die La Plata-Bank ihr Domizil nach Berlin verlegt,
4. die Festsetzung des Kurses und der näheren Modalitäten für die Übernahme vom Ausschuß der Deutschen Bank geprüft und genehmigt sein werden.

Motive:

Die Vermittelung der überseeischen Beziehungen hat bisher stets als Hauptaufgabe der Deutschen Bank gegolten. Die bisherigen Kapitalsvermehrungen sind stets durch Hinweis auf dies überseeische Programm gerechtfertigt worden, würden auch nicht anders zu rechtfertigen gewesen sein. Ein Aufgeben desselben würde daher voraussichtlich Anträge auf Kapitalsreduktion zur Folge haben. Die Geschäftsübersicht pro erstes Halbjahr 1873 ergibt übrigens, daß die Verzinsung der im überseeischen Geschäft arbeitenden Gelder — trotz der auf diesem Gebiet nicht minder ungünstigen Konjunktur — höher als die der im kontinentalen Geschäft angelegten Kapitalien war.

In ihrem Bericht vom November 1871, wodurch die Direktion ihren Antrag auf Errichtung von Filialen in Schanghai und Yokohama begründete, ging dieselbe von der Ansicht aus, (welche durch die seitherigen Erfahrungen durchaus bestätigt ist), daß dem von Deutschland aus zu betreibenden überseeischen Geschäfte zwei Hindernisse entgegenstehen:

1. Das Bevorschussen von Fabrikataussendungen ist aus geschäftlichen und juristischen Gründen gefährlich, solange man nicht an dem betreffenden überseeischen Platz einen zuverlässigen Agenten besitzt, welcher die Dokumente an sich behält, bis der Warenempfänger dieselben gegen Zahlung auslöst. Anderenfalls kommt man in die Lage, die Dokumente entweder bedingungslos oder gegen letter of lien aushändigen zu müssen, welch letzterer nach deutschem Recht das Pfandrecht nicht sichert, also wirkungslos ist.
2. Ein direktes Remboursgeschäft zwischen Deutschland und den meisten überseeischen Plätzen ist zurzeit unmöglich und können Rembourskredite fast nur auf London eröffnet werden.

Die Filialen in Shanghai und Yokohama wurden errichtet, um diesen Übelständen zu begegnen, und zwar um

1. das Bevorschussungsgeschäft ungefährlicher zu machen,
2. durch Ankauf deutscher Wechsel ein direktes deutsches Remboursgeschäft zu ermöglichen.

Das bisherige Arbeiten der Filialen hat die Richtigkeit dieser Anschauung bestätigt, wenn auch das Resultat aus anderen Gründen nicht vollständig den Erwartungen entsprochen hat.

Die Direktion entschied sich damals für Filialen, weil

1. man glaubte, für eine selbständige Bank, deren Aktien man voraussichtlich im Portefeuille behalten müßte, ein größeres Kapital nötig zu haben,
2. man befürchtete, über eine solche selbständige Bank nicht den wünschenswerten dauernden Einfluß behaupten zu können.

Die Entwicklung derselben ist beeinträchtigt worden, weil

1. man dieselben im Interesse der Sicherheit, sowie um jede Festlegung von Kapitalien zu verhindern, ein lokales Platzgeschäft nur in beschränkter Ausdehnung betreiben ließ,
2. die direkten Beziehungen zwischen Deutschland und dem Osten nicht erheblich genug sind, um ein Geschäft lediglich darauf zu basieren, es aber bisher unmöglich war, die gute englische Kundschaft zu gewinnen,
3. die für das chinesische Geschäft fast unentbehrliche Auffetzung von Geschäften in Indien aus mancherlei unseres Erachtens durchschlagenden Rücksichten nicht beliebt wurde, und daher die chinesischen Filialen in ihrer Bewegungsfähigkeit beschränkt und an der Erneuerung ihrer Fonds durch Wechselzüge gehindert wurden.

Es wird Gegenstand eines späteren Vorschlages werden, hiergegen praktische Abhilfsmittel vorzuschlagen, indem man versucht, unter Heranziehung anderer kontinentaler und chinesisch-lokaler Elemente die Filialen in eine selbständige Bank zu verwandeln, deren Geschäftsumfang durch diese Elemente eine breitere Basis gewinnt

Die Zuziehung dieser Elemente würde es ermöglichen, das in diesem Geschäft angelegte Kapital der Deutschen Bank zu verkleinern, während zugleich das Geschäft, insoweit es die Deutsche Bank in Europa angeht, konsolidiert und erweitert würde.

Im gegenwärtigen Augenblick ist aber eine andere Gelegenheit gegeben, wie man ohne solche vorherige Schule und ohne diese Nachteile an einem günstigeren Platze durch einen Vertrag mit der Deutsch-Belgischen La Plata-Bank eine Konsolidierung des eigenen Geschäfts neben gleichzeitiger Ausdehnung auf neue Gebiete erreichen kann.

1. Geschäft der Rio Plata-Bank.

Die Rio Plata-Bank besitzt bei einem augenblicklich eingezahlten Kapital von 4 000 000 Taler zwei Etablissements: Buenos Aires und Montevideo, letzteres mit dem Recht auf Banknotenemission. Die Lage dieser Plätze ist gesund. Die jährlichen Zolleinnahmeziffern beweisen ein erhebliches und stetiges Wachsen des Geschäftes beider Städte. Die Hauptexportartikel, als Wolle, Häute, sind als gewöhnliche Konsumartikel gleichen Preisschwankungen wie Luxusartikel nicht unterworfen und bieten daher eine verhältnismäßig gute Basis für ein auf deren Export gegründetes Bankgeschäft. Die wesentlich europäische Bevölkerung ist in diesem gemäßigten Klima ziemlich bedürfnisreich. Die staatliche Organisation der Länder befestigt sich anscheinend.

Diese Länder stehen bereits in direkten Marktbeziehungen zu Deutschland und dem Kontinent, so daß ein erheblicher Teil des Geschäfts direkt mit dem Kontinent gemacht werden kann.

Alle diese Hilfen stehen dem chinesischen Geschäft nicht zur Seite, welches demgegenüber allerdings den Vorteil hat, daß die Valutenverhältnisse durch die Basierung auf Silber geregelter sind. Wenn auch in der Zeitdauer und der Deckung des Obligos ein Unterschied zwischen China und La Plata vorhanden ist, so ist doch im Prinzip das Bankgeschäft das gleiche:

a) Überseeisches:
   1. Bevorschussen von Fabrikataussendungen,
   2. Rembourskredite für Produktenabladungen,
   3. Ausnutzung der Wechselkursschwankungen zwischen Bank- und Privatpapier (die nur sehr unerheblich sind) und zwischen stiller und Verschiffungszeit.

b) Lokales:
   1. Geschäfte mit der Regierung,
   2. Vorschüsse an dortige Häuser gegen pagares oder auch ohne solche Deckung zu verhältnismäßig hohen Zinsen von 1% per Monat.

Nach Versicherung Sachverständiger erfordert eine Bank in Buenos Aires 2 Millionen und Montevideo 1 Million Taler Das Kapital der Deutsch-Belgischen La Plata-Bank würde also hierzu ausreichen, selbst wenn man dasselbe auf 3 Millionen zurückschraubte.

2. Beziehungen zur Deutschen Bank.

Die Deutsche Bank würde neben der auf ihren Aktienbetrag fallenden Dividende einige weitere Vorteile haben, die ihr mit Notwendigkeit zufallen müssen, solange Direktion und Verwaltungsrat gemeinschaftlich sind.

Ihr eigenes Remboursgeschäft wird sich erweitern, da die Rembourskredite gewöhnlich in Europa gegeben werden und sie für Akzept am Verschiffungsort stets gute und billige Käufer finden wird. Bei Vermittelung der für Rechnung der La Plata-Bank zu machenden Aussendungen würde ihr eine Provision zuteil werden. Allerdings würde die La Plata-Bank für ihre europäischen Geschäfte wahrscheinlich eines erheblichen Kredites bedürfen. Die Mittel der Deutschen Bank reichen aber zu dessen Gewährung vollkommen aus. Ein vortrefflicher Kontokorrentkunde, dessen Geschäft man klar übersieht und womöglich selbst leitet, ist namentlich dann ein Gewinn, wenn das Geld, wie hier, liquide bleibt.

Die Deutsche Bank kommt aber zugleich in die Lage, stets die genaueste Kenntnis von allen in diesem Teile Südamerikas arbeitenden Häusern zu haben und sich vor übermäßiger Kreditgewähr schützen zu können.

Für die Hamburger Filiale, welche bisher das Remboursgeschäft nur in geringster Ausdehnung betreibt und sich auf das viel bedenklichere Bevorschussungsgeschäft einlassen mußte, würde eine solche Kombination von besonderem Werte sein. Die dadurch ihr zugeführte Kundschaft würde von der chinesischen wahrscheinlich vorteilhaft abstechen.

3. Erforderliche Mittel.

Zu diesem Geschäft muß allerdings eine Million Taler voraussichtlich auf mehrere Jahre immobilisiert werden. Auch entspricht die Forderung für die Aktien nicht der augenblicklichen Situation des Geldmarktes.

Das Geschäft ist aber weniger vom Gesichtspunkt des Aktienkaufes, als von demjenigen aus zu betrachten, daß man sich als Sozius bei einem Geschäfte beteiligt, von welchem man dauernden Vorteil erwartet und dessen Leitung man allein hat. Von dieser Anschauung aus liegt der Schwerpunkt nur in der Beantwortung der Frage, ob das Kapital, welches man rückvergütet, auch wirklich im Geschäft vorhanden ist. Hierüber ist natürlich strengste Prüfung erforderlich, und glauben wir die geeignete Person dafür gefunden zu haben. Übrigens müssen die Nebenvorteile, die in der Sicherung und Ausdehnung des eigenen Geschäfts liegen, auch billige Erwägung finden.

4. Organisation.

Die Organisation der Gesellschaft ist dahin zu verändern, daß die Hauptleitung nach Berlin gelegt wird. Es ist ein die Rechnungsführung beaufsichtigender Sub-Direktor anzustellen. Die Deutsche Bank stellt die Geschäftslokalien. Die Leiter in Buenos Aires und Montevideo werden vorläufig beibehalten, wenn auch Bedacht darauf genommen werden muß, einzelne Veränderungen eintreten zu lassen.

Etwaige Konflikte zwischen beiden Banken werden durch den Verwaltungsrat der Deutschen Bank entschieden.

Man kann also die Lage kurz dahin zusammenfassen:

Bei beschränktem eigenen Obligo erwirbt man sich die Verfügung über ein dreifaches Kapital, eröffnet sich einen bisher ziemlich fremden Markt, genießt in Form der Dividende den Vorteil einer an sich vernünftigen Sache und erlangt zugleich eine Reihe von Nebenvorteilen, indem man in die Lage kommt, sein eigenes Geschäft nicht nur auszudehnen, sondern auch sicherer zu betreiben, während in Shanghai und Yokohama das ganze Kapital der Deutschen Bank verantwortlich ist, ohne die Nebenvorteile, welche in der Heranziehung des fremden Kapitals begründet sind.

Berlin, im Januar 1874.

Der Verwaltungsrat der Deutschen Bank stimmte dem Antrag der Direktion zu. Am 9. März 1874 genehmigte eine außerordentliche Generalversammlung der La Plata-Bank die ihr zur Durchführung der Neuorganisation vorgelegten Statutenänderungen und wählte einen neuen, den getroffenen Abmachungen entsprechenden Verwaltungsrat Der Hauptsitz wurde nach Berlin in die Geschäftsräume der Deutschen Bank verlegt, und programmgemäß wurden die Direktoren der Deutschen Bank zu Direktoren der La Plata-Bank ernannt.

Der Wirkungskreis der Deutschen Bank war mit diesem Schritte um ein ausgedehntes und vielversprechendes Wirtschaftsgebiet erweitert, und die große Aufgabe der Deutschen Bank, den deutschen Überseehandel durch direkte Vermittlung seiner Kredit- und Geldtransaktionen vom Auslande unabhängig zu machen und im Zusammenhang hiermit die deutsche Valuta auf den für unseren Handel wichtigen Überseeplätzen einzuführen, schien ihrer Lösung um ein Bedeutendes näher gebracht. Kaum vier Jahre nach ihrer Errichtung hatte die Deutsche Bank im Osten bis nach China und Japan, im Westen bis nach dem La Plata ausgeholt und in London, Hamburg und Bremen starke Stützpunkte für ihr Geschäft begründet. Freilich hat sich nicht alles als lebensfähig erwiesen, was in jenen ersten Jahren stürmischen Dranges mit kühnem Wurf begonnen wurde; die Unbarmherzigkeit der Verhältnisse knickte manche Hoffnung und erzwang manchen Rückzug. Aber der gesunde Kern hat den Winter der Mißerfolge überdauert, und aus ihm hat sich später, vielfach in anderer Weise als ursprünglich geplant war, das gewaltige Überseegeschäft der Deutschen Bank entwickelt.

Hoffnungen und Enttäuschungen.

Aller Anfang ist schwer.

Die Wahrheit dieses Satzes mußte Georg Siemens an der Entwicklung des von ihm mit soviel Initiative und Nachdruck eingeleiteten Überseegeschäfts bald genug erfahren.

Die Schwierigkeiten lagen zum Teil in der Aufgabe an sich. Auch ein kleines überseeisches Bankgeschäft hat einen umfangreichen, bereits fest begründeten und sich gesund entwickelnden Warenhandel zur Voraussetzung. Diese Voraussetzung war aber zu der Zeit, als die Deutsche Bank ins Leben trat und die Verwirklichung ihres Überseeprogramms aufnahm, erst in bescheidenem Umfang gegeben. Auch wo diese Voraussetzung in ausreichendem Maße vorhanden ist, läßt sich der Handel nicht von heute auf morgen von gewohnten Geschäftsformen und Beziehungen abbringen und auf neue Wege führen, besonders wenn alteingesessene Konkurrenten mit dem ganzen Vorsprung, den sie als beati possidentes haben, den neuen Eindringling zu bekämpfen suchen. Weiter aber muß sich ein neuer Geschäftszweig ganz naturgemäß durch Fehler und Kinderkrankheiten hindurchringen und sich mit der Heranschulung des erforderlichen Personals eine festgeprägte Organisation und Tradition schaffen.

Zum anderen Teil lagen die Schwierigkeiten in besonderen, mehr oder weniger zufälligen Begleitumständen, die oft genug die Geduld und Ausdauer der Leiter des neuen Instituts auf harte Proben stellten und schließlich einen teilweisen Rückzug aus den in Angriff genommenen Arbeitsgebieten und eine nicht unerhebliche Umgestaltung des ursprünglichen Planes notwendig machten.

Die Geschäftsberichte der Deutschen Bank, die in ihren wesentlichen Teilen von Siemens verfaßt sind, geben in knapper und präziser Darstellung ein Bild der Entwicklung.

In dem Bericht für 1871 sind die Schwierigkeiten der neuen Aufgabe in klarer Erkenntnis stark unterstrichen:

„Das gesteckte Ziel der Erleichterung direkter Handelsbeziehungen zwischen Deutschland und den fremden, namentlich überseeischen Märkten ist ein schwer zu erreichendes. Das kommerzielle und finanzielle Übergewicht Englands verweiset den Kaufmannsstand der überseeischen Plätze fast allein auf London. Der durchschnittlich höhere deutsche Diskont und die Zersplitterung der deutschen Valuta in Mark-Banko, Louisdor-Taler, Taler und Gulden verhindern unseren Kaufmannsstand, sich für sein Remboursgeschäft der Kredite in deutscher Währung zu bedienen, da er die auf deren Grund gezogenen Wechsel an den überseeischen Plätzen wegen der Beschränkung des Marktes nicht umfangreich begeben kann. Eine Emanzipation dieses Geschäftszweiges kann erst nach Einführung einer allgemeinen deutschen Währung, und auch dann nur sehr allmählich vor sich gehen."

Aber derselbe Bericht brachte auch den Willen zum Ausdruck, sich durch diese Schwierigkeiten von der Verfolgung des Zieles nicht abdrängen zu lassen, und sprach die Hoffnung aus, allmählich vorwärts zu kommen. Im Anschluß an die Mitteilungen über die Beschlüsse, im Osten Niederlassungen zu errichten, wurde bemerkt:

„Wir erwarten, daß uns infolge verschiedener Arrangements in London auch ein großer Teil des über England und mit England gemachten Geschäfts dieser Plätze zufallen und jene Zweiganstalten reichlich alimentieren wird und hegen die günstigste Meinung von dem hierdurch für unser Geschäft und die Verwirklichung unseres Programms zu erwartenden Resultaten."

„Es ergibt sich aus dem Vorhergesagten," so heißt es weiter, „daß unser überseeisches Geschäft bei dem Entgegenstehen aller dieser noch zu besiegenden kommerziellen und politischen Hindernisse sich nicht mit derselben Schnelligkeit entwickeln konnte, wie die Geschäfte der sich mehr auf den lokalen Markt beschränkenden Institute. Wir hegen aber die Überzeugung, daß diese Entwicklung nicht ausbleiben wird und daß die Verbreitung unseres Geschäfts über den Weltmarkt dasselbe auch von lokalen Krisen unabhängiger machen und ihm die Aussicht auf gleichmäßigere Resultate geben wird."

Die im letzten Satz ausgesprochene Voraussicht hat sich in der Tat in der nahe bevorstehenden Krisis von 1873 glänzend bewährt.

Der Bericht für das folgende Jahr (1872) läßt eine erhebliche Steigerung der hoffnungsvollen Stimmung erkennen. Er teilt mit, daß die verschiedenen Filialen (Bremen, Hamburg, Shanghai und

Yokohama) bereits in voller Tätigkeit seien, „obwohl die zur Reise usw. erforderliche Zeit und die mancherlei anderen notwendigen Vorbereitungen die Geschäftseröffnung der asiatischen Filialen bis zum Monat Mai 1872 verzögerten".

„Dadurch daß Shanghai und Yokohama als Käufer für auf Deutschland gezogene Tratten auftraten und daß einige dort etablierte Häuser diesem Beispiele folgten, wurde die an jenen Plätzen bisher wenig gebräuchliche deutsche Valuta definitiv eingeführt, und es sind die jetzt mit jenen Plätzen arbeitenden kontinentalen Häuser in der Lage, ihre Geschäfte in deutscher Valuta abzuwickeln. Der Exporteur, der den Herstellungspreis seiner Ware in Talern berechnet, kann jetzt auch den Verkaufswert in Talern empfangen, und der Importeur, der in Talern an das Binnenland verkauft, kann seine Kredite jetzt in deutscher Valuta nehmen ... Die geschäftliche Erfahrung der mit der Führung der überseeischen Etablissements beauftragten und mit diesen Plätzen vertrauten Personen hat uns außerdem schnell eine erhebliche Zahl anderer Geschäftsfreunde zugeführt. Das einheitliche Zusammenwirken der europäischen mit den überseeischen Etablissements aber bietet zugleich für eine Reihe der mit jenen Ländern arbeitenden Häuser so mancherlei Bequemlichkeiten, daß die geschäftliche Lage dieser Filialen schon jetzt als eine vollständig konsolidierte und vielversprechende angesehen werden kann."

Dieses Urteil schoß nun freilich weit über das Ziel hinaus und mußte bereits im folgenden Jahre erheblich eingeschränkt werden; aber es lagen damals in der Tat eine Reihe günstiger Momente vor, die eine so hoffnungsvolle Auffassung begreiflich erscheinen lassen.

Diese günstigen Momente kamen schon darin zum Ausdruck, daß die vier Filialen, von denen nur diejenige in Bremen etwas länger als ein Jahr bestand, einen nicht unerheblichen Reingewinn aufwiesen: sie lieferten zu dem Reingewinn der Bank von insgesamt 960 000 Mark einen Beitrag von 186 000 Mark.

Je bescheidener die allerersten Anfänge gewesen waren, desto mehr mußten die rasch erzielten und unverkennbaren Fortschritte ermutigend wirken. Wie klein man angefangen hatte, davon gaben die folgenden Stellen aus Briefen von Siemens an Wallich Zeugnis.

Am 22. März 1871, also bald nach der Rückkehr aus dem Feldzug und der Wiederaufnahme seiner Geschäfte, schrieb Siemens:

„Einige kleine Geschäfte kommen so nach und nach, auch aus Berlin, und ich glaube, daß namentlich für den Bezug von Produkten die Sache sich nach und nach günstiger stellen wird. Doch erscheint auch mancher überseeische Unsinn; z. B. war neulich jemand aus Beirut da, der uns als Geschäftsbranche vorschlug, deutsche Fabrikantenwechsel auf Beduinenhäuptlinge zu diskontieren, in majorem Germaniae gloriam. Die Inzidenzfälle dieses Geschäfts erzähle ich Ihnen einmal mündlich."

Und am 20. September 1871.

„Das Wollgeschäft hat übrigens wieder einen neuen Kunden gebracht, dem die . . . . ., welche auch dieses Geschäft besorgt, 1½ % abverlangt hatte. Unsere Berliner Konkurrenten sind wenigstens nicht billiger als wir. Der Mann wohnt in Zielenzig! Sie kennen wahrscheinlich Deutschland nicht genug, um zu wissen, was das heißt."

Gerade das Wollimportgeschäft entwickelte sich übrigens in jener Zeit recht günstig und trug wesentlich dazu bei, das überseeische Geschäft der Deutschen Bank zu alimentieren. Der Geschäftsbericht für 1872 bemerkt hierüber:

„Obgleich die Lage des Warenmarktes sich gegen 1871 im großen und ganzen verschlechterte, so hat doch die Zahl der durch uns vermittelten Transaktionen erheblich zugenommen. Es sind uns dabei die Bestrebungen einer Reihe intelligenter und unternehmender Männer von hohem Werte gewesen, welche eine direkte Einfuhr überseeischer Produkte, z. B. von Wolle, nach Deutschland mit Erfolg versuchten und regelmäßige Auktionen von Kap- und Buenos Aires-Wolle in Berlin veranstalteten, um den deutschen Fabrikanten in die Lage zu setzen, seinen Bedarf nicht mehr in London allein decken zu müssen. Das im Jahre 1871 von denselben erzielte Resultat führte im Frühjahr 1872 in Berlin zur Errichtung einer Wollimport-Gesellschaft, welcher wir besten Erfolg wünschen und welcher hoffentlich bald weitere Gesellschaften für andere Produktionszweige folgen werden."

Neben diesen Fortschritten im regelmäßigen Geschäft kam den überseeischen Bestrebungen der Deutschen Bank in jenen ersten Jahren eine verständnisvolle Förderung durch die Reichsregierung zustatten.

Insbesondere war es Siemens gelungen, eine wertvolle Geschäftsverbindung mit der Kaiserlichen Marine anzubahnen. Bisher hatte sich die Marine zur Deckung ihrer Geldbedürfnisse in fremden Gewässern der Vermittelung eines englischen Bankhauses bedient. Siemens erklärte sich für die Deutsche Bank bereit, der Marine mindestens die gleichen Vorteile wie das englische Haus zu bieten. Die Verhandlungen führten zu dem Ergebnis, daß die deutschen Kriegsschiffe mit Akkreditiven der Deutschen Bank ausgestattet wurden, und am 8. Juli 1872 konnte Siemens an Wallich berichten:

„Mit der Marine sind wir fertig. Ich mache die Instruktionen für die Kapitäne. Die ganze Flotte wird durch uns besorgt, und die ..... (das Londoner Haus) sind hinausgeschmissen. — Aber billig! — Es ist aber immer eine gute Verbindung; bei 10 Tage-Sicht-Tratten brauchen wir hoffentlich nicht weiter in Vorschuß zu kommen, da Berlin von London nur zwei Tage entfernt ist."

Gleichfalls durch die Bemühungen und die guten persönlichen Beziehungen von Siemens wurde der Bank ein anderes, sehr bedeutendes Geschäft mit der Reichsregierung zugeführt, nämlich die Vermittelung der in Durchführung der Münzreform zu bewirkenden Silberverkäufe.

Durch den Übergang Deutschlands von der Silberwährung zur Goldwährung wurde der weitaus größere Teil des deutschen Silberumlaufs frei. Die Regierung mußte, um den Währungswechsel durchzuführen, das bei einer Goldwährung überflüssig werdende Silbergeld aus dem Verkehr ziehen, einschmelzen und im Wege des Verkaufs zu möglichst günstigen Bedingungen veräußern. Um welche Summe es sich dabei handelte, davon gibt die Tatsache eine Vorstellung, daß zur Zeit des Beginns der Münzreform der deutsche Silberumlauf etwa 1530 Millionen Mark betrug, wovon auch in Anrechnung eines starken Bevölkerungszuwachses kaum mehr als ein Drittel bei planmäßiger Durchführung der Goldwährung beibehalten werden konnte; das abzustoßende Silberquantum belief sich also auf rund eine Milliarde Mark oder etwa 11 Millionen Pfund fein. In Wirklichkeit ist die Durchführung der Währungsreform im Jahre 1879 unterbrochen worden, aber gleichwohl belief sich das bis dahin im Wege des Verkaufs abgestoßene Silberquantum auf 7103000 Pfund fein mit einem Reinerlös von 567 Millionen Mark.

Es handelte sich bei dieser Operation um ein kaufmännisches Geschäft allergrößten Umfanges, und es ist begreiflich, daß die Reichsfinanzverwaltung es nicht übernehmen wollte, dieses Geschäft in eigener Regie durchzuführen. Eine Reichsbank, der man die Leitung der Operationen hätte übertragen können, bestand damals noch nicht. Auch der Übertragung an die Preußische Bank stellten sich gewisse Schwierigkeiten entgegen, ganz abgesehen davon, daß die Preußische Bank über eine Organisation für die Durchführung der ganz vorwiegend auf dem Londoner Markt und eventuell in Ostasien durchzuführenden Silberverkäufe nicht verfügte.

Angesichts dieser Sachlage gelang es Siemens ohne große Schwierigkeiten, die Reichsfinanzverwaltung, die damals in der Hauptsache von Dr. Otto Michaelis in seiner Eigenschaft als Dezernent im Reichskanzleramt geleitet wurde, zu bestimmen, die Vermittlung der Silberverkäufe der Deutschen Bank zu übertragen, dem einzigen deutschen Institute, das nicht nur in London, auf dem Platze des größten Silbermarktes, sondern ebenso auf den für den Silberabsatz wichtigen Gebieten Ostasiens durch eigene Niederlassungen vertreten war. Die Übertragung der Silberverkäufe an die Deutsche Bank ermöglichte der Reichsregierung nicht nur ein sachgemäßes Operieren, sondern sie war gleichzeitig eine wesentliche Unterstützung der von der Deutschen Bank verfolgten Bestrebungen zur Herstellung direkter Beziehungen zwischen Deutschland und Ostasien.

Die Vermittlung der Silberverkäufe verblieb der Deutschen Bank bis zum Dezember 1876. In diesem Zeitpunkte beanspruchte die Reichsbank die Durchführung der Silberverkäufe für sich, da es nicht angängig sei, nach Errichtung der Reichsbank als des deutschen Zentral-Bankinstituts ein so wichtiges Geschäft in den Händen einer Privatbank zu belassen. Die Reichsregierung gab diesem Wunsche statt. Die Berechtigung seiner Begründung mag dahinstehen; denn da die Reichsbank über eine eigene Organisation auf den wichtigsten für das Silber in Betracht kommenden Plätzen nicht verfügte, war sie alsbald gezwungen, sich ihrerseits für den weitaus größten Teil der Silberverkäufe der Vermittlung eines englischen Bankinstituts — statt der bisherigen Vermittlung durch eine deutsche Bank — zu bedienen.

Insgesamt wurden bis Ende 1876 von der Reichsfinanzverwaltung durch Vermittlung der Deutschen Bank mehr als 2,2 Millionen Pfund Feinsilber mit einem Erlös von mehr als 180 Millionen Mark verkauft. Die Hauptmasse wurde auf dem Londoner und Hamburger Markte realisiert; aber auch die direkten Verkäufe in Ostasien (Kalkutta, Bombay und Shanghai) waren nicht unbedeutend: sie beliefen sich auf mehr als ½ Million Pfund Feinsilber mit einem Erlös von rund 45 Millionen Mark. Es ist klar, daß in diesen großen durch die Deutsche Bank vermittelten Umsätzen eine außerordentlich wertvolle Rückenstärkung gegenüber den unvermeidlichen Fehlschlägen und Verlusten des neuen Geschäftszweiges gegeben war.

Und die Verluste ließen nicht auf sich warten.

Die Börsen- und Handelskrisis des Jahres 1873, die sich nicht auf Deutschland beschränkte sondern sich auf ganz Europa und darüber hinaus auf Amerika und Ostasien erstreckte, konnte auch an dem Überseegeschäft der Deutschen Bank nicht spurlos vorübergehen. Die Filialen im Osten wurden durch die aus besonderen Gründen sich dort scharf zuspitzende Krisis stark mitgenommen, und auch die Hamburger Filiale, die in Verbindung mit den östlichen Niederlassungen lebhafte Geschäftsbeziehungen mit chinesischen und japanischen Häusern unterhielt, wurde betroffen. Der Geschäftsbericht der Deutschen Bank für 1873 führt aus, daß die Überspekulation in Tee und Seide, sowie die Überfüllung des chinesischen Marktes mit europäischen Fabrikaten eine Reihe von Importhäusern zu Fall brachten, die nicht stark genug waren, um außer den sich aus der Silberentwertung ergebenden Verlusten, von denen gleich zu reden sein wird, noch die durch das plötzliche Weichen aller Preise im Import und Export entstandenen Schäden zu tragen. „Bei mehreren derselben wurden wir insofern in Mitleidenschaft gezogen, als der Wert des uns verpfändeten Verschiffungsprodukts unter den Betrag der von uns angekauften Tratten herabsank. Ebenso wurde Japan, dessen Verbrauchsfähigkeit für europäische Fabrikate man nach unserer Meinung in Europa überschätzt, derartig überführt, daß ein rasches Fallen aller Fabrikatpreise eintrat, welches die Gefährdung mehrerer auf Aussendungen gemachten Vorschüsse zur Folge hatte."

Dazu kam ein besonderer Umstand, der die östlichen Filialen schwer traf: Das Fallen des Silberpreises.

Schon der Geschäftsbericht für 1872 erwähnt, daß die als Betriebsfonds für die östlichen Filialen bestimmten Gelder zu verhältnismäßig hohen Kursen hinausgelegt worden waren, so daß infolge des inzwischen eingetretenen Rückgangs der Silbervaluten die Kurse, mit denen die auswärts befindlichen Kapitalien in der Bilanz eingestellt werden mußten, einen wenn auch nicht bedeutenden Verlust aufwiesen. Damals hatte man noch die Hoffnung, daß es sich bei der Silberentwertung um eine vorübergehende Erscheinung handle. Aber bereits die Entwicklung des Jahres 1873, das einen neuen und beträchtlich stärkeren Rückgang des Silberpreises brachte, ließ in diesem Punkte keinen Zweifel. Der Geschäftsbericht für 1873 sagt hierüber:

„Ein erheblicher Verlust ist uns durch die Einführung der deutschen Goldwährung entstanden. Das Münzgesetz vom 9. Juli 1873 ordnet an, daß die Silberzirkulation in Deutschland nur 10 Mark per Kopf, d. h. also ungefähr 140 Millionen Taler, betragen soll. Die hieraus sich ergebende Folge, daß der nach allgemeiner Schätzung ungefähr 200 Millionen Taler betragende Überschuß*) von Deutschland im Laufe der Zeit weggeschafft werden muß, hat in diesem Jahre einen erheblichen Druck auf die Silberpreise und dementsprechend auf die Wechselkurse in China und Indien ausgeübt, so daß wir nicht nur auf die von dort eingehenden Rimessen Verluste zu verzeichnen hatten, sondern auch unser gesamtes dort liegendes Kapital gegen das Vorjahr weiter entwertet worden ist. Ein baldiges Aufhören dieses allerdings nur zeitweiligen Druckes ist auch kaum zu erhoffen, da das überflüssige Silber (mit Ausnahme Hollands)**) zurzeit nur von Indien und China aufgenommen werden kann. Da die Aufsaugungsfähigkeit dieser Länder, entsprechend ihrer Handelsbilanz, keine unbeschränkte ist, so wird das Abstoßen des Silbers auch nur allmählich erfolgen."

---

*) Der Überschuß war in Wirklichkeit beträchtlich höher und stellte sich auf nahezu 350 Millionen Taler.

**) Auch dort wurde die freie Silberprägung bald eingestellt, wie es schon in Frankreich, der Schweiz, Belgien, Italien usw. geschehen war.

Insgesamt ergab sich infolge der geschilderten widrigen Verhältnisse für das Jahr 1873 aus dem überseeischen Geschäft ein Verlust von 165 810 Taler.

Die Einziehung der östlichen Filialen.

Das Jahr 1874 brachte nicht nur keine Besserung, sondern eine so erhebliche weitere Verschlimmerung der Verhältnisse, unter denen die östlichen Filialen zu arbeiten hatten, daß es in Frage gestellt war, ob die Deutsche Bank stark genug sei, diese Filialen, ohne eine Gefährdung ihres eigenen Bestandes, durchzuhalten. Schweren Herzens mußte sich auch Siemens, der seine ganze Persönlichkeit für die Verwirklichung des überseeischen Programms der Deutschen Bank eingesetzt hatte und der gewiß nicht gewohnt war, vor der ersten Widerwärtigkeit kehrt zu machen, sich mit der Zurückziehung der östlichen Filialen einverstanden erklären. Der Geschäftsbericht für 1874 teilte diesen Entschluß mit folgenden Worten mit:

„Unsere Filialen in Shanghai und Yokohama hatten unter verschiedenen Widerwärtigkeiten zu leiden. Die Furcht vor den (an sich bisher hinter den Erwartungen zurückbleibenden) Silberverkäufen der deutschen Regierung drückte die Silbervaluta herunter und entwertete unseren drüben befindlichen Betriebsfonds weiter. Die Konkurrenzkraft unserer heimischen Industrie wurde schwächer, und damit nahm der direkte Verkehr mit jenen Plätzen ab. Ebenso verminderte sich die Zahl der dort bestehenden guten deutschen Häuser. Das Material für Alimentierung eines deutschen Geschäftes verringerte sich daher fortwährend. Ein Versuch, unser Geschäft mehr als bisher auf die Kundschaft ausländischer Häuser zu gründen, würde zurzeit keine besondere Aussicht auf Gewinn bieten, da auch die übrigen im Osten arbeitenden Banken teils mit geringem Gewinn, teils sogar mit Schaden abgeschlossen haben. Unter diesen Umständen halten wir es für richtig, unsere östlichen Filialen vorläufig einzuziehen. Dieselben werden im Laufe des Jahres 1875 geschlossen werden."

Die vorläufige Einziehung ist zur endgültigen geworden.

Daß der Entschluß, so hart er gewesen sein mag, der richtige für die Deutsche Bank gewesen ist, hat die Folgezeit gelehrt. Die Silberentwertung, die vor allem die Quelle der großen Verluste der östlichen Filialen gewesen war, stand damals erst in ihren Anfängen; sie machte namentlich vom Jahre 1876 an weitere starke Fortschritte, und der Geschäftsbericht der Deutschen Bank für 1875 bemerkte zutreffend, daß bei einem Fortbestehen der östlichen Niederlassungen der Valutaverlust wesentlich größer geworden wäre, als die durch die Liquidation entstandenen einmaligen Ausfälle.

Am 1. Oktober 1875 war diese Liquidation beendet. Sie ergab einen Verlust von 245 000 Mark für Shanghai und von 190 000 Mark für Yokohama.

Die Zurückziehung der östlichen Filialen brachte eine Änderung der Wege mit sich, auf denen die Deutsche Bank ihr überseeisches Programm zu verwirklichen suchte, keineswegs aber sollte sie ein Aufgeben dieses Programms selbst bedeuten. Um das zu unterstreichen, wurde in dem Geschäftsbericht für 1874 die Mitteilung über die Zurückziehung der östlichen Niederlassungen eingeleitet durch die Feststellung, daß die Deutsche Bank in ihrem überseeischen Geschäft zwei Richtungen verfolge:

1. Gewährung von Bevorschussungskrediten an Exporteure, von Rembourskrediten sowohl auf London wie auf deutsche Plätze an Importeure.

2. Einführung der deutschen Valuta auf überseeischen Plätzen, damit der deutsche Importeur seine Geschäfte direkt, ohne Vermittlung ausländischer Bankhäuser abwickeln könne.

Dem Mißerfolg in der zweiten Richtung, der zur Liquidation der östlichen Filialen nötigte, wurden die guten Fortschritte in der erstgenannten Richtung gegenübergestellt:

„Die erstgedachte Branche hat sich zufriedenstellend fortentwickelt. Allerdings hatten auch wir darunter zu leiden, daß die Überspekulation im Produktenmarkt einer gewissen Furchtsamkeit Platz machte; indessen hat sich andererseits die Zahl unserer Verbindungen vermehrt. Unsere Londoner Filiale hat sich vortrefflich bewährt; unsere Bremer und Hamburger Filialen haben günstige Erfolge aufzuweisen."

Und im Bericht für 1875 wurde im Anschluß an die Mitteilung

über das Ergebnis der Liquidation der Niederlassungen in Shanghai und Yokohama gesagt:

„Ausdrücklich wollen wir indessen hervorheben, daß wir unser Programm der Unterstützung des deutschen überseeischen Handels damit durchaus nicht aufgeben, sonderen dasselbe mit Hilfe unserer sich vortrefflich bewährenden Londoner Filiale stetig weiter verfolgen, wenngleich wir unsere Versuche, die deutsche Valuta auf den überseeischen Plätzen einzuführen, bei der Abnahme des deutschen Exports vorläufig zu sistieren gezwungen sind."

Wie wenig sich Georg Siemens durch den ostasiatischen Mißerfolg entmutigen und irre machen ließ, ergibt sich ohne weiteres aus der Tatsache, daß er gerade in der Zeit, als die Lage der östlichen Filialen anfing schwierig zu werden, das Projekt des Eintritts in die Deutsch-Belgische La Plata-Bank aufgriff und gegen mancherlei Widerstände auf das eifrigste betrieb. Hatten sich bei der Form der Filialen im Osten gewisse Schwierigkeiten herausgestellt, so wollte er es jetzt mit der Form eines eigenen überseeischen Bankinstituts versuchen. Hatten sich die Hoffnungen auf die wirtschaftliche Entwicklung des Ostens und die rasche Ausdehnungsfähigkeit der deutschen Handelsbeziehungen mit jenen Gebieten jetzt als übertriebene erwiesen, so konnte man sich bei den zweifellos zukunftsreichen, ganz anders gearteten Wirtschaftsgebieten Südamerikas eines besseren Erfolges versehen. Wenn alle anderen verzagten, so behielt Siemens den Kopf oben; der Mißerfolg hier schien ihn nur zu um so größerer Energie dort anzuspornen. Unwillkürlich denkt man an den Rückertschen Spruch:

„Schlägt die Hoffnung dir fehl,
Nie fehle dir das Hoffen;
Ein Tor ist zugetan,
Doch tausend stehen offen."

Die Liquidation der Deutsch-Belgischen La Plata-Bank.

Aber auch in Südamerika standen schwere Enttäuschungen bevor.

Die Übernahme der Leitung der Deutsch-Belgischen La Plata-Bank durch die Direktion der Deutschen Bank war im Juni 1874 erfolgt. Schon der Geschäftsbericht für 1874 mußte erwähnen, daß „einige vor unserem Eintritt abgeschlossene Geschäfte infolge der bald nach der Übernahme ausgebrochenen Revolutionen in Argentinien und Uruguay Verluste brachten und damit die Hoffnung auf augenblickliche große Dividenden vereitelten". Wenn aber daran die Hoffnung geknüpft wurde, daß „die kommerziellen Beziehungen zwischen einem der größten Wolle- und Häutestapelplätze der Welt und einem fabrikreichen Lande, wie Deutschland, unter dergleichen vorübergehenden Verhältnissen nur kurze Zeit leiden können", so war diese Hoffnung zwar an sich berechtigt; aber an dem von der Deutschen Bank übernommenen Instrument zur Vermittlung der beiderseitigen Handelsbeziehungen stellten sich alsbald schwere Schäden heraus, die für lange Zeit die Durchführung der Pläne, mit denen die Deutsche Bank nach Südamerika gegangen war, verhinderten.

Der Bericht für 1875 mußte mitteilen:

„Bedauerliche Ergebnisse hat unsere Aktienbeteiligung an der Deutsch-Belgischen La Plata-Bank geliefert. Dieselbe hatte vor unserem Eintritt in die Direktion einen bedeutenden Vorschuß an die Regierung von Uruguay gegen Verpfändung von Staatspapieren gegeben. Der Ende 1874 erfolgte Sturz der Regierung verhinderte die Rückzahlung der Kapitalien, und die neue Regierung sistierte im Laufe des Jahres 1875 auch die bisher regelmäßig erfolgte Zinszahlung, indem sie sich auf die leeren Staatskassen berief. Verschiedene Rückzahlungsversprechen sind bisher unerfüllt geblieben, und wir werden unter diesen Umständen die bereits im Vorjahr gegen unsern Effektenbesitz gestellte Reserve erhöhen müssen."

Es war hauptsächlich die Notwendigkeit einer umfangreichen Rückstellung gegen das Engagement in der La Plata-Bank, die für das Jahr 1875 eine Herabsetzung der Dividende der Deutschen Bank auf 3% (gegen 5% im Vorjahr) erzwang und damit aus Gründen, die später zu besprechen sind, den Fortbestand der Deutschen Bank überhaupt in Frage stellte. In jener schweren Zeit kam Georg Siemens in die Lage, die aus der gemeinschaftlichen Arbeit hervorgegangene Freundschaft seiner Kollegen zu erproben. Gegen die Ansicht der anderen, vor allem gegen das Abraten Wallichs, hatte Siemens die Übernahme der La Plata-Bank durchgesetzt. Aber nachdem diese Aktion zu einem so schweren Mißerfolg geführt hatte, dachte niemand, am wenigsten Wallich, daran,

Siemens einen Vorwurf zu machen; die Kollegen halfen vielmehr nach besten Kräften, den Mißerfolg zu überwinden und kämpften geschlossen mit ihm gegen die bösen Konsequenzen, die sich aus dem La Plata-Geschäft zu ergeben drohten.

Im übrigen brachte bereits das Jahr 1876 insofern eine Wendung zum Besseren, als die Regierung von Uruguay wenigstens die Zahlung der Zinsen auf den Vorschuß wieder aufnahm; an Kapitalrückzahlungen war aber für lange Zeit nicht zu denken, und damit war die La Plata-Bank so festgefahren, daß sie an ein aktives Geschäft nicht denken konnte, sondern sich in den folgenden Jahren im wesentlichen auf die Eintreibung ihrer Außenstände beschränken mußte. Erst im Jahre 1884 gelang es, eine Vereinbarung mit der Republik Uruguay herbeizuführen, nach der die La Plata-Bank gegen Verzicht auf alle Ansprüche einen angemessenen Betrag in fünfprozentigen Rententiteln erhielt, deren Verkauf in relativ kurzer Zeit bewirkt wurde. Die La Plata-Bank stand damit vor der Entscheidung, ob sie ihre Tätigkeit wieder aufnehmen oder in Liquidation treten wollte. Die Deutsche Bank entschied sich für die etztere Alternative. Am 11. März 1885 wurde der Liquidationsbeschluß gefaßt. Das schließliche Ergebnis war, daß für die Deutsche Bank wenigstens kein Verlust entstand und die erheblichen Rückstellungen, die vorsichtigerweise in der kritischen Zeit gemacht worden waren, nicht in Anspruch genommen werden mußten, sondern im vollen Umfange frei wurden.

Der Beschluß, die La Plata-Bank zu liquidieren, bedeutete jedoch nicht, wie die Einziehung der östlichen Filialen, einen völligen Rückzug aus dem bisher bearbeiteten Gebiet. Auf Grund der gewonnenen Erfahrungen und Geschäftsbeziehungen errichtete die Deutsche Bank vielmehr alsbald nach der Liquidation der La Plata-Bank behufs Unterstützung des deutschen Handels mit Südamerika ein neues selbständiges Institut, die „Deutsche Übersee-Bank" mit zunächst 10 Millionen Mark Kapital, aus der später die zu hoher Blüte gelangte „Deutsche Überseeische Bank" hervorgegangen ist.

Wie mit den Außenposten in Ostasien und Südamerika, so erlebte die Deutsche Bank auch mit ihren Kommanditen in Paris und New-York nicht allzuviel Freude.

Die Pariser Kommandite, die zu keiner besonderen Bedeutung gekommen war, wurde im Jahre 1877 zurückgezogen.

Die New-Yorker Kommandite entwickelte sich in den ersten Jahren, trotz der durch die Krisis von 1873 herbeigeführten schwierigen Verhältnisse, durchaus befriedigend. Im Jahre 1877 jedoch wurde die kommanditierte Firma durch eine Anzahl von Fallimenten amerikanischer Exporthäuser betroffen, die hauptsächlich durch eine Krisis auf dem Petroleummarkte verursacht worden waren; infolgedessen ergab sich für die Deutsche Bank bei Ablauf des Kommanditierungsvertrags, der zunächst bis Ende 1877 abgeschlossen worden war, an Stelle des erwarteten Gewinns ein Verlust. Gleichwohl wurde der Vertrag bis zum Jahre 1882 verlängert, jedoch unter Reduktion der Beteiligung, die gleichzeitig in Gold fixiert wurde, auf 400 000 Dollar.

Der Geschäftsbericht für 1882 mußte mitteilen:

„Einen schweren Verlust bereitete uns unsere Kommandite New-York dadurch, daß deren Inhaber, unter Aufgebung ihrer bisherigen Gepflogenheit, starke Engagements in Effekten eingingen, welche einen ungünstigen Ausgang hatten. Die Kommandite ist am 15. Oktober aufgelöst, der Verlust aus den Ergebnissen dieses Jahres vollständig gedeckt worden."

Günstige Entwicklung in Hamburg, Bremen und London.

Im Gegensatz zu den überseeischen Niederlassungen und Kommanditen entwickelte sich das überseeische Geschäft der Zentrale, und mit diesem dasjenige der Filialen in Hamburg, Bremen und London, wenn auch nicht ohne kleinere Rückschläge, in durchaus erfreulicher Weise.

Der Geschäftsbericht für 1876 schrieb:

„Wir halten an dem Teile unseres Programmes fest, den deutschen Handel, sowohl Export als Import, nach Kräften durch unsere Filialen und Kommanditen zu unterstützen und namentlich den direkten Import des Inlandes durch Befreiung von der Vermittelung englischer Firmen zu erleichtern, indem wir dem Inlande hier die Abrechnung in deutscher

Valuta freistellen. In der Pflege dieses überseeischen Bankverkehrs haben wir auch mehr und mehr eine lohnende Beschäftigung gefunden. Wenngleich der deutsche Handel im allgemeinen zurückgegangen ist, so hat sich doch die Zahl unserer Verbindungen vermehrt, und eine Reihe deutscher Häuser, welche früher lediglich mit national-englischen Firmen arbeiteten, hat in richtiger Erkenntnis der größeren durch uns gewährten Vorteile angefangen, sich unserer Vermittlung zu bedienen. Infolgedessen haben wir die Stockung im inländischen Bankverkehr weniger empfunden als die Institute, welche sich wesentlich auf das einheimische Gebiet beschränken und namentlich diejenigen, welche ihren Schwerpunkt mehr in den Beziehungen zur Industrie, als in denen zum Handel gesucht haben."

Vorübergehend gestört wurde die normale Entwicklung der Hamburger Filiale im Jahre 1877 durch instruktionswidrige Arbitragegeschäfte in Spekulationspapieren, die der Leiter der dortigen Wechselstube teils für Rechnung der Bank, teils für fremde, schwache Rechnung einleitete und durchzuhalten suchte. Dadurch entstand für die Bank ein erheblicher Verlust. Im Jahre darauf wurde die Hamburger Filiale empfindlich getroffen durch den Zusammenbruch der seit 34 Jahren bestehenden Reederei-Firma W. Pustau. Siemens, der sich beim Bekanntwerden des Zusammenbruchs gerade in Hamburg befand, reiste, wie er ging und stand, ohne jedes Reisegepäck, mit der nächsten Gelegenheit, auf einem Frachtdampfer, nach London, um eine Forderung zu retten, für die der Deutschen Bank an zweiter Stelle der Dampfer „Altona" der Firma W. Pustau verpfändet war.

Alles dieses waren jedoch nur Zwischenfälle, die höchstens vorübergehend die aufsteigende Gesamtentwicklung stören konnten.

Besonders günstig gestaltete sich von Anfang an das Geschäft der London Agency. Aber gerade deren günstige Entwicklung gab die Veranlassung, daß auch auf dem Londoner Platz mit dem ersten Anfang des überseeischen Geschäftes der Deutschen Bank, mit der Beteiligung an der German Bank, aufgeräumt wurde.

Die Gründe, aus denen die German Bank den Zwecken der Deutschen Bank nicht voll genügen konnte und die im Jahre 1873 zur Errichtung der London Agency führten, sind oben dargelegt. Je mehr nun die Agency zu einer wirksamen Vertretung der Deutschen Bank in London wurde, desto mehr mußte sich das Interesse der Deutschen Bank an der German Bank abschwächen, und dies geschah bald bis zu einem Grade, daß die Beteiligung an der German Bank nur noch als eine lästige Kapitalfestlegung empfunden wurde. Dazu kam, daß die schweren Zeiten der Krisis von 1873 auch an der German Bank nicht spurlos vorübergingen; ihre Dividende, die in den Jahren 1871 bis 1873 sich auf 6, 8 und wieder 6% gestellt hatte, mußte im Jahre 1874 auf 3% reduziert werden. Auch sonst war man in Berlin mit der Geschäftsführung und den Erfolgen der German Bank nicht ganz zufrieden.

Schon zu Beginn des Jahres 1875 kam deshalb in der Direktion der Deutschen Bank der Gedanke an eine Liquidation der German Bank auf, und man setzte sich hierüber mit den anderen deutschen Hauptbeteiligten, der Mitteldeutschen Kreditbank und dem Bankhause Gebr. Sulzbach, dessen Chef gleichzeitig Aufsichtsratsvorsitzender der Mitteldeutschen Kreditbank und Aufsichtsratsmitglied der Deutschen Bank war, in Verbindung. Aber hier stieß man nicht auf Gegenliebe; denn für die beiden Institute bestand das Interesse an einer durch Aktienbeteiligung gesicherten Verbindung in London, das für die Deutsche Bank mit der Errichtung und Entwicklung der London Agency weggefallen war, unvermindert fort. Man einigte sich nun zunächst dahin, für den Augenblick die Liquidationsfrage ruhen zu lassen. Als aber das Jahr 1876 eine Reduktion der Dividende auf 4% brachte, wurde die Frage der Liquidation von neuem zur Erörterung gestellt.

Neben der Liquidation brachte die Deutsche Bank jetzt einen anderen Weg in Vorschlag, und zwar den einzigen, der angesichts der Unmöglich keit des Verkaufs größerer Posten von shares der German Bank auf dem freien Markte offen stand: die Übernahme der Beteiligung der Deutschen Bank durch den Konzern Mitteldeutsche-Sulzbach Aber in diesem Lager fand auch jetzt weder die eine noch die andere Lösung Beifall, und da zur Liquidation nach englischem Recht eine Dreiviertelmehrheit erforderlich war, die Deutsche Bank mit ihren nächsten Freunden aber nicht einmal die einfache Mehrheit besaß, so schleppte sich die Lösung der Angelegenheit bis zum Frühjahr 1879 hin.

Jetzt endlich kam ein Vertrag zustande, auf Grund dessen die

Gruppe Sulzbach im Juli 1879 den gesamten Bestand der Deutschen Bank und ihrer Freunde an Aktien der German Bank übernahm.

Damit hatte die Beteiligung der Deutschen Bank an ihrer ersten ausländischen Gründung ihr Ende erreicht.

Der Geschäftsbericht für das Jahr 1879 teilte über diesen Vorgang folgendes mit:

„Unser geschäftliches Interesse an der German Bank of London verringerte sich in demselben Maße, in welchem unsere eigene Londoner Filiale an Kredit und Ruf zunahm. Nachdem wir zu der Überzeugung gelangt, daß diese Filiale vollständig allen denjenigen Ansprüchen gewachsen war, welche man an dieselbe erheben konnte, haben wir es für richtig gehalten, eine uns gebotene Gelegenheit zum Verkauf unseres Aktienbesitzes zu ergreifen, obgleich wir dabei einigen Schaden hatten. Dieser Schaden von 117 156,25 Mark ist durch Heranziehung der am 31. Dezember 1874 hierfür gebildeten Effekten-Verlust-Reserve gedeckt worden."

* * *

Zu der Zeit, als die Deutsche Bank sich von der German Bank of London zurückzog und ihr überseeisches Geschäft endgültig auf die in ihren Hamburger, Bremer und Londoner Filialen gegebenen Pfeiler stellte, hatten sich diese Pfeiler bereits als durchaus tragfähig bewährt. Mit Befriedigung konnte die Direktion beim Abschluß des ersten Jahrzehnts der Wirksamkeit der Deutschen Bank feststellen, daß sie das Programm der Erleichterung der auswärtigen Handelsbeziehungen Deutschlands auch nicht vorübergehend beiseite gesetzt habe, daß die Auflösung der überseeischen Filialen nur eine Änderung in der Art des Geschäftsbetriebs bedingt habe, und daß die Umsätze der Bank mit Exporteuren und Importeuren sich stetig vermehrt hatten.

Der Zukunft blieb eine Fülle weiterer Arbeit und die erfolgreiche Ausgestaltung des Überseegeschäfts vorbehalten; aber bereits das erste Jahrzehnt hatte genügt, um auf einem neuen und für unser mehr und mehr in die Weltwirtschaft hineinwachsendes Land überaus wichtigen Gebiete eine solide und erfolgverheißende Grundlage zu schaffen.

Viertes Kapitel.

Der Aufbau des inländischen Geschäfts.

Die Deutsche Bank in der Krisis von 1873.

Das Bedürfnis nach einer bankmäßigen Organisation des Verkehrs mit der Übersee war für die Gründung der Deutschen Bank entscheidend gewesen. In der Praxis zeigte sich aber bald, daß eine Beschränkung auf das Auslandsgeschäft eine völlige Unmöglichkeit war, daß vielmehr die Deutsche Bank nur dann Aussicht hatte, ihrem Ziel auf dem Gebiet des Überseehandels näher zu kommen, wenn es ihr gelang, ihre Stellung im heimischen Geschäft auszubauen.

Das wesentlichste Instrument des überseeischen Bankverkehrs ist das Akzept. Und dieses Instrument ist nur dann wirksam, wenn die akzeptierende Bank in den für den Außenhandel wichtigen Gebieten in solchem Umfange das allgemeine Vertrauen genießt, daß ihr Akzept überall ohne Schwierigkeit genommen wird. Eine unerläßliche Voraussetzung für das Vertrauen im Auslande ist aber eine gefestigte und anerkannte Stellung in der Heimat.

Georg von Siemens hat, gerade aus den großen Schwierigkeiten heraus, die sich den überseeischen Bestrebungen der Deutschen Bank entgegenstellten, frühzeitig diesen Zusammenhang erkannt und aus dieser Erkenntnis die Folgerung gezogen. Er ist sehr bald dafür eingetreten, daß neben der Pflege des ausländischen Geschäfts das innere Geschäft ausgebaut und daß die Bank mit einem Kapital ausgestattet werden müsse, das genüge, um ihr den für die Begebung ihres Akzeptes erforderlichen Kredit zu sichern.

In den ersten Jahren der Deutschen Bank standen jedoch auch für Siemens diese weitergehenden Aufgaben noch völlig zurück hinter der Arbeit des Bahnbrechens für das überseeische Programm. Das war, wie die Verhältnisse damals lagen und sich entwickelten, geradezu ein Glück für das junge Institut. Denn es blieben ihm die Festlegungen und Rückschläge erspart, denen kaum eine andere deutsche Bank damals entgangen ist.

Die Geschichte jener „Gründerjahre" und des ihnen folgenden „großen Krachs" von 1873 ist so bekannt, daß sie hier nicht geschrieben zu werden braucht, sondern nur als Hintergrund für die Entwicklung der Deutschen Bank und der Tätigkeit Georg von Siemens' ins Gedächtnis gerufen werden soll.

Die großen Umwälzungen in der Produktions- und Transporttechnik, die seit der Mitte des 19. Jahrhunderts in einem bisher ungekannten Ausmaße und Tempo vor sich gegangen waren, hatten schon vor dem deutsch-französischen Kriege eine internationale Hochkonjunktur größten Stiles gezeitigt. Die gewaltige Ausdehnung des Eisenbahnbaus, die um die Mitte des 19. Jahrhunderts diesseits und jenseits des Atlantischen Ozeans einsetzte, war in erster Linie das treibende Moment. Dazu kam gegen Ende der 60er Jahre, daß die Eröffnung des Suez-Kanals der Schiffahrt und dem von dem Holzschiff zum Eisenschiff übergehenden Schiffsbau neue, unabsehbare Perspektiven eröffnete. Die Ausdehnung des Telegraphen über alle Weltteile trug dazu bei, die bewohnte Erde kleiner zu machen und sie zu einem einzigen großen Markte mit großen Gewinnaussichten für jeden, der zuzugreifen verstand, umzuwandeln.

Der Krieg von 1870/71 war nur eine kurze Unterbrechung der wirtschaftlichen Aufwärtsentwicklung. Seine Auswirkung nach Friedensschluß war ein neuer mächtiger Impuls wirtschaftlichen Schaffens und spekulativen Treibens. Der Krieg hatte die Gütererzeugung Deutschlands und Frankreichs vorübergehend eingeschränkt; er hatte außerdem große Mengen von Kriegsmaterial im weitesten Sinne des Wortes zerstört. Nach Friedensschluß galt es, so rasch wie möglich die Lücken auszufüllen und die Schäden zu ersetzen. Insbesondere das „Retablissement" des Heeres wurde zur Wiederherstellung der Kriegsbereitschaft von beiden Seiten fieberhaft betrieben. Ebenso die Wiederausstattung der Eisenbahnen, deren Material durch den Krieg stark mitgenommen war, und die Anlage neuer wirtschaftlich oder strategisch wichtiger Eisenbahnlinien.

Für Deutschland kam weiter hinzu der gewaltige Antrieb, den der gewonnene Krieg, der günstige Friedensschluß und die Wiederherstellung der Einheit des deutschen Volkes der wirtschaftlichen Tatkraft verliehen; ferner die starke materielle Förderung, die die Kriegsentschädigung von 5 Milliarden Franken dem wirtschaftlichen Ausdehnungsdrange gewährte; schließlich das Freierwerden der bisher künstlich zurückgehaltenen organisatorischen Kräfte durch das neue Aktienrecht.

Kein Wunder, wenn bei diesem Zusammentreffen anregender und anreizender Umstände die Unternehmungslust auf allen Gebieten der Industrie und des Handels hohe Wellen schlug. Überall auf den Warenmärkten war lebhafte und dringende Nachfrage bei knappem Angebot. Die Preise schnellten in die Höhe. Namentlich die Nachfrage nach industriellen Rohstoffen, nach Eisen und Kohle, und nach industriellen Produktionsmitteln, nach Werkzeugen und Maschinen, aber auch die Nachfrage nach Baumaterialien aller Art schien ins Ungemessene zu wachsen. Die Preise dieser Artikel wurden weit über die Produktionskosten hinaus getrieben. Der Durchschnittspreis für die Tonne Roheisen, der im Jahrzehnt 1861—70 rund 69 Mark gewesen war, stellte sich im Jahre 1872 auf 125,40 im Jahre 1873 auf 143,60 Mark.

Die aus diesen Preisen erwachsenden hohen Unternehmergewinne führten zu einer entsprechenden Steigerung der Unternehmungslust. In den vier Jahren 1871—1874 wurden in Preußen ebenso viele Hochöfen, Eisenhütten und Maschinenfabriken gegründet, wie in den sieben ersten Jahrzehnten des 19. Jahrhunderts zusammengenommen.

Die Ausdehnung der Produktion trieb die Nachfrage nach Arbeitskräften und damit die Arbeitslöhne. Aufsehen haben insbesondere erregt die geradezu märchenhaften Löhne, die damals den Maurern in den großen Städten gezahlt wurden.

Mit den steigenden Einnahmen fast aller Bevölkerungsschichten erfuhr der Verbrauch eine gewaltige Ausdehnung. Es riß ein Luxus und eine Verschwendung ein, wie sie bis dahin in Deutschland fremd gewesen waren. Der gesteigerte Verbrauch erhöhte seinerseits wieder die Preise und die Unternehmergewinne.

Die Wenigsten nur dachten daran, daß diese Entwicklung zum großen Teil auf einem zwar starken und dringenden, aber außergewöhnlichen und vorübergehenden Bedarf beruhte. Die Allgemeinheit rechnete bewußt oder unbewußt mit einer ungemessenen Dauer des großen Aufschwungs. Sie legte der Wertbemessung aller Unternehmungen die enormen Gewinne jener Jahre zugrunde. Zu solchen Werten wurden Fabriken und Werke verkauft oder in Aktiengesellschaften umgewandelt, wurden die Aktien bereits in Aktienform bestehender Unternehmungen gehandelt oder das Aktienkapital erhöht.

Die zahlreichen neuen Gründungen und die Kurssteigerungen auf dem Aktienmarkte gaben der Spekulation die stärkste Anregung. Es wurden Aktienbanken gegründet, deren Hauptzweck war, neue Gründungen ins Leben zu rufen. Ihre Aktien wurden auf den Markt geworfen und von einem heißhungrigen Publikum begierig aufgenommen, um mit stetig steigendem Agio weiterverkauft zu werden. Ähnlich ging es mit den Aktien von Eisenbahngesellschaften, von Baugesellschaften, von industriellen Unternehmungen aller Art, die wie Pilze aus der Erde schossen, meistens geschaffen durch Gründerbanken, und zwar in einem Umfang, der von vornherein weit über jeden vernünftigerweise zu erhoffenden Bedarf nach den Leistungen und Erzeugnissen der Neugründungen hinausging, lediglich zu dem Zweck, die sich an ihrer eigenen Glut immer mehr erhitzende Spekulation mit immer neuen Spielpapieren zu versorgen. Das breite, der Börse fremde Publikum, das sah, wie einzelne in wenigen Tagen mühelos Millionen gewannen, wurde immer mehr in den Taumel hineingezogen; dadurch wurden die wahnsinnigen Kurstreibereien und die offensichtlichen Schwindeleien, Betrügereien und Veruntreuungen des verwegenen Gründertums im höchsten Maße begünstigt. Bezahlte Zeitungsartikel taten ein übriges, um dem Publikum Sand in die Augen zu streuen.

Schon gegen Ende April 1873 kam das Kartenhaus in Wanken. Die Wiener Börse, auf der die Ausschreitungen der Spekulation noch schlimmer gewesen waren als in Deutschland selbst, brach zusammen. Kein Versuch, die Kurse zu stützen und schwach gewordene Firmen zu halten, vermochte dem katastrophalen Kurssturz und den zahllosen Bankrotten Einhalt zu tun. Die Krisis griff bald auch auf Berlin über. Das Hauptereignis war hier der Zusammenbruch der Quistropschen Vereinsbank, deren Haupttätigkeit die Gründung von Baugesellschaften gewesen war.

Die Krisis beschränkte sich in diesem ersten Stadium im wesentlichen auf die Fondsbörsen. Es war eine Krisis der Aktienbörsen, noch nicht eine Krisis der Warenpreise und der Absatzmärkte. Während die Krisis an der Fondsbörse auf ihrem Höhepunkt war, herrschte, wie die „Hamburgische Börsenhalle" damals schrieb, an der Warenbörse noch „wolkenloser Himmel und ein reges, gewinnbringendes Geschäft".

Aber es dauerte nicht lange, und dem Zusammenbruch der spekulativen Übertreibungen auf dem Aktienmarkte folgte ein schwerer Rückschlag auch auf dem Gebiete des Warenhandels und der Industrie. Gegen Ende des Jahres 1873 war nicht mehr zu verkennen, daß der Bedarf mit der gesteigerten Gütererzeugung nicht weiter Schritt hielt. Der Absatz begann zu stocken, die Preise begannen abzubröckeln. Industrielle Unternehmungen, die zur Ausdehnung ihrer Anlagen alle Hilfsmittel des Kredites in Anspruch genommen hatten, gerieten in Verlegenheiten und sahen sich gezwungen, ihre Warenbestände zu Verlustpreisen abzustoßen. Wer nicht verkaufen mußte, hielt zurück in der Hoffnung auf die Wiederkehr besserer Preise. Aber die Produktion selbst erfuhr zunächst noch keine oder doch nur eine geringe Einschränkung. Die Absatzstockung und der Preisrückgang hielten jedoch an. Die Lagerbestände häuften sich. Unternehmungen, die nicht über die nötigen Rücklagen verfügten, konnten sich nicht halten und verfielen dem Bankerott.

Die Lage wurde verschärft durch den Wettbewerb des Auslandes, der gerade in jener Zeit durch den Abbau der deutschen Schutzzölle noch besonders begünstigt wurde. Schon vor dem Kriege war dieser Abbau in Angriff genommen worden. Die gewaltige Preissteigerung aller Industriewaren, die auf den Friedensschluß folgte, brachte den Anhängern des Freihandels, zu denen damals auch die Vertreter der landwirtschaftlichen Interessen gehörten, neuen Zulauf. Im Mai 1873 verlangte eine große Mehrheit des Reichstages die völlige Beseitigung der Eisen- und Maschinenzölle. Die Reichsregierung legte daraufhin einen Gesetzentwurf vor, der zwar nicht die völlige Beseitigung dieser Zölle, aber starke Herabsetzungen enthielt; der Entwurf wurde mit einigen Verschärfungen durch den Reichstag angenommen. Das neue

Gesetz bestimmte, daß für Roheisen und einige andere weniger wichtige Artikel sofort Zollfreiheit eintreten, daß ferner die Zölle auf Eisenwaren, Stärke, Soda und einige andere Waren zunächst herabgesetzt werden und vom 1. Januar 1877 an gänzlich in Wegfall kommen sollten. Der unter den Eindrücken der beispiellosen Hochkonjunktur zustande gekommene Triumph des Freihandels kam also zur praktischen Auswirkung, als die Konjunktur bereits umgeschlagen war. Er trug so dazu bei, die wirtschaftliche Lage Deutschlands noch erheblich zu verschlimmern.

Nur unter schweren Zuckungen und Erschütterungen des wirtschaftlichen Körpers wurde die allzu rasch und allzu stark gewachsene industrielle Produktion wieder in ein Gleichgewicht mit dem Verbrauch gebracht. Die lange Periode des Rückgangs und der Depression wurde erst gegen Ende der 70er Jahre, als die Rückkehr zu einer gemäßigten Schutzzollpolitik feststand, durch einen neuen Aufschwung abgelöst.

Die Deutsche Bank wurde von dem gewaltigen Auf und Ab der 70er Jahre auffallend wenig berührt. Sie hatte sich mehr als irgendein anderes Bankinstitut von den Übertreibungen und Ausschreitungen der ersten Friedensjahre ferngehalten, eine Tatsache, die um so bemerkenswerter ist, als gerade die neugegründeten Institute fast ausnahmslos den Versuchungen jener Zeit in noch weit höherem Grade unterlagen als die älteren Banken, die bereits über Erfahrungen und über eine gefestigte Tradition verfügten. Infolge ihrer Zurückhaltung wurde die Deutsche Bank auch nur in geringem Maße von dem Rückschlag betroffen, der manches alte und wohlfundierte Unternehmen auf Jahre hinaus lähmte und viele der neuen Gründungen nach kurzem Dasein wieder beseitigte.

Die Zurückhaltung der Deutschen Bank gegenüber dem allgemeinen Taumel war zum Teil wohl darauf zurückzuführen, daß sie als neues Institut noch nicht so stark mit den jetzt zur plötzlichen Ausdehnung drängenden Unternehmungen in Industrie, Verkehrswesen und Handel verknüpft war, wie die älteren Banken. Vor allem aber lag die Ursache in dem zielbewußten Festhalten an ihrem Programm. Die leitenden Männer bewahrten gegenüber den Versuchungen der gewaltigen spekulativen Gewinne und der glänzenden Erfolge der Gründertätigkeit die nüchterne Ruhe und widmeten sich, unbeirrt durch das sinnverwirrende Getriebe der Hochkonjunktur, mit allem Nachdruck der Verwirklichung ihrer Hauptaufgabe, die ihrer Natur nach von dem Gründungsfieber kaum berührt wurde. Wenn in der kurzen Zeitspanne von der Mitte des Jahres 1870, dem Beginn der Gründungsfreiheit, bis zum Ende des Jahres 1873 nicht weniger als 767 Aktiengesellschaften mit einem Kapital von etwa 3200 Millionen Mark ins Leben gerufen wurden, gegen 295 Gesellschaften mit etwa 2404 Millionen Mark in den zwanzig vorhergegangenen Jahren, so sucht man in den Geschäftsberichten der Deutschen Bank vergebens die Spuren solchen Geschehens. Zwar hielt sich die Bank von dem Emissions- und Gründungsgeschäft nicht unbedingt fern, aber sie behandelte diesen Geschäftszweig auch in jenen Jahren, in denen er das ganze deutsche Bankgeschäft zu überwuchern drohte, im wesentlichen nur als ein Zubehör ihrer Hauptaufgabe.

„Wenn auch" — so hieß es im Geschäftsbericht für 1871 — „die Richtung des Instituts es uns nicht wünschenswert erscheinen ließ, uns in prominenter Weise mit Schaffung neuer Werte zu beschäftigen und große Kapitalien nach dieser Seite hin festzulegen, so haben wir uns doch bei einer Reihe von Konsortien und namentlich bei Errichtung solcher Institute beteiligt, von welchen wir eine dauernde Stütze für unser auswärtiges und inneres Kontokorrentgeschäft erwarten durften."

Der Bericht für 1872 erklärte das Zurückbleiben des Anteils der Konsortialgewinne am Gesamtgewinn gegenüber dem Vorjahre daraus, „daß nach wie vor unser Hauptbestreben war, vor allem das uns von Haus aus gestellte Programm zu verfolgen, und daß wir uns deshalb nur insoweit an Konsortialgeschäften beteiligten, als wir hofften, daß die durch die neuen Anlagen geschaffenen Verbindungen von dauerndem Nutzen für die Entwicklung unseres eigenen Geschäfts sein würden."

Von den wenigen Gründungen jener Zeit, an denen die Deutsche Bank führend oder mit einer ansehnlicheren Quote beteiligt war, verdienen die nachstehenden eine Hervorhebung:

Der Berliner Bankverein, an dessen Gründung im April 1871 die Deutsche Bank von Delbrück, Leo & Co. beteiligt wurde und der späterhin im Wege der Liquidation in die Deutsche Bank aufging.

Die Mecklenburgische Hypotheken- und Wechselbank, die im August 1871 von der Deutschen Bank zusammen mit dem Berliner Bankverein und der Internationalen Bank in Hamburg gegründet wurde. Für Siemens, der sich für diese Gründung besonders interessierte und in den Aufsichtsrat eintrat, war die Bank viele Jahre hindurch ein schlimmes Sorgenkind. Die Bank war dem Zusammenbruch nahe und wurde nur durch das Eingreifen und die Fürsorge von Siemens gerettet. Siemens gab schließlich der Bank in Emil Kayser, dessen Fähigkeit er bei der Deutschen Bank erprobt hatte und dem er die nach den Statuten erforderliche Kaution stellte, einen tüchtigen Direktor, der ihm sein ganzes Leben hindurch treue Anhänglichkeit und Freundschaft bewahrte. Er führte weiter die Verschmelzung mit der Mecklenburg-Schwerinschen Bodenkredit-Aktien-Gesellschaft herbei, deren Direktor, Geheimer Finanzrat Büsing, ihm seit seiner Heidelberger Studienzeit bekannt und befreundet war. Büsing, der in weiteren Kreisen als langjähriges und angesehenes nationalliberales Reichstagsmitglied bekannt geworden ist, trat in die Direktion der Mecklenburgischen Hypotheken- und Wechselbank über. Die Bank nahm von nun an eine höchst erfreuliche Entwicklung. Bezeichnend für Siemens ist, daß er, sobald die Bank über den Berg gebracht war und seiner Fürsorge nicht mehr bedurfte, auf alle persönlichen Vorteile aus dem von ihm vorbereiteten Aufblühen der Bank verzichtete und seinen Platz im Aufsichtsrat einem seiner Kollegen überließ. Am 15. März schrieb er an Dr. Steiner*): „Ich bin gestern aus der Mecklenburgschen Bank ausgetreten. Bei 5 % Dividende und einem Kurs von 90 % glaube ich dazu ein Recht zu haben. Es war die verdrießlichste Arbeit meines Lebens."

Die im März 1872 in Gemeinschaft mit anderen Banken gegründete Internationale Bau- und Eisenbahnbau-Gesell-

---

*) Siehe unten S. 292.

schaft, aus der später die Internationale Baugesellschaft hervorging. Die Gesellschaft trat frühzeitig in ein enges Verhältnis zu der Frankfurter Baufirma Philipp Holzmann & Co., mit der die Deutsche Bank späterhin eine Reihe weltbekannter Baugeschäfte durchführte.

Die im August 1873 gegründete Union, Allgemeine Versicherungs-A.-G. in Berlin. Auch diese Gesellschaft, die bei ihrer Gründung das deutsche Geschäft der Liverpool, London u. Globe-Versicherungsgesellschaft übernahm, hatte schwere Kinderkrankheiten durchzumachen. Siemens hatte persönlich bei der Gründung einen erheblichen Betrag unbegeben gebliebener Aktien übernommen und schleppte das schwere Engagement jahrelang allein durch. Auch hier gelang es seiner Mitarbeit, das gefährdete Unternehmen schließlich einer günstigen Entwicklung zuzuführen. Im Vorstand der Gesellschaft wirkte in jener Zeit H. von Adelson, den — ebenso wie die Direktoren der Mecklenburgischen Hypotheken- und Wechselbank — enge Freundschaft mit Siemens verband.

Die im August 1872 gegründete Deutsche Jute-Spinnerei und Weberei in Meißen. Die Gründung dieses Unternehmens stand in unmittelbarem Zusammenhang mit den überseeischen Zielen, die die Deutsche Bank sich gesteckt hatte: es sollte den direkten Bezug von Jute und deren Verarbeitung in Deutschland sichern und die deutsche Volkswirtschaft in bezug auf diesen zukunftsreichen Rohstoff von der englischen Vermittlung unabhängig machen. Auch dieses Unternehmen hatte angesichts des großen Vorsprungs der englischen Konkurrenz mit beträchtlichen Anfangsschwierigkeiten zu kämpfen. Georg Siemens widmete ihm jedoch seine besondere Fürsorge und hielt es durch, bis die Schutzzollgesetzgebung des Jahres 1879 die Grundlage für eine Rentabilität schuf. Als jetzt auf die schweren Zeiten eine Reihe von Jahren mit glänzenden Erträgnissen folgte, da sorgte Siemens dafür, daß die großen Gewinne nicht als glänzende Dividenden verteilt, sondern als Reserven für künftige schlechte Zeiten zurückgestellt wurden, eine Dividendenpolitik, die er überall durchführte, wo er mitzusprechen hatte.

Selbst bei der Beschränkung, die in jenen Gründerjahren die Deutsche Bank sich auferlegte, blieb sie, als im Jahre 1873 der Rückschlag einsetzte, nicht ganz von Verlusten verschont. Der Umschwung der Konjunktur veranlaßte sie, im Jahre 1873 ganz von neuen Konsortialgeschäften Abstand zu nehmen und ihr Konsortialkonto von 631633 Taler Ende 1873 auf 363405 Taler Ende 1874 zu reduzieren.

Der bescheidene Effektenbesitz der Bank mußte stark abgeschrieben werden, und auch im Kontokorrentgeschäft ergaben sich Einbußen. Dazu kamen die schon besprochenen Verluste aus der Liquidation der östlichen Filialen und aus der Beteiligung an der Deutsch-Belgischen La Plata-Bank. So kam es, daß die Deutsche Bank ihre Dividende, die sie in den Jahren 1871 und 1872 auf $7^1/_2$ und $8^0/_0$ hatte steigern können, in den folgenden drei Jahren auf 4, 5 und $3^0/_0$ herabsetzen mußte.

Aber diese Verluste und Dividendenbeschränkungen wogen leicht im Verhältnis zu den Geschicken der anderen deutschen Banken. So mußte die Darmstädter Bank mit ihrer Dividende von $15^0/_0$ in den Jahren 1871 und 1872 auf $6^0/_0$ in den Jahren 1875 und 1876 heruntergehen, die Disconto-Gesellschaft gar von $27^0/_0$ im Jahre 1872 auf $4^0/_0$ im Jahre 1876 und die Berliner Handels-Gesellschaft in der gleichen Zeit von $12^1/_2{}^0/_0$ auf $0^0/_0$. Zahlreiche andere Banken sahen sich infolge starker Verluste sowie der Festlegung ihrer Mittel in zweifelhaften Außenständen und in schwer oder garnicht realisierbaren Effekten und Beteiligungen vor der Unmöglichkeit, ihre Geschäfte weiterzuführen. Von den 139 Kreditbanken mit zusammen etwa 1122 Millionen Mark Kapital sind in jenen Jahren nicht weniger als 73 mit 432 Millionen Mark Kapital der Liquidation zugeführt worden. Die Stürme der Krisis beseitigten schonungslos die schwach und krank gewordenen Unternehmungen, von denen viele erst kurz zuvor im Überschwang des großen Aufschwunges ins Leben gerufen worden waren.

Die Einverleibung der Deutschen Union-Bank und des Berliner Bankvereins.

Die Deutsche Bank hatte in den wenigen Jahren ihres Bestehens, trotz der widrigen Verhältnisse und ungeachtet der Verluste, die ihr auf ihrem eigensten Gebiete, dem Gebiete des überseeischen Geschäfts, erwachsen waren, dank ihrer klugen und vorsichtigen Leitung Kraft genug gesammelt, um sich nicht nur in den Stürmen der Krisis von 1873 über Wasser halten zu können, sondern auch um in der Lage zu sein, in dem jetzt beginnenden Prozeß der Konsolidierung des deutschen Bankwesens an der „Entgründung" tätigen Anteil zu nehmen. Sie vermochte einer ganzen Anzahl von Banken, die gezwungen waren, in Liquidation zu treten, bei der Abwicklung ihrer Geschäfte Beistand zu gewähren und sich den gesunden und lebensfähigen Teil dieser Geschäfte zu sichern. Sie hat auf diese Weise die Grundlage ihrer künftigen Entwicklung in jenen schweren Jahren ganz erheblich verbreitert.

Gleich bei Beginn der Krisis, die im Frühjahr 1873 durch den Wiener „Krach" eingeleitet wurde, stellte es sich heraus, daß die Gründung von Banken, die mit dem Erlaß des Aktiengesetzes von 1870 eingesetzt und nach dem siegreichen Ausgang des Krieges mit Frankreich eine Steigerung ins Fieberhafte erfahren hatte, dem Bedürfnis der deutschen Volkswirtschaft weit vorausgeeilt war. Dem notwendig gewordenen Prozeß der Rückbildung fielen natürlich die schwächeren und weniger gut geleiteten Banken zum Opfer. Aber auch für die besser fundierten und besser geleiteten Banken, ja weit über diese hinaus für die Gesamtheit der Unternehmungen, die auf die bedrohten Banken angewiesen und mit ihnen durch Beziehungen irgendwelcher Art verflochten waren, bedeutete das Unhaltbarwerden eines Teiles der deutschen Banken eine ernste Gefahr. Für die nicht unmittelbar bedrohten Banken entstand damit eine Aufgabe, die weit entfernt war von einem tatenlosen Geschehenlassen: die Aufgabe eines planvollen Eingreifens und einer umsichtigen Leitung des Rückbildungsprozesses, mit dem Ziele, nicht nur die drohenden Gefahren zahlreicher Bankbrüche zu beschwören, sondern auch das Unheil im Wege einer sachgemäßen Konsolidierung des deutschen Bankwesens zum Guten zu wenden.

Die Reihe der Bank-Liquidationen begann schon Ende 1873. Die Deutsche Bank beteiligte sich zunächst in Gemeinschaft mit anderen Banken an dieser Abwicklungsarbeit; so an der im Dezember 1873 beschlossenen Liquidation der Allgemeinen Depositenbank in

Berlin, die zwei Jahre zuvor mit einem Kapital von 3 Millionen Taler gegründet worden war, und an der im Frühjahr 1874 beschlossenen Liquidation der Elberfelder Disconto- und Wechselbank.

In stärkerem Maße als die Deutsche Bank hatte in der ersten Zeit der Rückbildung die Deutsche Union-Bank sich in dem Liquidationsprozeß betätigt. Die Deutsche Union-Bank selbst war eine noch jüngere Gründung als die Deutsche Bank. Sie war im März 1871 unter Beteiligung der Wiener Union-Bank, der k. k. priv. Österreichischen Vereinsbank, der Berliner Bankhäuser F. W. Krause und A. Paderstein sowie anderer Bank und Handelsfirmen mit einem Kapital von 12 Millionen Taler errichtet worden; sie hatte alsbald eine überaus lebhafte Gründertätigkeit entfaltet, Filialen in Stuttgart und Straßburg, außerdem mehrere selbständige „Union-Banken" an verschiedenen Plätzen Deutschlands errichtet, die jedoch, bis auf die im Jahre 1895 mit der Pfälzischen Bank verschmolzene Deutsche Union-Bank in Mannheim, ebenso rasch wieder verschwanden, wie sie ins Leben gerufen worden waren. Vorsitzender des Aufsichtsrats der Deutschen Union-Bank in Berlin war Wilhelm Herz, dessen Firma mit zu den Gründern gehörte. Der Direktion gehörte unter anderen Wilhelm Kopetzky an. Beide Persönlichkeiten traten nach der Liquidation der Union-Bank in den Verwaltungsrat der Deutschen Bank über und waren in diesem wie in dem späteren „Aufsichtsrat" der Deutschen Bank wertvolle Mitarbeiter. Zwischen Georg Siemens und Wilhelm Herz entstand aus der gemeinschaftlichen Arbeit bald eine vertrauensvolle Freundschaft.

Die Union-Bank fühlte sich in der allgemeinen Erschütterung zunächst stark genug, um nicht nur eine Anzahl ihrer eigenen Gründungen nebst ihren Filialen in Stuttgart und Straßburg aufzulösen, sondern auch um sich an führender Stelle an der Liquidation anderer Bankunternehmungen zu beteiligen; so an der Liquidation der im Februar 1872 gegründeten Kommissions- und Maklerbank, des im Februar 1873 gegründeten Padersteinschen Bankvereins, der im Januar 1872 gegründeten Generalbank für Maklergeschäfte und vor allem der im April 1871 mit 15 Millionen Mark gegründeten Bersiner Wechselbank. Aber bald zeigte sich, daß die Union-Bank selbst, die an der Liquidation ihrer Filialen erhebliche Verluste erlitt, der Lage nicht gewachsen war. Ihre Dividende, die für 1871 $11^{1}/_{3}$ %, 1872 $9^{1}/_{2}$ % betragen hatte, wurde für 1873 auf 1 %, für 1874 auf 3 % festgesetzt; in den folgenden Jahren blieb die Bank dividendenlos. Im Jahre 1874 wurde der Gedanke einer Sanierung der Bank im Wege einer Kapitalreduktion erwogen. Da dieser Plan schon in den damals geltenden gesetzlichen Bestimmungen auf Schwierigkeiten stieß, ließ man ihn fallen. Die Frage der Liquidation unter Überleitung der Geschäfte auf ein tragfähigeres Institut warf sich damit von selbst auf.

Der Berliner Bankverein war im April 1871, also einen Monat nach der Deutschen Union-Bank, unter Beteiligung des Wiener Bankvereins, der Österreichischen Bodenkredit-Anstalt sowie der Bankhäuser Delbrück, Leo & Co., R. Oppenheim & Sohn in Berlin und Frege & Co. in Leipzig mit 6 Millionen Taler Kapital gegründet worden. Den Vorsitz im Aufsichtsrat übernahm Graf Guido Henckel von Donnersmarck, stellvertretender Vorsitzender wurde Adalbert Delbrück. Zu den Direktoren gehörte J. Ölsner, der später von der Deutschen Bank übernommen wurde und sich dort bei dem Aufbau des Depositengeschäfts Verdienste erwarb. An Gründungsgeschäften und spekulativer Beteiligung stand der Bankverein hinter der Union-Bank nicht zurück. Die Ergebnisse waren zunächst glänzende: für 1871 wurden 16 %, für 1872 18 % Dividende verteilt. Aber die folgenden beiden Jahre brachten nur noch $5^{1}/_{3}$ und $4^{1}/_{2}$ %. Dann hörte auch hier die Dividendenzahlung völlig auf. Noch unmittelbar, ehe sich in dem Wiener „Krach" der Rückschlag ankündigte, im April 1873, hatte die Generalversammlung des Bankvereins die Verdoppelung des Aktienkapitals beschlossen. Der Beschluß kam nicht mehr zur Durchführung. Die Bank erwies sich als zu schwach, um sich aus eigener Kraft halten zu können, zumal da die Hoffnungen auf eine baldige Wiederkehr günstiger Verhältnisse oder wenigstens einer normalen Entwicklung sich nicht verwirklichten. Schwere Krisen persönlicher Art in dem Verwaltungsrat und der Direktion vollendeten für den Bankverein die Notwendigkeit, Zuflucht bei einem stärkeren Institut zu suchen.

Der Plan, die Deutsche Union-Bank und den Berliner Bankverein zu liquidieren und deren Geschäftsverbindungen, soweit sie gesund und wertvoll erschienen, auf die Deutsche Bank zu übernehmen, entstand im Schoße der Direktion der Deutschen Bank und gewann dort, ungeachtet starker Gegenströmungen im eigenen Verwaltungsrat, feste Gestalt. Georg Siemens war es, der mit sicherem Blick die Aufgabe erkannte, die aus den Zeitverhältnissen heraus nicht nur im Interesse des eigenen Unternehmens, sondern auch, wie oben gezeigt wurde, im Interesse des gesamten deutschen Bankwesens und der gesamten deutschen Volkswirtschaft zu erfüllen war. Auch hier ging er mit der ihm eigenen unbeirrbaren Tatkraft auf das Ziel los. Wie sehr seine Kollegen in der Direktion der Deutschen Bank seine Verdienste um die Einverleibung der beiden Konkurrenzbanken anerkannten, das zeigt sich darin, daß Wallich ausdrücklich Siemens die Initiative zu dem „großen Wurf" zuschreibt; das zeigt sich ferner in den Worten, die Max Steinthal am 27. Oktober 1901 an der Bahre Georg Siemens über jene Vorgänge sagte:

„Bis zum Jahre 1876 war die Bedeutung von Siemens Persönlichkeit — unterstützt durch die vorsichtige und konservative Geschäftsführung des eigentlichen Bankgeschäfts seitens seiner Kollegen — bereits derart gewachsen, daß, als sich die Anschauung verdichtete, das Bestehen dreier neuer Banken (nämlich außer der Deutschen Bank, des Berliner Bankvereins und der Deutschen Union-Bank) sei für Berlin zu viel, die Bestrebungen zu einer Vereinigung sich von vornherein um seine Person kristallisierten."

Er fügte hinzu:

„In der damaligen Zeit entwickelte sich Siemens' Fähigkeit zu komplizierten Verhandlungen. Er brachte dazu die Eigenschaft mit, sich in die Lage des Gegenkontrahenten versetzen zu können, ein ungewöhnlich sicheres Urteil über Menschen, die Fähigkeit, in den anderen hineinzuhorchen und auch zu hören, was jener nicht aussprach. Seine große Klarheit ließ ihn auch schnell bemerken, wenn zwei in seiner Gegenwart Verhandelnde einig zu sein glaubten, tatsächlich aber jeder etwas Verschiedenes meinte. Dann pflegte er zu sagen: „Ich bitte" und förderte die Verhandlung durch klare prägnante Aufklärung."

Die Überwindung der großen auf persönlichem Gebiet liegenden Schwierigkeiten erleichterte Siemens sich in hohem Maße dadurch, daß er einen Mann, mit dem er von seiner Universitätszeit her bekannt und befreundet war, Dr. Kilian Steiner, für seine Pläne zu interessieren wußte. Dr. Steiner war damals erster Direktor der

Württembergischen Vereinsbank in Stuttgart. Seine ungewöhnliche Klugheit, Geschicklichkeit und Kunst der Menschenbehandlung ließen ihn als Vermittler in dieser schwierigen Angelegenheit ebenso geeignet erscheinen wie die geschäftlichen und persönlichen Beziehungen, die er auf Grund seiner Stellung an der Spitze des Württembergischen Instituts zu den Gründerbanken und Hauptaktionären des Berliner Bankvereins hatte. Er verstand vor allem, Adalbert Delbrück, dessen Stimme im Verwaltungsrat der Deutschen Bank und im Aufsichtsrat des Berliner Bankvereins gleichermaßen wichtig war, für den Plan zu gewinnen. Ebenso gelang es ihm, die maßgebenden Herren der Union-Bank von der Richtigkeit des vorgeschlagenen Weges zu überzeugen. Seine Tätigkeit in dieser Angelegenheit war der Anfang einer engen Zusammenarbeit mit Georg Siemens, einer Zusammenarbeit, die sich über ein Vierteljahrhundert erstreckte und sich in Geschäften von der größten Bedeutung als überaus fruchtbar bewährte.

Zur Durchführung des Planes der Aufnahme der Deutschen Union-Bank und des Berliner Bankvereins wurde im Laufe des Jahres 1875 ein aus der Deutschen Bank, der Württembergischen Vereinsbank und Mitgliedern der Verwaltungen der übrigen interessierten Banken bestehendes Syndikat gebildet, das die Aktien der beiden aufzunehmenden Banken, deren Kurse angesichts ihrer unhaltbaren Lage einem starken Druck unterlagen, in großen Posten aus dem Markt nahm. Das Syndikat wirkte auf diese Weise einmal dem weiteren Kurssturz der Aktien entgegen und bewahrte so die Aktionäre der beiden gefährdeten Banken vor großen Verlusten; auf der anderen Seite sicherte es sich den maßgebenden Einfluß in den Generalversammlungen der beiden Institute. Die in der Stille eingeleitete Aktion wurde im September 1875 durch eine Indiskretion in die Presse gebracht. Auf ein besorgtes Telegramm Dr. Steiners antwortete Georg Siemens in einem Brief vom 19. September 1875:

„Vorläufig bin ich sehr zufrieden, daß die Sache so kam und daß die verfluchte Redensart von „auf das Vorsichtigste usw." endlich aufgehört hat und durch das Wörtchen „durch!" ersetzt worden ist. Hol' der Teufel die Vorsicht! Ein Leutnant ist unter Umständen mehr wert als zehn Kommerzienräte aller Konfessionen."

Nachdem die entscheidende Aktion auf diese Weise vorbereitet war, beschloß die Generalversammlung des Berliner Bankvereins am 28. Dezember 1875, diejenige der Deutschen Union-Bank am 14. Januar 1876 die Liquidation. Die Vereinbarungen mit der Deutschen Bank, auf deren Grundlage diese Liquidationsbeschlüsse herbeigeführt wurden, sind kurz zusammengefaßt enthalten in der Begründung des Liquidationsantrages, den die Verwaltung des Berliner Bankvereins ihren Aktionären unterbreitete. Es heißt dort:

„... In dem Bestreben, durch die Vereinigung mit einer anderen Gesellschaft die Aussichten für die Aktionäre in erhöhtem Maße sicherzustellen und zu bessern, begegneten wir uns mit der Deutschen Bank, mit der wir ohnedies durch gemeinsame Beteiligung bei mehreren großen Unternehmungen in nahen Beziehungen standen, und welche uns wohl geeignet erschien, die Ergänzung zu Ihrer Gesellschaft zu bilden.

Eingehende Erwägungen und Verhandlungen über die zu wählende Form der Vereinigung haben stattgefunden, als deren Resultat sich jedoch herausstellte, daß eine förmliche Fusion im juristischen Sinne dieses Wortes praktisch nicht durchführbar sei und daß man sich begnügen müsse, in der Ihre Interessen am besten wahrenden Weise den materiellen Inhalt der Fusion zu erbringen.

Bei Abwägung aller Momente ergab sich die naturgemäße Lösung, daß die Deutsche Bank als dasjenige Institut, welches mit einem mehr als doppelt so großen Grundkapitale, als der Bankverein ausgerüstet ist, welches vollständige Verwaltungsorgane und in seinen Filialen ein weitverzweigtes festes Gefüge besitzt, bestehen bleibt, die Fortführung der wertvollen Verbindungen übernimmt, ihre Mitwirkung bei Durchführung und Abwickelung der Unternehmungen Ihrer Gesellschaft zusichert und seine Verwaltung aus den Personen Ihrer Verwaltung ergänzt, wogegen Ihre Gesellschaft sich auflöst.

Die Salden desjenigen Teils der Kundschaft, welcher nach Einverständnis mit der Deutschen Bank darin willigt, die Verbindung durch dieses Institut fortgeführt zu sehen, würden mit einem Schlage zur Ausgleichung kommen und nehmen wir an, daß unsere Beziehungen zu dem übrigen Teile der Kundschaft im wesentlichen bis zum 1. April 1876 zur Abwicklung gebracht werden könnten.

Zu diesem Zeitpunkte wäre dann das eigene Büro Ihrer Gesellschaft vollständig aufzulösen und die weitere Abwicklung ihrer Geschäfte durch die Liquidatoren über ein in den Büchern der Deutschen Bank einzurichtendes Liquidationskonto zu führen. ...

Von der weiteren Erleichterung und Beschleunigung der Liquidation, welche darin hätte bestehen können, daß ein Teil der Effektenbestände und Consortial-Beteiligungen Ihrer Gesellschaft übernommen wäre, mußte hingegen abgesehen werden, da eine Veräußerung auf Basis des heutigen Kursniveaus nicht im Interesse der Aktionäre gelegen hätte. Vielmehr müssen wir es als die Aufgabe der Liquidatoren bezeichnen, die Veräußerung der Bestände der Gesellschaft erst in den Zeitpunkten vorzunehmen, in welchen diese einen dem inneren Werte der betreffenden Unternehmungen entsprechenden Kurs erlangt haben werden."

Gleichartige Abmachungen wurden mit der Deutschen Union-Bank getroffen. In dem Geschäftsbericht der Deutschen Bank für 1875 wird auf diese Vorgänge wie folgt hingewiesen:

„... Wir hoffen, daß diese Zunahme (unserer Verbindungen) im laufenden Jahre sich noch steigern wird. Denn die gegenwärtige Lage der Dinge, welche namentlich die jüngeren Banken hart betrifft, hat manche derselben teils zur Reduktion ihres Kapitals, teils zur Liquidation veranlaßt. Wir halten diese Bewegung für eine durchaus vernünftige und zeitgemäße, weil sie sowohl den Interessen der einzelnen Aktionäre, als auch denjenigen des Marktes entspricht, wenn sie in solcher Weise durchgeführt wird, daß die solide Kundschaft der betreffenden Institute nicht in ihrem Geschäftsbetriebe gestört wird, und daß die vernünftigen, auf Unterstützung dieser Institute angewiesenen Unternehmungen nicht gestürzt werden. Wenn daher im Laufe des Jahres die Gelegenheit an uns herantrat, bei Durchführung dieser Bewegung behilflich zu sein, so haben wir unsere Unterstützung behufs solcher Abwicklung und behufs Übernahme der in unseren Geschäftsrahmen passenden Kundschaft bereitwilligst zugesagt. Wir schätzen den indirekten Nutzen nicht ganz gering, welchen die verbleibenden Institute aus der Vermehrung ihrer Kundschaft und aus der Verringerung der für die Vermittlung eines stagnierenden Verkehrs bestimmten Kapitalien ziehen werden, wenngleich dieser Nutzen sich bei der heutigen Konjunktur nicht sofort fühlbar machen wird."

Der selbstsichere und zielbewußte Ton dieser Äußerungen ist um so bemerkenswerter, als die Bank erst eben den vielleicht kritischsten Moment ihrer ganzen Entwicklung hinter sich hatte. Die allgemeine Niedergeschlagenheit und Mutlosigkeit, die in jener Zeit sich in den wirtschaftlichen Kreisen breit machte, drohte auch in die Reihen der Aktionäre der Deutschen Bank einzudringen. Einen Augenblick lang schien es, als ob die Deutsche Bank dasselbe Schicksal ereilen sollte wie die Deutsche Union-Bank und den Berliner Bankverein, deren Auflösung sie gerade in Angriff genommen hatte. Auf Antrag einer Bremer Aktionärgruppe war nämlich zum 31. Januar 1876, also unmittelbar, nachdem die Abmachungen mit der Deutschen Union-Bank und dem Berliner Bankverein perfekt geworden waren, eine außerordentliche Generalversammlung einberufen worden, welche die Herabsetzung des Aktienkapitals von 45000000 Mk. auf 30000000 Mk.

beschließen sollte. Begründet wurde der Antrag auf Kapitalreduktion mit dem Auflassen der Filialen in Shanghai und Yokohama, mit deren Einrichtung die letzte Kapitalerhöhung um 5000000 Taler motiviert worden sei; die Liquidation der Deutschen Union-Bank und des Berliner Bankvereins — so wurde geltend gemacht — erfordere nicht allein kein Geld, sondern führe der Deutschen Bank in den liquide gemachten Vermögensbeständen der in Auflösung befindlichen Institute neue Barmittel zu. Die eigentliche Ursache der in dem Antrag zum Ausdruck kommenden Mutlosigkeit war wohl die Tatsache, daß auch die Deutsche Bank, wie damals mit Sicherheit abzusehen war, für das Jahr 1875 mit einer starken Verringerung ihrer Erträgnisse und damit ihrer Dividende rechnen mußte.

Es kann heute keinem Zweifel mehr unterliegen, daß, wäre die Kapitalherabsetzung damals beschlossen worden, dies wie das Niederholen der Fahne gewirkt und für die Deutsche Bank den Anfang vom Ende bedeutet haben würde.

Siemens, der sich, als der Bremer Vorstoß in Erscheinung trat, gerade in Heidelberg befand, um dort sein juristisches Doktorexamen nachzuholen, erkannte sofort den vollen Ernst der Lage. Zwar war er sich klar darüber, daß die Anhänger der Kapitalherabsetzung für ihre Absicht bei dem gegebenen Geschäftskreise der Deutschen Bank gute Gründe anführen konnten. Er selbst hat in einem weiter unten (S. 322 ff.) wiedergegebenen Entwurf eines Briefes an Adalbert Delbrück im Juli 1876, also zu einer Zeit, als der Sturm bereits abgeschlagen war, darauf hingewiesen, daß nur bei einer Erweiterung der Aufgaben der Bank eine angemessene Rente für ihr Gesellschaftskapital herausgewirtschaftet werden könne und daß deshalb ein Stehenbleiben bei dem bereits Erreichten und in dem bisherigen Arbeitsfelde notwendigerweise eine Kapitalherabsetzung zur Folge haben müsse. Aber Siemens wollte eben die Erweiterung der Aufgaben mit der ganzen ihm eigenen Willenskraft, und deshalb setzte er sich mit seiner ganzen Persönlichkeit gegen die Bestrebungen auf Kapitalreduktion ein. Kaum hatte er Kenntnis von den Bremer Plänen erhalten, da organisierte er die Gegenaktion. Tag und Nacht war er — und ebenso seine Kollegen in der Bank — kreuz und quer durch Deutschland unterwegs, um die Aktionäre aufzuklären und mobil zu machen. Es galt, den besorgten Gemütern klarzumachen, daß die Rückschläge im Osten und in Argentinien den Bestand der Bank nicht erschüttert hatten; daß die günstige Entwicklung der Filialen in Hamburg, Bremen und London die Durchführung des ursprünglichen Programms der Bank bei einem entschlossenen Festhalten an dem einmal gesteckten Ziel gewährleisteten; daß die eingeleitete Übernahme eines großen Teils der Verbindungen der beiden zu liquidierenden Berliner Banken nicht Kapital freimachen, sondern Kapital beanspruchen, aber auch der Deutschen Bank auf bereinigtem und befestigtem Boden eine neue große Zukunft eröffnen werde.

Der Kampf um Sein oder Nichtsein der Bank wurde siegreich durchgeführt. Der Antrag auf Kapitalherabsetzung wurde von der außerordentlichen Generalversammlung mit 6169 gegen 1902 Stimmen abgelehnt.

Schon der Verlauf des Jahres 1876, dessen Erträgnisse eine Erhöhung der Dividende der Bank von 3% auf 6% gestatteten, war eine glänzende Bestätigung der Voraussicht, die Georg Siemens und — seiner Führung folgend — die Direktion der Deutschen Bank gegenüber kleinmütiger Verzagtheit betätigt hatten.

Die jetzt beginnende Durchführung der Liquidation der Deutschen Union-Bank und des Berliner Bankvereins, verbunden mit der Fortführung der Liquidation derjenigen Banken, deren Auflösung namentlich die Union-Bank noch kurz zuvor übernommen hatte, stellte an die Arbeitskraft, die Umsicht und Gewandtheit der Direktoren der Deutschen Bank die größten Anforderungen. Siemens gab sich nicht damit zufrieden, den großen Konsolidierungsplan entworfen, die Initiative zu seiner Durchführung ergriffen und die grundlegenden Vereinbarungen für die Ausführung erzielt zu haben; er nahm jetzt auch die praktische Arbeit der Durchführung in die Hand. Steinthal hat in seiner bereits erwähnten Gedächtnisrede berichtet, wie Siemens, um die große Arbeit, die die Abwicklung der Geschäfte der beiden Banken mit sich brachte, ungestört erledigen zu können, angesichts der Beschränktheit der Räume der Bank seinen Arbeitsraum in das halbdunkle, feuchte und geradezu gesundheitsgefährliche Kellergeschoß verlegte. Und Wallich liebte es, zu erzählen, wie es ihn beeindruckte, daß Siemens damals im Portefeuille der Straßburger Filiale der Union-Bank eine wichtige Entdeckung machte die selbst seinem, Wallichs, Spürsinn entgangen war.

Der Erfolg blieb nicht aus.

Der wertvolle Teil der Kundschaft der beiden liquidierenden Banken ging, wie erhofft, auf die Deutsche Bank über. Die Umsätze der Deutschen Bank stiegen infolgedessen von 5510 Millionen Mark im Jahre 1875 auf 7325 Millionen Mark im Jahre 1876, ein Ergebnis, das bei dem anhaltenden Daniederliegen der Volkswirtschaft und dem allgemeinen Rückgang der Geschäfte doppelt bemerkenswert war. Einige schwierige Engagements, in denen sich die beiden liquidierenden Banken festgelegt hatten, wurden unter erträglichen Bedingungen gelöst; vor allem gelang es, mehrere Eisenbahn-Unternehmungen, an denen der Berliner Bankverein beteiligt war (Gera—Greiz—Plauen, Chemnitz—Aue—Adorf) an die Sächsische Regierung zu verkaufen und die diesen Unternehmungen gewährten Vorschüsse flüssig zu machen. Der Geschäftsbericht für 1876 konnte feststellen, daß damals schon die Deutsche Bank mit keinerlei dauerndem Obligo mehr aus den Verträgen mit den liquidierenden Banken belastet war. Die Aufnahme der Verbindungen der Union-Bank brachte eine wesentliche Ausdehnung des Kontokorrentgeschäfts der Bank; der Berliner Bankverein brachte vor allem wichtige Beziehungen im internationalen Finanzgeschäft, namentlich auch mit Wien und über Wien mit Paris, die späterhin von großer Bedeutung für die Deutsche Bank werden sollten.

Ein wichtiger Nebenvorteil für die Deutsche Bank war die Übernahme der Grundstücke der Union-Bank, die in der Behren-, Französischen- und Mauerstraße zusammenhängend gelegen waren und nach denen nunmehr die Deutsche Bank ihren Hauptsitz verlegte.

Auch der Gewinn an neuen wertvollen Mitarbeitern aus dem Kreise der liquidierenden Banken war nicht gering zu veranschlagen; die Namen Wilhelm Herz, Kopetzky und Oelsner wurden bereits genannt.

Wie bei jedem wirklich guten Geschäft konnten beide Teile mit dem Ergebnis zufrieden sein; auch die Aktionäre der liquidierenden

Banken kamen auf ihre Rechnung. Schon im Januar und Februar 1877 konnte eine erste Liquidationsrate ausgeschüttet werden, die für den Berliner Bankverein 72 %, für die Deutsche Union-Bank nicht weniger als 82½ % betrug. Im Frühjahr 1878 waren 85 % für den Bankverein, 86½ % für die Union-Bank erreicht. Da zu erwarten war, daß eine sachgemäße Realisierung des Restes der beiden Liquidationsmassen sich noch längere Zeit hinziehen würde, machte die Deutsche Bank den Aktionären der liquidierenden Banken ein Angebot, in dem sie sich bereit erklärte, die noch vorhandenen Restbestände einschließlich der Verbindlichkeiten gegen eine feste, sofort zahlbare Summe zu übernehmen. Das Angebot wurde angenommen. Auf diese Weise erhielten die Aktionäre des Bankvereins 100⅙ %, diejenigen der Union-Bank 91⅗ % des Nennwerts ihrer Aktien. Wie befriedigend dieses Ergebnis war, ergibt ein Vergleich mit dem Kursstand zurzeit der Liquidationsbeschlüsse: damals standen die Union-Bank-Aktien auf 79½, die Aktien des Bankvereins sogar nur auf 71 %.

Die Abstoßung der von der Deutschen Bank übernommenen Restbestände zog sich hin bis in das Jahr 1902. Da sie in aller Ruhe und unter Wahrnehmung jeder günstigen Gelegenheit vorgenommen werden konnte, ergab sie über die ansehnliche, den Aktionären der liquidierten Banken gezahlten Übernahme-Summe hinaus noch stattliche Gewinne für die Deutsche Bank.

Weit über den unmittelbaren geschäftlichen Gewinnen stand die Tatsache, daß unter Georg Siemens' Führung die Deutsche Bank aus der Krisis von 1873 und ihren Folgewirkungen nicht nur ungebrochen und ungeschwächt, sondern mit einer für ihre ganze weitere Entwicklung entscheidenden Mehrung ihres Geschäftskreises, ihrer inneren Kraft und ihres Ansehens hervorging. Ihr inländisches Geschäft konnte sich jetzt an Umfang und Bedeutung mit demjenigen der am besten fundierten älteren Banken vergleichen, die gegenüber der Deutschen Bank einen zeitlichen Vorsprung von Jahrzehnten hatten. Ihr ausländisches Geschäft hatte in einem starken inländischen Geschäft die Untermauerung erhalten, die Siemens schon in der ersten Zeit der überseeischen Versuche als notwendig erkannt hatte. Die kühne Übernahme und die sichere Durchführung der Liquidation der beiden ansehnlichen Berliner Konkurrenzbanken waren ein Verdienst um das deutsche Bankwesen und die deutsche Volkswirtschaft und gleichzeitig ein Erfolg für die Deutsche Bank, denen keine der älteren Banken etwas Gleichartiges zur Seite zu stellen hatte. Die Stellung der Deutschen Bank war nunmehr fest begründet.

Die Einführung des Depositengeschäfts.

Siemens liebte es nicht, ausgetretene Wege zu gehen. Was ihn bestimmt hatte, sich bei der Begründung der Deutschen Bank den Urhebern des Gedankens zur Verfügung zu stellen, das war die Neuheit und Größe der dem geplanten Unternehmen gestellten Aufgabe der Vermittlung des überseeischen Geld- und Kreditverkehrs. Nachdem er sich sehr bald überzeugt hatte, daß zur Erfüllung dieser neuen Aufgabe nur ein Institut geeignet sei, das eine starke Grundlage im inländischen Bankgeschäft habe, ließ er sich nicht mit dem Streben nach Ausdehnung des inländischen Geschäfts in den überkommenen Formen genügen, er versuchte vielmehr auch auf diesem Boden einer neuen Entwicklung die Bahn zu öffnen.

Der Stand des deutschen Bankwesens zur Zeit der Gründung der Deutschen Bank ist oben in großen Zügen dargestellt worden. Es wurde gezeigt, daß das Kontokorrentgeschäft, das Kommissionsgeschäft und das Emissionsgeschäft in Staats- und Eisenbahnwerten verhältnismäßig gut ausgebildet war, daß auch das Finanzierungs- und Kreditgeschäft auf dem Gebiet der großen Industrie- und Transportunternehmungen sich entwickelte, daß jedoch — neben dem Fehlen einer Organisation für die finanzielle Abwicklung des überseeischen Verkehrs — die völlige Vernachlässigung des in England schon seit langer Zeit zu hoher Entwicklung gelangten Depositengeschäfts geradezu bezeichnend für den Zustand des deutschen Bankwesens war. Wer Geld für längere Fristen anzulegen hatte, ohne es gleich in Hypotheken oder Wertpapieren festlegen zu wollen, bediente sich in der Hauptsache der gut organisierten und allgemeines

Vertrauen genießenden Sparkassen. Die lediglich für kurze Fristen verfügbaren Gelder wurden überhaupt nicht ausgenutzt. Die Übertragung der Kassenführung an eine Bank, die bargeldlose Zahlungsausgleichung im Wege des Giroverkehrs und Scheckverkehrs waren, abgesehen von Hamburg und einigen wenigen anderen deutschen Gebietsteilen, so gut wie gänzlich unbekannt.

Georg Siemens hatte bei seinem Aufenthalt in London im Jahre 1867 Gelegenheit gehabt, den englischen Scheckverkehr und das diesem als Grundlage dienende Depositengeschäft kennen zu lernen. Hunderte, ja Tausende anderer Deutscher hatten dieselbe Gelegenheit. Von diesen Hunderten und Tausenden aber unterschied sich Siemens dadurch, daß die klare Erkenntnis der Überlegenheit der englischen Organisation des Zahlungsverkehrs und der gewaltigen Vorteile der Mobilisierung der bei uns in Deutschland brachliegenden Geldkapitalien in ihm, sobald er die Möglichkeit einer Betätigung gefunden hatte, den Entschluß zeitigte, das deutsche Bankwesen durch die planmäßige Entwicklung des Depositengeschäfts einer neuen Entwicklung zuzuführen.

Bei der Darstellung der ersten Anfänge seiner Tätigkeit in der Direktion der neugegründeten Deutschen Bank ist oben der Brief vom 1. Juli 1870 an seine Mutter angeführt worden, in dem er schreibt:

„Durch meine Idee der Errichtung eines Depositengeschäfts haben wir uns eine ganz entschiedene Stellung erworben."

Das war im dritten Monat nach der Geschäftseröffnung der Deutschen Bank.

Es handelte sich nicht um einen flüchtig hingeworfenen Gedanken. Sowohl Wallich wie auch Steinthal bezeugen, mit welcher klaren Erkenntnis und festen Zielsicherheit Siemens von Anfang an die Einführung des Depositenverkehrs in Deutschland als die große inländische Aufgabe der Deutschen Bank auffaßte und betrieb. Steinthal hat in seiner bereits erwähnten Gedächtnisrede vom 27. Oktober 1901 erzählt, daß Siemens schon in dem frühesten Entwicklungsstadium der Bank in Anwendung auf das zu schaffende Depositengeschäft den Satz ausgesprochen habe: „Les affaires — c'est l'argent des autres" —

nicht in dem ursprünglichen schlimmen Sinne dieses Wortes, daß das Geschäft darin bestehe, anderen Leuten ihr Geld fortzunehmen, sondern in dem Sinne, daß das Bankwesen seine höchste Entwicklung nur in der Heranziehung, Verwaltung und Nutzbarmachung fremder Gelder finden können.

Die Anfänge waren auch hier nichts weniger als ermutigend.

Die deutsche Geschäftswelt kannte auf Grund der bisherigen Entwicklung die Banken nur von der einen Seite, nämlich als Geldgeber. Der Gedanke, den Banken zeitweise überflüssiges Geld zur Nutzbarmachung anzuvertrauen oder gar den Banken den eigenen Kassenbestand als Grundlage für Zahlungsleistungen im Wege des Giro- und Scheckverkehrs zu übertragen, war in der Hauptsache der deutschen Geschäftswelt und erst recht dem deutschen Privatpublikum so ungewohnt und fremd, daß erst im Wege einer langwierigen und schwierigen Aufklärungs- und Erziehungsarbeit der Boden vorbereitet werden mußte.

Mit der Annahme von Depositen in barem Geld wurde bereits im Juli 1870, zu der Zeit, als Siemens den oben angeführten Brief an seine Mutter schrieb, der Anfang gemacht. Das war unmittelbar vor dem Ausbruch des Krieges, von dem eine Störung des neu eingeführten Geschäftszweiges zu erwarten war. Dennoch kann man nur mit Verblüffung lesen, daß der Bestand an Depositengeldern am 31. Dezember 1870 noch nicht einmal ganz 22000 Taler betragen hat. Aber die Leitung der Deutschen Bank ließ sich nicht entmutigen. Ganz im Sinne des damals noch im Felde stehenden Georg Siemens sprach sich der Geschäftsbericht dahin ans: „Dieses Resultat kann nicht auffallen, wenn berücksichtigt wird, daß alle neuen Einrichtungen erst nach längerem Bestehen sich Eingang verschaffen."

Siemens hatte vor dem Kriegsausbruch in Anlehnung an seine in England gemachten persönlichen Wahrnehmungen damit begonnen, die englischen Einrichtungen des Depositengeschäfts, vor allem auch das englische Scheckrecht, planmäßig zu studieren und sie auf ihre Übertragbarkeit auf die deutschen Verhältnisse zu prüfen. Im Verfolg der von ihm begonnenen Arbeiten wurden noch im Laufe des Jahres 1870 von juristischen Autoritäten, u. a. von dem Abgeordneten Lasker,

Gutachten eingeholt, insbesondere auch über die strittige Frage der Stempelpflichtigkeit oder Stempelfreiheit des Schecks, die im Sinne der Stempelfreiheit erst im Jahre 1874 durch ein Urteil des Leipziger Oberhandelsgerichts entschieden wurde.

Nach dem Krieg wurde zur besonderen Förderung des Scheckverkehrs eine eigene „Depositenkasse" in der Burgstraße errichtet, die erste ihrer Art und das Vorbild all der zahlreichen Depositenkassen unserer Großbanken, die heute in allen Groß- und Mittelstädten zu finden sind und sich bei dem Publikum eine so große Beliebtheit erworben haben.

Um die Geschäftswelt und das Privatpublikum für den Depositenverkehr zu gewinnen, mußte eine große Aufklärungs- und Propagandaarbeit entfaltet werden. Das geschah sowohl durch die Presse in zahlreichen Zeitungsartikeln, wie auch durch Rundschreiben an die schon vorhandene und noch zu gewinnende Kundschaft, in denen die Vorteile des bankmäßigen Zahlungsverkehrs dargelegt wurden. Wie intensiv sich Siemens auch mit dieser Werbetätigkeit befaßte, zeigen die zahlreichen von seiner Hand stammenden Korrekturen an den ihm vorgelegten und wohl zum großen Teil nach seinen Angaben aufgestellten Entwürfen.

Die Vorteile des Depositenverkehrs für die Geschäftswelt wurden besonders einleuchtend dadurch gestaltet, daß der Depositenverkehr in eine organische Verbindung mit dem Diskont- und Lombardgeschäft der Bank gebracht wurde. Die Übernahme der Kassenführung für einen Kunden auf Grund eines dauernden Guthabens gab der Bank Einblick in das Geschäftsgebaren und die Verhältnisse des Kunden, der ihr die Gewährung von Krediten in Form der Diskontierung von Wechseln und der Lombardierung von Wertpapieren und Kaufmannswaren erheblich erleichterte. Die Bank konnte deshalb ihrerseits den Kunden, die ein dauerndes Guthaben als Grundlage ihres Zahlungsverkehrs bei ihr unterhielten, Erleichterungen im Diskont- und Lombardverkehr gewähren. Auf der anderen Seite alimentierte das so erweiterte Diskont- und Lombardgeschäft ihren Depositenverkehr. Denn die Valuta der diskontierten Wertpapiere und der gewährten Lombarddarlehen wurde den Depositenkunden nun nicht mehr in bar zur Verfügung gestellt, sondern grundsätzlich auf ihrem Depositenkonto gutgeschrieben.

Ein entscheidender Schritt in der Ausgestaltung des Depositengeschäfts geschah Ende 1876. Als im Jahre 1876 das Hauptgeschäft der Deutschen Bank in das von der Union-Bank übernommene Gebäude in der Behrenstraße verlegt wurde, hatte man die Depositenkasse in der Burgstraße bestehen lassen und daneben eine weitere Depositenkasse in den neuen Geschäftsräumen eingerichtet. Jetzt ging man daran, dem Depositengeschäft eine besondere Organisation zu geben. Der Verwaltungsrat der Bank beschloß am 9. Dezember 1876 auf Antrag der Direktion, eine selbständige Depositen-Abteilung zu schaffen und an deren Spitze einen besonderen Subdirektor zu stellen. Die Wahl fiel auf Oelsner, den vormaligen Direktor des Berliner Bankvereins, der jedoch schon im Jahre 1878 ausschied und durch den heute noch an der Spitze der Depositen-Abteilung stehenden Direktor Schröter ersetzt wurde.

In den Akten der Deutschen Bank befindet sich eine von Siemens veranlaßte und von Oelsner geschriebene Ausarbeitung über diese neue Organisation. Es heißt dort:

„Die Deutsche Bank kultiviert das Depositengeschäft in der Weise, daß in einem besonderen Comptoir in der Burgstraße und an einem besonderen Schalter der Kasse in der Behrenstraße Annahme und Einzahlung erfolgt, die eingehenden Gelder an die Bankkasse abgeliefert, die erhobenen von derselben entnommen werden und der Depositen-Bestand in die Generaldisposition der Bank einbezogen wird.

Die Deutsche Bank hat dem Depositenverkehr seit ihrem Bestehen große Aufmerksamkeit zugewendet. Sie begann in der zweiten Hälfte des Jahres 1870 Depositen anzunehmen, und, obwohl am Schluß des ersten Jahres der Bestand nicht höher als 66000 Mark war, nahm der Verkehr schon im nächsten Jahre in langsamer Steigerung lohnende Dimensionen an.

Die Anzahl der Deponenten während einer Jahresdauer gibt kein getreues Bild von dem jeweiligen Stande des Kundenkreises, da sehr viele Deponenten nur einmalige Einlagen machen und ihr Konto wieder ausgleichen. Diese Fälle sind überwiegend bei den Deponenten längerer Kündigungsfristen. Wenn sich daher der Verkehr intensiv mehr entwickelt hat als nach Verhältnis der Zahl der Deponenten, so liegt das daran, daß innerhalb der Anzahl der Deponenten sich stetig mehr und mehr derselben an den Depositenverkehr gewöhnen und bei öfteren Umsätzen im Durchschnitt höhere Salden stehen lassen. Den naturgemäßen Schwerpunkt hat die Depositenkasse im eigentlichen Kontokorrentverkehr gefunden, in welchem die Deponenten ohne vorherige Kündigung durch Cheque auf ihr Guthaben anweisen. Finden sich auch hier öfters Konten, die nach kürzerer Dauer wieder verschwinden, so hat sich doch im Laufe der Jahre gerade bei diesem Teile des Verkehrs eine stetig anwachsende und ständige Kundschaft herausgebildet. Die Depositenabteilung zählt augenblicklich 500 derartiger aktiver Konten, deren Inhaber den verschiedensten Geschäftszweigen angehören. Am stärksten vertreten sind die folgenden: Getreide, Kolonialwaren, Wolle, Tuch, Manufakturwaren, Konfektion, Metalle. Holz und Kohle. Das Privatpublikum ist noch wenig vertreten, es zeigt sich aber auch in diesen Kreisen allmählich mehr Interesse für den Depositenverkehr.

Die bis jetzt erreichten Resultate berechtigen zu der Annahme, daß der Depositenverkehr der Deutschen Bank eines großen Aufschwunges fähig ist. Wenn auch gerade dieser Geschäftszweig nur allmählich Fortschritte machen kann, so ist doch nicht in Abrede zu stellen, daß manches geschehen kann, um die Entwicklung zu beschleunigen. Diese Erwägung hat innerhalb der Verwaltung der Deutschen Bank schon seit einiger Zeit den Plan hervorgerufen, die Depositenabteilung getrennt zu verwalten und der speziellen Leitung eines Dirigenten zu unterstellen. Man geht dabei von der Annahme aus, daß es einem Leiter, der seine ganze Tätigkeit und Aufmerksamkeit auf die Geschäfte dieser Abteilung konzentriert, möglich sein muß, mit Erfolg alle vorhandenen Mittel zur Entwicklung dieser Geschäfte wahrzunehmen. Er wird, wenn er die Gelder selber verwaltet, schneller herausfinden, als es bisher möglich war, welche Klasse von Kunden es besonders wünschenswert ist heranzuziehen, und welche nur unter veränderten Bedingungen der Abteilung Nutzen bringen. Die getrennte Verwaltung hat den Vorteil, daß sie größere Kontrolle zuläßt, ein Umstand, der besonders dann ins Gewicht fällt, wenn die Errichtung neuer Depositenannahmestellen in Ausführung gebracht werden sollte. Ein anderer Vorteil liegt darin, daß man künftig die wirkliche Revenue dieses Geschäftszweiges erfahren wird, woraus sich praktische Nutzanwendungen werden ziehen lassen.

In engem und natürlichem Zusammenhange mit der getrennten Verwaltung der Depositen steht es, den Depositenkunden die Fazilität einzuräumen, bei der Abteilung zu diskontieren, sowie überhaupt das Platzdiskontgeschäft zu kultivieren. Hierin liegt ein Haupthebel, den Depositenverkehr in ersprießlicher Weise zu fördern. Die Direktion der Deutschen Bank hat die Ansicht, daß es im Interesse des Instituts liege, diesen Geschäftszweig von der Zentrale auszuscheiden und auf die Depositenabteilung zu übertragen. Es empfiehlt sich diese Arbeitsteiluug, weil bei den täglich zunehmenden Dimensionen aller Verkehrsgebiete der Zentrale diesem wichtigen Geschäftszweige nicht die ihm gebührende Aufmerksamkeit zugewandt werden kann. Dagegen wird der Leiter der Abteilung alle Bedingungen in sich vereinigen können, das Platzdiskontgeschäft mit gutem Erfolge zu pflegen, die Kunden sorgfältig zu überwachen, schlechte Elemente auszuscheiden, gute zu gewinnen und zu konservieren. Er wird sein besonderes Augenmerk darauf zu richten haben, fortlaufend über die Verhältnisse seiner diskontierenden Kunden informiert zu sein und zu diesem

Zweck für jede Geschäftsbranche sich die Kooperation zuverlässiger Gewährsmänner behufs Erlangung von Auskünften zu sichern. Es werden sich auch in dem Depositenverkehr mit den Kunden Anhaltspunkte darbieten, ihre Verhältnisse zu beurteilen. Der Dirigent wird bei den Diskontkunden mehr als bei den anderen Teilen der Depositenkundschaft das englische Prinzip des Stehenlassens bestimmter Salden einführen können, und es ist zu erwarten, daß viele Diskontkunden, wenn sie sich erst an den Depositenverkehr gewöhnt haben, öfters in die Lage kommen werden, Einlagen zu machen."

Es folgen nun in der Ausarbeitung die Einzelheiten der zukünftigen Organisation. Die Depositenkasse in der Behrenstraße sollte der Zentralsitz der Abteilung werden. Namentlich wird die Regelung der Anlage der Depositen unter sorgfältigster Prüfung ihrer Verfügbarkeit besprochen. Für die ohne vorherige Kündigung fälligen Depositengelder soll eine Kassenreserve von 10% gehalten und der Rest von 90% in Wechseln angelegt werden. Gegen Depositen mit einmonatlicher Kündigung ist die vollständige Belegung in Wechseln ohne Kassenreserve vorzunehmen. Depositen mit dreimonatlicher, sechsmonatlicher und zwölfmonatlicher Kündigungsfrist sind in Reports, Lombards usw. anzulegen. Die Annahme solcher Depositen in hohen Beträgen wird besonderer Vereinbarung vorzubehalten sein und nur dann zu erfolgen haben, wenn die Gelegenheit einer gewinnbringenden Verzinsung vorhanden ist. Die Depositen-Abteilung sollte diejenigen Platzkunden der Zentrale übernehmen, mit denen diese im Diskontverkehr stand. Die Fazilität, bei der Depositen-Abteilung zu diskontieren, sollte solchen Depositenkunden eingeräumt werden, deren Kreditfähigkeit durch genaueste Informationen und gegebenenfalls durch Einsichtnahme in deren Bilanzen nachgewiesen war. Es sollten Kreditlisten aufgestellt werden, die auf Grund fortlaufend einzuziehender Informationen alle drei Monate von der Direktion zu revidieren waren. Die Aufzeichnung gibt sodann eine Darstellung der bisherigen Organisation und einen Entwurf für die getrennt zu verwaltende Depositen-Abteilung. Es handelt sich dabei im wesentlichen um technische Bestimmungen, die bemerkenswerterweise zum allergrößten Teil noch heute in Geltung sind.

Die neue Organisation trat am 1. Juli 1877 in Kraft. Sie war für Siemens nur der Rahmen für die weitere Ausgestaltung des Depositengeschäfts.

Seine Bestrebungen auf diesem Gebiete haben ihren klassischen Ausdruck gefunden in einem Vortrag über „Die Lage des Scheckwesens in Deutschland“, den er am 15. Dezember 1882 vor dem Deutschen Handelstage hielt und den er im Jahre 1883 im Verlage von Julius Springer veröffentlichte.

In diesem Vortrag ging er aus von der Bedeutung, die ein durch Handelsbrauch und Gesetzgebung wohl geordneter Scheckverkehr in England nnd Amerika gewonnen hatte. Er verwies darauf, daß die durch das Londoner Clearinghouse im Geschäftsjahr 1881/82 vollzogenen Regulierungen 6382 Millionen Pfund Sterling betragen hatten, wovon etwa $^1/_6$ auf Inkasso-Wechsel und $^5/_6$ auf die Verrechnung von Schecks entfielen. Im Gegensatz dazu sei der Scheck auf dem europäischen Kontinent aus mancherlei Gründen noch immer eine „exotische Pflanze“ geblieben. Er gab dann eine klare Übersicht über die das Scheckwesen betreffende Gesetzgebung der verschiedenen Länder, bei der er hinsichtlich Deutschlands hervorheben mußte, daß nur in dem Wechselstempelgesetz von 1869 an einer einzigen Stelle beiläufig von dem Scheck die Rede war; der Scheck wurde dort als eine „Anweisung auf das Guthaben des Ausstellers bei dem die Zahlungen desselben vermittelnden Bankhause oder Geldinstitut“ definiert. In Anlehnung an die gesetzlichen Bestimmungen und unter Hinweis auf die wirtschaftlichen Funktionen entwickelte er in seiner prägnanten Sprechweise die Unterschiede zwischen Scheck, Banknote und Wechsel; auch heute noch wird die damals von ihm gebrauchte treffende Wendung häufig zitiert: „Der Mann, welcher einen Wechsel verkauft, braucht Geld; der Mann, welcher einen Scheck verkauft, hat Geld“.

Für die zurückgebliebene Entwicklung des Scheckverkehrs in Deutschland — auf die Hamburger Ausnahme wies er als auf ein Vorbild rühmend hin — machte er eine Reihe ungünstiger Umstände verantwortlich: Jede einzelne Bank habe ihr eigenes besonderes Scheckformular, für dessen Abschaffung in fast allen Fällen die Furcht vor der Stempelgesetzgebung von wesentlicher Bedeutung gewesen sei; das Resultat dieser Verschiedenartigkeit der Formulare sei gewesen daß das Publikum eine gewisse Unsicherheit behalten habe. Ferner seien unsere Banken und Bankiers im Gegensatz zum englischen

Bankier nach Tradition und Geschäftsauffassung nicht auf die Förderung des Scheckverkehrs eingestellt: sie betrachteten sich nicht als Reservoire, bei denen das Publikum sein Geld niederlegt, sondern sie verwerteten ihre Intelligenz nicht zum geringsten Teil in spekulativer Richtung. „Sie besitzen in den wenigsten Fällen die Geduld, welche erforderlich ist, um unter ungünstigen gesetzlichen Verhältnissen einen mühsamen und verhältnismäßig gewinnbringenden, viele leichten Gewinne aber ausschließenden Geschäftsbetrieb durchzuführen." Dazu trete die außerordentlich spekulative Neigung des deutschen Publikums. „Wir dürfen nicht vergessen, daß Deutschland in den letzten 50 Jahren eine wirtschaftliche Revolution mit einer Schnelligkeit durchgemacht hat, die nur von Amerika übertroffen wurde. Wenn wir vor 50 Jahren lediglich ein Agrikulturstaat waren, so sind wir heute ein Industriestaat ersten Ranges, dessen Industrie die französische bei weitem übertrifft. Daß die damit zusammenhängenden schnellen Vermögensverschiebungen nicht ohne Einfluß auf die Gesamtanschauung und die Charakterbildung unserer bürgerlichen Klassen sein konnten und eine gewisse spekulative Richtung befördern mußten, ist wohl kaum bestreitbar."

Alle diese Umstände seien der Entwicklung des Depositen- und damit des Scheckverkehrs entgegengewesen. Nun stehe wohl kein Kenner des praktischen Lebens mehr auf dem naiven Standpunkt zu glauben, daß es genüge, ein Gesetz zu machen, um praktische Verhältnisse zu schaffen; aber das Gesetz könne die „juristischen Hindernisse beseitigen, indem es durch Feststellung der Definition des Schecks ein einheitliches Zusammenwirken unseres Handelsstandes von einem gemeinschaftlichen Ausgangspunkte aus ermöglicht und durch Statuierung der Stempelfreiheit des Schecks dessen Ausdehnungsfähigkeit verbürgt. Von diesen beiden Gesichtspunkten aus möchte ich mich für den Erlaß eines Gesetzes erklären." In dem Gesetze seien festzulegen: die Ausstellung des Schecks auf Sicht, eine kurze Präsentationsfrist, die ausschließliche Zulassung der Beziehung von Banken und Bankiers, die Stempelfreiheit; um die für die Einbürgerung des Schecks unerläßliche Stempelfreiheit unter allen Umständen zu erhalten, wollte er eher auf das an sich wünschenswerte Recht des

Regresses an die Vormänner als auf die Stempelfreiheit verzichten, wenn zwischen beiden Gesichtspunkten ein Konflikt entstehen sollte.

Eine eigentliche Entwicklung des Scheckverkehrs könne aber erst dann erfolgen, wenn in Deutschland die Einrichtung getroffen werde, die die Engländer und Amerikaner, seit 1872 auch die Franzosen besäßen, nämlich ein Clearinghouse, wo täglich die einlaufenden Schecks ausgetauscht und verrechnet würden. „Dann, aber auch nur in diesem Falle, erfüllt das Scheckwesen zugleich einen öffentlichen Zweck, indem es dazu beiträgt, die bisher in den Einzelkassen zerstreuten kleinen Beträge in großen Reservoirs zu zentralisieren, wo sie für die Allgemeinheit wirksam werden können." —

Die damals von Georg Siemens entwickelten und begründeten Vorschläge fanden, soweit sie den Erlaß eines Scheckgesetzes betrafen, erst viel später, erst im Jahre 1908, als Siemens schon nicht mehr unter den Lebenden weilte, Erfüllung. Dagegen wurde die Forderung nach Errichtung von Abrechnungsstellen, die dem englischen Clearinghouse entsprachen, schon in den folgenden Monaten, im April 1882, durch die Reichsbank erfüllt. Indem diese Einrichtung für alle an die Abrechnungsstellen angeschlossenen Banken die kostenlose Einziehung aller auf die angeschlossenen Banken gezogenen Schecks sicherstellte, ermöglichte sie es den Banken, ihrerseits die auf jede beliebige Abrechnungsbank gezogenen Schecks ohne Abzug einer Einlösungsprovision anzunehmen, ein Vorteil, der für die weitere Entwicklung des Depositengeschäfts und namentlich des Scheckverkehrs in Deutschland von entscheidender Bedeutung geworden ist.

Die Deutsche Bank nahm die neuen Möglichkeiten wahr, indem sie ihre Anstrengungen zur Hebung des Depositenverkehrs verdoppelte. Sie vermehrte vom Beginn der 80er Jahre an schrittweise ihre Depositenkassen; in Berlin und seinen Vororten waren Ende 1900 neben der Hauptdepositenkasse in der Mauerstraße, die Anfang der 90er Jahre als erste in Deutschland mit einer dem Publikum zur Verfügung gestellten „Stahlkammer" ausgestattet worden war, 16 Depositen-Kassen vorhanden. Der Depositenbestand der Deutschen Bank, der bis zum Ende des Jahres 1881 trotz aller aufgewendeten Arbeit und Mühe nur auf den Betrag von 14 Millionen angewachsen war, stellte sich Ende 1883 auf 22 Millionen Mark, Ende 1885 auf 32 Millionen, Ende 1890 auf 52 Millionen. Das folgende Jahrzehnt brachte eine sprunghafte Steigerung. Die Früchte begannen jetzt zu reifen. Das letzte Jahr, dessen Abschluß Siemens erlebte, das Jahr 1900, wies in seiner Bilanz einen Depositenbestand von 191 Millionen Mark auf, und im Jahre 1901, noch zu Lebzeiten von Siemens, wurde der Betrag von 200 Millionen Mark überschritten.

In noch stärkerem Maße als der Einlagenbestand hob sich die Zahl der Einleger. Ende 1876, nach der Aufnahme des Berliner Bankvereins und der Deutschen Union-Bank, hatte die Zahl der Depositen-Konten 945 betragen, Ende 1883 bereits 3867. Der Durchschnittsbetrag eines Depositenkontos war damals 5802 Mark. Ende 1900 stellte sich die Kontenzahl auf 51622, der Durchschnittsbetrag eines Kontos auf 3598 Mark. Die Abnahme des Durchschnittsbetrages der Konten ist ein Zeichen dafür, in welchem Maße die Erziehung auch der mittleren und kleinen Geschäftswelt und des Privatpublikums zum Depositenverkehr gelungen war.

So glänzend diese Erfolge für sich genommen waren, so hat doch Georg Siemens nur den Anfang der Entwicklung erlebt. Die Jahre nach seinem Tode bis zum Krieg brachten eine Fortsetzung des Aufschwungs des Depositengeschäfts in einem alle Erwartungen weit übersteigenden Ausmaß. Sowohl die Zahl der Depositenkonten, als auch der Betrag der Depositengelder haben sich in den 13 Jahren bis zum Kriegsausbruch vervielfacht. Aus den 17 Depositenkassen, die Ende 1900 in Berlin und seinen Vororten bestanden, sind inzwischen 47 geworden. Auch in allen anderen deutschen Großstädten, in denen die Deutsche Bank Fuß gefaßt hatte, vor allem in Hamburg, Dresden, Leipzig, Frankfurt a. M., München wurden zahlreiche Depositenkassen errichtet.

Die Vorteile der Entwicklung des Depositengeschäfts für die Deutsche Bank sind nicht hoch genug zu veranschlagen.

Schon um die Mitte der 90er Jahre erreichte der Bestand an Depositengeldern einen Umfang, der das Grundkapital der Bank übertraf; in dem Jahre, in dem Siemens starb, überholten die Depositengelder die gesamten eigenen Mittel der Bank (Grundkapital zuzüglich der Reserven), die sich damals auf rund 200 Millionen Mark stellten; und seither sind die Depositengelder auf ein Vielfaches der auf mehr als 800 Millionen Mark erhöhten eigenen Mittel der Bank angewachsen. Diese Zahlen sprechen für sich. Es bedarf keines weiteren Wortes, um darzutun, welchen Zuwachs an Kraft und Macht diese Entwicklung des Depositengeschäfts der Deutschen Bank gebracht hat.

Dieser Zuwachs an Kraft und Macht war um so bedeutender, als die Deutsche Bank den Vorsprung in der Entwicklung des Depositengeschäfts, den sie dank der Initiative, der unbeirrbaren Zähigkeit und zielbewußten Tatkraft Siemens' sich von Anfang an sicherte, auch späterhin, als die anderen deutschen Großbanken fast ausnahmslos ihren Spuren folgten und mit ihr in scharfen Wettbewerb in der Heranziehung von Depositengeldern traten, aufrechtzuerhalten verstanden hat.

Die Bank wurde durch die Entwicklung des Depositengeschäfts überhaupt erst in vollem Umfange zu dem, was eine Bank in einer modernen Volkswirtschaft in erster Linie zu sein hat: zur Vermittlungsstelle des Geld- und Kapitalverkehrs, zur Ausgleichstelle von Angebot und Nachfrage auf dem Felde des kurzfristigen Kredits. Das sich hieraus ergebende Zinsgeschäft — das Hereinnehmen von Geldern zu verhältnismäßig niedrigen Sätzen und das Ausleihen im Wege des Diskont-, Lombard-, Report- und Kontokorrentkredits zu höheren Sätzen — wurde zum Rückgrat ihrer finanziellen Erträgnisse. Auch in diesem Punkte hat Siemens richtig gesehen, der nach Steinthals Zeugnis von Anfang an darauf hingewiesen hat, daß das auf den Depositenverkehr gegründete Zinsgeschäft erheblich wichtiger sei als die Provisionen und erst recht wichtiger als die stets zweifelhaften und immer schwankenden Effekten- und Konsortialgewinne.

Die unmittelbar aus dem Depositengeschäft der Deutschen Bank zufließenden Vorteile erfuhren eine Steigerung durch die mittelbare Förderung, die allen anderen Geschäftszweigen der Bank aus der Hebung ihres Depositenverkehrs erwuchs. Bei der engen Verflechtung namentlich des Diskont- und Lombardgeschäfts mit dem Depositengeschäft — einer Verflechtung, die in dem oben dargestellten organisatorischen Aufbau des Depositengeschäfts gegeben war — mußte die

Zunahme des Bestandes an Depositengeldern in erster Linie diesen Zweigen der Kreditgewährung zugute kommen. Darüber hinaus aber führte die Entwicklung des Depositenverkehrs der Bank in steigendem Maße eine Kundschaft zu, die eine zuverlässige und immer breiter werdende Abnehmerschaft für Anlagewerte aller Art darstellte. Das später ausgebaute Effekten- und Emissionsgeschäft der Bank erhielt in ihrer Depositenkundschaft eine Grundlage, wie sie keine andere deutsche Bank zur Verfügung hatte. Auf dieser Grundlage vermochte die Bank die größten Aufgaben auf dem Gebiet der Übernahme von Anleihen und Aktien und damit auf dem Gebiet der Schaffung neuer großer Unternehmungen zu lösen.

Aber die Wirkungen der Siemensschen Initiative in der Schaffung und Entwicklung des Depositengeschäfts erschöpften sich nicht in Vorteilen für die Deutsche Bank, sie kamen dem gesamten deutschen Wirtschaftsleben zugute. Die Vorteile für die deutsche Volkswirtschaft waren um so größer, als nach und nach die anderen deutschen Banken unter der Einwirkung der großen von der Deutschen Bank erzielten Erfolge ihre Zurückhaltung gegenüber dem Depositengeschäft aufgaben und, dem Beispiel der Deutschen Bank folgend, sich der Pflege dieses Geschäftszweiges mit Eifer widmeten. Die auf dem Depositengeschäft beruhende Einbürgerung des bargelderſparenden Zahlungsverkehrs allein hat dem deutschen Geldwesen die Elastizität gegeben, die es ihm möglich machte, den gewaltigen Anforderungen, die der Aufschwung der deutschen Volkswirtschaft in den letzten Jahrzehnten vor dem Kriege stellte, ohne allzu große Spannungen und Unzuträglichkeiten gerecht zu werden. Nur die Heranziehung und Nutzbarmachung auch der kleinsten Kapitalteile im Wege des Depositengeschäfts, eine Heranziehung und Nutzbarmachung von vielen hunderten Millionen Mark sonst brachliegender Mittel, hat dem deutschen Wirtschaftsleben die Kraft zu jenem gewaltigen Aufstieg gegeben, um den uns alle anderen Völker der Erde beneideten.

Dabei hat die von Siemens geschaffene Organisation des Depositengeschäfts in vorbildlicher Weise die Gefahren vermieden, die in früheren Jahrzehnten, wie oben dargestellt, die deutschen Banken, einschließlich der Preußischen Bank, von der Pflege des Depositengeschäfts abgeschreckt hatten und die auch späterhin in Literatur und Presse häufig gegen die Verbindung des Depositengeschäfts mit dem Effekten- und Emissionsgeschäft der deutschen Banken geltend gemacht worden sind. Oft genug ist, auch von namhaften Fachgelehrten, die Gefahr hervorgehoben worden, die für die Depositengläubiger bei der Verquickung des Depositengeschäfts mit dem spekulativen und die Mittel der Banken auf ungewisse Fristen festlegenden Effekten- und Emissionsgeschäft bestehe; unter Hinweis auf das englische Beispiel wurde dabei einer Trennung des Depositengeschäfts von jenen anderen Geschäftszweigen das Wort geredet. Mit besonderem Nachdruck traten diese Kritik und diese Bestrebungen hervor, als — gerade in Georg Siemens' letztem Lebensjahr — der Zusammenbruch einiger Provinzbanken während der Krisis der Jahre 1900 und 1901 die öffentliche Aufmerksamkeit mehr denn zuvor auf diese Fragen lenkte. Dabei wurde nicht nur übersehen, daß die geschichtliche Entwicklung des Bankwesens und der Volkswirtschaft in Deutschland ganz andere Bedingungen geschaffen hatte als in England; daß ferner für Deutschland gerade die Verbindung des Depositenverkehrs mit jenen anderen Zweigen bankgeschäftlicher Tätigkeit der gegebene Weg war, um das Höchstmaß volkswirtschaftlicher Nutzwirkung mit den vorhandenen Mitteln zu erzielen. Es wurde auch übersehen, daß eine zweckmäßige Organisation jenen Gefahren vorbeugen konnte und daß eine solche zweckmäßige Organisation bei der Deutschen Bank in der Art der Eingliederung des Depositengeschäfts in den gesamten Geschäftsbetrieb der Bank praktisch durchgeführt war. Die selbständige Stellung, die die Deutsche Bank dem Depositengeschäft frühzeitig im Rahmen ihrer Gesamtgeschäfte gab, erleichterte die Anpassung der Aktivgeschäfte der Bank an den besonderen Charakter der Depositengelder, die als Betriebsmittel für diese Aktivgeschäfte dienten. Die besonderen Normen, die die Deutsche Bank mit der Einrichtung der selbständigen Depositenabteilung für die Anlage der Depositengelder aufstellte und die darauf hinausgingen, für die bei der Bank stehenden fremden Gelder stets ein ausreichendes Maß „liquider Mittel" — Bargeld, Guthaben bei der Reichsbank, kurzfristige Wechsel- und Lombardforderungen oder jederzeit flüssig zu machende Wertpapiere, insbesondere Reichs- und Staatsanleihen —

zu halten, hatten zur Wirkung, die in dem englischen System der reinen Depositenbanken gegebene Sicherheit der Einleger auch in dem deutschen „gemischten System" zu gewährleisten. Der von der Deutschen Bank bei der Einrichtung ihres Depositengeschäfts aufgestellte Grundsatz der Liquidität der Anlage, der allein eine ausreichende Sicherung gegen die Gefahren des „gemischten Systems" bietet, ist von ihr, wie insbesondere auch die auf die Liquidität des deutschen Bankwesens eifrig bedachte Leitung der Reichsbank stets gern anerkannt hat, in einer vorbildlichen Weise durchgeführt worden. Er hat der Deutschen Bank das große Vertrauen verschafft, aus dem heraus allein das gewaltige Wachstum der Bank sich entwickeln konnte.

In den beiden Zweigen, in denen das deutsche Bankwesen zur Zeit der Gründung der Deutschen Bank die empfindlichsten Lücken aufwies, im Überseegeschäft und im Depositengeschäft, hat also die Deutsche Bank unter der Leitung von Georg Siemens in den ersten Jahren ihres Bestehens die entscheidenden Schritte getan und die Grundlagen nicht nur für ihr eigenes Gedeihen, sondern auch für die Ausgestaltung des gesamten deutschen Bankwesens und für den Aufstieg der deutschen Volkswirtschaft geschaffen.

Die Anfänge des Finanzierungsgeschäfts. Inländische Eisenbahn- und Anleihe-Geschäfte.

Auf neuen Wegen hatte die Deutsche Bank in den ersten Jahren ihres Bestehens versucht, ihre Daseinsberechtigung zu erweisen, sich selbst eine Stellung und Verdienstmöglichkeiten zu schaffen und der deutschen Volkswirtschaft von Nutzen zu sein. Über dem Aufbau der Organisation für die Vermittlung des überseeischen Zahlungsverkehrs und für den inländischen Depositenverkehr hatte die Deutsche Bank bewußt und gewollt dasjenige Geschäftsgebiet vernachlässigt, auf dem sowohl die älteren deutschen Privatbanken, wie auch die zur Zeit ihrer eigenen Gründung neuentstandenen sich mit besonderem Eifer betätigten: das Emissions- und Finanzierungsgeschäft, bestehend in der Übernahme und Unterbringung öffentlicher Anleihen, industrieller Obligationen, in Pfandbriefen der Bodenkredit-Institute, ferner in der Gründung von Aktiengesellschaften auf dem Gebiet der Industrie und des Transportwesens und in der Mitwirkung an der Erweiterung bestehender Aktiengesellschaften, beides verbunden mit der Übernahme und Unterbringung der Aktien dieser Unternehmungen.

Was das junge deutsche Bankwesen, ungeachtet aller Fehlgriffe im einzelnen und aller periodischen Übertreibungen, auf diesem für die Erweckung der wirtschaftlichen Kräfte Deutschlands so wichtigen Gebiet in den zwei Jahrzehnten vor der Gründung der Deutschen Bank bereits geleistet hatte, ist oben (Kap. 2 dieses Teiles) dargestellt worden. Trotz des schweren Rückschlages, den nach der gewaltigen Überspannung der Gründerjahre die Krisis von 1873 und die darauffolgende Zeit der Depression herbeiführten, konnte niemand, der Einblick in unsere wirtschaftlichen Verhältnisse hatte, einen Zweifel darüber haben, daß die Weiterentwicklung der deutschen Volkswirtschaft eine Weiterführung der Konzentration und der planmäßigen Ausnutzung der vorhandenen und allmählich wachsenden Kapitalien nötig mache, eine Aufgabe, die nur von den Banken im Wege der nachdrücklichen und besonnenen Fortführung des von ihnen begründeten Emissions- und Finanzierungsgeschäfts gelöst werden konnte. Der weitere Ausbau des Eisenbahnnetzes, die wachsenden Geldbedürfnisse des Reiches, der Einzelstaaten und Kommunen, die Ausgestaltung und Modernisierung der deutschen Industrie, die Hebung unserer Landwirtschaft durch großzügige Meliorationen und verbesserte Betriebsweisen, die durch die Zunahme der Bevölkerung, ihre Zusammendrängung in den großen Städten und die Verbesserung ihres Lebensstandes bedingte Steigerung des Wohnungsbedürfnisses — das alles stellte gewaltige und fast ununterbrochen wachsende Ansprüche an die Finanzierungstätigkeit der Banken.

Einen besonderen Antrieb erhielt diese Entwicklung um die Wende der 70er und 80er Jahre des vorigen Jahrhunderts einmal durch die Verstaatlichung der Eisenbahnen, ferner durch die Rückkehr zum System des gemäßigten Schutzzolls.

Die Verstaatlichung der Eisenbahnen gab Anlaß zu Geldtransaktionen von gewaltigem Umfang. Als im Jahre 1879 Preußen, nachdem drei Jahre zuvor der Bismarcksche Gedanke der Reichseisenbahnen an der Verständnislosigkeit seiner eigenen Mitarbeiter und der Parteien gescheitert war, die Verstaatlichung seines gesamten Eisenbahnnetzes in die Hand nahm, war die Streckenlänge des preußischen Eisenbahnnetzes 18500 km, davon nur 5300 km Staatsbahnen und 13200 km Privatbahnen; von den letzteren standen allerdings bereits 3800 km in staatlicher Verwaltung. Wenn jetzt die Privatbahnen in staatliches Eigentum übergeführt werden sollten, so war dazu die Unterbringung eines bis dahin unerhört großen Betrages von Staatsanleihen erforderlich. Auf der anderen Seite wurde dem Publikum sein Besitz an Eisenbahnaktien entzogen; die dagegen angebotenen Staatsanleihen waren für diejenigen kein Ersatz, die sich mit einer verhältnismäßig niedrigen festen Verzinsung nicht begnügen wollten, sondern Wert darauf legten, ihre Kapitalien lieber in etwa riskanteren aber höher verzinslichen Werten, wie ausländischen Anleihen oder Dividendenwerten, anzulegen, die Aussicht auf steigende Erträgnisse boten. Die auf diese Weise durch die Eisenbahn-Verstaatlichung frei gesetzten und nach neuer Anlage drängenden Kapitalien boten dem Finanzierungsgeschäft der deutschen Banken neue Möglichkeiten und einen weiten Spielraum.

Ungefähr gleichzeitig leitete die von Bismarck im Jahre 1879 in neue Bahnen geführte Handelspolitik einen neuen Aufstieg der deutschen Wirtschaft ein. Die radikale Durchführung des Freihandels hatte — wie oben erwähnt — mit dazu beigetragen, die Wirkungen der Krisis von 1873 zu verschärfen und die Periode der Stagnation des deutschen Wirtschaftslebens zu verlängern. Die schon seit dem Jahre 1878 merkbare neue Bewegung nach aufwärts erhielt durch die Wiedereinführung des industriellen und auch durch die Neueinführung des landwirtschaftlichen Zollschutzes eine starke Förderung: der inländische Markt wurde der nationalen Arbeit gesichert, und unter diesem Schutz konnten Industrie und Landwirtschaft in Ruhe und mit Vertrauen an die Neuinvestierungen von Kapital gehen, die zur vollen Ausnutzung der technischen Errungenschaften erforderlich waren und die in den folgenden Jahrzehnten die Leistungsfähigkeit der deutschen Volkswirtschaft so gewaltig gehoben haben.

Die Deutsche Bank hat, wie wir gesehen haben, in den ersten Jahren ihres Bestehens gegenüber dem Finanzierungsgeschäft eine weitgehende Zurückhaltung geübt. Aber diese Zurückhaltung entsprang bei Georg Siemens nicht so sehr einer grundsätzlichen Enthaltsamkeit gegenüber den auf diesem Gebiet zu erfüllenden großen Aufgaben als vielmehr der Erkenntnis, daß das neue Unternehmen nicht in den Fehler der zahlreichen Konkurrenzgründungen verfallen durfte, allzuviel umfassen zu wollen, daß es vielmehr erst in der Erfüllung seiner besonderen Aufgaben erstarken müsse, um ohne Schaden für seinen eigenen Bestand und mit guten Aussichten gegenüber dem Wettbewerb mit den älteren, über Erfahrungen und über eine feste Position verfügenden Banken sich auf dem klippenreichen Grunde des großen Finanzierungsgeschäfts betätigen zu können. Sobald aber die Bank hinreichend gefestigt war, wurde auch dieses Arbeitsfeld in Angriff genommen.

Auch hier war es Siemens, der nach dem bereitwilligen An erkenntnis seiner Kollegen von Anfang an die Initiative und die Führung hatte. Wallich erzählt:

> „Um die Zeit der Liquidation des Berliner Bankvereins und der Deutschen Unionbank waren die anderen Banken sehr geschwächt durch den Krach von 1873, dessen Nachwehen sich erst jetzt fühlbar machten, während die Deutsche Bank aus demselben intakt hervorgegangen war. Jetzt begann unsere Zeit. Wir sollten die Früchte unserer langen Enthaltsamkeit ernten. Siemens wurde der anerkannte Leiter der schüchtern beginnenden Emissionstätigkeit. Sein Genie sollte sich auf diesem für uns neuen Gebiet glänzend bewähren".

Und Steinthal sagte in seiner Gedächtnisrede vom 27. Oktober 1901:

> „Siemens begann, sobald der weitere Ausbau des allgemeinen Geschäfts seitens seiner Kollegen auch den Absatz ermöglichte, im größeren Finanzierungsgeschäft selbständig vorzugehen ... Eine glückliche Disposition ließ ihn stets die allgemeinen Gesichtspunkte in den Vordergrund stellen. Darum waren die Nachteile, die ein von ihm entriertes, sich vorerst als unrichtig herausstellendes Geschäft mit sich brachten, nie sehr erheblich; denn auf die Dauer behielt er gewöhnlich mit seiner Anschauung recht."

Diese Urteile der ersten beiden Mitarbeiter fallen um so schwerer ins Gewicht, als sie dem Finanzierungsgeschäft gegenüber auch dann noch die größte Vorsicht und Zurückhaltung zeigten, als Georg Siemens schon mit vollen Segeln auf das neue Ziel lossteuern wollte.

Es gab in diesem Punkte wohl die stärksten Meinungsverschiedenheiten, die überhaupt jemals zwischen Siemens und seinen ihm damals schon durch Achtung und Freundschaft verbundenen Kollegen entstanden sind. Siemens hatte sich mehr und mehr von der Überzeugung durchdringen lassen, daß nur der Übergang zum großen Finanzierungsgeschäft die Bank vor der Verkümmerung bewahren könne. Er fühlte mit sicherem Instinkt heraus, daß die Bank in sich hinreichend gefestigt war, um die Risiken des Finanzierungsgeschäftes, die sie in der Gründerzeit mit so viel Umsicht vermieden hatte, jetzt auf sich nehmen zu können, und er trug in sich das Gefühl, daß eine Kraft, die er in schwierigen Verhandlungen und Geschäftskonstruktionen zu erproben Gelegenheit gehabt hatte, den großen Aufgaben des Finanzierungsgeschäfts, dessen weite Möglichkeiten ihn lockten, gewachsen sei. Für ihn lag die ganze Zukunft der Bank und damit der eigenen Lebensarbeit in der Erweiterung des Wirkungsfeldes. Seine Kollegen dagegen waren eher geneigt, sich auf dem bereits gewonnenen Boden wohnlich einzurichten und neue Risiken abzulehnen. Das ungestüme Vorwärtsdrängen Siemens' war ihnen unbehaglich und manchmal unheimlich. So kam es, daß Siemens mitunter bei seinen Kollegen Verständnis für seine Pläne und Unterstützung gegenüber dem zum Bremsen nur allzu geneigten Verwaltungsrat vermißte. Es wiederholten sich Reibungen, wie sie einige Jahre zuvor, als Siemens auf die rasche Ausdehnung des überseeischen Geschäfts drängte, sich herausgestellt hatten; nur daß diesmal die Verschiedenheiten der Auffassung und Ziele zeitweise so stark erschienen, daß Siemens ernstlich daran dachte, sich von der Bank zurückzuziehen. Wallich erzählt, daß Siemens in jener Zeit Augenblicke großer Niedergeschlagenheit hatte und daß er gelegentlich sagte:

„Ich tauge nichts für die Bank. Auf Grund der Unverträglichkeit unserer Ansichten habe ich gestern in meiner üblen Laune mein gutes Weib angefahren. Das darf nicht wieder vorkommen. Es ist besser, ich gehe."

Solche Äußerungen waren mehr als der Ausdruck vorübergehenden Mißmutes; sie kamen aus dem tiefen Grunde schwerer Verstimmungen und Sorgen. Die Zweifel gewannen in Georg Siemens mehr und mehr die Oberhand, ob es ihm möglich sein werde, seine Persönlichkeit gegen die Umwelt, in die er sich gestellt sah, durchzusetzen und ob unter diesen Umständen für ihn noch länger eine Möglichkeit bestehe, das mit so großem Erfolg begonnene Lebenswerk fortzusetzen.

Schon bisher hatte er seine Ziele stets gegen nicht unbeträchtliche Widerstände durchsetzen müssen. Der Sitz dieser Widerstände war, wenn Siemens gelegentlich auch bei seinen Kollegen in der Direktion nicht ganz leichtes Spiel gehabt hatte, hauptsächlich der Verwaltungsrat der Bank gewesen. Es war Georg Siemens bisher gelungen, diese Widerstände zu überwinden, da in den entscheidenden Situationen die Direktion stets einmütig zusammengehalten hatte. Aber leicht war seine Stellung schon bisher nicht gewesen.

Um diese Schwierigkeiten verständlich zu machen, ist ein Wort nötig über die Abgrenzung der Befugnisse zwischen Direktion und Verwaltungsrat, wie sie das Gesetz, das Statut der Deutschen Bank, die Macht der Verhältnisse und die Eigenart der auf beiden Seiten stehenden Persönlichkeiten geschaffen hatten.

Nach dem damals geltenden Aktienrecht waren die Organe einer Aktiengesellschaft — wie heute noch in England und Frankreich — die Generalversammlung und der Verwaltungsrat. Das Gesetz machte keinen Unterschied zwischen Verwaltungsrat und Direktion. Die Direktion war ein Organ des Verwaltungsrats, von diesem abgeordnet und mit der Geschäftsführung betraut. Die Regelung des Verhältnisses im einzelnen stand im Belieben der Gesellschaften. Erst die Aktiennovelle von 1884 machte einen Trennungsstrich zwischen dem Vorstand (Direktion) und dem Verwaltungsrat, der jetzt die Bezeichnung „Aufsichtsrat" erhielt und dessen Funktionen im wesentlichen auf eine Kontrolltätigkeit beschränkt wurden.

Das Statut der Deutschen Bank bestimmte, daß der Verwaltungsrat „Träger aller Vollmachten seitens der Gesellschaft" sei, und daß von ihm die „Erteilung aller Vollmachten" ausgehe. Es bestimmte weiter, daß die Direktion die Geschäfte „nach Maßgabe der ihr vom Verwaltungsrat erteilten Instruktionen" zu führen habe. Der Verwaltungsrat wählte aus seiner Mitte einen engeren Ausschuß, den sogenannten „Fünferausschuß"; dieser kam regelmäßig in jeder

Woche zusammen, während der 24köpfige Verwaltungsrat alle Monate tagte.

Das war an sich schon für eine Direktion, die etwas auf Selbständigkeit hielt, kein ganz leichtes Arbeiten. Die Zusammenarbeit wurde aber noch durch den bereits mehrfach erwähnten Umstand erschwert, daß im Verwaltungsrat die zu den Gründern der Deutschen Bank gehörigen Privatbankiers stark vertreten waren, die sich in der Deutschen Bank ein ihren geschäftlichen Zwecken dienendes und ihren Wünschen jederzeit gefügiges Instrument zu schaffen gedachten. Sobald die Direktion der Deutschen Bank Miene machte, von dem überseeischen Geschäft auf das inländische Geschäft überzugreifen und dort mit ihren eigenen Gründern in Wettbewerb zu treten, gab es Reibungen und Verstimmungen. Auch der Fünferausschuß war vorwiegend mit Konkurrenzbankiers besetzt, die, wenn sie auch bestrebt waren, dem neuen Institut und seinen Lebensnotwendigkeiten gerecht zu werden, doch nicht aus ihrer eigenen Haut herauskonnten. Das galt in gewissem Grade — bei aller Vornehmheit und Untadelhaftigkeit seines Charakters — auch von dem Vorsitzenden des Verwaltungsrates. Dazu kam, daß Adalbert Delbrück gewohnt war, im eigenen Hause unumschränkt zu herrschen, und daß er gegen alles, was er als Beeinträchtigung seiner Position und Autorität empfand, sich empfindlich zeigte.

Bei den Männern der Direktion entstand sehr bald das Gefühl, daß man ihrer Tätigkeit ungerechtfertigte, mit den Interessen des Instituts nicht verträgliche Schranken auferlege; man wollte sich die Selbständigkeit, auf die man ein Recht zu haben glaubte, nicht verkümmern lassen, und man wehrte sich gegen das „ewige Dreinreden" und die „Bevormundung".

Kleine Reibungen gab es schon sofort nach der Gründung. Der Verwaltungsrat setzte die Einzahlung auf das 15 Millionen Mark betragende Grundkapital auf nur 6 Millionen fest; die beiden Direktoren Siemens und Platenius hatten das Gefühl, daß sie von Anfang an knapp gehalten werden sollten. Siemens hat später oft erzählt, er habe auch die 6 Millionen den Gründern fast mit Gewalt aus den Kassen holen müssen. Der Geschäftsführer eines der beiden Vorsitzenden habe ihm spöttisch gesagt: „Was wollen Sie eigentlich mit dem Geld? Sie wissen ja doch nicht, was damit anfangen!"

Ergötzlich ist, was Wallich über die erste Verwaltungsratssitzung nach Siemens Rückkehr aus dem Felde erzählt:

„Siemens ergriff in der Sitzung, in der — wie gewöhnlich — viel geredet und nichts beschlossen wurde, zum erstenmal das Wort. Ich sehe ihn noch vor mir, wie er, angelehnt an den Kachelofen, erst leise, dann immer lauter in zwangloser Sprache unsern Geschäftsgang beleuchtete und mit den Worten schloß: Wenn 24 Leute eine Bank leiten wollen, dann ist es wie mit einem Mädchen, das 24 Freier hat. Es heiratet sie keiner. Aber am Ende hat sie ein Kind!"

Wallich fügt dieser Schilderung hinzu:

„Die Rede war für mich eine Offenbarung. Ich erkannte, daß ich einen Kollegen hatte mit klarem Verstand und Haaren auf den Zähnen. Aber auch auf den Verwaltungsrat machte die Rede Eindruck, und von diesem Zeitpunkt an bildete sich in seiner Mitte eine Partei zugunsten Georg Siemens', eine Partei, die ständig wachsen sollte. Gebhard (Elberfeld) wurde sofort sein eifriger Anhänger."

Der Kampf gegen die „Bevormundung" war mit diesem ersten Löcken gegen den Stachel nur eröffnet, nicht abgeschlossen, und er spielte sich nicht immer in so humorvollen Formen ab. Schon gegen Ende des Jahres 1871 kam es zu einem scharfen Zusammenstoß zwischen Siemens und Delbrück, der im übrigen Siemens sehr hoch schätzte und eine schroffe Haltung ihm gegenüber sichtlich mehr vermied als gegenüber seinen Kollegen in der Direktion. Eine Meinungsverschiedenheit wollte Delbrück kurz damit beendigen, daß er sich auf seine Autorität berief, der Siemens sich zu fügen habe. Siemens antwortete sofort mit seinem Entlassungsgesuch. Wallich erklärte sich ohne weiteres mit Siemens solidarisch, und Delbrück lenkte ein.

Es kam in der Folgezeit wiederholt zu ähnlichen Konflikten. Solange Siemens dabei seiner Kollegen sicher war, brauchte er solche Reibungen nicht zu scheuen. Jetzt aber, in der kritischen Zeit der Entscheidung über die ganze künftige Entwicklung der Bank, glaubte Siemens ernstlichen Grund zu Zweifeln darüber zu haben, wie weit seine Kollegen ihm folgen wollten. Gewisse Vorkommnisse und Auseinandersetzungen, bei denen er die volle Unterstützung seiner Kollegen gegenüber dem Verwaltungsrat vermißte, verstärkten seine Zweifel und veranlaßten ihn, sich selbst die Frage zu stellen, ob ein ersprießliches Arbeiten weiterhin möglich sei.

In der Ruhe des weltabgeschiedenen kleinen Bades Petersthal im Schwarzwald ging er mit sich zu Rate. Das Ergebnis seiner Überlegungen und seiner Selbstprüfung ist niedergelegt in dem eigenhändigen Entwurf eines Schreibens an den Vorsitzenden des Verwaltungsrats der Deutschen Bank, Adalbert Delbrück. Der Entwurf ist datiert vom 11. Juli 1876. Der Brief ist nicht in der Gestalt dieses Entwurfes, sondern in einer wesentlich gekürzten und geänderten Form abgeschickt worden; aber der Entwurf eröffnet so außerordentlich wichtige Einblicke in die Welt der Gedanken und Pläne seines Verfassers, daß er hier in seinem wesentlichen Inhalt wiedergegeben werden muß.

Der Briefentwurf beginnt mit der Eröffnung, daß Siemens sich entschlossen habe, seine Entlassung aus der Bank zum 1. Oktober 1876 nachzusuchen. „Der Entschluß ist mir schwer gefallen" — heißt es weiter — „aber er ist für mich notwendig geworden, weil ich die Hoffnung aufgebe, daß ich mit meinen Kollegen zu einer Verständigung über die zu verfolgende Geschäftspolitik gelangen könnte, und weil ich, nachdem ich diese Auffassung gewonnen habe, durch ein längeres Verbleiben in der Verwaltung nicht nur die Pflichten gegen die Interessen des mir mitanvertrauten Instituts, sondern auch gegen mich selbst verletzen würde."

Es folgt dann eine ausführliche Darstellung der Lage der Deutschen Bank:

„Das Programm der Deutschen Bank war von Anfang an ein schwieriges. Es handelte sich um die Einbürgerung eines Geschäftes in Berlin, welches bis dahin kein gewöhnliches gewesen, bei dessen Durchführung man auch auf besondere Unterstützung unseres Kaufmannsstandes nur wenig rechnen durfte, bei welchem dieser uns auch nur wenig helfen konnte. Den Kredit, dessen wir im Auslande bedurften, konnten wir uns nur erzwingen durch ein hohes Kapital, das zur Ausdehnung unseres überseeischen Geschäfts außer Verhältnis stand, zu dessen Beschäftigung uns auch im Inlande die erforderlichen Beziehungen vielfach abgingen. Deshalb mußte die Kapitalserhöhung der Geschäftsausdehnung stets vorausgehen: Das Geschäft mußte sozusagen in das Kapital hineinwachsen. Die ganze Entwicklung konnte also keine normale sein, und man mußte durch mannigfache Künsteleien dieser Schwäche in der Entwicklung zu begegnen suchen.

Darüber, daß dieser Grundsatz nicht erst heute von mir ausgesprochen wird, beziehe ich mich auf die Ausarbeitungen, welche dem Verwaltungsrat zur Begründung der Kapitalserhöhungen direktionsseitig vorgelegt wurden. Er wird in mehr oder minder versteckter Weise stets darin wiederkehren."

Es wird dann ausgeführt, wie die Ausgestaltung des überseeischen Geschäfts dank der Wirksamkeit der Herren Wallich und Steinthal, die sich auf das glücklichste ergänzten, die Deutsche Bank dazu gebracht habe, eine gewisse Herrschaft über den Berliner Devisenmarkt auszuüben. „Aber — so heißt es weiter — die in diesem Maklergeschäft und in einer glücklichen Arbitrage liegenden Gewinne werden m. E. auf die Dauer zur Erzielung einer anständigen Dividende allein nicht ausreichen, da der Hauptgewinn großer Banken aus dem Zinsenkonto fließen muß.

„Für diese Geschäftsart würde (inkl. der Filialen), wenn es normal betrieben wird, m. E. ein Kapital von 25—30 Millionen Mark ziemlich ausreichend sein, dann aber auch eine gute Verzinsung liefern. Die einseitige Betonung dieser Geschäftsrichtung würde daher m. E. zur Folge haben ein weiteres Fortschreiten auf der Reduktionsbahn*), bis wir auf ca. $^3/_5$ unseres heutigen Kapitals angelangt sind. Allerdings unter der nicht ganz zweifellosen Voraussetzung, daß es der Geschicklichkeit der Direktion gelingt, trotz der Kapitalreduktion das überseeische Geschäft vollständig zu konservieren und womöglich noch auszudehnen.

„Demgegenüber habe ich, von der Auffassung ausgehend, daß wir in den ersten Jahren nicht nach normalen Grundsätzen zu arbeiten imstande seien, mich bestrebt, eine Reihe von Auswegen zu suchen, die uns in den Stand setzen sollten, neben dieser Art des Arbeitens das große Kapital und damit zweifellos das überseeische Geschäft zu erhalten und daneben eine angemessene Verzinsung zu sichern."

*) Anfang 1876 war — wie oben S. 295 erwähnt — von einer Aktionärgruppe eine Herabsetzung des Kapitals der Deutschen Bank beantragt, auf Betreiben von Siemens und seiner Kollegen jedoch in der Generalversammlung der Deutschen Bank abgelehnt worden.

Als solche „Auswege" werden bezeichnet der Ausbau des Depositengeschäfts und die Pflege des Finanzgeschäfts, das sich mit dem Depositengeschäft und seiner gleichmäßigen, ruhigen Kundschaft vereinbaren lasse.

Man muß diesen ersten Teil des Briefentwurfs einigermaßen mit den Augen dessen lesen, auf den sein Inhalt berechnet war: mit den Augen des für die finanziellen Erträgnisse, für die Dividende des Instituts, in erster Linie verantwortlichen Vorsitzenden des Verwaltungsrats, der gleichzeitig Chef eines angesehenen Privatbankgeschäfts war. Siemens betonte diesem Manne gegenüber bei seinen Darlegungen über die Notwendigkeit, das überseeische Geschäft durch den Ausbau des inländischen Geschäfts zu ergänzen, in erster Linie die den Verwaltungsratsvorsitzenden am unmittelbarsten in seiner Verantwortlichkeit berührenden Argumente der finanziellen Rentabilität: Erhaltung und Ausdehnung des Auslandgeschäfts erfordern ein größeres Kapital als das Auslandsgeschäft selbst alimentieren kann; folglich ist im Interesse der Rentabilität des Gesamtunternehmens der dem Verwaltungsratsvorsitzenden schon aus Konkurrenzgründen keineswegs sympathische Ausbau des inländischen Geschäfts eine Notwendigkeit. Siemens verzichtete darauf, die Gründe allgemeiner Natur für diesen Ausbau, die ihm klar vor Augen standen und die für seine Absichten in erster Linie bestimmend waren, ins Feld zu führen. Es kam ihm lediglich darauf an, in einer Sache, in der er an den verschiedensten Stellen gewisse Bedenken und Widerstände zu fühlen glaubte, den mit den entscheidenden Machtbefugnissen ausgestatteten Vorsitzenden des Verwaltungsrats mit undiskutierbaren Argumenten für seinen Plan zu gewinnen.

Über die Meinungsverschiedenheit mit seinen Kollegen heißt es in dem Entwurf:

„Wesentlich anders aber (als mit der Einführung des Depositengeschäfts, bei der er sich der vollen Unterstützung seiner Kollegen zu erfreuen hatte) verhält es sich gegenüber dem sog. Finanzierungsgeschäft. Hierbei bin ich meist einer passiv ablehnenden Haltung meiner Kollegen, in manchen Fällen sogar einem Entgegenarbeiten begegnet ... Ich gestehe willig zu, daß ich dabei nicht ganz ohne Schuld sein mag. Da ich das laufende Normalgeschäft in vorzüglicher

Hand wußte, so habe ich mich der eigenen Einmischung darin möglichst enthalten. Denn ich glaube, daß auch in dieser Branche eine einheitliche Leitung, selbst wenn sie Fehler begeht, besser ist als ein ungewisses Hin- und Herschwanken. Ich beschränkte mich also darauf, stets au fait zu bleiben, im übrigen aber verlegte ich den Schwerpunkt meiner Tätigkeit darauf, neue Verbindungen anzubahnen und neue Geschäfte vorzubereiten. Es wird mir vielleicht nicht als besondere Überhebung angerechnet werden, wenn ich die Vermutung ausspreche, daß ein großer Teil aller Finanzgeschäfte bis in die jüngste Zeit hinein ohne meine Bemühungen nicht von der Deutschen Bank abgeschlossen wären. Da ich aber häufig mit neuen Vorschlägen kam, so hat man schließlich geglaubt, mich als eine Art von „Schwindler" ansehen zu dürfen, dem gegenüber man nicht vorsichtig genug sein könne ... Ich mochte mich dadurch nicht entmutigen lassen. Gegenüber der Negation meiner Kollegen mußte ich zu diesem Behufe mehr als einmal mich persönlich bloßstellen, indem ich wochen- und monatelang auf eigene Verantwortlichkeit hin verhandelte, um nur endlich eine Basis zu schaffen, die so geartet wäre, daß meine Kollegen Ja oder Nein darauf sagen durften. Und auch dann noch bin ich bei der Durchführung häufig Hemmungen begegnet, da jedes Geschäft als ein einmaliges, sich nie wiederholendes aufgefaßt wurde, bei welchem man den Gewinn der Konsorten soviel wie möglich zu beschneiden hätte ...

„Nun werden Sie mir den Vorwurf machen, daß ich alles dieses früher hätte aussprechen sollen. Ich bekenne mich auch in dieser Hinsicht schuldig; aber ich hatte immer gehofft, daß durch die Verschmelzung der drei Banken, welche uns gleichzeitig mit der m. E. nicht zukunftslosen süddeutschen Gruppe (so geschwächt dieselbe auch heute sein mag) zusammenbringen sollte, eine etwas andere Auffassung aufkommen würde. Heute, wo ich einsehe, daß ich mich getäuscht und wo ich die Hoffnung auf Änderung aufgebe, muß ich selbstverständlich die Konsequenzen ziehen. ... Dem Verwaltungsrat aber möchte ich empfehlen, daß er, wenn er diese Auffassung zu der seinigen macht, auch ganz und voll den Reduktionsweg weitergeht, daß er die Deutsche Bank zu demjenigen macht, was sie ganz und voll noch werden kann: zu einer guten und lukrativen mittleren

Lokalbank, und daß der Zwitterzustand des Wünschens und Nichtvollbringens von großen Dingen ehrlich und bestimmt aufgegeben wird. Andernfalls möchte, wenn die gegenwärtige Marktkonjunktur noch einige Jahre fortdauert, gegenüber der Feindschaft der großen Berliner Bankiers und der fast absichtlich bewirkten Isolierung der Deutschen Bank eine Aushungerung und demnächstige Liquidation dieses Institutes nicht zu den Unmöglichkeiten gehören.

„Sie werden meiner Versicherung Glauben schenken, wenn ich damit schließe, daß es mir sehr schmerzlich geworden ist, mich für bankerott zu erklären und auf das Mitarbeiten an einem Unternehmen zu verzichten, welches den Lebenszweck eines anständigen Menschen wohl auszufüllen imstande ist. Aber Sie werden mir Ihre freundliche Teilnahme vielleicht erhalten, wenn Sie erwägen, daß ich auch an mich zu denken habe, daß ich heute allenfalls noch in den Jahren bin, in welchem man ein neues Lebensziel suchen kann, daß dies aber binnen kurzem nicht mehr möglich sein wird. Den Termin zum 1. Oktober habe ich gewählt, weil Ersatz für mich m. E. gar nicht nötig sein wird, wenn die Verwaltung das System meiner Kollegen zu dem ihrigen macht. Für die Abwicklung der vorhandenen Geschäfte werde ich auf etwaigen Wunsch gern noch weiter zur Verfügung stehen. Da ich voraussichtlich den Grundbesitz meines Vaters übernehmen und somit in der Nähe von Berlin bleiben werde, so werde ich dazu wohl auch imstande sein."

Der in Wirklichkeit an Stelle dieses Entwurfes abgesandte Brief war erheblich kürzer. Er beschränkte sich auf die Feststellung von Meinungsverschiedenheiten innerhalb der Direktion, die in einem Falle von einem Kollegen auch vor dem Fünferausschusse erwähnt worden seien. „Wenn je innerhalb einer Direktion Einigkeit, gegenseitiges Vertrauen und bewußtes Streben nach einem gemeinschaftlichen Ziele notwendig war, so ist dies in der gegenwärtigen Zeit der Fall." Der in Frage stehende Kollege sei in der Deutschen Bank geradezu unentbehrlich; für ihn (Siemens) werde sich ein Ersatz ziemlich leicht finden lassen. Er bitte also um seine Entlassung. „Mein Entschluß ist schon alt, und der letzte Vorfall durchaus nicht Ursache, sondern nur Erinnerung, endlich damit hervorzutreten."

Wie ernst es Georg Siemens mit seinen Rücktrittsabsichten war, geht aus Briefen hervor, die er in den nächsten Wochen an seine Mutter, seinen Vater und seine Frau schrieb. In seinen Briefen nach Ahlsdorf machte er von der Möglichkeit seines bevorstehenden Ausscheidens aus der Deutschen Bank Mitteilung; er fragte an, wie sein Vater sich zu seinem Wunsche, eventuell die Bewirtschaftung von Ahlsdorf zu übernehmen, stellen würde. Der Vater gewährte ihm zwar die gewünschte Rückendeckung, ersparte dem Sohne aber nicht einige Vorhaltungen und gute Ratschläge, wie er mit seinen Kollegen sich hätte verhalten sollen. Georg Siemens antwortete mit näheren Explikationen über die Umstände, die für seinen Entschluß bestimmend waren. In einem Briefe vom 8. August 1876 schrieb er unter anderem:

„Solange Gefahr in der Situation der Bank war, solange man Energie, Entschlossenheit, Findigkeit und Ressourcen brauchte, solange war ich notwendig und unentbehrlich. Heute, wo ich alle Schwierigkeiten so ziemlich besiegt und beseitigt habe, bin ich selbstverständlich entbehrlich. Nun habe ich immer darauf gehalten, eine kollegiale Direktion zu schaffen und meine Kollegen zu stützen; zu diesem Behufe habe ich mich auch nicht gescheut, mit dem Verwaltungsrate anzubinden, um dessen Einfluß zu beseitigen. Nachdem ich dies erreicht, versuchen meine Kollegen, die Bank auf ihre Weise weiter zu administrieren. Es entsteht daraus ein Gegensatz und möglicherweise ein Kampf. Unter diesen Umständen war es mir wesentlich zu wissen, ob ich zeitweise auf Euch rechnen könnte, ohne Euch lästig zu fallen ... Deine Theorie ist nur teilweise richtig. Um kleine Erfolge für sich zu erzielen, muß man allerdings so verfahren, wie Du unsere Geldleute schilderst. Großes aber kann man auf diese Weise doch nicht erreichen; und ich will allerdings nicht leugnen, daß ich Großes erreichen wollte. Wenn andere Leute auf den Führer Vertrauen setzen sollen, müssen sie sich zuerst blind auf seine Zuverlässigkeit und Uneigennützigkeit verlassen können. Auf die Dauer wächst man dann mit seinen Zwecken selbst mit und erreicht viel mehr als auf dem landläufigen Wege ... Doch dies alles ist nicht ängstlich. Ganz so hilflos, wie Ihr annehmt, bin ich nicht, selbst wenn ich im Begriffe bin, einen Krieg zu einem Zeitpunkte zu beginnen, wie er ungünstiger für mich vielleicht nicht gedacht werden kann. „Im Innern lebt die schaffende Gewalt', die auch in der Welt immer noch etwas wert ist."

Das an Adalbert Delbrück gerichtete Entlassungsgesuch klärte rasch die Lage. Die Mitarbeiter Georg Siemens' in der Direktion der Deutschen Bank dachten nicht daran, sich von dem Kollegen, den sie trotz aller Meinungsverschiedenheiten als ihren Führer anerkannten und als den geistigen Träger des gemeinschaftlichen Unternehmens verehrten, zu trennen. Kaum hatten sie Kenntnis von den Rücktrittsabsichten des Kollegen erhalten, da taten sie alles, um die Mißverständnisse, die mit unterlaufen waren, zu beseitigen und Georg Siemens zur Zurückziehung seines Entlassungsgesuches zu bewegen. Wallich, der sich damals in St. Moritz im Oberengadin befand, schrieb auf die erste Nachricht von den Absichten Siemens' an den Verwaltungsratsvorsitzenden einen Brief, in dem er ausführte: Durch den Austritt des Herrn Siemens werde im Schoße der Direktion der Deutschen Bank eine Lücke entstehen, die auszufüllen er vorläufig keine Möglichkeit sehe; abgesehen von seiner nicht zu unterschätzenden Initiative für größere Geschäfte sei zu berücksichtigen, daß er die Brücke sei für alle die wichtigen Geschäfte mit dem Reich (gemeint waren wohl in erster Reihe die oben erwähnten Silberverkäufe), daß er die Fäden aller großen noch nicht erledigten Geschäfte der Deutschen Bank in seiner Hand halte und daß er schließlich für die Abwicklung der mit der Liquidation der beiden Banken von der Deutschen Bank übernommenen Verbindlichkeiten und eingegangenen Verträge, deren Tutor er sozusagen allein sei, ganz unentbehrlich sei. „Der Austritt des Herrn Siemens wäre für die Deutsche Bank eine Unmöglichkeit, ja ich behaupte sogar eine Kalamität, die zu vermeiden unser aller Aufgabe ein muß. Durchdrungen von diesem Gefühl und nur für das Beste der Bank beseelt, bitte ich Sie daher, von dieser meiner Ansicht, der sich Herr Steinthal sicher anschließen wird, Kenntnis zu nehmen und auch dem Verwaltungsrate dieselbe Mitteilung zu machen. Ich bitte zugleich eindringlich den verehrten Verwaltungsrat zu veranlassen, die offerierte Demission zurückzuweisen, da dieselbe, ich wiederhole es mit Nachdruck, ein unberechenbarer Verlust für die Bank sein würde."

Diesen Ausführungen Wallichs schlossen sich Steinthal und Koch in besonderen schriftlichen Erklärungen ausdrücklich an.

Georg Siemens gab sich mit diesen Erklärungen, die noch durch eingehende mündliche Aussprachen ergänzt wurden, zufrieden und bestand nicht weiter auf seinem Rücktrittsgesuch. Die Zusicherungen, die ihm für die Ausgestaltung der Tätigkeit der Deutschen Bank gegeben wurden, schienen ihm genügend, um ihm ein weiteres gedeihliches Arbeiten zu ermöglichen. Die Bahn für neues Schaffen war frei.

Aber auf diesen neuen Wegen betätigte die Deutsche Bank die Vorsicht, mit der sie sich in den ersten Jahren ihres Bestehens von dem Finanzgeschäft in der Hauptsache ferngehalten hatte, in der Auswahl der sich bietenden und in der Art der Behandlung der in Angriff genommenen Geschäfte. Sie beschränkte sich auch jetzt noch jahrelang im wesentlichen auf die Übernahme von Staatsanleihen, Kommunalanleihen und Eisenbahnwerten. Dagegen übte sie gegenüber industriellen Gründungs- und Emissionsgeschäften weiter Zurückhaltung. Auch Siemens scheute, in Übereinstimmung mit seinen Kollegen, bei allem Tatendrang die unkontrollierbare Festlegung großer Mittel in mehr oder weniger spekulativen Anlagen, bei denen die Möglichkeit einer Mobilisierung und Veräußerung nicht jederzeit mit Sicherheit gegeben war. Von Siemens stammt das Wort: Die Bank muß so geführt werden, daß sie jederzeit innerhalb eines Jahres liquidiert werden kann. — Nicht weil er an Liquidation dachte, sondern weil er niemals durch ein Festfahren in unlösbaren Engagements zur Liquidation gezwungen werden wollte.

In dem Geschäftsbericht für das Jahr 1876, in dem die Bank nach der Aufnahme des Berliner Bankvereins und der Deutschen Union-Bank und nach der Überwindung des durch die Fehlschläge in ihrem überseeischen Geschäft hervorgerufenen Rückschlages das Finanzierungsgeschäft neu aufnahm, schrieb Georg Siemens:

„Die Erweiterung unseres Geschäftes hat uns in den Stand gesetzt, uns bei einigen Übernahmegeschäften in höherem Maße als bisher zu beteiligen, und wir beabsichtigen, das auch in Zukunft fortzusetzen. Da wir den Schwerpunkt unserer Verbindungen mehr in den eines vorübergehenden Kredits bedürfenden handelstreibenden Kreisen als in der einen dauernden Kredit beanspruchenden Industrie suchen, so sind dergleichen vorübergehende Geschäfte in guten Anlagewerten, welche, ohne die Liquidität des Kapitals zu beeinträchtigen, doch eine höhere Verzinsung gewähren, für uns von großem Wert. Wir genießen dabei den Vorteil, daß sie unsere Kundschaft fester an uns binden."

Die kluge Vorsicht, mit der die Deutsche Bank die Finanzierungsgeschäfte behandelte, erstreckte sich nicht nur auf die Auswahl der einzuleitenden Geschäfte, sondern auch auf die Art der Durchführung. Sie vermied es, größere Risiken auf sich allein zu übernehmen, indem sie für die Übernahmegeschäfte stets Konsortien bildete und Unterbeteiligungen abgab, meistens auch dort, wo sie an solchen Geschäften selbst von einer dritten Seite unterbeteiligt worden war. Planmäßig bildete sie sich sehr bald einen Stamm von Mitbeteiligten, auf die sie als treue Bundesgenossen bei der Übernahme und Durchführung großer Finanzierungsgeschäfte zählen konnte. Zu diesem engeren Kreis gehörte von Anfang an die Württembergische Vereinsbank in Stuttgart. Des persönlichen Freundschaftsverhältnisses ihres Leiters, Dr. Kilian Steiner, zu Georg Siemens und der großen Dienste, die dieser Freund bei den Fusionsverhandlungen mit der Deutschen Union-Bank und dem Berliner Bankverein geleistet hat, ist oben bereits Erwähnung getan. Ferner gehörten zu diesem Kreise von den ersten Zeiten an die Deutsche Vereinsbank in Frankfurt a. M. und der im Jahre 1874 rekonstruierte Wiener Bankverein, dessen Bundesgenossenschaft späterhin namentlich für die ausländischen Finanzierungsgeschäfte von Wichtigkeit wurde. Enge Beziehungen auf dem Gebiet der Finanzierungsgeschäfte bestanden frühzeitig auch mit dem Frankfurter Bankverein, der im Jahre 1886 von der Deutschen Bank aufgenommen und in die Frankfurter Filiale umgewandelt wurde, mit der Mecklenburgischen Hypotheken- und Wechselbank, die — wie oben dargestellt — unter führender Mitwirkung der Deutschen Bank gegründet und von dieser durch schwere Zeiten durchgehalten worden war, mit der Oldenburgischen Spar- und Leihbank, mit dem Schlesischen Bankverein, mit der Bergisch-Märkischen Bank. Außerdem gehörten den Finanzkonsortien der Deutschen Bank regelmäßig eine Anzahl von Privatbankiers an, namentlich solche, die bei der Gründung der Deutschen Bank maßgebend beteiligt gewesen waren und in ihrem

Verwaltungsrat vertreten waren; so vor allem Delbrück, Leo & Co. und Gebr. Sulzbach; sehr bald auch das Bankhaus Jakob S. H. Stern in Frankfurt a. M., dessen kluger und geschäftsgewandter Teilhaber, Geheimrat Braunfels, für Georg Siemens zu einem der treuesten Freunde und Anhänger wurde.

Siemens hat stets den Grundsatz einer großzügigen Politik gegenüber den Mitbeteiligten und Unterbeteiligten vertreten und so dazu beigetragen, der Deutschen Bank für das große Finanzierungsgeschäft einen sich immer weiter ausdehnenden Kreis von zuverlässigen Freunden und Bundesgenossen zu schaffen, der die Machtstellung, das Ansehen und die Leistungsfähigkeit der Deutschen Bank fortgesetzt erhöhte. Seine Menschenkenntnis und seine Kunst der Menschenbehandlung kamen ihm zu gute, wenn es galt, viele Köpfe unter einen Hut zu bringen. Seine überragende Persönlichkeit ließ ihn gerade auf diesem Gebiet, auf dem es galt, eine Vielheit von Personen und Unternehmungen, die oft genug eifersüchtig auf ihre Selbständigkeit, auf ihre Gleichberechtigung und auf ihren Vorteil bedacht waren, als den gegebenen Führer erscheinen, dessen Leitung man sich williger anvertraute und unterordnete, als derjenigen irgend eines anderen.

Die von Siemens geleitete Entwicklung des Finanzierungsgeschäfts der Deutschen Bank kann hier nicht in ihren Einzelheiten dargestellt werden. Aus den vielen Dutzenden, ja Hunderten von Übernahme- und Emissionsgeschäften können nur solche erwähnt werden, die für die Art, wie Siemens diese Geschäfte führte, besonders bezeichnend sind, oder die wegen ihres Umfanges und ihrer besonderen Bedeutung eine Erwähnung nötig machen.

Das erste selbständige Geschäft auf dem neuen Gebiet, das Siemens bearbeitete, zum Abschluß brachte und durchführte, war die Übernahme einer 5%igen Prioritäts-Anleihe der Bergisch-Märkischen Eisenbahn in Höhe von 12 Millionen Mark im Frühjahr 1876. Die Deutsche Bank ging in diesem Geschäft mit dem Schaaffhausenschen Bankverein zusammen, der mit fünf Zwölftel, gegen sieben Zwölftel der Deutschen Bank, beteiligt war. Das Geschäft wurde in kurzer Zeit mit Erfolg abgewickelt. Die Deutsche Bank hatte sich mit diesem Geschäft ihre Stellung auf dem neuen Felde gesichert. Von nun an trat sie, bis die vom Jahre 1879 an schrittweise zur

Durchführung kommende Verstaatlichung der Eisenbahnen dieser Art von Geschäften ein Ziel setzte, häufig bei finanziellen Transaktionen der deutschen Eisenbahnen auf, teils führend, teils als Mitbeteiligte. Insbesondere gab ihr die im Jahre 1878 beginnende Ära der Konversionen der deutschen Eisenbahn-Obligationen Gelegenheit zur Betätigung.

Für die infolge der Verstaatlichung wegfallenden Eisenbahngeschäfte wurde Ersatz geschaffen in der Übernahme und Unterbringung von Pfandbriefen der Landschaften und der Hypothekenbanken. Das erste Geschäft dieser Art, bei dem die Deutsche Bank als Hauptbeteiligte mitwirkte, war die Übernahme von 12 Millionen Mark $4^1/_2{}^0/_0$iger Meininger Hypotheken-Pfandbriefe im Jahre 1880. Die Deutsche Bank ging hier in Gemeinschaft mit der Mitteldeutschen Kreditbank und Gebr. Sulzbach vor. Die engen Beziehungen der Deutschen Bank zu der Meiningischen Hypothekenbank datieren aus jener Zeit. Siemens lag die Ausgestaltung dieser Geschäfte ganz besonders am Herzen. Seine Vorliebe für die Landwirtschaft und die genaue Beschäftigung mit den Möglichkeiten einer Hebung der landwirtschaftlichen Betriebsweisen ließen ihn hier ein Feld einer für die Bank vorteilhaften und für die Allgemeinheit nützlichen Arbeit erkennen. Seine Betätigung bei der Gründung der Mecklenburgischen Hypotheken- und Wechselbank und sein zähes Festhalten an diesem schwer bedrohten Institut, bis es gelang, es auf eine gesunde Grundlage zu stellen, gaben davon Zeugnis, wie früh er von dieser Erkenntnis durchdrungen war und mit welcher Beharrlichkeit er aus ihr die Folgerungen zog.

Bald wurde auch das Gebiet des städtischen Bodenkredits in Angriff genommen. Schon im Jahre 1880 trat die Deutsche Bank in Beziehung zu der Preußischen Bodenkredit-Aktien-Bank, indem sie allein, also ohne andere Hauptbeteiligte, 6 Millionen Mark $4^0/_0$iger Pfandbriefe dieses Instituts übernahm. Im folgenden Jahr, 1881, wurde das Band dieser Beziehungen dadurch enger geknüpft, daß Siemens in den Aufsichtsrat der Preußischen Bodenkredit-Aktien-Bank eintrat. Ähnliche Verbindungen mit anderen Bodenkredit Instituten, so vor allem der Braunschweigisch-Hannoverschen Hypothekenbank, folgten.

Schon auf diesen Gebieten der Eisenbahngeschäfte und des Bodenkredits konnte die Deutsche Bank sich nur in scharfem Kampf mit den älteren Banken, die hier ihren Besitzstand verteidigten, Eingang verschaffen. Noch viel stärker war der Widerstand der älteren Banken auf dem Felde der Staatsanleihen. Namentlich soweit die größeren deutschen Staaten in Betracht kamen, bestanden hier seit längerer Zeit festgefügte Konsortien, die wenig Neigung zeigten, neuen Bewerbern Zutritt zu gewähren. Das galt insbesondere für Preußen. Hier bestand für die Begebung der Staatsanleihen bereits seit längerer Zeit — die Anfänge gehen bis auf die preußische Mobilmachungs-Anleihe von 1859 zurück — das sogenannte Preußen-Konsortium, das auch bei der Begebung der Reichsanleihen in der Regel benutzt wurde. Das Konsortium stand unter der Leitung der Preußischen Staatsbank (Seehandlung); den maßgebenden Einfluß in ihm hatte tatsächlich die Disconto-Gesellschaft und deren leitender Geschäftsinhaber, Adolf Hansemann. Dieser, eine ausgeprägte Persönlichkeit mit starkem Machtwillen, hat offenbar frühzeitig in der Deutschen Bank, der die Disconto-Gesellschaft damals an eigenem Kapital, an Geschäftsumfang und an Ansehen noch weit überlegen war, den aufstrebenden Wettbewerber im Kampf um den ersten Platz im deutschen Bankwesen erkannt. Es läßt sich verstehen, daß er den Wunsch der Deutschen Bank, als gleichberechtigtes Mitglied in das Preußen-Konsortium aufgenommen zu werden, nicht gerade mit besonderer Freude sah.

Die Angelegenheit kam zum Austrag, als im Frühjahr 1877 der preußische Finanzminister die Ausgabe von Konsols in Höhe von 50 Millionen Mark ankündigte.

Die Bemühungen der Deutschen Bank, anläßlich dieses Geschäfts in das Preußen-Konsortium aufgenommen zu werden, blieben zunächst erfolglos. Wallich erzählt, daß der Dezernent der Seehandlung, der in diesen Angelegenheiten zuständig war, „ein alter Sonderling, nicht ohne Geist, aber Feind jeder Neuerung, die an seinen alten Gewohnheiten und lieb gewordenen Verbindungen rüttelte“, im Einverständnis mit dem Konsortium das Begehren der Deutschen Bank ablehnte. Siemens nahm den Kampf auf. Er setzte bei seinen Kollegen in der Direktion und im Verwaltungsrat der Deutschen Bank den Entschluß durch, in Konkurrenz mit dem Preußen-Konsortium ein selbständiges Angebot auf die Anleihe abzugeben. Das Angebot wurde am 21. März 1877 von Siemens persönlich dem Präsidenten der Seehandlung, v. Bitter, überreicht.

Einen so kühnen Vorstoß hatte niemand erwartet. Das von der Deutschen Bank abgegebene günstige Angebot schlug im Preußen-Konsortium wie eine Bombe ein. Nach einigem Besinnen zeigten die an dem Konsortium beteiligten Banken sich zu Verhandlungen über die Zulassung der Deutschen Bank bereit. Siemens wollte zunächst von einer gütlichen Einigung nichts wissen. Er hatte das feste Vertrauen, daß die Deutsche Bank bereits stark genug sei, um zusammen mit ihrem engsten Freundeskreis die 50 Millionen Mark allein in kurzer Zeit unterbringen zu können. Er vertrat den Standpunkt, daß es für die Bank vorzuziehen sei, ihre Sonderstellung zu behaupten, statt „Mitläufer in dem großen Haufen" zu sein; nur im Kampf werde sich die Kraft der Bank entwickeln, von der Verständigung und dem Aufgehen in der Herde müsse er ein Nachlassen der Energie befürchten. Aber der von der anderen Seite vertretene Satz „Friede ernährt, Unfriede verzehrt" gab den Ausschlag: die Deutsche Bank trat, zunächst mit einer verhältnismäßig bescheidenen Quote, in das Preußen-Konsortium ein.

Bei dieser Gelegenheit sei ein Wort über das Verhältnis von Siemens zu demjenigen Mann eingeschaltet, der gegenüber dem vorwärts drängenden Geiste des führenden Mannes der Deutschen Bank mehr wie irgend ein anderer die alte deutsche Bankwelt vertrat und mit dessen Einfluß Siemens bei seiner Aktion, die der Deutschen Bank den Eintritt in das Preußen-Konsortium erzwang, in erster Linie zu kämpfen hatte. Adolf Hansemann sah von der gefestigten Höhe seines Instituts, das trotz aller Einbußen in der Zeit der Krisis und der Depression seine erste Stellung im deutschen Bankwesen in einer noch für viele Jahre über jede Anfechtung erhabenen Weise behauptet hatte, auf die Betätigung der Deutschen Bank und ihrer Leute in jener Zeit mit einiger Skepsis herab. Siemens achtete seine hervorragenden Eigenschaften, seine Geschäftskenntnis, seine Weltgewandtheit, seine zähe Beharrlichkeit; und es war sein Bestreben, sich die Achtung dieses ersten deutschen Bankmannes zu erzwingen. Jeder große geschäftliche Wettbewerb ist schließlich ein Kampf zwischen Persönlichkeiten; und der Wettbewerb zwischen der alterprobten Diskonto-Gesellschaft und der neuaufstrebenden Deutschen Bank, wie er im Jahre 1877 in der Frage des Zutritts der Deutschen Bank zum Preußen-Konsortium zum erstenmal vor aller Welt offenkundig wurde, war zu einem großen Teil ein Kampf zwischen den Persönlichkeiten Hansemann und Siemens, von denen der eine im wesentlichen konservativ gerichtet, der andere vom Geist kühner Neuerungen erfüllt war. Es fehlte diesem Kampfe nicht an gelegentlichen Zuspitzungen, die aber stets in bester Form ausgeglichen wurden. Und wenn auch die beiden Männer bei der Verschiedenheit ihrer Naturen niemals mit einander warm wurden, so bildete sich doch schließlich das von Siemens erstrebte Verhältnis gegenseitiger Anerkennung heraus. Bezeichnend für Siemens ist folgender, von Wallich berichteter Vorfall:

Nachdem an Stelle des Herrn von Bitter Herr Röttger die Leitung der Seehandlung übernommen hatte, ereignete sich in einer Sitzung des Preußen-Konsortiums ein Zwischenfall. Der neue Seehandlungs-Präsident und Hansemann, der gewohnt war, das erste Wort zu führen, kamen in Meinungsverschiedenheiten, die sich zu einer Art Machtprobe zwischen Hansemann und dem neuen Präsidenten zuspitzten. — Letzterer wollte offenbar dartun, daß er nicht gesonnen sei, sich das Heft aus der Hand nehmen zu lassen. Siemens benutzte seine aus dem elterlichen Hause stammende Bekanntschaft mit Röttger, um den Versuch einer Vermittlung zu machen. Hansemann holte ihn zu der durch seine Bemühungen zustande gekommenen Aussprache mit dem Seehandlungspräsidenten ab. Unterwegs fragte er ihn: „Was haben Sie eigentlich für ein Interesse, mich mit dem Seehandlungspräsidenten auszusöhnen?" — Siemens antwortete: „Ich wollte mir einen Freund machen".

Mit dem Eintritt der Deutschen Bank in das Preußen-Konsortium war der entscheidende Erfolg auf dem Gebiet des großen Finanzgeschäfts erzielt: Siemens hatte für die Deutsche Bank die Aufnahme in den geschlossenen Kreis des vornehmsten Finanzkonsortiums erzwungen. Der Erfolg wurde späterhin ausgebaut. Die ursprünglich bescheidene Quote der Deutschen Bank im Preußen-Konsortium wurde schrittweise erhöht, bis sie schließlich diejenige der höchstbeteiligten Bank, der Disconto-Gesellschaft, erreichte. Die Stellung der Bank im Preußen-Konsortium gewährleistete ihr nicht nur die Beteiligung an allen Anleihegeschäften Preußens und des Reichs, sondern erleichterte ihr auch den Zugang zu den Anleihegeschäften aller übrigen deutschen Staaten, der Kommunen und der Kommunalverbände. Für Siemens gab es auf diesem Felde kein Ruhen und Rasten. Seine Initiative und Regsamkeit, sein weiter, über Augenblickserfolge und Augenblicksopfer hinaus sehender Blick und seine wagemutige Entschlossenheit gewannen der Deutschen Bank im Laufe der Jahre in diesen großen Geschäften den ersten Platz.

Die überlegene Kraft der Deutschen Bank zeigte Siemens, wie hier vorgreifend bemerkt sein mag, der Welt am deutlichsten späterhin auf der Höhe seines Wirkens. Im Jahre 1899 verhandelte der preußische Finanzminister von Miquel durch Vermittlung der Seehandlung mit dem Preußen-Konsortium lange Wochen hindurch vergeblich über die Begebung von 125 Millionen Mark Preußischer Konsols und gleichzeitig von 75 Millionen Mark 3%iger Deutscher Reichsanleihe. Die Verhandlungen kamen nicht von der Stelle, da der großen Mehrzahl der dem Preußen-Konsortium angehörenden Banken die Bedingungen, auf denen Miquel bestand, als zu ungünstig erschienen, um eine glatte Abwicklung des für die damalige Zeit sehr großen Geschäfts zu gestatten. In dieser Lage griff Siemens ein. In einer durch Braunfels herbeigeführten Unterredung mit Miquel, die am Abend des 27. Januar 1899 stattfand, bot er Miquel an, den Gesamtbetrag der beiden großen Anleihen für die Deutsche Bank allein zu übernehmen. Eine kurze Aussprache führte zu einer Einigung über die Bedingungen und zu dem Abschluß des Geschäftes. Die Abwicklung erfolgte trotz des großen Anleihebetrages und des verhältnismäßig hohen Begebungskurses glatt und schnell.

Der Vorgang erregte weit über die Grenzen Deutschlands hinaus das größte Aufsehen. Er bekundete vor aller Welt, daß die Deutsche Bank sich die führende Stellung unter den deutschen Finanzinstituten erarbeitet und erobert hatte.

Druck von Oscar Brandstetter in Leipzig.